自动控制原理

韩 敏 潘学军 席剑辉 编著

Automatic
Control
Theory

·北京·

内容提要

本书全面、系统地介绍了经典控制理论的基本内容和自动控制系统的分析、校正与综合设计方法。全书共分8章，主要包括自动控制的基本概念、控制系统的数学描述、时域分析法、根轨迹分析法、频域分析法、线性控制系统的综合与校正、离散时间控制系统、非线性控制系统等。每章最后一节为相应的Matlab仿真实例。各章末给出本章小结和关键术语和概念，并配有适当的习题。

本书可作为普通高等院校自动化类、电气信息类、电子信息类和计算机类等相关专业的教材，也可作为科技人员的参考用书。

图书在版编目（CIP）数据

自动控制原理/韩敏，潘学军，席剑辉编著.—北京：化学工业出版社，2020.7
ISBN 978-7-122-36603-0

Ⅰ.①自… Ⅱ.①韩… ②潘… ③席… Ⅲ.①自动控制理论-高等学校-教材　Ⅳ.①TP13

中国版本图书馆CIP数据核字（2020）第054054号

责任编辑：丁文璇　高　钰　　　　　　　　　　装帧设计：张　辉
责任校对：边　涛

出版发行：化学工业出版社（北京市东城区青年湖南街13号　邮政编码100011）
印　　装：大厂聚鑫印刷有限责任公司
880mm×1230mm　1/16　印张18　字数540千字　2020年10月北京第1版第1次印刷

购书咨询：010-64518888　　　　　　　　　　售后服务：010-64518899
网　　址：http://www.cip.com.cn
凡购买本书，如有缺损质量问题，本社销售中心负责调换。

定　价：55.00元　　　　　　　　　　　　　　　　　　　　　　版权所有　违者必究

前　言

随着工业生产和科学技术的发展，自动控制系统已广泛应用于工农业生产、交通运输、国防现代化和航空航天等许多领域，具有极其重要的地位。"自动控制原理"专门研究有关自动控制系统中的基本概念、基本原理和基本方法，是从事自动化相关工作的广大工程技术人员和科学工作者必不可少的理论基础课之一。

在科学技术的发展进程中，自动控制原理在内容上有了很大的扩展和更新。一般把 20 世纪 40 年代建立的主要处理单输入-单输出定常反馈系统的理论称为经典控制理论，把 60 年代以来建立的处理多变量和时变系统的理论称为现代控制理论。本书对经典控制理论的基本内容作了较为详细的介绍，旨在阐明自动控制系统分析与综合的基本方法。

全书共分 8 章，前 6 章涉及线性定常连续系统的理论，具体包括控制系统的一般概念，描述控制系统的数学模型，用于系统分析的时域法、根轨迹法、频域法以及综合校正方法。第 7 章讲述线性定常离散控制系统理论，介绍 z 变换理论和描述离散系统的数学模型，分析离散系统的瞬态和稳态性能，设计数字控制器等。第 8 章属于非线性控制理论，介绍分析非线性系统的相平面法和描述函数法。

结合自动控制原理基本概念的讲解，本书在各章最后一节给出相应内容的 Matlab 仿真实例，应用 Matlab 控制系统工具箱进行计算机辅助教学，帮助学生加深对基本原理的理解。同时，各章配有适量的习题，以配合课堂教学，便于学生准确理解有关概念，掌握解题方法和技巧，检验计算结果。习题答案在每章最后，以二维码形式给出。每章小结之后给出了关键术语英文注释，可帮助学生掌握专业术语的英文词汇，更加符合高等教育的国际化需求。

本书是在编著者二十余年教学讲义的基础上编写而成的，借鉴国内外优秀教材，合理安排内容，配有丰富例题，难度适中，可供自动化、电气工程及其自动化、电子信息工程和计算机等专业的学生使用。第 1、3、4 章由韩敏编写，第 5、8 章由潘学军编写，第 2、6 章由席剑辉编写，第 7 章由刘颖编写。全书由韩敏统稿审定。

由于编著者水平有限，书中难免存在一些不妥之处，希望广大读者批评指正。

编著者
2020 年 5 月

目 录

1 自动控制的基本概念

1.1 自动控制的发展简史 ……………… 001
  1.1.1 经典控制理论阶段 …………… 002
  1.1.2 现代控制理论阶段 …………… 002
  1.1.3 大系统控制阶段 ……………… 003
  1.1.4 智能控制阶段 ………………… 003
1.2 自动控制的基本原理 ……………… 004
  1.2.1 人工控制与自动控制 ………… 004
  1.2.2 自动控制系统的构成 ………… 005
  1.2.3 自动控制系统的基本控制方式 … 006
1.3 自动控制系统的分类 ……………… 007
  1.3.1 按输入信号特征分类 ………… 007
  1.3.2 按系统参数特性分类 ………… 008
  1.3.3 按系统数学模型分类 ………… 008
  1.3.4 按时间变量特性分类 ………… 009
  1.3.5 按变量数目分类 ……………… 009
  1.3.6 其他分类方法 ………………… 009
1.4 对控制系统性能的基本要求 ……… 010
  1.4.1 稳定性 ………………………… 010
  1.4.2 快速性 ………………………… 010
  1.4.3 准确性 ………………………… 010
1.5 Matlab 在自动控制系统中的应用 … 011
本章小结 …………………………………… 011
关键术语和概念 …………………………… 012
习题 ………………………………………… 013

2 控制系统的数学描述

2.1 控制系统的微分方程描述 ………… 015
  2.1.1 典型控制系统的数学模型 …… 016
  2.1.2 非线性微分方程的线性化 …… 020
2.2 拉普拉斯变换及反变换 …………… 022
  2.2.1 Laplace 变换的定义 ………… 022
  2.2.2 Laplace 变换的性质及其应用 … 023
  2.2.3 Laplace 反变换 ……………… 026
  2.2.4 利用 Laplace 变换求解线性微分
       方程 …………………………… 028
2.3 控制系统的传递函数描述 ………… 029
  2.3.1 传递函数的概念和性质 ……… 029
  2.3.2 典型环节的传递函数 ………… 030
2.4 控制系统的结构图 ………………… 033
  2.4.1 结构图的概念 ………………… 033
  2.4.2 控制系统结构图的建立 ……… 034
  2.4.3 结构图的等效变换 …………… 035
2.5 控制系统的信号流图 ……………… 039
  2.5.1 信号流图 ……………………… 040
  2.5.2 梅逊公式 ……………………… 040
2.6 闭环控制系统的传递函数 ………… 042
2.7 控制系统数学模型的 Matlab 描述 … 045
本章小结 …………………………………… 047
关键术语和概念 …………………………… 047
习题 ………………………………………… 048

3 时域分析法

3.1 典型输入信号与时域性能指标 …… 054
  3.1.1 典型输入信号 ………………… 054
  3.1.2 系统的时域性能指标 ………… 056
3.2 一阶系统的时域分析 ……………… 058
  3.2.1 一阶系统的单位阶跃响应 …… 058
  3.2.2 一阶系统的单位脉冲响应 …… 059
  3.2.3 一阶系统的单位斜坡函数响应 … 059
3.3 二阶系统的时域分析 ……………… 060
  3.3.1 二阶系统的单位阶跃响应 …… 060
  3.3.2 二阶系统的脉冲响应 ………… 063

3.3.3 欠阻尼二阶系统在单位阶跃输入作用下的瞬态响应指标 …… 064	3.5.3 稳定判据 …… 076
3.3.4 改善二阶系统性能的措施 …… 070	3.6 线性系统的稳态误差 …… 082
3.4 高阶系统的时域分析 …… 071	3.6.1 稳态误差概念 …… 083
3.4.1 高阶系统的单位阶跃响应 …… 071	3.6.2 稳态误差的计算 …… 084
3.4.2 主导极点 …… 072	3.6.3 减小或消除稳态误差的措施 …… 089
3.5 线性系统的稳定性分析 …… 073	3.7 利用 Matlab 进行时域分析 …… 091
3.5.1 稳定性概念 …… 073	本章小结 …… 094
3.5.2 稳定的充分必要条件 …… 074	关键术语和概念 …… 095
	习题 …… 095

4　根轨迹分析法

4.1 根轨迹的基本概念 …… 098	4.3.3 非最小相位系统的根轨迹 …… 122
4.1.1 采用解析法绘制根轨迹图 …… 098	4.4 基于根轨迹的系统性能分析 …… 123
4.1.2 根轨迹与系统性能 …… 099	4.4.1 开环零、极点对根轨迹的影响 …… 123
4.1.3 根轨迹方程 …… 100	4.4.2 利用根轨迹估算系统参数与性能 …… 127
4.1.4 利用试探法确定根轨迹上的点 …… 101	4.4.3 闭环零、极点分布与系统性能的关系 …… 129
4.2 根轨迹绘制的基本规则 …… 101	4.5 利用 Matlab 绘制根轨迹图 …… 130
4.2.1 绘制根轨迹的基本规则 …… 101	本章小结 …… 134
4.2.2 绘制根轨迹举例 …… 112	关键术语和概念 …… 135
4.3 广义根轨迹绘制 …… 117	习题 …… 135
4.3.1 参变量根轨迹的绘制 …… 117	
4.3.2 正反馈系统根轨迹的绘制 …… 119	

5　频域分析法

5.1 频率特性的基本概念 …… 138	5.5 控制系统的闭环频率特性 …… 170
5.2 频率特性的图示方法 …… 140	5.6 频域响应与系统性能指标间的关系 …… 173
5.2.1 极坐标图 …… 140	5.6.1 二阶系统 …… 173
5.2.2 对数坐标图 …… 150	5.6.2 高阶系统 …… 174
5.3 奈奎斯特稳定判据 …… 161	5.7 利用 Matlab 进行控制系统的频域分析 …… 175
5.3.1 幅角定理 …… 161	本章小结 …… 176
5.3.2 奈奎斯特稳定判据 …… 162	关键术语和概念 …… 177
5.4 控制系统的稳定裕量 …… 168	习题 …… 178
5.4.1 相角裕量和幅值裕量 …… 168	
5.4.2 稳定裕量的计算 …… 169	

6　线性控制系统的综合与校正

6.1 综合与校正的概念 …… 181	6.3 反馈校正 …… 195
6.1.1 校正的基本方式 …… 182	6.3.1 反馈校正的基本原理 …… 195
6.1.2 基本控制规律 …… 182	6.3.2 反馈校正设计 …… 196
6.1.3 校正装置及其特性 …… 185	6.4 复合校正 …… 199
6.2 串联校正 …… 190	6.5 利用 Matlab 进行系统校正 …… 200
6.2.1 串联超前校正 …… 190	本章小结 …… 202
6.2.2 串联滞后校正 …… 192	关键术语和概念 …… 202
6.2.3 滞后-超前校正 …… 194	习题 …… 203

7 离散时间控制系统

- 7.1 离散系统的基本概念 …… 206
- 7.2 采样过程与采样定理 …… 208
  - 7.2.1 采样过程及其数学描述 …… 208
  - 7.2.2 采样定理 …… 210
  - 7.2.3 信号的恢复 …… 211
- 7.3 Z 变换理论 …… 213
  - 7.3.1 Z 变换定义和性质 …… 213
  - 7.3.2 Z 变换方法 …… 215
  - 7.3.3 Z 反变换方法 …… 219
- 7.4 离散控制系统的数学描述 …… 221
  - 7.4.1 线性常系数差分方程 …… 221
  - 7.4.2 脉冲传递函数 …… 224
- 7.5 离散控制系统的分析与设计 …… 231
  - 7.5.1 稳定性分析 …… 232
  - 7.5.2 瞬态响应 …… 235
- 7.6 离散控制系统的稳态误差 …… 236
- 7.7 离散系统的数字控制器设计 …… 238
- 7.8 离散系统的 Matlab 仿真 …… 242
- 本章小结 …… 246
- 关键术语和概念 …… 247
- 习题 …… 247

8 非线性控制系统

- 8.1 非线性系统的特点 …… 250
- 8.2 典型非线性环节的数学描述 …… 251
- 8.3 描述函数法 …… 253
  - 8.3.1 描述函数的基本概念 …… 253
  - 8.3.2 典型非线性特性的描述函数 …… 254
  - 8.3.3 用描述函数分析非线性系统 …… 259
- 8.4 相平面法 …… 263
  - 8.4.1 相平面图及绘制方法 …… 263
  - 8.4.2 奇点与极限环 …… 266
  - 8.4.3 相平面分析举例 …… 269
- 8.5 非线性系统的 Matlab 仿真 …… 273
- 本章小结 …… 276
- 关键术语和概念 …… 276
- 习题 …… 277

参考文献

1 自动控制的基本概念
Introduction to Automatic Control

【学习意义】

所谓自动控制，是指在脱离人的直接干预情况下，利用控制装置（控制器）使被控对象（如生产过程等）的工作状态（被控量）按照预定的规律运行。从定义可以看出，自动控制包含两层含义，一方面自动控制必须不能有人的直接干预，由设备和装置自主完成控制任务，另一方面装置和设备的运动必须按照人预定的规律运行。**自动控制系统是以实现控制目的为目标，由相互制约的各装置按一定规律组成具有特定功能的整体。**

自动控制理论广泛地渗透到各个学科领域中，它的核心内涵是研究如何通过能量转换和信息传递来满足人类生产生活的最佳需要。因此自动控制理论是一门"横断学科"，各行各业都要学习，并应用相关的控制理论去解决各自面临的控制难题。例如，为使发电机正常供电，其输出的电压和频率必须保持恒定，尽量不受负荷变化的干扰；为使数控机床加工出高精度的工件，就必须保证其工作台或刀架的进给量准确地按照程序指令的设定值变化；要使烘烤炉提供优质的产品，就必须严格地控制炉温；为使火炮能自动跟踪并命中飞行目标，炮身就必须按照指挥仪的命令而作方位角和俯仰角的变动；为把数吨重的人造卫星送入高空轨道，使其所携带的各种仪器能长期、准确地工作，就必须保持特定的姿态，确保卫星的太阳能电池板一直朝向太阳，无线电发射天线一直指向地球……所有这一切都以高水平的自动控制技术为前提。作为现代的工程技术人员和科学工作者，必须具备一定的自动控制理论基础知识。

【学习目标】

① 了解反馈控制系统的基本工作原理；
② 了解系统的基本控制方式及控制系统的分类方法；
③ 了解对控制系统的基本要求。

1.1 自动控制的发展简史 History of Automatic Control

自动控制理论是在人类征服自然的生产实践活动中孕育、产生，并随着社会生产和科学技术的进步而不断发展、完善起来的。许多技术，在人类的历史上早已出现过，但由于没有上升为理论，很快就失传了，无法成为推动社会发展的生产力。科学的发展史告诉我们，任何一个基本原理，都需要经过长期的实践，经历千百次的失败和成功，通过长期的积累，到达某一个升华的阶段后才能形成自己的理论体系，这也正是科学要等待历史很久的原因。自动化技术和它的基础理论——控制论之间的关系亦是如此。在长达数千年的自动化技术发展中，直到20世纪，人们才概括出控制论的基本原理，然后有意识地用自动控制基本原理去建造各种各样的自动化装置，如机器人、无人工厂、办公自动化设备、农业自动化器具和家庭自动化电器等，形成今天这样强大的社会生产力，把人类推进到一个崭新的时代——自动化时代。可以说，没有控制论的建立和发展，也就没有今天这样高度发达的自动化技术。那么，控制论究竟是怎样形成的？控制论的发展经历了以下几个阶段。

1.1.1 经典控制理论阶段 Classical Control Theory Stage

早在古代，劳动人民就凭借生产实践中积累的丰富经验和对自动控制技术的直观认识，发明了许多闪烁着控制理论智慧火花的杰作。然而最终形成完整的自动控制理论体系，是在20世纪40年代末。现在该理论已经成熟，并在工程实践中得到广泛的应用。

公元前2000多年，中国人发明了指南车，不管车身怎样转弯，车上"仙人"的手，即指南的方向都不会改变。原理是指南车上装有齿轮条。当车子按预定方向行驶时，齿轮条不转动，仙人指向不变。当车子改变方向时，齿轮条就啮合上，让仙人所在的主轮朝相反的方向转过同样的偏移角度，此时，车身方向的改变，对预先指定的方向而言，是干扰（disturbances）。啮合上的齿轮套，用来测量扰动大小，根据测量到的扰动大小，去调节仙人指向。

公元前300年，希腊人凯特斯比斯（Kitesibbios）在油灯中使用了浮子控制器以保持油面高度稳定。亚历山大时的赫容（Hero），在公元1世纪时出版了一本叫《浮力学》的书，书中介绍了多种用浮阀控制液位的方法。现代欧洲最先发明反馈控制的是荷兰的德勒贝尔（Drebel），他实现了对温度的反馈控制。丹尼斯·帕平（D. Papin）最先发明了蒸汽阀的压力控制器，帕平发明的是一种安全阀，相当于现在的压力安全阀。最早的有历史意义的反馈系统是俄国人波朱诺夫（I. Polzunov）在1765年制作的控制液位的浮动控制器。

19世纪60年代是控制系统的高速发展期，无论是在理论还是实践上都有很多发展。1866年麦克斯韦尔（J. C. Maxwell）基于积分方程描述从理论上给出了系统的稳定性条件。劳斯（E. J. Routh）和赫尔维茨（A. Hurwitz）分别于1877年和1895年独立给出了高阶线性系统的稳定性判据；另一方面，1892年李雅普诺夫（L. M. Lyapunov）给出了非线性系统的稳定性判据。

1922年米罗斯基（N. Minorsky）给出了位置控制系统的分析，并对比例-积分-微分（PID）三作用控制给出了控制规律公式。1931年，美国开始出售带有线性放大器和积分作用的气动控制器。1934年，哈仁（H. L. Hazen）给出了伺服机构的理论研究成果。1942年，齐格勒（J. G. Zigger）和尼科尔斯（N. B. Nichols）又给出了PID控制器的最优参数整定法。上述方法基本都是时域方法。针对美国长距离电话线路负反馈放大器应用中出现的失真等问题，1932年奈奎斯特（Nyquist）提出了负反馈系统的频率域稳定性判据，这种方法只需利用频率响应的实验数据，无需导出和求解微分方程，便可判断系统的稳定性。1940年，波德（H. Bode）进一步研究通信系统频域方法，提出了频率响应的对数坐标图描述方法。1943年，哈尔（A. C. Hall）利用传递函数（复数域模型）和方框图，把通信工程的频域响应方法和机械工程的时域方法统一起来，人们称此方法为复域方法。频域分析法主要用于描述反馈放大器的带宽和其他频域指标。

在第二次世界大战时期使用和发展自动控制系统的主要动力就是设计和发展自动导航系统、自动瞄准系统、自动雷达探测系统和其他在自动控制系统上发展的军事系统。这些系统的高性能要求和复杂性使创造出的控制装备的性能有了飞跃性的进步，涌现出大量的新的研究方法与手段。对高性能武器的要求还促进了对非线性系统、采样系统以及随机控制系统的研究。第二次世界大战结束后，经典控制技术和理论基本建立。1948年伊万斯（W. Evans）又进一步提出了属于经典方法的根轨迹法，给出了系统参数变换与时域性能变化之间的关系。至此，复数域与频率域的方法得以进一步完善。

复数域方法以传递函数作为系统的数学模型，常利用图表进行分析设计，比求解微分方程简便。它可通过试验方法建立数学模型，且物理概念清晰，因而至今仍得到广泛的工程应用。但其只适应单变量线性定常系统，对系统内部状态也缺少了解，且采用复数域方法研究时域特性，得不到精确的结果。

1.1.2 现代控制理论阶段 Modern Control Theory Stage

由于航天事业和电子计算机的迅速发展，20世纪60年代初，在原有"经典控制理论"的基础上，形成了"现代控制理论"。

状态空间法是现代控制理论中最具代表性的方法，1954 年贝尔曼（R. Bellman）提出的动态规划理论，1956 年庞特里雅金（L. S. Pontryagin）提出的极大值原理和 1960 年卡尔曼（R. E. Kalman）提出的多变量最优控制和最优滤波理论都为状态空间法的建立和发展做出了开拓性的贡献。

频域分析法在第二次世界大战后持续占据主导地位，特别是拉普拉斯变换和傅里叶变换的发展。20 世纪 50 年代，控制工程发展的重点在于复平面和根轨迹法。进入 20 世纪 80 年代，数字计算机在控制系统中的普遍使用，使得控制更为精确和快速。

随着人造卫星的发展和太空时代的到来，需要为导弹和太空卫星设计高精度复杂的控制系统。因而，对重量小、控制精度高的系统的需求促进了最优控制的发展，同时时域手段也发展起来。状态空间方法属于时域方法，其核心是最优化技术。它以状态空间描述（实质上是一阶微分或差分方程组）作为数学模型，采用计算机作为系统建模分析、设计乃至控制的手段，适用于多变量、非线性和时变系统，不但在航空航天、制导与军事武器控制中有成功的应用，在工业生产过程控制中也逐步得到应用。

1.1.3 大系统控制阶段 Large-scale System Control Theory Stage

随着生产的发展和科学技术的进步，出现了许多大系统，如电力系统、城市交通网、数字通信网、柔性制造系统、生态系统、水源系统和社会经济系统等。这类系统都具有如下特点：规模庞大、结构复杂（环节较多、层次较多或关系复杂）、目标多样、影响因素众多，且常带有随机性。

原有的控制理论，不论是经典控制理论，还是现代控制理论，都是建立在集中控制的基础上，即认为整个系统的信息能集中到某一点，经过处理，再向系统各部分发出控制信号。这种理论应用到大系统时遇到了困难，由于系统庞大，信息难以集中，且系统过于复杂，集中处理的信息量太大，导致控制难以实现。所以需要有一种新的理论，用以弥补原有控制理论的不足。

大系统控制理论是动态的系统工程理论，应用范围从个别小系统的控制，发展到若干个相互关联的子系统组成的大系统整体的控制。大系统控制出现了一些新的方法和理论，如自适应控制理论与方法、鲁棒控制方法、预测控制方法等，目前仍处于进一步的发展中。

1.1.4 智能控制阶段 Intelligent Control Theory Stage

智能控制是在无人干预的情况下，能自主地驱动智能机器实现控制目标的自动控制技术。它的指导思想是根据人的思维方式和处理问题的技巧，解决那些目前需要人的智能才能解决的复杂的控制问题，控制对象的复杂性体现为：模型的不确定性、高度非线性、分布式的传感器和执行器、动态突变、多时间标度、复杂的信息模式、庞大的数据量以及严格的特性指标等。

控制理论发展至今已有 100 多年的历史，经历了"经典控制理论"和"现代控制理论"的发展阶段，已进入"大系统理论"和"智能控制理论"阶段。智能控制理论的研究和应用是现代控制理论在深度和广度上的拓展。20 世纪 80 年代以来，信息技术、计算技术的快速发展及其他相关学科的发展和相互渗透，也推动了控制科学与工程研究的不断深入，控制系统向智能控制系统的发展已成为一种趋势。

自"智能控制"概念提出以来，智能控制已经从二元论（人工智能和控制论）发展到四元论（人工智能、模糊集理论、运筹学和控制论），在取得丰硕研究和应用成果的同时，智能控制理论也得到不断的发展和完善。智能控制是发展较快的新兴学科，尽管其理论体系还远没有经典控制理论那样成熟和完善，但智能控制理论和应用研究所取得的成果显示出其旺盛的生命力，受到相关研究和工程技术人员的关注。随着科学技术的发展，智能控制的应用领域将不断拓展，理论和技术也必将得到不断的发展和完善。

1.2 自动控制的基本原理 Basic Principles of Automatic Control

自动控制技术发展至今，已在许多工业生产领域和日常生活中得以应用。下面以一个具体的例子引出自动控制的基本原理。

1.2.1 人工控制与自动控制 Manual Control and Automatic Control

在对系统进行控制时，根据系统中是否有人参与，可分为人工控制和自动控制。图 1-1 所示的是人工控制的恒值水位系统。水池中的水源源不断地经出水管流出，以供用户使用。随着用水量的增多，水池中的水位必然下降。这时，若要保持水位高度不变，就得开大进水阀门，增加进水量以作补充。在本例中，若由人工控制来完成对水位的控制，需要操作者根据实际水位的多少，来调节进水阀门的开启程度。具体操作步骤如下：首先，操作者用眼睛测量实际水位，与期望水位进行比较，得到误差值。然后根据误差的大小和正负，由大脑指挥手去正确地调节进水阀门的开度。其控制目的是尽量减小误差，使水位尽可能地保持在期望值附近。

若用杠杆结构代替人工来进行操作，就成为简单的水位自动控制，如图 1-2 所示。图中，用浮子代替人的眼睛来测量水位的高低；另用一套杠杆机构代替人的大脑和手来计算误差和调节阀门开度。具体操作步骤如下：杠杆的一端由浮子带动，若用水量变大，水位下降，通过杠杆的作用，进水阀门上提，开度增大，进水量增加，使水位回至期望值附近。反之，若用水量变小，水位及浮子上升，进水阀门关小，减小进水量，使水位自动下降至期望值附近。整个过程是在无人直接参与的条件下进行的，是自动控制过程。

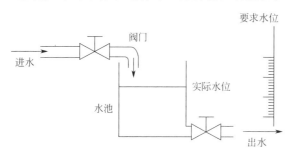

图 1-1 人工控制的恒值水位系统

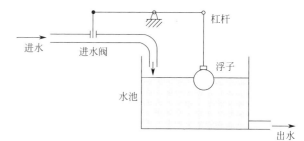

图 1-2 简单的水位自动控制系统

图 1-2 所示的系统虽然可实现自动控制，但由于结构简单而存在较大的缺点，主要表现在被控制的水位高度将随着出水量的变化而变化。出水量越多，水位就越低，偏离期望值越大。也就是说，控制的结果，总存在一定范围的误差。产生这种现象的原因可解释如下：当出水量增加时，为了使水位基本保持恒定不变，需要开大进水阀门，使较多的水流进水池以作补充。要开大进水阀，唯一的途径是浮子要下降得更多，这意味着控制的结果是水位要偏离期望值而降低。于是，整个系统将在较低的水位建立起新的平衡状态。

为克服上述缺点，可在原系统中增加一些设备而组成较完善的自动控制系统，如图 1-3 所示。这里，浮子仍是测量元件，连杆起比较作用，它将期望水位与实际水位两者进行比较，得出误差，并以运动的形式推动电位器的滑块作上下移动。电位器输出电压的高低和极性反映出误差的性质（大小和方向）。电位器输出的微弱电压经放大器放大后用以控制直流伺服电动机，其转轴经减速器减速后拖动进水阀门，作为进水系统的控制器。

在正常情况下，实际水位等于期望值，此时，电位器滑块居中，电压为零。当出水量增大时，浮子下降，带动电位器滑块向上移动，输出电压大于零，经放大后控制电动机作正向旋转，以增大进水阀门的开度，促使水位回升。只有当实际水位回到期望值时，才能使电压为零，控制作用停止。此系统的优点是：无论出水量多或少，自动控制的结果总是使实际水位的高度恒等于期望值，不致出现误差，从而大大提高了控制的精度。

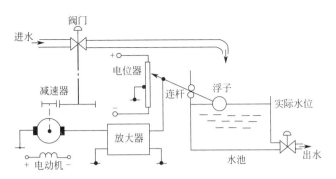

图 1-3　较完善的水位自动控制系统

1.2.2　自动控制系统的构成 The Structure of Automatic Control Systems

从上例可以看出，自动控制是把某些装置有机地组合在一起，以代替人的智能。图 1-3 中的浮子相当于人的眼睛，连杆和电位器类似于大脑，电动机相当于人手等。由于这些装置负担着控制的职能，通常被称为控制装置。**任何一个自动控制系统，都是由被控对象和控制装置两大部分构成的。控制装置包括比较装置、计算装置、放大装置、执行机构、测量装置等**。通过测量装置随时监测被控量，将被控量反馈到输入端并与给定值进行比较，产生偏差信号。根据控制要求对偏差进行计算和信号放大，并且产生控制量，驱动被控量维持在希望值附近。无论是由干扰造成的，还是给定值发生变化，或是由于系统内部结构参数发生变化引起的，只要被控量与希望值出现偏差，控制系统就自行纠偏，这种控制方式称为按偏差调节。由于将输出量反馈到输入端进行比较，并产生偏差信号，所以这种控制系统称为反馈控制系统或闭环控制系统，如方框图 1-4 所示。反馈控制方式在原理上为实现系统高精度控制提供了可能。

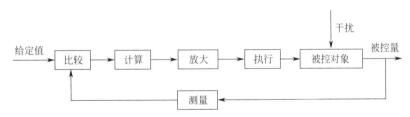

图 1-4　反馈控制系统（闭环控制系统）方框图

关于图 1-4，具体解释如下：

① 被控对象或受控对象：一般指生产过程中需要进行控制的工作机械、装置或生产过程。它接受控制量并输出被控量。

② 比较装置：把测量元件检测的被控量实际值与给定值进行比较，求出它们之间的偏差。通常采用的比较装置有差动放大器、电桥和机械的差动装置等。

③ 计算装置：根据控制要求，对偏差信号进行各种计算并形成适当的控制作用。它是控制装置的核心，决定控制系统性能的好坏。校正装置是可以实现某些控制规律的计算装置，而一些复杂的运算可以利用计算机完成。

④ 放大装置：将比较元件给出的偏差信号进行放大，用来推动执行元件去控制被控对象。由于经过计算处理的信号通常是标准化的弱信号，一般经放大装置作用后，输出信号要有大幅值和大功率，才具备驱动功能。

⑤ 执行机构：直接推动被控对象，使被控量发生变化，例如电动机和调节阀门等。

⑥ 测量装置或传感器：用于检测被控量或输出量，产生反馈信号。如果被检测的物理量属于非电量，一般要转换成标准的电信号，以便处理。为了保证控制精度，要求测量装置测量准确、牢固、可靠、受环境影响小。

除此之外，下面给出控制系统方框图中常用的名词术语。

① 给定值或参考输入：与期望的被控量相对应的系统输入量，给定值与希望的输出值之间一般存在着物理量纲转换关系。给定值可以是常值，也可以是随时间变化的已知函数或未知函数。

② 被控量：描述被控工作状态的、需要进行控制的物理量。它与给定值之间存在一定的函数关系。

③ 干扰：又称为扰动信号，是指由某些因素（外部和内部）引起的、对被控量产生不利影响的信号。

④ 反馈通道：从被控量端（输出）到给定值端（输入）所经过的通路。

⑤ 前向通道：从给定值端（输入）到被控量端（输出）所经过的通路。

1.2.3 自动控制系统的基本控制方式 Basic Control Modes of Control Systems

自动控制系统的基本控制方式主要有开环控制、闭环控制和复合控制三种方式，其中，闭环反馈控制是自动控制系统中应用最广泛的控制方式。

1.2.3.1 开环控制

开环控制方式是指控制装置与被控对象之间只有顺向作用而没有反向联系的控制过程，按这种方式组成的系统称为开环控制系统，其特点是系统的输出量不会对系统的控制作用发生影响。开环控制系统可由给定值控制，也可由干扰控制。

（1）按给定值控制

按给定值控制的开环系统，其控制作用直接由系统的输入量产生，给定一个输入量，就有一个输出量与之对应，控制精度完全取决于所用元件及校准的精度。系统的连接结构如图1-5所示。从图中可以看出，信号由给定值至被控量单向传递。

图1-5 按给定值控制的开环系统方框图

由于在开环控制系统中，控制装置和被控对象之间只有顺向作用，而无反向联系，系统的被控量对控制作用没有影响。因此，开环系统只有在输出量难以测量且要求控制精度不高的场合，才适合使用。

（2）按干扰控制

按干扰控制的开环控制系统的工作原理：当某一干扰对被控量影响较大并且可以测量时，利用干扰信号产生控制作用，以减少或抵消干扰对被控量的影响。由于干扰经测量、计算、执行诸环节直至被控对象的被控量，信号也是单向传递，故也属于开环控制方式，称为顺馈控制方式，其原理图见图1-6。

图1-6 按干扰控制的开环系统方框图

这种控制系统直接从扰动取得信息，只对可测干扰进行补偿。当系统受到不可测量的干扰或系统内部参数发生变化时，由于系统自身无法进行补偿，因此，控制精度仍然受到限制。这种控制方式一般不单独使用。

1.2.3.2 闭环控制系统

开环控制系统精度不高和适应性不强的主要原因是缺少从系统输出到输入的反馈回路。若要提高控制精度，就必须把输出量的信息反馈到输入端，通过比较输入值与输出值，产生偏差信号，该偏差信号以一定的控制规律产生控制作用，逐步减小以至消除这一偏差，从而实现所要求的控制性能。系统的控制作用受被控量影响的控制系统称为闭环控制系统，也称反馈控制系统。

闭环控制系统原理图如图 1-4 所示，将系统的输出信号引回到输入端，与输入信号进行比较，利用所得的偏差信号对系统进行调节，达到减小偏差或消除偏差的目的。由于存在偏差信号和闭合回路，所以称为按偏差调节的闭环控制，或称为反馈控制。闭环控制或反馈控制是自动控制系统中最基本的控制方式，在实际系统中获了广泛的应用。本书所说的控制系统，一般都是指闭环控制系统。

在闭环控制系统中，不论是输入信号的变化、干扰的影响，还是系统内部参数的改变，只要是被控量偏离了规定值，都会产生相应的作用去消除偏差。因此，闭环控制系统抗干扰能力强。与开环控制系统相比，闭环系统对参数变化不敏感，可以选用相对不太精密的元件构成较为精密的控制系统，获得满意的动态特性和控制精度。但是采用反馈装置需要添加元部件，造价较高，同时也增加了系统的复杂性，如果系统结构参数选取不当，控制过程可能变得很差，甚至出现振荡或者发散等不稳定的情况。

必须指出，在系统主反馈通道中，只有采用负反馈才能达到控制目的。若采用正反馈，将使偏差越来越大，导致系统发散，无法工作。

1.2.3.3 复合控制系统

复合控制系统实际上是闭环控制系统与按干扰控制的开环系统相结合的一种自动控制系统，其原理图如图 1-7 所示，对于主要干扰采用适当的补偿装置实现按干扰控制，同时，再利用闭环控制系统实现按偏差控制，以消除其余扰动产生的偏差。

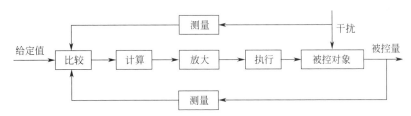

图 1-7 复合控制系统方框图

如果是单纯的闭环控制，当出现干扰信号时，由于系统一般都有惯性或延迟特性，不能马上观察到被控量受到影响，闭环控制也就不能马上产生作用。而当被控量受到的影响反映出来时，控制作用已经滞后。因此，需要按干扰进行补偿控制，使干扰信号作用于系统的同时产生一个补偿作用来抵消干扰的影响。需要注意的是，采用这种复合控制的前提条件是干扰信号可以测量。

1.3 自动控制系统的分类 Classification of Automatic Control Systems

自动控制系统的形式是多种多样的，采用不同的标准划分，就会得到不同的分类结果，常见的有以下几种。

1.3.1 按输入信号特征分类 Classified by Input Signal Characteristics

(1) 恒值控制系统（又称自动调节系统）

如果系统的输入信号是某一恒定的常值，要求系统能够克服干扰的影响，被控量保持在这一常值附近做微小变化，则这类控制系统称为恒值控制系统。连续生产过程中要求某些温度、压力、液位高度等保持恒定的自动控制系统均属于这一类。

(2) 随动控制系统（又称伺服系统）

如果系统的输入信号是一个已知或未知函数，要求被控量能够精确地跟随输入信号变化，则这类系统称为随动控制系统。系统面临的主要矛盾是，被控对象和执行机构因惯性等因素的影响，使系统的输出信号不能紧紧跟随输入信号的变化而变化；控制的任务是提高系统的跟踪能力，使系统的输出信号能跟随难以预知的输入信号的变化而变化。在随动控制系统中，也会有各种扰动影响，但是系统的主要任务是提高跟踪能力，抑制扰动的影响是次要任务。而恒值控制系统的主要任务是抑制扰动的影响，这是两者的主要差别。工业自动化仪表中的函数记录仪、火炮自动跟踪系统和飞机自动驾驶仪系统等均属于随动控制系统。

(3) 程序控制系统

如果系统的输入信号是按预先编制的程序确定，要求被控量按照相应的规律随控制信号变化，则这类系统称为程序控制系统。数控机床按给定程序加工一个工件、供热锅炉的点火操作等就属于这类控制系统，这类系统实际上是开环控制系统而不是反馈控制系统。

1.3.2 按系统参数特性分类 Classified by System Parameter Characteristics

(1) 定常系统

如果系统参数在系统运行过程中相对于时间是不变的，则称这类系统为定常系统或时不变系统。这类系统的特点是系统的响应特性只取决于输入信号的形状和系统的特性，而与输入信号施加的时刻无关。严格的定常系统是不存在的，若在所考察的时间间隔内，系统参数的变化相对于系统的运动缓慢得多，则可近似将其作为定常系统来处理。

(2) 时变系统

如果系统中的参数是时间 t 的函数，则这类系统称为时变系统。这类系统的特点是系统的响应特性不仅仅取决于输入信号的形状和系统的特性，而且还与输入信号施加的时刻有关。严格讲，在工程上的大部分系统属于这类系统。比如电器设备的内部温升、机械部件的磨损和老化、管道的结垢等，都属于慢参数变化的系统。另外还有一类是随运动过程而参数明显变化的系统，其典型例子是导弹或火箭控制系统，它的质量参数会随着所携带的燃料不断消耗而减小。

1.3.3 按系统数学模型分类 Classified by Mathematical Models of Systems

按系统是否满足齐次定理和叠加定理，可以将系统分为线性系统和非线性系统。

(1) 线性系统

由线性元部件组成的自动控制系统，称为线性系统，它的运动规律可以用线性微分方程来描述。严格来说，线性系统实际上并不存在，因为实际的物理系统总是具有某种程度的非线性。线性系统纯粹是为了简化分析和设计而提出的理想模型。但是，当控制系统内部信号的变化范围在各部件的线性特征范围内时，就可以认为系统是线性的。

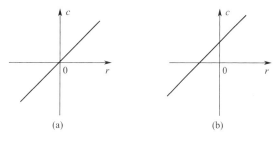

图 1-8 线性系统的静特性

线性系统中各元件的静特性为直线，如图 1-8 所示。图中 r 为输入量，c 为输出量。

线性系统有两个重要特性：

① 叠加性：当同时存在多个输入时，线性系统的输出等于各输入单独作用时所引起的输出量之和。如果用 $c_1(t)$ 表示由输入 $r_1(t)$ 产生的输出量，用 $c_2(t)$ 表示由输入 $r_2(t)$ 产生的输出量，则当 $r_1(t)$ 和 $r_2(t)$ 同时作用时，输出量为 $c_1(t) + c_2(t)$。

② 齐次性（倍增性）：当输入量增大或缩小 K（K 为实数）倍时，线性系统的输出量也按同一倍数增大或缩小。即用 $c(t)$ 表示由 $r(t)$ 产生的输出量，则在 $Kr(t)$ 作用下的输出量为 $Kc(t)$。

系统的稳定性与初始状态和外部作用无关。

(2) 非线性系统

含有一个或一个以上、具有非线性特性的元件的自动控制系统，就是非线性系统。非线性系统的特点是不满足叠加原理，系统响应与初始状态和外作用都有关。图 1-9 示出几种常见的非线性特性，分别为继电器、死区、饱和、间隙特性，另外还有大量的其他非线性特性。对于非线性控制系统，由于没有通用的数学解决方法，一般采用近似方法或计算机仿真技术求解。

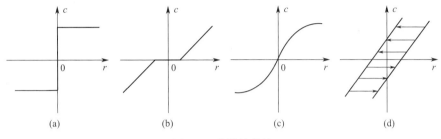

图 1-9 非线性特性

实际物理系统都具有某种程度的非线性，但在一定范围内通过合理简化，大量物理系统都可以足够精确地用线性系统来描述。

1.3.4 按时间变量特性分类 Classified by Time Variable Characteristics

（1）连续时间系统

若控制系统中各环节的输入量和输出量均为时间 t 的连续函数时，则这类系统称为连续时间系统，简称为连续系统。连续系统的运动规律一般可用微分方程描述。如图 1-3 所示的水位控制系统、目前工业生产中普遍采用的常规仪表控制系统，都属于这类系统。

（2）离散时间系统

在控制系统中有一处或一处以上的信号是脉冲序列或数字编码时，称为离散时间系统，简称离散系统。离散系统的特点是信号只在特定离散时刻 t_1，t_2，$\cdots$，t_n 上有意义，而在离散时刻之间无意义，如图 1-10 所示。离散系统的运动规律可以用差分方程描述。

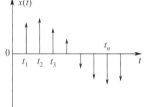

图 1-10 离散时间函数

对连续信号采样，首先得到离散的脉冲序列，再对脉冲序列进行量化，可以得到序列的数字信号。通常把数字序列形成的离散系统，称为数字控制系统，计算机控制系统就是数字控制系统的一种。随着数字计算机技术的飞速发展，离散控制系统理论亦得到迅速发展。

1.3.5 按变量数目分类 Classified by Variable Number

（1）单变量系统

如果系统只有一个输入（不包括扰动输入）和一个输出，则称为单输入-单输出系统，通常简称为单变量系统。

（2）多变量系统

如果系统有多个输入或多个输出，则称为多输入-多输出系统，通常简称为多变量系统。单变量系统可以视为多变量系统的特例。

1.3.6 其他分类方法 Other Classification Methods

自动控制系统还有许多其他的分类方法。如按系统的功能分类，有温度控制系统、压力控制系统、速度控制系统等；如按组成系统的部件分类，有机械系统、电力系统、液压系统、生物系统等；如按控制理论分类，有 PID 控制系统、最优控制系统、预测控制系统、模糊控制系统等。

本书主要介绍单输入-单输出线性定常连续反馈控制系统。

1.4 对控制系统性能的基本要求 Performance Requirement of Control Systems

实际物理系统一般都含有储能元件或者惯性元件，因而系统的输出量和反馈量总是滞后于输入量的变化。因此，当输入量发生变化时，输出量从原平衡状态变化到新的平衡状态需要经历一定时间。在输入量的作用下，系统的输出变量由初始状态到最终稳态的中间变化过程称为过渡过程，又称瞬态过程。过渡过程结束后的输出响应称为稳态过程。系统的输出响应由过渡过程和稳态过程组成。不同的控制对象、不同的工作方式和控制任务，对系统的性能指标要求也不尽相同。一般说来，**对系统性能指标的基本要求可以归纳为稳定性、快速性和准确性。**

1.4.1 稳定性 Stability

稳定性是保证控制系统正常工作的先决条件。一个稳定的控制系统，其被控量偏离期望值的初始偏差应随时间的增长逐渐减小或趋于零。具体来说，对于稳定的恒值控制系统，被控量因扰动而偏离期望值后，经过一个过渡过程时间，被控量恢复到原来的期望值状态；对于稳定的随动系统，被控量应能始终跟踪参考输入变化。反之，不稳定的控制系统，其被控量偏离期望值的初始偏差将随时间的增长而发散，因此，不稳定的控制系统无法实现预定的控制任务。

线性控制系统的稳定性是由系统结构所决定的，与外界因素无关。因为控制系统中一般含有储能元件或惯性元件，如绕组的电感、电枢转动惯量、电炉热容量等，储能元件的能量不可能突变。因此，当系统受到扰动或者有输入量时，控制过程不会立即完成，而是有一定的延迟，使得被控量恢复期望值或者跟踪参考输入需要一个时间过程，即过渡过程。例如，在反馈控制系统中，由于被控对象的惯性，会使控制动作不能瞬时纠正被控量的偏差；控制装置的惯性则会使偏差信号不能及时地完全转化为控制动作。在控制过程中，当被控量已经回到期望值而使偏差为零时，执行机构本应立即停止工作，但由于控制装置的惯性，控制动作仍继续向原来方向进行，使被控量超过期望值又产生符号相反的偏差，导致执行机构向相反方向动作，以减小这个新的偏差。另一方面，当控制动作已经到位时，又由于被控对象的惯性，偏差并未减小为零，因为执行机构继续向原来方向运动，使被控量又产生符号相反的偏差；如此反复进行，致使被控量在期望值附近来回摆动，过渡过程呈现振荡形式。如果这个振荡过程是逐渐减弱的，系统最后可以达到平衡状态，控制目的得以实现，称之为稳定系统；反之，如果振荡过程逐步增强，系统被控量将失控，则称为不稳定系统。不稳定的系统无法使用，系统激烈而持久的振荡会导致功率元件过载，甚至使设备损坏而发生事故，这是绝不允许的。

1.4.2 快速性 Rapidity

为了更好地完成控制任务，控制系统仅仅满足稳定性要求是不够的，还必须对其过渡过程的形式和暂态响应的快慢提出要求。一般地，在控制系统稳定的前提下，总是希望响应越快越好，超调量越小越好。但是，要使响应尽量快，响应曲线就会出现较大的波动，因此，在进行控制系统校正时，应合理兼顾响应过程的快速性和稳定性两方面的要求。图 1-11 中的 $c_1(t)$ 为稳定的衰减振荡过程，$c_2(t)$ 为稳定的非周期过程。图 1-11（a）为自动控制系统在阶跃输入 $r(t)$ 作用下的输出响应曲线，$c_1(t)$ 的响应速度要快于 $c_2(t)$；图 1-11（b）为在有扰动情况下系统克服干扰影响自动调节的输出响应曲线，$c_2(t)$ 相对 $c_1(t)$ 来说具有更好的平稳性和快速性。

1.4.3 准确性 Accuracy

理想情况下，当过渡过程结束后，被控量达到的稳态值应与期望值一致。但实际上，由于系统结构，外作用形式以及摩擦、间隙等非线性因素的影响，被控量的稳态值与期望值之间会有误

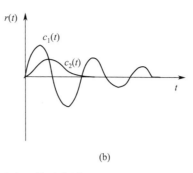

图 1-11　稳定系统的响应速度比较示意图

差存在，称为稳态误差。稳态误差是衡量控制系统控制精度的重要标志，在技术指标中一般都有具体要求。

由于被控对象的具体情况不同，各种系统对上述三项性能指标的要求应有所侧重。例如恒值系统一般对稳态性能限制比较严格，随动系统则对动态性能要求较高。

同一个系统，上述三项性能指标之间是相互制约的。提高过程的快速性，可能会引起系统强烈振荡；改善了稳定性，响应过程有可能变得迟缓，甚至使最终精度也很差。分析和解决这些矛盾，是本课程讨论的主要内容。

1.5　Matlab 在自动控制系统中的应用 Matlab Applications in Automatic Control Systems

Matlab 是目前广泛使用的科学计算与仿真软件，可以方便地完成控制系统建模、分析和设计中各种复杂的数学计算，实现控制系统的仿真实验。Matlab 语言简洁紧凑，使用方便灵活，程序书写形式自由，语法规则简单，库函数丰富，被称为"演算纸"式的科学与工程计算语言。很多领域的专家编写了专门适用于不同领域的 Matlab 工具箱，在自动控制领域，有控制系统工具箱（control systems toolbox）、系统辨识工具箱（system identification toolbox）、信号处理工具箱（signal processing toolbox）、鲁棒控制工具箱（robust control toolbox）和最优化工具箱（optimization toolbox）等。

控制系统工具箱是针对控制系统分析与工程设计的函数和工具的集合，其函数主要采用 M 文件形式，为控制系统模型建立、分析、仿真提供了丰富的函数和简便的图形用户界面，基本涵盖了经典控制理论的全部内容和部分现代控制理论的内容。利用控制系统工具箱可以创建控制系统的数学模型，如经典控制理论中的传递函数模型和现代控制理论中的状态空间模型等，实现不同模型之间的相互转换；针对数学模型求取在不同输入信号下的时间响应曲线、频率特性曲线及根轨迹图等，进行模型的分析与补偿设计。

本书后面各章将使用 Matlab 控制系统工具箱函数，编写命令，给出控制系统分析与研究的应用实例。

本章小结

自动控制是在无人直接参与的情况下，利用控制装置，使被控对象的被控量按给定的规律运行。

自动控制系统由被控对象和控制装置构成，控制装置包括测量（变送）装置、比较装置、计算装置、放大装置、执行机构等。应理解控制装置各组成部分的功能，以及在系统中如何完成相应的工作，并能用方框图形式表示系统。通过方框图可以进一步抽象出系统的数学模型。

基本的控制方式有开环控制、闭环控制和复合控制三种。闭环（反馈）控制系统的工作原理是将系统输出信号反馈到输入端，与输入信号进行比较，利用得到的偏差信号进行控制，达到减小偏差或消除偏差的目的。

自动控制系统的分类方法有很多，其中最常见的是按系统输入信号的时间特性进行分类，分为恒值控制系统、随动控制系统和程序控制系统。

对自动控制系统的基本要求是：系统必须是稳定的；系统的稳态误差要小；系统的响应过程要平稳快速。

关键术语和概念

- 自动控制（Automatic control）：指在脱离人的直接干预情况下，利用控制装置（控制器）使被控对象（如生产过程等）的工作状态（被控量）按照预定的规律运行
- 系统（Systems）：为实现预期的目标而将有关元部件相互连接在一起。
- 控制系统（Control systems）：为了达到预期的目标（响应）而设计出来的系统，它由相互关联的部件组合而成。
- 自动控制系统（Automatic control systems）：实现自动控制的目的，由相互联系和制约的各部件组成的具有特定功能的整体。
- 被控对象或受控对象（Controlled plants）：一般指生产过程中需要进行控制的工作机械、装置或生产过程。
- 比较装置（Comparing devices）：把测量元件检测的被控量与给定值进行比较，以求出它们之间的偏差。
- 计算装置（Computing devices）：根据控制要求，对偏差信号进行各种计算并形成适当的控制作用。
- 放大装置（Amplifiers）：将比较元件给出的偏差信号进行放大，用来推动执行元件去控制被控对象。
- 执行机构（Actuators）：直接推动被控对象，使被控量发生变化。
- 测量装置（Measure devices）或传感器：用于检测被控量或输出量，产生反馈信号。如果被检测的物理量属于非电量，一般要转换成电量以便处理。
- 给定值（Set points）或参考输入：与期望的被控量相对应的系统输入量，给定值与希望的输出值之间一般存在着物理量纲转换关系。给定值可以是常值，也可以是随时间变化的已知函数或未知函数。
- 被控量（Controlled variables）：描述被控对象工作状态的、需要进行控制的物理量。它与给定值之间存在一定函数关系。
- 干扰（Disturbances）：又称为扰动信号，是指由某些因素（外部和内部）引起的、对被控量具有不利影响的信号。
- 反馈通道（Feedback channels）：从被控量端（输出）到给定值端（输入）所经过的通路。
- 前向通道（Forward channels）：从给定值端（输入）到被控量端（输出）所经过的通路。
- 开环控制系统（Open-loop control systems）：开环控制方式是指控制装置与被控对象之间只有顺向作用而没有反向联系的控制过程，按这种方式组成的系统称为开环控制系统。
- 闭环控制系统（Closed-loop control systems）：系统的控制作用受被控量影响的控制系统。
- 复合控制系统（Compound control systems）：闭环控制系统与按干扰控制的开环系统相结合的一种自动控制系统。
- 恒值控制系统（Fixed set-point control systems）：如果系统的输入信号是某一恒定的常值，要求系统能够克服干扰的影响，被控量保持在这一常值附近做微小变化，则这类控制系统称为恒值控制系统。
- 随动控制系统（Servo systems）：如果系统的输入信号是一个已知或未知函数，要求被控量能够精确地跟随输入信号变化，则这类系统称为随动控制系统。
- 程序控制系统（Programmed control systems）：如果系统的输入信号是按预先编制的程序确定，要求被控量按照相应的规律随控制信号变化，则这类系统称为程序控制系统。
- 定常系统（Time-invariant systems）：参数在系统运行过程中相对于时间不变的系统，又称为时不变系统。
- 时变系统（Time-varying systems）：参数是时间的函数的系统。

- 线性系统（Linear systems）：由线性元部件组成的自动控制系统，称为线性系统。
- 非线性系统（Nonlinear systems）：含有一个或一个以上具有非线性特性的元件的自动控制系统，就是非线性系统。
- 连续时间系统（Continuous-time systems）：若控制系统中各环节的输入量和输出量均为时间 t 的连续函数，则这类系统称为连续时间系统。
- 离散时间系统（Discrete-time systems）：在控制系统中有一处或一处以上的信号是脉冲序列或数字编码时，这类系统就称为离散时间系统。
- 单变量系统（Single-variable systems）：如果系统只有一个输入（不包括扰动输入）和一个输出，则称为单输入-单输出系统，通常简称为单变量系统。
- 多变量系统（Multivariable systems）：如果系统有多个输入和多个输出，则称为多输入-多输出系统，通常简称为多变量系统。
- 稳定性（Stability）：表明系统恢复平衡状态的能力，是对控制系统的最基本要求。
- 快速性（Rapidity）：系统在暂态过程中的响应速度及被控量的阻尼程度。
- 准确性（Accuracy）：是系统控制精度的度量，一般用稳态误差来衡量。
- 稳态误差（Steady-state error）：由于系统结构、外作用形式以及摩擦、间隙等非线性因素的影响，被控量的稳态值与期望值之间会有误差存在，称为稳态误差。

习 题

1-1 试列举几个日常生活中所遇到的开环和闭环控制的例子，画出它们的框图，并说明它们的工作原理，讨论其特点。

1-2 自动控制系统通常由哪些环节所组成？它们在控制过程中起到什么作用？

1-3 反馈控制系统在引入负反馈时，如果将极性接反了，会产生什么后果？

1-4 图1-12为液位自动控制系统示意图。在任何情况下，希望水位高度 h 不变。试说明系统工作原理，并画出系统结构图。

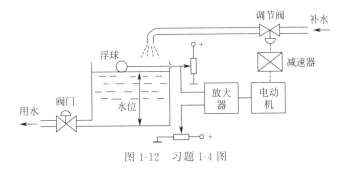

图 1-12 习题 1-4 图

1-5 一晶体管稳压电源如图1-13所示。
（1）指出系统的参考输入、比较装置、执行机构、被控对象和测量反馈装置。
（2）试画出系统方框图，指出其控制方式。

1-6 某生产机械恒速控制系统原理图如图1-14所示，系统中除了速度反馈外，还设置了电流正反馈以补偿负载变化的影响。试标出速度负反馈、电流正反馈的信号的正、负号并画出框图。

1-7 判断下列系统是线性定常系统、线性时变系统还是非线性系统？

(1) $c(t)=2+3\dfrac{\mathrm{d}r(t)}{\mathrm{d}t}+\dfrac{\mathrm{d}^2r(t)}{\mathrm{d}t^2}$

(2) $c(t)=4+5r(t)$

(3) $c(t)=r^2(t)$

(4) $c(t)=3r(t)+5\int_{-\infty}^{t}r(\tau)\mathrm{d}\tau$

(5) $\dfrac{\mathrm{d}^2c(t)}{\mathrm{d}t^2}+3\dfrac{\mathrm{d}c(t)}{\mathrm{d}t}+2c(t)=r(t)$

(6) $c(t)=5+r(t)+t\dfrac{\mathrm{d}r(t)}{\mathrm{d}t}$

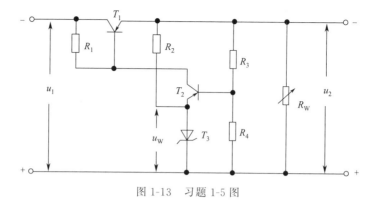

图 1-13 习题 1-5 图

图 1-14 习题 1-6 图

控制系统的数学描述
Mathematical Modeling of Control Systems

【案例引入】

打电话时,话音在传输过程中,为降低声音衰减,需要加入增音过程,有时会引发自激振荡现象,破坏语音质量。1932年,奈奎斯特(H. Nyquist)对长途电话自激振荡现象进行研究。一台增音机含有几十个储能元件,很难用微分方程对产生的自激振荡现象进行分析解释。奈奎斯特通过改变输入信号频率,并用仪器测出开环系统的增益与频率的关系,即频率响应,进而判断出系统稳定性。这种方法并不要求知道系统的微分方程或特征多项式,与实验直接挂钩,为反馈系统的研究开辟了全新的前景。

【学习意义】

自动控制系统是对工艺过程和生产设备进行自动化操作的系统,它不单纯是各种元件的连接,而是信号传递、转换和处理的过程。为此,在自动控制系统的分析和设计中,首先要建立系统的数学模型,即描述系统输入、输出变量及各内部变量之间因果关系的数学表达式。然后对系统的数学模型进行分析,避开不同的物理系统(如电气、机械、化工、热力、气动和液压系统等)复杂特性的问题,从而研究在一般意义下控制系统的普遍规律。

建立系统的数学模型,是整个分析过程中最重要的环节。在自动控制原理中,数学模型有多种形式。时域中常用的数学模型有微分方程和差分方程等,频域中有传递函数、方框图和频率特性等。对于线性系统,可以利用拉普拉斯变换和傅里叶变换,将时域模型转换为频域模型进行分析与设计。本章主要介绍单输入-单输出线性系统的数学模型描述及相应的数学基础知识,为后续控制系统的分析及设计打下基础。

【学习目标】
① 掌握数学模型的建立方法,会进行非线性微分方程的线性化计算;
② 掌握传递函数的基本概念,会求典型环节及自动控制系统的传递函数;
③ 熟练掌握动态结构图及其等效变换;
④ 熟悉信号流图的绘制,掌握用梅逊增益公式求系统传递函数的方法。

2.1 控制系统的微分方程描述 Differential Equation Description of Control Systems

微分方程是描述被控量(系统输出)和给定量(系统输入)或扰动量(扰动输入)之间函数关系的数学模型。通过对微分方程的求解、特征根分析等可以直接了解系统稳定性、快速性、准确性等方面的性能,并可以获取输出的动态响应轨迹。在不同条件下,从微分方程可以推导出线性系统其他形式的数学模型，还可以扩展应用于非线性系统、时变系统等，是目前控制研究领域和应用领域都被广泛应用的一种数学模型。

1868 年，麦克斯韦（J. C. Maxwell）指出在控制系统平衡点附近的一个小邻域内，可以用线性化的微分方程描述系统的运动特性。20 世纪以前，基于微分方程的时域分析方法在控制领域处于绝对主导地位。通过求解微分方程，可以直接对系统运动进行定量的描述；通过分析系统特征方程的根，发展出了劳斯（Routh）稳定性判据、赫尔维茨（Hurwitz）稳定性判据等方法；通过误差分析和反馈作用，学者们提出了至今仍广为应用的比例-积分-微分（PID）控制方法，可见微分方程是系统最主要的数学模型之一。

建立控制系统的微分方程主要有两种方法：

① 解析法。了解整个系统的组成环节和工作原理，通过分析系统各个环节的运动机理推出整个系统的微分方程。

② 实验法。人为地给系统加入已知的测试信号，记录此信号作用下的系统输出或状态变量的运动，然后选择对应运动轨迹的近似微分方程作为该系统的数学模型。这种方法又称为系统辨识。近年来，系统辨识已经发展为一门独立的学科分支，由专门的课程讲解，在这里不做介绍。本章主要讨论运用解析法建立数学模型。

2.1.1 典型控制系统的数学模型 Mathematical Models of Typical Control Systems

采用解析法建立控制系统的微分方程时，一般步骤如下：

① 了解系统组成及各环节之间的传递关系，确定系统输入、输出变量，系统内部变量及变量之间的相互关系；

② 从输入端开始按照信号流向，分析各环节的运动机理，写出描述各环节动态关系的微分方程；

③ 采用微偏线性化等方法对原始微分方程进行简化；

④ 对简化后方程进行推导，消除中间变量，仅保留系统输入变量和输出变量；

⑤ 将微分方程整理成规范形式，即将输出变量及其各阶导数项放在等号左边，输入变量及其各阶导数项放在等号右边，分别按降幂排列。

下面举例说明建立微分方程的方法。

(1) 电路系统

电路系统的基本要素是电阻、电容和电感，而建立数学模型的基本定律是基尔霍夫电流定律和电压定律，即流入和流出节点的所有电流的代数和等于零，在任何瞬间，电路中任意环路的电压代数和等于零。

① 设在图 2-1 所示 R-L-C 电路中，电阻 R、电感 L、电容 C 均为常值，输出端开路（或负载阻抗很大）。

根据基尔霍夫定律可写出电路的电压平衡方程

$$u_r(t) = Ri + L\frac{di}{dt} + \frac{1}{C}\int i\,dt \tag{2-1}$$

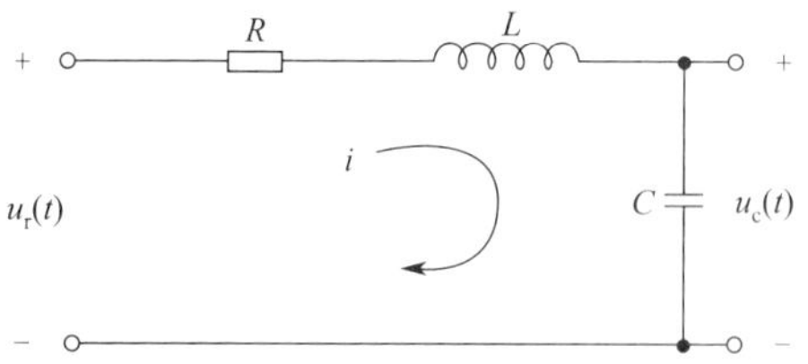

式中，i 是中间变量，它与输出 $u_c(t)$ 有如下关系

$$u_c(t) = \frac{1}{C}\int i\,dt \quad \text{或} \quad i = C\frac{du_c(t)}{dt} \tag{2-2}$$

联立上述方程，消去中间变量 i，得到输入-输出微分方程式

图 2-1 R-L-C 电路

$$u_r(t) = RC\frac{du_c(t)}{dt} + LC\frac{d^2 u_c(t)}{dt^2} + u_c(t)$$

将上式整理成标准形式，即输出项在左端，输入项在右端，令 $T_1 = L/R$，$T_2 = RC$，得到

$$T_1 T_2 \frac{d^2 u_c(t)}{dt^2} + T_2 \frac{du_c(t)}{dt} + u_c(t) = u_r(t) \tag{2-3}$$

上式是一个线性定常二阶微分方程。由于电路中有两个储能元件 L 和 C，故式中输出项的导数最高阶次为 2。

② 有源电路网络如图 2-2 所示，R_1、R_2、R_3、C 为常值，试写出输入 $u_r(t)$ 和输出 $u_c(t)$ 之间的动态关系式。由运放工作特性，有

$$\begin{cases} u_r(t) = i_1(t)R_1 \\ -u_c(t) = i_2(t)R_2 + \dfrac{1}{C}\int i_2(t)\mathrm{d}t \\ i_1(t) = i_2(t) \end{cases}$$

因为输入为 $u_r(t)$，输出为 $u_c(t)$，消去中间变量，得到输入-输出微分关系式

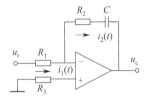

图 2-2 有源电路网络

$$-R_1 C \dfrac{\mathrm{d}u_c(t)}{\mathrm{d}t} = R_2 C \dfrac{\mathrm{d}u_r(t)}{\mathrm{d}t} + u_r(t) \tag{2-4}$$

图 2-2 所示电路中含有一个独立的储能元件——电容，则动态关系式中的导数项最高阶数为 1，都表现出一阶动态系统的性质。

（2）机械系统

机械系统常用的基本器件是质量块、弹簧和阻尼器等。具有较大惯性和刚度的器件通常视为质量块；而具有较小惯性、较大柔性的器件则近似为无质量的弹簧；安置在结构系统上可以提供运动的阻力，耗减运动能量的装置，称为阻尼器。机械系统遵循的基本定律是牛顿运动定律和力矩平衡定律。

机械位移系统如图 2-3 所示，输入为外力 $f(t)$，作用于系统时产生输出位移 $x(t)$，M 为质量块的质量，K 为弹簧弹性系数，D 为阻尼系数。根据牛顿第二定律，对质量块作受力分析，有

$$M \dfrac{\mathrm{d}^2 x(t)}{\mathrm{d}t^2} = f(t) - f_1(t) - f_2(t) \tag{2-5}$$

式中，$f_1(t)$、$f_2(t)$ 分别为弹簧和阻尼器对质量块的作用力，满足关系

$$f_1(t) = K x(t) \tag{2-6}$$

$$f_2(t) = D \dfrac{\mathrm{d}x(t)}{\mathrm{d}t} \tag{2-7}$$

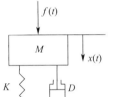

图 2-3 机械位移系统

将 $f_1(t)$、$f_2(t)$ 代入式(2-5)，整理可得

$$M \dfrac{\mathrm{d}^2 x(t)}{\mathrm{d}t^2} + D \dfrac{\mathrm{d}x(t)}{\mathrm{d}t} + K x(t) = f(t) \tag{2-8}$$

可以看出，图 2-3 所示系统与电路网络系统相似，因为含有两个储能元件，式中的导数项最高阶数为 2，表现为一个二阶线性定常系统。

（3）机电系统

电动机作为控制系统的执行机构，是机电系统的基本因素。如图 2-4 所示的他励直流电动机转速控制系统，既有电磁作用，又有机械转动。励磁绕组和电枢绕组分别由两个独立的直流电源供电。电枢回路总电感为 L_a，总电阻为 R_a。在电枢电压 U_d 的作用下，电枢绕组中通过电枢电流 I_a。电枢电流与磁场相互作用产生电磁转矩 M，从而拖动负载以某一角速度 ω 运转。电枢旋转时，切割磁感线产生电动势 E_a，电动势的方向与电枢电流的方向相反。假设负载转速为 M_L，下面具体举例说明如何建立机电系统的数学模型。

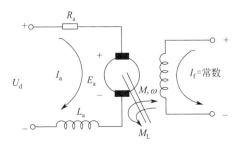

图 2-4 他励直流电动机转速控制系统

根据电磁相互作用原理和基尔霍夫电路定律，有

$$U_d - E_a = L_a \frac{dI_a}{dt} + R_a I_a \tag{2-9}$$

再根据机械旋转运动规律，有

$$M - M_L = J \frac{d\omega}{dt} \tag{2-10}$$

其中，J 是电动机转动惯量（包括减速系统、负载机械等折算到电动机轴的转动惯量）。电机旋转产生的感应电动势与转速成正比

$$E_a = C_d \omega \tag{2-11}$$

式中，C_d 为电动机比例系数，取决于电动机极对数、绕组有效匝数等结构参数和磁场磁通等励磁工况，与其他变量无关，可以看成常数。

电机电磁转矩与电枢电流的关系为

$$M = C_m I_a \tag{2-12}$$

式中，C_m 为电机转矩常数。

式(2-9)~式(2-12)中，U_d 是系统输入，M_L 由负载决定，可看成干扰输入，ω 为系统输出。E_a、I_a、M 为电动机内部变量，消除后可得输入-输出微分方程式

$$T_a T_m \frac{d^2\omega}{dt^2} + T_m \frac{d\omega}{dt} + \omega = \frac{1}{C_d} U_d - \frac{R_a}{C_d C_m}\left(T_a \frac{dM_L}{dt} + M_L\right) \tag{2-13}$$

这是一个二阶系统，其中电机电枢的电磁时间常数 T_a 为

$$T_a = \frac{L_a}{R_a}$$

电机的机电时间常数 T_m 为

$$T_m = \frac{JR_a}{C_m C_d}$$

一些情况下，有 $T_a \ll T_m$，可以忽略 T_a 作用，则原系统可以简化为一阶系统

$$T_m \frac{d\omega}{dt} + \omega = \frac{1}{C_d} U_d - \frac{R_a}{C_d C_m} M_L \tag{2-14}$$

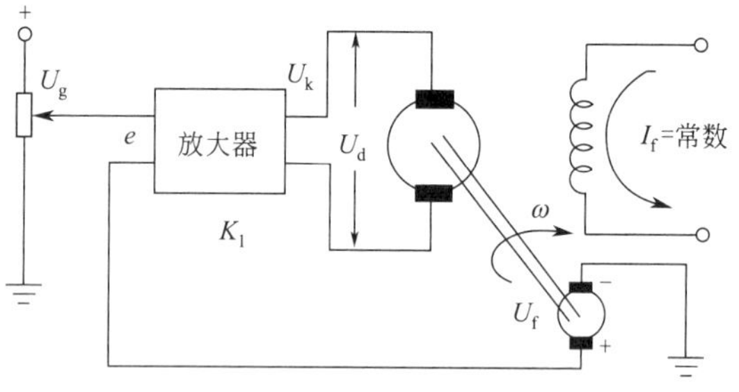

由图2-4构造的闭环转速控制系统如图2-5所示，电机转速被测速发电机测出，转化为电压信号 U_f 并反馈到输入端，与给定输入 U_g 比较，误差信号经过放大并取放大系数为 K_1，得到控制信号

$$U_k = K_1(U_g - U_f) \tag{2-15}$$

由电工电子技术知道，忽略晶闸管时间滞后和非线性因素时，取晶闸放大系数为 K_s，有

$$U_d = K_s U_k \tag{2-16}$$

图 2-5 闭环转速控制系统

测速反馈环节，反馈电压与测量转速成正比，取反馈系数为 K_f，有

$$U_f = K_f \omega \tag{2-17}$$

将式(2-15)~式(2-17)代入式(2-13)，可得直流电机闭环转速控制系统的微分方程为

$$\frac{T_a T_m}{1+K}\frac{d^2\omega}{dt^2} + \frac{T_m}{1+K}\frac{d\omega}{dt} + \omega = \frac{K_y}{C_d(1+K)}U_g - \frac{R_a}{(1+K)C_d C_m}M_L - \frac{L_a}{C_d C_m (1+K)}\frac{dM_L}{dt} \tag{2-18}$$

式中，$K_y = K_1 K_s$，为前向通道增益；$K = K_1 K_s K_f / C_d$，为系统开环增益。

(4) 热量平衡系统

热量平衡是指温度不同的两个或几个系统之间发生热量的传递，直到系统的温度相等。在热

量交换过程中，遵从热能的转化和守恒定律。从高温物体向低温物体传递的热量，实际上就是内能的转移，高温物体内能的减少量就等于低温物体内能的增加量。在无热量损失的绝热系统内的热交换过程中，其热量平衡方程式为：$Q_{放}=Q_{吸}$。此方程只适用于交换过程中无热功转换的问题，而且在初、末状态都必须达到平衡态。

图 2-6 所示液体加热系统，冷液体初始温度为 T_0，出口温度为 T，设单位时间内流入加热箱的液体质量为 M，箱内恒有液体质量为 M_0，比热容为 c。系统输入为加热器单位时间内产生的热量 q，输出为液体出口和入口的温度差 ΔT，试建立输入和输出之间的动态关系式。

根据热量平衡方程，瞬时进入加热箱的热量应该等于出去或消耗的热量，则在时间 dt 内，进入系统的热量有：

加热器热量　　　　$dQ_1=qdt$
流入液体热量　　　$dQ_2=cMT_0dt$

在时间 dt 内，离开系统的热量有：

流出液体热量　　　$dQ_3=cMTdt$
箱内液体升温热量　$dQ_4=cM_0dT$

所以有

$$dQ_1+dQ_2=dQ_3+dQ_4$$

即

$$cM_0\frac{dT}{dt}+cM(T-T_0)=q \quad (2\text{-}19)$$

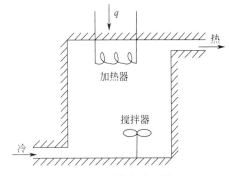

图 2-6　液体加热系统

因为输出 $\Delta T=T-T_0$，代入式(2-19) 可得数学模型

$$\frac{M_0}{M}\frac{d\Delta T}{dt}+\Delta T=\frac{q}{cM} \quad (2\text{-}20)$$

表现为一阶系统的性质。

(5) 液位控制系统

锅炉和反应器在发电厂、石油化工等生产企业中是常见的生产过程设备，其中的液位控制是很重要的。为了保证设备的正常运行，需要维持反应器液位为期望值。当实际液位与设定液位间有偏差时，调节器应立即进行控制，去开大或者关小给水阀门，使液位恢复到给定值。

简单水槽液位系统如图 2-7 所示，设 $Q_1=\overline{Q}+q_i$，为进入水槽的液体流量（m^3/s）；$Q_2=\overline{Q}+q_o$，为流出水槽的液体流量（m^3/s）；$H=\overline{H}+h$，为液位高度。

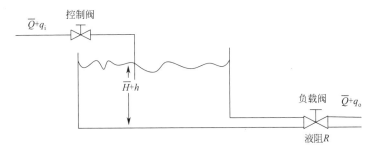

图 2-7　简单水槽液位系统

确定 Q_1 为输入，液位 H 为输出，研究当 Q_1 变化时，液位 H 的响应特性。根据物料平衡关系式可得

$$Q_1-Q_2=\frac{dV}{dt}=A\frac{dH}{dt}$$

式中，V 为槽内液体的蓄存量，m^3；A 为槽的截面积。由流体力学可知

$$Q_2 = \alpha F \sqrt{H}$$

式中，F 是流出阀的流通面积，即阀的开度；α 是阀的节流系数，在流量变化不大时，可近似为常数。图 2-7 对应的液位系统数学模型为

$$A\frac{\mathrm{d}H}{\mathrm{d}t} + \alpha F\sqrt{H} = Q_1 \tag{2-21}$$

以上例子来自不同的领域，系统遵循的物理规律也不相同，但却能得到相似的数学微分方程模型。因此围绕同一数学模型分析设计的结果在不同领域具有普适性。对于单输入-单输出线性定常系统，设输入为 x_i，输出为 x_o，则系统微分方程的一般表达式为

$$a_0\frac{\mathrm{d}^n x_o}{\mathrm{d}t^n} + a_1\frac{\mathrm{d}^{n-1} x_o}{\mathrm{d}t^{n-1}} + \cdots + a_{n-1}\frac{\mathrm{d}x_o}{\mathrm{d}t} + a_n x_o = b_0\frac{\mathrm{d}^m x_i}{\mathrm{d}t^m} + b_1\frac{\mathrm{d}^{m-1} x_i}{\mathrm{d}t^{m-1}} + \cdots + b_{m-1}\frac{\mathrm{d}x_i}{\mathrm{d}t} + b_m x_i$$

$$\tag{2-22}$$

式中，$a_i(i=0, 1, \cdots, n)$，$b_j(j=0, 1, \cdots, m)$ 为常数，一般系统都有 $n \geq m$，n 对应系统阶数。

2.1.2 非线性微分方程的线性化 Linearization of Nonlinear Differential Equations

在实际系统中，严格地说，各组成元件都具有一定的非线性。例如电阻、电感、电容等元件参数值与周围环境（温度、湿度和压力等）及实时电流的大小有关，并非常值；各种电动、液压等传动机构会不同程度的存在摩擦、死区等非线性因素。

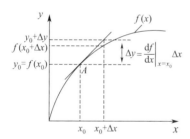

图 2-8 微小偏差线性化示意图

非线性微分方程求解十分困难，很多情况下，通过设定一定的条件，将非线性特性近似处理为线性特性，将极大地简化控制系统的研究。如果输入量连续变化时，非线性输出及其各阶导数的变化都是连续的（至少在对象的运行范围内变化连续），则称此类函数为光滑函数，在小范围内可用线性函数近似替代。

设系统输入-输出满足图 2-8 所示的非线性关系 $y=f(x)$。当系统稳定工作在平衡点 (x_0, y_0) 时，若受到小扰动作用会偏离平衡点，并在平衡点附近运动。此时，可在平衡点的一个小邻域内，对 $y=f(x)$ 做泰勒（Taylor）展开

$$y = f(x) = f(x_0) + \frac{\mathrm{d}f}{\mathrm{d}x}\bigg|_{x=x_0} \Delta x + \frac{1}{2!}\frac{\mathrm{d}^2 f}{\mathrm{d}x^2}\bigg|_{x=x_0} \Delta x^2 + \cdots + \frac{1}{n!}\frac{\mathrm{d}^n f}{\mathrm{d}x^n}\bigg|_{x=x_0} \Delta x^n + \cdots \tag{2-23}$$

因展开范围是一个小邻域，所以 Δx 很小，可以忽略 Δx^2 及阶数高于 Δx^2 的项，得到

$$y = f(x_0) + \frac{\mathrm{d}f}{\mathrm{d}x}\bigg|_{x=x_0} \Delta x \tag{2-24}$$

则有

$$\Delta y = f(x) - f(x_0) = \frac{\mathrm{d}f}{\mathrm{d}x}\bigg|_{x=x_0} \Delta x \tag{2-25}$$

这里 $\dfrac{\mathrm{d}f}{\mathrm{d}x}\bigg|_{x=x_0}$ 对应曲线 $f(x)$ 在平衡点处的斜率，式（2-23）实际上为平衡点的切线方程。所以微小偏差线性化的几何意义就是在平衡点的一个小邻域内，用该点的切线方程代替非线性曲线方程 $y=f(x)$。式（2-24）或式（2-25）是系统的线性化数学模型。

同理，若系统具有两个输入量，则非线性模型 $z=f(x, y)$ 在平衡点展开成泰勒级数，忽略

高次项，可简化成如下线性关系

$$z = f(x_0, y_0) + \frac{\partial f}{\partial x}\bigg|_{\substack{x=x_0 \\ y=y_0}} \Delta x + \frac{\partial f}{\partial y}\bigg|_{\substack{x=x_0 \\ y=y_0}} \Delta y \tag{2-26}$$

这就是两个自变量的非线性系统的线性化模型。

非线性系统线性化后，可以利用线性系统理论对其进行分析和研究。但要注意线性化模型与平衡工作点的位置相关，工作点不同，线性化模型的参数值也不同。因此线性化的第一步是确定平衡工作点。

设铁芯线圈电路如图 2-9(a) 所示，产生磁通 ϕ 与线圈中的电流 i 之间的关系如图 2-9(b) 所示。

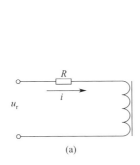
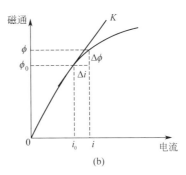

图 2-9 铁芯线圈电路

设铁芯线圈变化时产生的感应电势为

$$e_\phi = K_1 \frac{d\phi}{dt}$$

根据基尔霍夫定律写出电路微分方程

$$u_r = K_1 \frac{d\phi}{dt} + Ri = K_1 \frac{d\phi}{di} \times \frac{di}{dt} + Ri \tag{2-27}$$

式中，$\frac{d\phi}{di}$ 是线圈中电流 i 的非线性函数，因此，上式是一个非线性方程。

在工程应用中，如果电路的电压和电流只在某平衡点 (u_0, i_0) 附近作微小变化，则可设 u_r 相对于 u_0 的增量是 Δu_r，i 相对 i_0 的增量是 Δi，并设 ϕ 在 i_0 邻域内连续可导，这样可将 ϕ 在 i_0 附近泰勒展开，然后略去高阶导数项，得到

$$\phi - \phi_0 = \frac{d\phi}{di}\bigg|_{i=i_0} \Delta i = K \Delta i$$

式中，$K = \frac{d\phi}{di}\bigg|_{i=i_0}$。令 $\Delta\phi = \phi - \phi_0$，并略去增量符号 Δ，便得到磁通 ϕ 与电流 i 之间的增量线性化方程为

$$\phi = Ki$$

由上式可求得 $\frac{d\phi}{di} = K$ 代入式(2-27)，有

$$K_1 K \frac{di}{dt} + Ri = u_r \tag{2-28}$$

上式便是铁芯线圈电路在平衡点 (u_0, i_0) 的增量线性化微分方程，若平衡点变动时，K 值亦相应改变。

有一些非线性特性，不满足函数各阶导数值连续的条件，称为不光滑函数。此类函数因其不连续而不能进行泰勒展开，上述线性化方法不再适用。此时，需要采用非线性理论来进行分析。

2.2 拉普拉斯变换及反变换 The Laplace Transform and the Inverse Laplace Transform

微分方程建立后，在给定输入和初始条件下，通过求解可知系统的输出响应。但大部分情况下，微分方程的精确求解十分烦琐，只能借助计算机算法实现近似计算，从而局限了微分方程的应用。拉普拉斯（Laplace）变换是法国 P.S. Laplace 发明的一种积分变换，是将时域微分方程转化为复域代数方程的过程，可以用简单的代数运算替代复杂的微分方程求解运算。

Laplace 变换主要分为两步：ⅰ作 Laplace 变换，将微分方程转换为代数方程，然后运用简单的代数法则得到该方程在复域上的解；ⅱ作 Laplace 反变换，将微分方程的复域解转化为直观的时域解。Laplace 变换已成为分析控制系统的基本数学方法之一。

2.2.1 Laplace 变换的定义 Definition of the Laplace Transform

对于实函数 $f(t)$，当自变量 t 从左边趋于 0 并以 0 为极限时，记 $f(t)$ 的左极限为 $f(0^-)$；当自变量 t 从右边趋于 0 并以 0 为极限时，记 $f(t)$ 的右极限为 $f(0^+)$，即

$$f(0^-) = \lim_{\substack{t \to 0 \\ (t<0)}} f(t), \quad f(0^+) = \lim_{\substack{t \to 0 \\ (t>0)}} f(t) \tag{2-29}$$

"0^-" 和 "0^+" 不是具体的接近于 0 的数，而是一种表示变量极限的符号。后文有 "$t=0^-$" 或 "$t=0^+$" 的表达式，也只是一种方便的表示方法，其意义同上。若 $f(t)$ 满足以下条件

$$\int_{0^-}^{\infty} |f(t)\mathrm{e}^{-\sigma_c t}| \mathrm{d}t < \infty \tag{2-30}$$

则实数 σ_c 有界且随着 $f(t)$ 不同而变化。给定有界实数 $\sigma > \sigma_c$，则定义函数 $f(t)$ 的 Laplace 变换为

$$F(s) = L[f(t)] = \int_{0^-}^{\infty} f(t)\mathrm{e}^{-st} \mathrm{d}t < \infty \tag{2-31}$$

式中，s 被称为 Laplace 算子，$s = \sigma + j\omega$，为复数自变量。函数 $f(t)$ 为函数 $F(s)$ 的原函数，$F(s)$ 为 $f(t)$ 的拉普拉斯变换（或称为象函数）。如果函数 $f(t)$ 在 $t \to \infty$ 时表现出比指数函数更快的增长率，如 $f(t) = \mathrm{e}^{t^2}$，找不到一个有限 σ_c 使得式(2-30) 成立，则 $f(t)$ 的 Laplace 变换不存在，在工程上一般不会遇到这种情况。

式(2-31) 中积分是从 $t=0^-$ 到 ∞，表明 $f(t)$ 中所包含的 $t=0$ 之前的所有信息都不作考虑，即 $t<0$ 时，$f(t) \equiv 0$，该条件对于实际物理系统是可实现的。因为对于一个物理系统，在 $t=0$ 时给它一个输入，系统响应不可能在 $t=0$ 之前开始，也就是说响应不可能先于激励，这样的系统被称为因果系统。

【例 2-1】 单位阶跃函数 $1(t)$ 定义如下

$$1(t) = \begin{cases} 1, & t > 0 \\ 0, & t < 0 \end{cases} \tag{2-32}$$

求其 Laplace 变换 $F(s)$。

解 $F(s) = L[1(t)] = \int_{0^-}^{\infty} 1(t)\mathrm{e}^{-st} \mathrm{d}t = -\frac{1}{s}\mathrm{e}^{-st} \Big|_{0^-}^{\infty} = \frac{1}{s}$

【例 2-2】 已知指数函数

$$f(t) = \mathrm{e}^{at} \times 1(t) \tag{2-33}$$

求其 Laplace 变换 $F(s)$。

解 $F(s) = L[f(t)] = \int_{0^-}^{\infty} \mathrm{e}^{at} \times 1(t)\mathrm{e}^{-st} \mathrm{d}t = \int_{0^-}^{\infty} \mathrm{e}^{-(s-a)t} \mathrm{d}t = -\frac{1}{s-\alpha}\mathrm{e}^{-(s-\alpha)t} \Big|_{0^-}^{\infty} = \frac{1}{s-\alpha}$

【例 2-3】 已知幂函数

$$f(t) = t^n \times 1(t) \tag{2-34}$$

求其 Laplace 变换 $F(s)$。

解 利用分部积分性质

$$F(s) = L[f(t)] = \int_{0^-}^{\infty} t^n \times 1(t) e^{-st} dt = -\frac{1}{s} \int_{0^-}^{\infty} t^n de^{-st}$$

$$= -\frac{1}{s} t^n e^{-st} \bigg|_{0^-}^{\infty} + \frac{1}{s} \int_{0^-}^{\infty} e^{-st} dt^n = \frac{n}{s} \int_{0^-}^{\infty} t^{n-1} e^{-st} dt$$

$$= \cdots = \frac{n!}{s^n} \int_{0^-}^{\infty} 1 \times e^{-st} dt$$

$$= \frac{n!}{s^{n+1}}$$

常见函数的 Laplace 变换如表 2-1 所示，表中所列函数的 t 从 0 到 ∞ 变化，其中脉冲函数的定义是

$$\delta(t) = \begin{cases} 0, & t \neq 0 \\ \infty, & t = 0 \end{cases} \tag{2-35}$$

且

$$\int_{-\infty}^{\infty} \delta(t) dt = \int_{0^-}^{0^+} \delta(t) dt = 1 \tag{2-36}$$

$\delta(t)$ 函数可以看作单位阶跃函数 $1(t)$ 对时间的导函数。

表 2-1 常用 Laplace 变换表

原函数	$f(t)$	Laplace 变换 $F(s)$	原函数	$f(t)$	Laplace 变换 $F(s)$
单位脉冲函数	$\delta(t)$	1	幂函数	t^n	$\dfrac{n!}{s^{n+1}}$
单位阶跃函数	$1(t)$	$\dfrac{1}{s}$	正弦函数	$\sin\omega t$	$\dfrac{\omega}{s^2+\omega^2}$
单位斜坡函数	t	$\dfrac{1}{s^2}$	余弦函数	$\cos\omega t$	$\dfrac{s}{s^2+\omega^2}$
加速度函数	t^2	$\dfrac{2}{s^3}$	双曲正弦	$\sinh\omega t$	$\dfrac{\omega}{s^2-\omega^2}$
指数函数	e^{-at}	$\dfrac{1}{s+\alpha}$		$\cosh\omega t$	$\dfrac{s}{s^2-\omega^2}$
	te^{-at}	$\dfrac{1}{(s+\alpha)^2}$	双曲余弦	$e^{-at}\sin\omega t$	$\dfrac{\omega}{(s+\alpha)^2+\omega^2}$
	$t^n e^{-at}\ (n=1,2,3,\cdots)$	$\dfrac{n!}{(s+\alpha)^{n+1}}$		$e^{-at}\cos\omega t$	$\dfrac{s+\alpha}{(s+\alpha)^2+\omega^2}$

2.2.2 Laplace 变换的性质及其应用 Laplace Transform Properties and Their Applications

性质 1（线性性质） 满足叠加原理，设 $f(t) = af_1(t) + bf_2(t)$，且 $F_1(s) = L[f_1(t)]$，$F_2(s) = L[f_2(t)]$，a, b 为实常数，则有

$$F(s) = L[f(t)] = aF_1(s) + bF_2(s) \tag{2-37}$$

性质 2（位移定理） 设 $F(s) = L[f(t)]$，则

$$L[f(t)e^{-as}] = F(s+a) \tag{2-38}$$

性质 3（延时定理） 设 $F(s) = L[f(t)]$，则

$$L[f(t-a) \times 1(t-a)] = e^{-as} F(s) \tag{2-39}$$

性质 4（微分定理） 设 $F(s)=L[f(t)]$，则

$$L\left[\frac{\mathrm{d}}{\mathrm{d}t}f(t)\right]=sF(s)-f(0^-) \tag{2-40}$$

两个重要推论：

① $L\left[\dfrac{\mathrm{d}^n}{\mathrm{d}t^n}f(t)\right]=s^nF(s)-s^{n-1}f(0^-)-s^{n-2}f'(0^-)-\cdots-sf^{(n-2)}(0^-)-f^{(n-1)}(0^-)$

$$\tag{2-41}$$

② 零初始条件下（包括函数 $f(t)$ 及其各阶导数皆为 0），上式可简化为

$$L\left[\frac{\mathrm{d}^n}{\mathrm{d}t^n}f(t)\right]=s^nF(s) \tag{2-42}$$

可见，利用微分定理，可将微分方程变换为代数方程。

性质 5（积分定理） 设 $F(s)=L[f(t)]$，则

$$L\left[\int_0^t f(t)\mathrm{d}t\right]=\frac{F(s)}{s}+\frac{f^{(-1)}(0^-)}{s} \tag{2-43}$$

两个重要推论：

① $L\left[\underbrace{\int_0^t\cdots\int_0^t}f(t)(\mathrm{d}t)^n\right]=\dfrac{F(s)}{s^n}+\dfrac{f^{(-1)}(0^-)}{s^n}+\dfrac{f^{(-2)}(0^-)}{s^{n-1}}+\cdots+\dfrac{f^{(-n)}(0^-)}{s}$ (2-44)

其中，$f^{(-1)}(0^-)$，$f^{(-2)}(0^-)$，…，$f^{(-n)}(0^-)$ 为 $f(t)$ 的各重积分在 $t=0^-$ 时刻的值。

② 零初始条件下，上式可简化为

$$L\left[\int_0^t\cdots\int_0^t f(t)(\mathrm{d}t)^n\right]=\frac{F(s)}{s^n} \tag{2-45}$$

性质 6（初值定理） 设 $F(s)=L[f(t)]$，且 $\lim\limits_{s\to\infty}sF(s)$ 存在，则

$$\lim_{t\to 0^+}f(t)=\lim_{s\to\infty}sF(s) \tag{2-46}$$

证明 由微分定理

$$\int_{0^-}^{\infty}\frac{\mathrm{d}}{\mathrm{d}t}f(t)\mathrm{e}^{-st}\mathrm{d}t=sF(s)-f(0^-)$$

$f(t)$ 为非脉冲类函数时，有 $f(0^-)=f(0^+)$，则上式两边取极限

$$\lim_{s\to\infty}\int_{0^-}^{\infty}\frac{\mathrm{d}}{\mathrm{d}t}f(t)\mathrm{e}^{-st}\mathrm{d}t=\lim_{s\to\infty}[sF(s)-f(0^+)]$$

因为

$$\lim_{s\to\infty}\int_{0^-}^{\infty}\frac{\mathrm{d}}{\mathrm{d}t}f(t)\mathrm{e}^{-st}\mathrm{d}t=0$$

则

$$\lim_{s\to\infty}[sF(s)-f(0^+)]=0$$

原题得证。

性质 7（终值定理） 设 $F(s)=L[f(t)]$，且 $\lim\limits_{t\to\infty}f(t)$ 存在，则

$$\lim_{t\to\infty}f(t)=\lim_{s\to 0}sF(s) \tag{2-47}$$

考虑到 Laplace 变换需要满足的条件 [式(2-30)]，这里 $s\to 0$，要满足其实部大于 σ_c，必有 $\sigma_c<0$，而 $F(s)$ 所有极点的实部小于 σ_c。因此终值定理只适用于所有极点都在复平面左半平面的象函数。例如原函数为 $\sin\omega t$ 时，极限不存在，其象函数 $F(s)$ 就不能应用终值定理，结果也不

正确。

性质 8（卷积定理） $F_1(s) = L[f_1(t)]$，$F_2(s) = L[f_2(t)]$，则 $f_1(t)$ 和 $f_2(t)$ 的卷积分为

$$f_1(t) * f_2(t) = \int_0^t f_1(t-\tau) f_2(\tau) d\tau \quad (\tau > 0) \tag{2-48}$$

可以证明卷积分满足性质

$$f_1(t) * f_2(t) = f_2(t) * f_1(t) \tag{2-49}$$

其 Laplace 变换为

$$L[f_1(t) * f_2(t)] = F_1(s) F_2(s) \tag{2-50}$$

下面举例说明应用 Laplace 变换性质求取函数的 Laplace 变换的过程。

【例 2-4】 已知正弦函数

$$f(t) = \sin\omega t \times 1(t)$$

求其 Laplace 变换象函数 $F(s)$。

解 根据欧拉公式

$$\begin{cases} e^{j\theta} = \cos\theta + j\sin\theta \\ e^{-j\theta} = \cos\theta - j\sin\theta \end{cases}$$

可得

$$\begin{cases} \sin\theta = \dfrac{e^{j\theta} - e^{-j\theta}}{2j} \\ \cos\theta = \dfrac{e^{j\theta} + e^{-j\theta}}{2} \end{cases}$$

因为 $L[e^{\alpha t} \times 1(t)] = \dfrac{1}{s - \alpha}$，又利用叠加定理，有

$$L[\sin\omega t \times 1(t)] = L\left[\dfrac{e^{j\omega t} - e^{-j\omega t}}{2j} \times 1(t)\right]$$

$$= \dfrac{1}{2j}\left(\dfrac{1}{s - j\omega} - \dfrac{1}{s + j\omega}\right) = \dfrac{\omega}{s^2 + \omega^2}$$

同理，可得

$$L[\cos\omega t \times 1(t)] = L\left[\dfrac{e^{j\omega t} + e^{-j\omega t}}{2} \times 1(t)\right]$$

$$= \dfrac{1}{2}\left(\dfrac{1}{s - j\omega} + \dfrac{1}{s + j\omega}\right) = \dfrac{s}{s^2 + \omega^2}$$

【例 2-5】 若 $F(s) = L[f(t)]$，求 $h(t) = tf(t)$ 的象函数 $H(s)$。

解 由 Laplace 变换定义有

$$H(s) = L[tf(t)] = \int_{0^-}^{\infty} tf(t) e^{-st} dt = \int_{0^-}^{\infty} f(t) \left(-\dfrac{\partial e^{-st}}{\partial s}\right) dt$$

$$= -\dfrac{d}{ds} \int_{0^-}^{\infty} f(t) e^{-st} dt = -\dfrac{dF(s)}{ds}$$

所以

$$L[tf(t)] = -\dfrac{dF(s)}{ds} \tag{2-51}$$

同理可推论

$$L[t^n f(t)] = (-1)^n \dfrac{d^n F(s)}{ds^n} \tag{2-52}$$

综上，常用的拉普拉斯变换的性质如表 2-2 所示。

表 2-2 拉普拉斯变换的特性

1	$L[Af(t)] = AF(s)$
2	$L[f_1(t) \pm f_2(t)] = F_1(s) \pm F_2(s)$
3	$L_{\pm}\left[\dfrac{\mathrm{d}}{\mathrm{d}t}f(t)\right] = sF(s) - f(0^{\pm})$
4	$L_{\pm}\left[\dfrac{\mathrm{d}^n}{\mathrm{d}t^n}f(t)\right] = s^n F(s) - \sum_{k=1}^{n} s^{n-k} f^{(k-1)}(0^{\pm})$
5	$L_{\pm}\left[\int f(t)\mathrm{d}t\right] = \dfrac{F(s)}{s} + \dfrac{\left[\int f(t)\mathrm{d}t\right]_{t=0^{\pm}}}{s}$
6	$L_{\pm}\left[\int \cdots \int f(t)(\mathrm{d}t)^n\right] = \dfrac{F(s)}{s^n} + \sum_{k=1}^{n} \dfrac{1}{s^{n-k+1}} \left[\int \cdots \int f(t)(\mathrm{d}t)^k\right]_{t=0^{\pm}}$
7	$L[f(t)\mathrm{e}^{-at}] = F(s+a)$
8	$L[f(t-a) \times 1(t-a)] = \mathrm{e}^{-as} F(s)$
9	$L[tf(t)] = -\dfrac{\mathrm{d}F(s)}{\mathrm{d}s}$
10	$L\left[\dfrac{1}{t}f(t)\right] = \int_s^{\infty} F(s)\mathrm{d}s$
11	$L\left[f\left(\dfrac{t}{a}\right)\right] = aF(as)$

2.2.3 Laplace 反变换 The Inverse Laplace Transform

由 Laplace 变换后的象函数 $F(s)$ 求原函数 $f(t)$ 的过程称为 Laplace 反变换，公式为

$$f(t) = L^{-1}[F(s)] = \frac{1}{2\pi j} \int_{\sigma-j\infty}^{\sigma+j\infty} F(s)\mathrm{e}^{st}\mathrm{d}s \tag{2-53}$$

式(2-53)为复函数积分运算，求解困难，通常采用查表的方式求取原函数。对于象函数为有理分式的情况，可以通过因式分解求取。设有理分式函数 $F(s)$ 的一般表达式为

$$F(s) = \frac{M(s)}{D(s)} = \frac{b_0 s^m + b_1 s^{m-1} + \cdots + b_{m-1} s + b_m}{s^n + a_1 s^{n-1} + \cdots + a_{n-1} s + a_n} \tag{2-54}$$

式中，$a_i (i=1, \cdots, n)$，$b_j (j=1, \cdots, m)$ 为实数，$m \leqslant n$。使分母 $D(s)$ 为 0 的 s 值称为极点，使分子 $M(s)$ 为 0 的 s 值称为零点。采用部分分式分解的方法，可求其 Laplace 反变换。

(1) $D(s) = 0$ 无重根

这种情况下，$D(s)$ 可分解为

$$D(s) = s^n + a_1 s^{n-1} + \cdots + a_{n-1} s + a_n = (s+s_1)(s+s_2) \cdots (s+s_n) = 0 \tag{2-55}$$

$-s_1, -s_2, \cdots, -s_n$ 为 $D(s) = 0$ 的 n 个实根，且两两相异。此时，可将 $F(s)$ 写成 n 个部分分式之和，如

$$F(s) = \frac{c_1}{s+s_1} + \frac{c_2}{s+s_2} + \cdots + \frac{c_n}{s+s_n} = \sum_{i=1}^{n} \frac{c_i}{s+s_i} \tag{2-56}$$

其中，c_i 为待定系数，可由下式求出

$$c_i = F(s)(s+s_i) \big|_{s=-s_i} = \frac{M(s)}{\prod\limits_{j \neq i}(s+s_j)} \bigg|_{s=-s_i} \tag{2-57}$$

则 $F(s)$ 的 Laplace 反变换为

$$L^{-1}[F(s)] = L^{-1}\left[\sum_{i=1}^{n} \frac{c_i}{s+s_i}\right] = \left(\sum_{i=1}^{n} c_i \mathrm{e}^{-s_i t}\right) \times 1(t) \tag{2-58}$$

【例 2-6】 求 $F(s)$ 的 Laplace 反变换

$$F(s)=\frac{s^2+4s+1}{s^2+3s+2}$$

解 因为分子与分母阶次相同，需要先用分式除法将原式化成一个常数项和一个严格真分式的和，再对严格真分式部分进行分解

$$F(s)=\frac{s^2+4s+1}{s^2+3s+2}=1+\frac{s-1}{s^2+3s+2}=1+\frac{M_1(s)}{D_1(s)}$$

令 $D_1(s)=s^2+3s+2=0$，可得 $s_1=-1$，$s_2=-2$，则

$$F(s)=1+\frac{c_1}{s+1}+\frac{c_2}{s+2}$$

其中

$$c_1=F(s)(s+1)\big|_{s=-1}=\frac{s-1}{s+2}\bigg|_{s=-1}=-2$$

$$c_2=F(s)(s+2)\big|_{s=-2}=\frac{s-1}{s+1}\bigg|_{s=-2}=3$$

所以原函数为

$$f(t)=L^{-1}[F(s)]=L^{-1}\left[1+\frac{-2}{s+1}+\frac{3}{s+2}\right]=(\delta(t)-2\mathrm{e}^{-t}+3\mathrm{e}^{-2t})\times 1(t)$$

(2) $D(s)=0$ 有重根

设 $D(s)=0$ 在 $-s_1$ 处具有 m 重根，而 $-s_{m+1}$，$-s_{m+2}$，…，$-s_n$ 为单根，则 $F(s)$ 可展成如下部分分式之和

$$F(s)=\frac{c_m}{(s+s_1)^m}+\frac{c_{m-1}}{(s+s_1)^{m-1}}+\cdots+\frac{c_1}{s+s_1}+\frac{c_{m+1}}{s+s_{m+1}}+\cdots+\frac{c_n}{s+s_n} \tag{2-59}$$

其中，c_{m+1}，c_{m+2}，…，c_n 为单根对应的部分分式待定系数，可按无重根情况计算。c_m，c_{m-1}，…，c_1 计算公式如下

$$c_m=F(s)(s+s_1)^m\big|_{s=-s_1}$$

$$c_{m-1}=\frac{\mathrm{d}}{\mathrm{d}s}[F(s)(s+s_1)^m]\bigg|_{s=-s_1}$$

$$\vdots$$

$$c_{m-i}=\frac{1}{i!}\left\{\frac{\mathrm{d}^i}{\mathrm{d}s^i}[F(s)(s+s_1)^m]\right\}\bigg|_{s=-s_1}$$

$$\vdots$$

$$c_1=\frac{1}{(m-1)!}\left\{\frac{\mathrm{d}^{m-1}}{\mathrm{d}s^{m-1}}[F(s)(s+s_1)^m]\right\}\bigg|_{s=-s_1} \tag{2-60}$$

则 $F(s)$ 的 Laplace 反变换为

$$L^{-1}[F(s)]=L^{-1}\left[\frac{c_m}{(s+s_1)^m}+\frac{c_{m-1}}{(s+s_1)^{m-1}}+\cdots+\frac{c_1}{s+s_1}+\frac{c_{m+1}}{s+s_{m+1}}+\cdots+\frac{c_n}{s+s_n}\right]$$

$$=\left\{\left[\frac{c_m}{(m-1)!}t^{m-1}+\frac{c_{m-1}}{(m-2)!}t^{m-2}+\cdots+c_1\right]\mathrm{e}^{-s_1 t}+\sum_{i=m+1}^{n}c_i\mathrm{e}^{-s_i t}\right\}\times 1(t) \tag{2-61}$$

【例 2-7】 求 $F(s)$ 的 Laplace 反变换

$$F(s)=\frac{1}{s(s+1)^2}$$

解 可以看出二重根 $s_{1,2}=-1$，$s_3=0$，则

$$F(s)=\frac{c_2}{(s+1)^2}+\frac{c_1}{s+1}+\frac{c_3}{s}$$

其中

$$c_2=F(s)(s+1)^2\big|_{s=-1}=\frac{1}{s}\bigg|_{s=-1}=-1$$

$$c_1=\frac{\mathrm{d}}{\mathrm{d}s}[F(s)(s+1)^2]\big|_{s=-1}=\frac{-1}{s^2}\bigg|_{s=-1}=-1$$

$$c_3=F(s)s\big|_{s=0}=\frac{1}{(s+1)^2}\bigg|_{s=0}=1$$

所以原函数为

$$f(t)=L^{-1}[F(s)]=L^{-1}\left[\frac{-1}{(s+1)^2}+\frac{-1}{s+1}+\frac{1}{s}\right]=(1-t\mathrm{e}^{-t}-\mathrm{e}^{-t})\times 1(t)$$

2.2.4 利用 Laplace 变换求解线性微分方程 Using the Laplace Transform to Solve Linear Differential Equations

利用 Laplace 变换的微分定理，可以将微分方程转化为代数方程，简化求解过程。

如图 2-10 所示的 R-C 电路，输入为 $u_r(t)$，输出为 $u_c(t)$。由电路理论中的基尔霍夫定律和欧姆定律，有

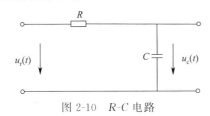

图 2-10 R-C 电路

$$u_r(t)=RC\frac{\mathrm{d}u_c(t)}{\mathrm{d}t}+u_c(t)$$

令 $RC=T$ 为时间常数，输出电压与输入电压之间的微分方程可写成如下形式

$$T\frac{\mathrm{d}u_c(t)}{\mathrm{d}t}+u_c(t)=u_r(t)$$

零初始条件下，可做 Laplace 变换得

$$U_c(s)=\frac{1}{Ts+1}U_r(s)$$

如果输入阶跃电压，幅值为 U，则有 $U_r(s)=U/s$，上式可写为

$$U_c(s)=\frac{1}{Ts+1}\times\frac{U}{s}=U\left(\frac{-1}{s+\frac{1}{T}}+\frac{1}{s}\right)$$

Laplace 反变换可得该电路网络的输出为

$$u_c(t)=(U-U\mathrm{e}^{-\frac{1}{T}t})\times 1(t) \tag{2-62}$$

可以看出，采用 Laplace 变换和反变换求解微分方程的过程极为简单，主要步骤如下：

① 对微分方程进行 Laplace 变换，转换成以象函数为变量的代数方程；
② 解代数方程，求出象函数表达式；
③ 作 Laplace 反变换，求得微分方程的解。

【例 2-8】 求解微分方程 $\ddot{x}(t)+6\dot{x}(t)+8x(t)=1$，初始条件为 $\dot{x}(0)=0$，$x(0)=1$。

解 对微分方程进行 Laplace 变换，得

$$s^2X(s)-sx(0)-\dot{x}(0)+6sX(s)-6x(0)+8X(s)=\frac{1}{s}$$

代入初始条件，求出 $X(s)$

$$X(s)=\frac{s^2+6s+1}{s(s+2)(s+4)}$$

将上式展成部分分式，并进行 Laplace 反变换

$$X(s) = \frac{1}{8} \times \frac{1}{s} + \frac{7}{4} \times \frac{1}{s+2} - \frac{7}{8} \times \frac{1}{(s+4)}$$

所以

$$x(t) = \frac{1}{8} + \frac{7}{4}e^{-2t} - \frac{7}{8}e^{-4t}$$

2.3 控制系统的传递函数描述 Transfer Function Description of Control Systems

Laplace 变换是求解微分方程的简捷方法，它将微分方程的求解问题转化为代数方程和查表求解的问题，同时将以线性微分方程描述的系统动态数学模型转换为复数 s 域的数学模型，即传递函数。传递函数可以反映系统的输入-输出动态特性，也可反映结构、参数变化对系统输出的影响。传递函数是 Laplace 变换的应用结果。通过变换，线性系统在时域中的微分方程数学模型转换成复域中的传递函数数学模型，从新的角度反映系统输入-输出动态特性。后文即将学到的经典控制论频域分析、根轨迹分析等方法都是建立在传递函数的基础之上。

2.3.1 传递函数的概念和性质 The Concept and Properties of Transfer Functions

设线性定常系统输入为 $r(t)$，输出为 $c(t)$，则系统微分方程的一般表达式为

$$a_0 \frac{d^n c(t)}{dt^n} + a_1 \frac{d^{n-1} c(t)}{dt^{n-1}} + \cdots + a_{n-1} \frac{dc(t)}{dt} + a_n c(t)$$
$$= b_0 \frac{d^m r(t)}{dt^m} + b_1 \frac{d^{m-1} r(t)}{dt^{m-1}} + \cdots + b_{m-1} \frac{dr(t)}{dt} + b_m r(t)$$

式中，$a_i(i=0,1,\cdots,n)$，$b_i(i=0,1,\cdots,m)$ 为常数。在初始条件为零时，对上式进行 Laplace 变换，则有

$$(a_0 s^n + a_1 s^{n-1} + \cdots + a_{n-1} s + a_n) C(s) = (b_0 s^m + b_1 s^{m-1} + \cdots + b_{m-1} s + b_m) R(s)$$

定义线性定常系统的传递函数为零初始条件下，输出量的拉普拉斯变换 $C(s)$ 与输入量的拉普拉斯变换 $R(s)$ 之比，即

$$G(s) = \frac{C(s)}{R(s)} = \frac{b_0 s^m + b_1 s^{m-1} + \cdots + b_{m-1} s + b_m}{a_0 s^n + a_1 s^{n-1} + \cdots + a_{n-1} s + a_n} \tag{2-63}$$

几点说明：

① 传递函数是线性定常系统的一种输入-输出关系描述，它取决于系统（或元件）的结构和参数，与输入函数无关。

② 传递函数的分母对应系统的特征方程式，分母 s 的最高阶次对应系统的阶数，如式 (2-63) 为 n 阶系统。分子最高阶次为 m，一般来说 $n \geq m$。

③ 传递函数分母多项式的根称为系统极点，分子多项式的根称为系统零点。设系统具有 m 个零点 $z_1, \cdots, z_m$，n 个极点 $p_1, \cdots, p_n$，则系统传递函数可写成零极点形式

$$G(s) = K^* \frac{(s-z_1)(s-z_2)\cdots(s-z_m)}{(s-p_1)(s-p_2)\cdots(s-p_n)} \tag{2-64}$$

$G(s)$ 的零极点分布决定系统动态特性，K^* 为根轨迹放大系数。

④ 由传递函数定义，有

$$C(s) = G(s) R(s) \tag{2-65}$$

从而

$$c(t) = L^{-1}[C(s)] = L^{-1}[G(s)R(s)] \tag{2-66}$$

上式说明：**零初始条件下，利用传递函数分析系统在一定输入下的输出响应，只需将输入象函数与传递函数相乘，再作 Laplace 反变换**。当系统参数或结构发生变化时，传递函数也能比较直观地反映出该变化对输出的影响，而不需要重新列写和求解微分方程。当输入为单位脉冲函数$\delta(t)$时，即$R(s)=1$，系统输出为

$$C(s)=G(s)$$

令$h(t)$表示系统的单位脉冲响应函数，则有

$$h(t)=L^{-1}[C(s)]=L^{-1}[G(s)] \tag{2-67}$$

即系统单位脉冲响应为本身传递函数的 Laplace 反变换。

⑤ 传递函数可用框图形式表示，如图 2-11 所示。两端的箭头表示输入量和输出量，方框中写明该环节的传递函数。

⑥ 传递函数的应用条件：ⅰ系统的初始状态为零。对初始状态不为零的系统，需要返回到微分方程形式，代入初始状态进行分析。ⅱ系统为单输入-单输出（SISO）线性系统。对多输入-多输出（MIMO）系统，需将传递函数扩展为传递函数矩阵的形式。ⅲ传递函数只能反映系统输入-输出关系，不能反映系统内部各变量之间及其与输入、输出变量之间的关系。讨论内部变量关系，需要采用现代控制理论中的状态空间方法。

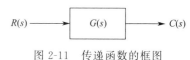

图 2-11 传递函数的框图

2.3.2 典型环节的传递函数 The Transfer Function of Typical Elements

控制系统是由若干元件或部件有机组合而成的。从形式和结构上来看，有各种不同的部件，但从动态性能或数学模型来看，却可分成为数不多的基本环节，也就是典型环节。不管元件或部件是机械式、电气式或液压式，只要它们的数学模型一样，它们就是同一种环节。这样划分为系统的分析和研究带来很大方便，对理解和掌握各种部件对系统动态性能的影响很有帮助。

以下列举几种典型环节及其传递函数。这些环节是构成系统的基本环节，有时简单的系统就是一个典型环节，它们的阶数最高不超过 2。

(1) 比例环节

比例环节的传递函数为

$$G(s)=K \tag{2-68}$$

式中，K为一常值。这表明，比例环节的输出量与输入量成正比，不失真也不延滞，所以比例环节又称为放大环节或无惯性环节。无弹性变形的杠杆、电位器、不计饱和的电子放大器、测速发电机（输出为电压、输入为转速时）等都可认为是比例环节。

(2) 惯性环节

凡传递函数具有如下形式的环节称为惯性环节

$$G(s)=\frac{1}{Ts+1} \tag{2-69}$$

式中，T为惯性环节的时间常数。

当惯性环节的输入量为单位阶跃函数时，该环节的输出量将按指数曲线上升，在经过 3 个T时，响应曲线达到稳态值的 95%，或经过 4 个T时，响应曲线达到稳态值的 98%，即输出响应具有惯性，时间常数T越大惯性越大，如图 2-12(b) 所示。R-C 电路、R-L 电路、直流电动机电枢回路（当电枢电感可忽略不计时）都可看作惯性环节。

(3) 积分环节

图 2-13(a) 为控制系统中经常应用的积分调节器。它的传递函数为

$$G(s)=\frac{1}{Ts} \tag{2-70}$$

式中，$T=RC$为积分时间常数。

当积分环节的输入信号为单位阶跃函数时，输出为t/T，它随着时间直线增长，如图 2-13(b) 所示。直线的增长速度由$1/T$决定，即T越小，上升越快。当输入突然除去时，积分停

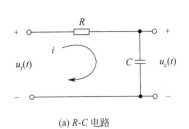 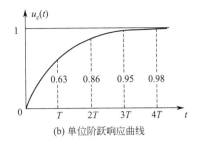

(a) R-C 电路　　　　　　　　(b) 单位阶跃响应曲线

图 2-12　惯性环节

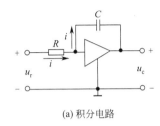 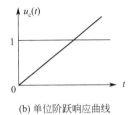

(a) 积分电路　　　　　　　　(b) 单位阶跃响应曲线

图 2-13　积分环节

止,输出维持不变,故有记忆功能。对于理想的积分环节,只要有输入信号存在,不管多大,输出总要不断上升,直至无限。当然,对于实际部件,由于能量有限、饱和限制等,输出是不可能到达无限的。

比较图 2-12(b) 和图 2-13(b) 可以看出,当惯性环节的时间常数较大时,惯性环节的输出响应曲线在起始以后的较长一段时间内可以近似看作直线,这时惯性环节的作用就可近似为一个积分环节。

(4) 微分环节

理想微分环节的传递函数为

$$G(s)=Ts \tag{2-71}$$

式中,T 为微分时间常数。

理想微分环节的输出量与输入量的一阶导数成正比。假如输入是单位阶跃函数 $1(t)$,则理想微分环节的输出为 $c(t)=T\delta(t)$,其中 $\delta(t)$ 是单位脉冲函数。由于微分环节能预示输入信号的变化趋势,所以常用来改善控制系统的动态性能。

理想微分环节的例子如图 2-14 所示,其中(a)为测速发电机,$u=K_t\omega$,即输出电压与发电机轴的角速度 ω 成正比,但是如果考虑的是轴的转角 θ 时,则有 $u=K_t\dfrac{\mathrm{d}\theta}{\mathrm{d}t}$,该式是一个微分环节;(b)为微分运算放大器,它是近似的理想微分环节。

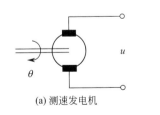 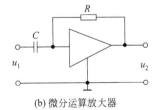

(a) 测速发电机　　　　　　　(b) 微分运算放大器

图 2-14　理想微分环节

在实际系统中,微分环节常带有惯性,它的传递函数为

$$G(s)=\frac{T_1 s}{T_2 s+1} \tag{2-72}$$

它由理想微分环节和惯性环节组成。

考虑图 2-15(a) 所示电路，它的运动方程式为
$$u_1 = \frac{1}{C}\int i\,dt + iR$$
$$u_2 = iR$$
在初始条件为零时，对上两式取拉普拉斯变换，有
$$U_1(s) = \frac{1}{Cs}I(s) + I(s)R$$
$$U_2(s) = I(s)R$$
消去中间变量，得传递函数为
$$G(s) = \frac{U_2(s)}{U_1(s)} = \frac{Ts}{Ts+1} \tag{2-73}$$

式中，$T = RC$ 为微分时间常数。在阶跃信号作用下该电路的响应曲线如图 2-15(b) 所示。T 越小，响应曲线越陡峭。当 $T \ll 1$ 时，$G(s) \approx Ts$，可近似为理想微分环节。

(a) R-C 微分电路　　(b) 单位阶跃响应曲线

图 2-15　实际微分环节

(5) 比例微分环节

这是经典控制理论中广泛应用的 PID 控制规律中的 PD 控制规律，它的传递函数为
$$G(s) = K_c(1 + Ts)$$
式中，K_c 为比例系数。

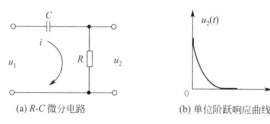

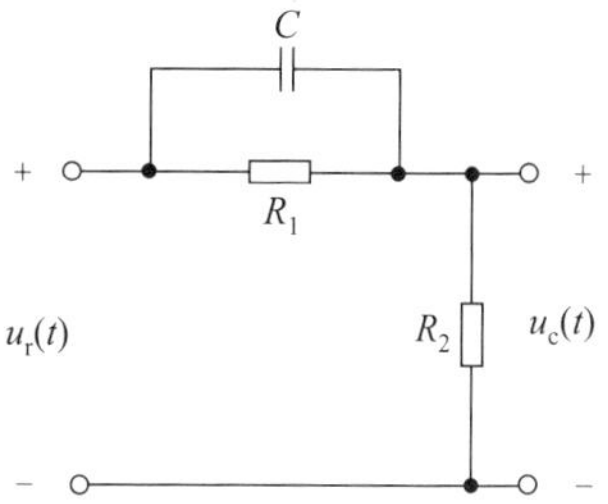

图 2-16　比例微分环节

具有比例微分环节特性的实际例子如图 2-16 所示，此无源电路的传递函数为
$$G(s) = \frac{1}{\alpha} \times \frac{\alpha Ts + 1}{Ts + 1}$$
式中，$T = \frac{R_1 R_2}{R_1 + R_2}C$，$\alpha = \frac{R_1 + R_2}{R_2}$。当 α 比较大时，上式就可看成是比例微分环节。

(6) 振荡环节

该环节包含两个储能元件，在动态过程中两个储能元件进行能量交换，传递函数为
$$G(s) = \frac{\omega_n^2}{s^2 + 2\omega_n\zeta s + \omega_n^2} \tag{2-74}$$

式中，ω_n 为无阻尼自然振荡频率；ζ 为阻尼比，$0 < \zeta < 1$。

振荡环节是一个二阶环节。对它的详细分析，将在第 3 章中进行。R-L-C 电路、机械位移系统、只考虑电枢电压控制作用的直流电动机（输出为转速）等，当参数满足一定条件时都是振荡环节。图 2-17 所示为振荡环节的实际例子和单位阶跃函数作用下的响应曲线。

(7) 延滞环节

在实际系统中经常会遇到这样一种典型环节，当输入信号 $r(t)$ 加入后，该环节的输出 $c(t)$ 要隔一定的时间后才能复现输入信号，如图 2-18 所示。在 $0 < t < \tau$ 内，输出为零，τ 称为延滞时间，这种环节称为延滞环节，具有延滞环节的系统叫作延滞系统。

延滞环节的传递函数可求之如下

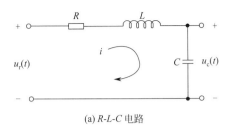

(a) R-L-C 电路

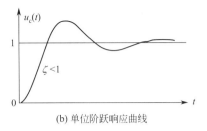

(b) 单位阶跃响应曲线

图 2-17 振荡环节

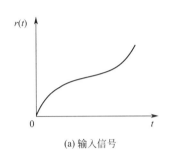

(a) 输入信号

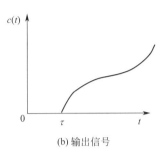

(b) 输出信号

图 2-18 延滞环节

$$c(t)=r(t-\tau)$$

其拉普拉斯变换为

$$C(s)=\int_0^\infty r(t-\tau)\mathrm{e}^{-st}\mathrm{d}t=\int_0^\infty r(\xi)\mathrm{e}^{-s(\xi+\tau)}\mathrm{d}\xi=\mathrm{e}^{-\tau s}R(s)$$

式中，$\xi=t-\tau$。所以延滞环节的传递函数为

$$G(s)=\mathrm{e}^{-\tau s} \tag{2-75}$$

系统中如果具有延滞环节，对系统的稳定性不利，延滞越大，影响越大。大多数过程控制系统中，都具有延滞环节，例如燃料或物质的传输，从输入口至输出口需要一定传输时间（即延滞时间），介质压力或热量在物料中的传播也都有延滞。

以上是线性定常系统中按数学模型区分的几个最基本的环节。一般来说，一个系统是由若干个典型环节经过连接，有机地组合而成的。

2.4 控制系统的结构图 Block Diagram Models of Control Systems

结构图是表征系统各环节信号传递关系的一种图形表达方式。一方面可以直观反映系统的组成及各环节的连接关系；另一方面经过简化可以得到系统输入-输出传递函数数学模型，为建立系统传递函数提供了除微分方程转换以外的另一种方法。系统由典型环节组成，每个典型环节的传递函数都可以用一个或多个方框图表现出来。如果根据信号传递先后顺序将系统各环节的方框图按照一定方式连接，就构成了系统的动态结构图。

2.4.1 结构图的概念 The Concept of Block Diagrams

如上节讨论，组成系统的各个环节可以分别看成一个"框"。信号在各"框"之间传送，按照框中的传递函数对信号进行变换。结构图就是表示系统各个元件之间信号传递关系的图形结构，一般由以下四种基本单元组成。

① 单元方框：如图 2-19(a) 所示，标明对应环节的传递函数，对信号起运算、转换作用。

② 信号线：如图 2-19(b) 所示，箭头对应信号传递方向，并标明所传递的信号。

③ 引出点（或分支点）：如图 2-19(c) 所示，标明信号引出或测量位置，从同一点引出的信号大小和性质完全相同。

④ 综合点：如图 2-19(d)，对两个或两个以上的信号进行加（+）或减（-）运算。

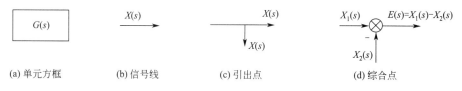

(a) 单元方框　　(b) 信号线　　(c) 引出点　　(d) 综合点

图 2-19　结构图的组成

2.4.2　控制系统结构图的建立 Establishment of Block Diagrams of Control Systems

动态结构图可以形象而明确地表达动态过程中系统各环节的数学模型及相互关系，是系统图形化的动态模型。主要绘制步骤如下：

① 分析系统各环节物理规律，列写微分方程。
② 对每个环节的微分方程进行 Laplace 变换，得到对应的传递函数。
③ 按照信号传递方向，把各个环节的方框图连接起来，得到整个系统的动态结构图。一般输入量放在方框的左边，输出放在方框右边。

【例 2-9】　两级 R-C 滤波器如图 2-20 所示，试建立该系统的结构图。

解　按照信号传递方向，由复数阻抗概念，可以推出

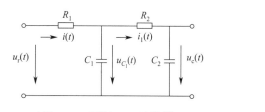

$$I(s)=\frac{1}{R_1}[U_r(s)-U_{C_1}(s)] \quad (2\text{-}76)$$

$$U_{C_1}(s)=\frac{1}{sC_1}[I(s)-I_1(s)] \quad (2\text{-}77)$$

$$I_1(s)=\frac{1}{R_2}[U_{C_1}(s)-U_c(s)] \quad (2\text{-}78)$$

$$U_c(s)=\frac{1}{sC_2}I_1(s) \quad (2\text{-}79)$$

图 2-20　两级 R-C 滤波器

各方框图如图 2-21 所示。对应变量相连即可得到整个系统的结构图如图 2-22 所示。

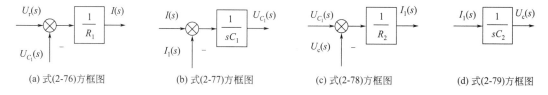

(a) 式(2-76)方框图　(b) 式(2-77)方框图　(c) 式(2-78)方框图　(d) 式(2-79)方框图

图 2-21　两级 R-C 滤波器环节方框图

可以看出，两级 R-C 滤波器，后级是前级的负载。负载效应通过 $I_1(s)$ 反馈到前一个 R-C 滤波器，使得两个 R-C 回路之间不是完全独立的关系，所以这种两级 R-C 滤波器的结构图不能看成是两个独立 R-C 滤波器结构图的串联，图 2-22 反映出两个回路之间的交叉关系。

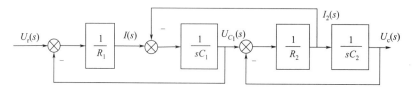

图 2-22　两级 R-C 滤波器结构图

【例 2-10】 图 2-23 所示他励直流电机转速控制系统，输入为电枢电压 U_d，输出为转动角速度 ω。

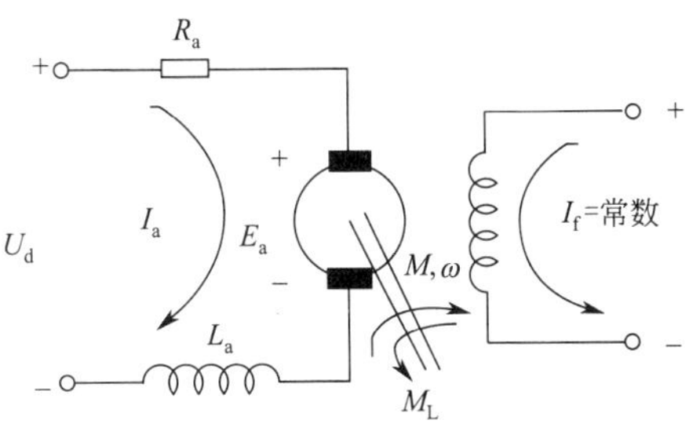

各环节微分方程表达式 [式(2-9)～式(2-12)] 在初始条件为零时，经 Laplace 变换可得各环节的传递函数。电磁部分为

$$U_d(s) - E_a(s) = (L_a s + R_a) I_a(s) \quad (2-80)$$

机械旋转部分

$$M(s) - M_L(s) = J s \omega(s) \quad (2-81)$$

电磁部分与机械部分之间的关联

$$E_a(s) = C_d \omega(s) \quad (2-82)$$

$$M(s) = C_m I_a(s) \quad (2-83)$$

图 2-23 他励直流电动机转速控制系统

同理，画出各环节动态方框图 [图 2-24]，$U_d(s)$ 是系统输入，$M_L(s)$ 可看成干扰输入，$\omega(s)$ 为系统输出，按照信号流向顺次连接各环节方框图，可得系统动态结构图如图 2-25 所示。其中，

$$T_a = \frac{L_a}{R_a}, \quad T_m = \frac{J R_a}{C_m C_d}$$

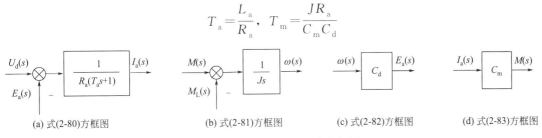

(a) 式(2-80)方框图　　(b) 式(2-81)方框图　　(c) 式(2-82)方框图　　(d) 式(2-83)方框图

图 2-24 调速系统环节动态方框图

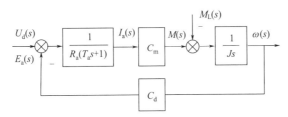

图 2-25 他励直流电机调速系统动态结构图

2.4.3 结构图的等效变换 Equivalent Transformation of Block Diagrams

结构图表现系统中各信号之间的传递与运算的全部关系，通过推导可以得到输入与输出的传递关系，即传递函数。但有时候系统连接形式复杂，回路之间互有交叉，需要简化。方框图之间典型的连接方式，主要有串联、并联、反馈三种。下面介绍这几种形式之间的等效变换方法。

2.4.3.1 串联及其等效变换

控制系统中，多个环节串联，并且各环节之间没有负载效应及反馈影响时，多个环节可以等效为一个环节。该环节传递函数为多个环节传递函数的乘积，如图 2-26 所示。

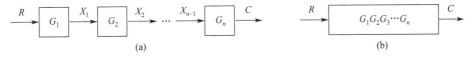

图 2-26 方框图串联化简

2.4.3.2 并联及其等效变换

多个环节并联是指各环节输入信号相同，转换成物理量相同的信号后进行代数求和后输出。并联环节的传递函数为各环节传递函数的代数和，如图 2-27 所示。

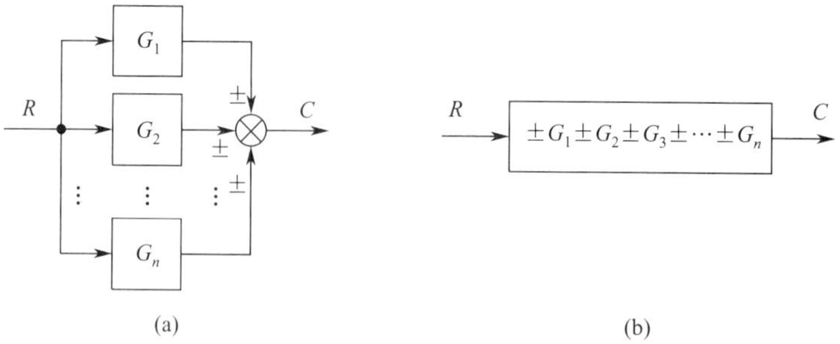

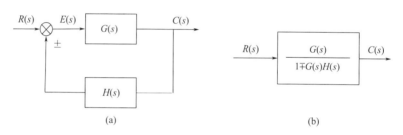

图 2-27　方框图并联化简

2.4.3.3　反馈及其等效变换

方框反馈连接如图 2-28 所示。按照信号的传递方向，从输入到输出为前向通道，传递函数为 $G(s)$。将输出反馈回输入为反馈通道，其传递函数为 $H(s)$。"+"表示正反馈，"−"表示负反馈。各环节信号关系为

$$E(s)=R(s)\pm H(s)C(s)$$
$$C(s)=E(s)G(s)$$

消去 $E(s)$，可得闭环传递函数

$$G_{\mathrm{B}}(s)=\frac{C(s)}{R(s)}=\frac{G(s)}{1\mp G(s)H(s)} \tag{2-84}$$

图 2-28　方框图反馈化简

2.4.3.4　等效变换原则

复杂系统的方框图会存在相互交错的局部反馈，为简化系统方框图，需要进行等效变换，**变换原则是移位前后信号传递关系不变**。

(1) 综合点或引出点的移动

为简化系统方框图，需要将信号的引出点或综合点进行移位，包括：综合点或引出点从单元框的输入移到输出，或者输出移到输入；两个相邻综合点或相邻引出点位置互换等。目的是移位后系统的框图连接方式能转换为串联、并联和反馈这三种易于等效简化的形式，原则是移位前后信号传递关系不变。另外，变换应尽量简单易行。

(2) 综合点的前后移动

图 2-29 表示了综合点前移的等效变换。如果欲将图 2-29(a) 中的综合点前移到 $G(s)$ 方框的输入端，而且仍要保持信号之间的关系不变，则必须在被挪动的通路上串以 $G(s)$ 的倒函数方框，如图 2-29(b) 所示。挪动前的结构图中，信号关系为

$$C(s)=G(s)R(s)\pm Q(s)$$

挪动后，信号关系为

$$C(s)=G(s)[R(s)\pm G(s)^{-1}Q(s)]$$

二者是完全等效的。

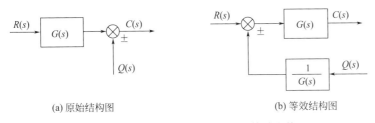

(a) 原始结构图　　　　　　　　(b) 等效结构图

图 2-29　综合点前移的等效变换

（3）相邻综合点之间的移动

图 2-30 为相邻两个综合点前后移动的等效变换。因为总输出 $C(s)$ 是 $R(s)$、$X(s)$、$Y(s)$ 三个信号的代数和，故更换综合点的位置，不会影响总的输出输入关系。

挪动前，总输出信号　　　　$C(s)=R(s)\pm X(s)\pm Y(s)$

挪动后，总输出信号　　　　$C(s)=R(s)\pm Y(s)\pm X(s)$

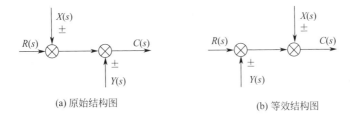

(a) 原始结构图　　　　　　　　(b) 等效结构图

图 2-30　相邻综合点之间的移动

二者完全相同。因此，多个相邻综合点之间，可以随意调换位置。

（4）引出点的向后移动

在图 2-31 中给出了引出点后移的等效变换。将 $G(s)$ 方框输入端的引出点，移到 $G(s)$ 的输出端，仍要保持总的信号关系不变，则在被挪动的通路上应该串入 $G(s)$ 的倒函数方框，如图 2-31(b) 所示。如此，挪动后的支路上的信号仍为

$$R(s)=\frac{1}{G(s)}C(s)=\frac{1}{G(s)}G(s)R(s)=R(s)$$

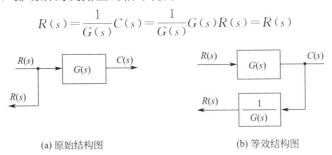

(a) 原始结构图　　　　　　　　(b) 等效结构图

图 2-31　引出点后移的等效变换

（5）相邻引出点之间的移动

若干个引出点相邻，这表明是同一个信号输送到不同地方去。因此，引出点之间相互交换位置，完全不会改变引出信号的性质，亦即这种移动不需作任何传递函数的变换，如图 2-32 所示。

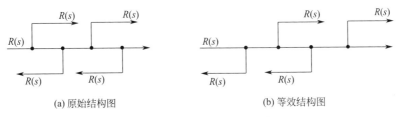

(a) 原始结构图　　　　　　　　(b) 等效结构图

图 2-32　相邻引出点的移动

【例 2-11】 例 2-9 所示两级 R-C 滤波器系统结构图如图 2-33(a) 所示，试简化系统结构图，求总传递函数。

解 ① 如图 2-33(a)，A 综合点前移，B 引出点后移，得图 2-33(b)；
② 内部两个小回路化简，得图 2-33(c)；
③ 进一步化简回路，得图 2-33(d)，其传递函数为

$$\frac{C(s)}{R(s)} = \frac{1}{R_1 R_2 C_1 C_2 s^2 + (R_1 C_1 + R_2 C_2 + R_1 C_2)s + 1}$$

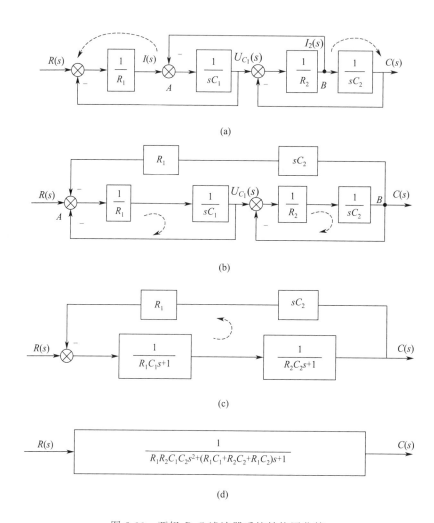

图 2-33 两级 R-C 滤波器系统结构图化简

【例 2-12】 化简如图 2-34(a) 所示的结构图，并求出系统的传递函数。

解 化简步骤见图 2-34 (a)～(d)，最后根据图求得传递函数为

$$\frac{C}{R} = \frac{\left(1 + \dfrac{G_5}{G_1}\right) G_1 G_2 G_3 G_4}{1 + \dfrac{G_1 G_2 G_3 G_4}{G_2 G_3 H_2 + G_3 G_4 H_4} \left(\dfrac{H_2}{G_4} - H_1\right)} = \frac{G_1 G_2 G_3 G_4 + G_2 G_3 G_4 G_5}{1 + G_2 G_3 H_3 + G_3 G_4 H_4 + G_1 G_2 G_3 H_2 - G_1 G_2 G_3 G_4 H_1}$$

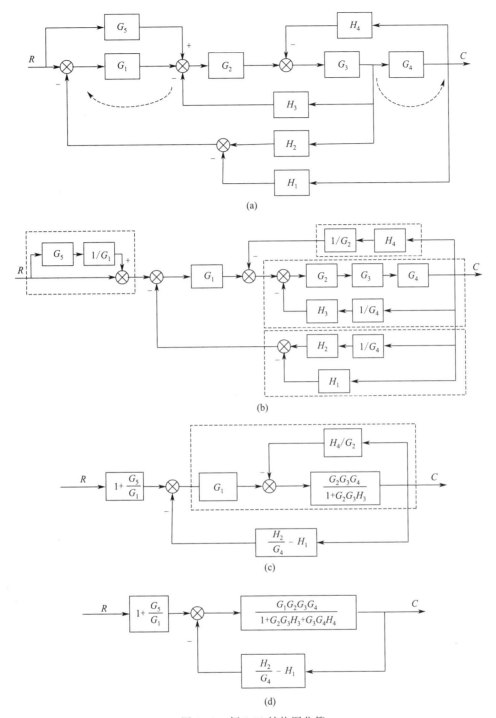

图 2-34 例 2-12 结构图化简

2.5 控制系统的信号流图 Signal-flow Graph Models of Control Systems

除结构图外还有一种控制系统信号传递关系的图解描述,即信号流图,二者有着共同的特性。控制系统的信号流图在 1953 年由 S. J. Mason 提出。信号流图同样是表征系统各环节信号传递关系的一种图形表达方式,与结构框图可以相互转换,也可以获取系统输入-输出传递函数数学模型。

2.5.1 信号流图 Signal-flow Graphs

信号流图基本组成单元如图 2-35 所示，包括：

① 节点：对应图中的小圆圈"○"，表示变量或信号。只有输出支路的节点称为输入节点，只有输入支路的节点称为输出节点，既有输入支路又有输出支路的节点为混合节点。

② 支路：连接两个节点的定向线段。它有一定的复数增益（即传递函数），称为支路增益。箭头表示信号传递方向，相应环节的传递函数标在支路上方。

③ 通路：从某一节点开始沿支路箭头方向穿过各相连支路到另一节点所构成的路径。从输入节点到输出节点且通过任何节点不多于一次的通路为前向通路，起点与终点重合且与任何节点相交不多于一次的通路称为回路。

信号流图中，前向通路中各支路传递函数的乘积称为前向通路传递函数；回路中各支路传递函数的乘积称为回路传递函数。不同回路之间没有任何公共节点，称为互不接触回路，反之称为接触回路。这些定义与结构图共通，图 2-36 给出系统结构图和信号流图的对应关系。

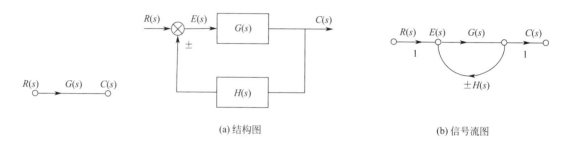

图 2-35　信号流图组成　　　　图 2-36　结构图与信号流图的对应关系

【例 2-13】　某控制系统方框图如图 2-37 所示，试根据该图绘制该系统的信号流图。

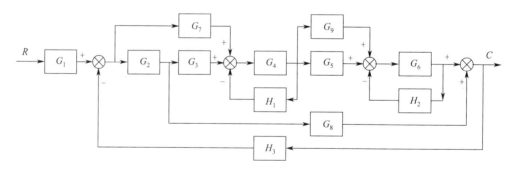

图 2-37　例 2-13 结构方框图

解　对应的信号流图如图 2-38 所示。

2.5.2 梅逊公式 Mason's Formula

通过结构图和信号流图求取的系统传递函数都可采用梅逊公式直接写出，尤其针对回路较多且连接形式复杂的系统，梅逊公式方法更为简单有效。梅逊公式的一般表达式为

$$P = \frac{1}{\Delta}\sum_{k=1}^{n} P_k \Delta_k \tag{2-85}$$

式中，P 为系统总传递函数；P_k 为第 k 条前向通道的传递函数；Δ 为系统特征式

$$\Delta = 1 - \sum L_i + \sum L_i L_j - \sum L_i L_j L_k + \cdots \tag{2-86}$$

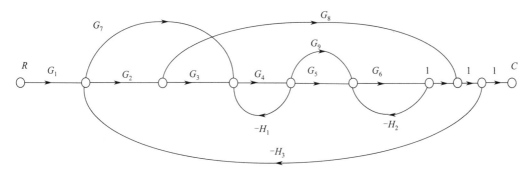

图 2-38 图 2-37 对应的信号流图

Δ_k 为特征式 Δ 中去掉与第 k 条前向通道相接触的回路传递函数后的剩余部分，称为第 k 条前向通道特征式的余子式；$\sum L_i$ 为所有不同回路传递函数之和；$\sum L_i L_j$ 为两个互不接触回路传递函数乘积之和；$\sum L_i L_j L_k$ 为三个互不接触回路传递函数乘积之和，以此类推。

【**例 2-14**】 两级 R-C 滤波器结构图对应的信号流图如图 2-39 所示，试用梅逊公式求解系统的传递函数。

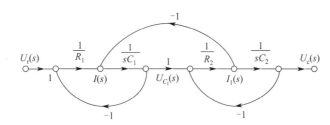

图 2-39 两级 R-C 滤波器信号流图

解 分析信号流图，该图有 3 个回路，回路 1 和回路 3 互不接触，则

$$\Delta = 1 - \sum L_i + \sum L_i L_j = 1 + \frac{1}{R_1 C_1 s} + \frac{1}{R_2 C_2 s} + \frac{1}{R_2 C_1 s} + \frac{1}{R_1 C_1 s} \frac{1}{R_2 C_2 s}$$

一条前向通道，和 3 个回路都有接触，因此

$$P_1 = \frac{1}{R_1 R_2 C_1 C_2 s^2}$$
$$\Delta_1 = 1$$

代入梅逊公式，有

$$\frac{U_c(s)}{U_r(s)} = \frac{1}{\Delta} P_1 \Delta_1 = \frac{1}{R_1 R_2 C_1 C_2 s^2 + (R_1 C_1 + R_2 C_2 + R_1 C_2) s + 1}$$

与前文结构图化简所得结果相同。

【**例 2-15**】 试用梅逊公式求取图 2-40 所示系统的传递函数。

解 分析信号流图，按照前向通道和回路的定义，该图有 5 个相互接触的回路，分别是：

节点顺序 $X_1 \to X_2 \to X_4 \to X_6 \to X_1$，传递函数为 $-G_1(s)$；

节点顺序 $X_1 \to X_3 \to X_5 \to X_6 \to X_1$，传递函数为 $-G_2(s)$；

节点顺序 $X_2 \to X_4 \to X_3 \to X_5 \to X_2$，传递函数为 $G_1(s) G_2(s)$；

节点顺序 $X_1 \to X_3 \to X_5 \to X_2 \to X_4 \to X_6 \to X_1$，传递函数为 $G_1(s) G_2(s)$；

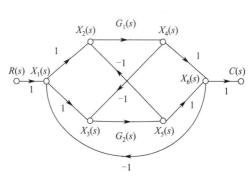

图 2-40 多回路系统

节点顺序 $X_1 \to X_2 \to X_4 \to X_3 \to X_5 \to X_6 \to X_1$，传递函数为 $G_1(s)G_2(s)$。

因此可求系统特征式 Δ

$$\Delta = 1 - \sum L_i = 1 + G_1(s) + G_2(s) - 3G_1(s)G_2(s)$$

有 4 条前向通道，分别是：

节点顺序 $R \to X_1 \to X_2 \to X_4 \to X_6 \to C$，传递函数为 $P_1 = G_1(s)$；

节点顺序 $R \to X_1 \to X_3 \to X_5 \to X_6 \to C$，传递函数为 $P_2 = G_2(s)$；

节点顺序 $R \to X_1 \to X_2 \to X_4 \to X_3 \to X_5 \to X_6 \to C$，传递函数为 $P_3 = -G_1(s)G_2(s)$；

节点顺序 $R \to X_1 \to X_3 \to X_5 \to X_2 \to X_4 \to X_6 \to C$，传递函数为 $P_4 = -G_1(s)G_2(s)$。

这 4 条前向通道与 5 个回路都有接触，因此

$$\Delta_1 = \Delta_2 = \Delta_3 = \Delta_4 = 1$$

根据梅逊公式，传递函数为

$$\frac{C(s)}{R(s)} = \frac{1}{\Delta} \sum_{k=1}^{4} P_k \Delta_k = \frac{G_1(s) + G_2(s) - 2G_1(s)G_2(s)}{1 + G_1(s) + G_2(s) - 3G_1(s)G_2(s)}$$

所以，采用梅逊公式求取复杂系统的传递函数的过程中，正确识别图中对应的前向通道、回路、接触与不接触关系是关键步骤。

2.6 闭环控制系统的传递函数 The Transfer Function of Closed-loop Control Systems

自动控制系统在工作过程中会受到两类外作用信号的影响。一类是有用信号，或称为输入信号、给定值、参考输入等，常用 $r(t)$ 表示。另一类则是扰动，或称为干扰，常用 $n(t)$ 表示。输入 $r(t)$ 通常是加在系统的输入端，而干扰 $n(t)$ 一般是作用在受控对象上，但也可能出现在其他元件或部件上，甚至夹杂在输入信号之中。一个闭环控制系统的典型结构可用图 2-41 表示。

研究系统输出 $c(t)$ 的运动规律，只考虑输入 $r(t)$ 的作用是不完全的，往往还需要考虑干扰 $n(t)$ 对输出的影响。基于后面章节的需要，下面介绍一些关于控制系统传递函数的概念。

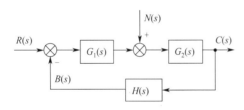

图 2-41 闭环控制系统典型结构

(1) 闭环系统的开环传递函数

闭环特征多项式 $[1 + G_1(s)G_2(s)H(s)]$ 中的 $G_1(s)G_2(s)H(s)$ 称为开环传递函数。开环传递函数可以理解为：在图 2-41 中，将闭环回路在 $B(s)$ 处断开，从输入到 $B(s)$ 处的传递函数，它等于此时 $B(s)$ 与 $R(s)$ 的比值，亦即前向通路传递函数与反馈通路传递函数的乘积。开环传递函数并不是开环系统的传递函数，而是指闭环系统在开环时的传递函数。

(2) $r(t)$ 作用下系统的闭环传递函数

由于是线性系统，为了得到输入-输出之间的传递函数，可以令 $n(t) = 0$，这时图 2-41 转化为图 2-42，输出 $c(t)$ 对输入 $r(t)$ 之间的传递函数为

$$G_B(s) = \frac{C(s)}{R(s)} = \frac{G_1(s)G_2(s)}{1 + G_1(s)G_2(s)H(s)} \tag{2-87}$$

称 $G_B(s)$ 为在输入信号 $r(t)$ 作用下系统的闭环传递函数。而输出的拉普拉斯变换式为

$$C(s) = G_B(s) R(s) = \frac{G_1(s)G_2(s)}{1 + G_1(s)G_2(s)H(s)} R(s) \tag{2-88}$$

可见当系统中只有 $R(s)$ 信号作用时，系统的输出完全取决于闭环传递函数 $G_B(s)$ 及 $R(s)$ 的形式。

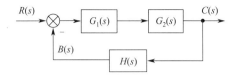
图 2-42 $r(t)$ 作用下的系统结构图

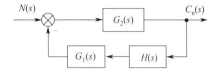
图 2-43 $n(t)$ 作用下的系统结构图

(3) $n(t)$ 作用下系统的闭环传递函数

为研究干扰对系统的影响，需要求出 $c(t)$ 对 $n(t)$ 之间的传递函数。这时，令 $r(t)=0$，则图 2-41 转化为图 2-43。由图可得

$$G_{Bn}(s)=\frac{C_n(s)}{N(s)}=\frac{G_2(s)}{1+G_1(s)G_2(s)H(s)} \tag{2-89}$$

称 $G_{Bn}(s)$ 为在干扰 $n(t)$ 作用下系统的闭环传递函数。而此时系统输出的拉普拉斯变换式为

$$C_n(s)=G_{Bn}(s)N(s)=\frac{G_2(s)}{1+G_1(s)G_2(s)H(s)}N(s) \tag{2-90}$$

由于干扰 $n(t)$ 在系统中的作用位置与输入信号 $r(t)$ 的作用位置不一定是同一个地方，故 $G_{Bn}(s)$ 与 $G_B(s)$ 一般是不相同的，这也表明了引入干扰作用下系统闭环传递函数的必要性。

(4) 系统的总输出

根据线性系统的叠加原理，系统的总输出应为各外作用引起的输出的总和。因而将式(2-88)与式(2-90)相加即得总输出量

$$\begin{aligned} C_\Sigma(s) &= C(s)+C_n(s) \\ &= \frac{G_1(s)G_2(s)R(s)}{1+G_1(s)G_2(s)H(s)}+\frac{G_2(s)N(s)}{1+G_1(s)G_2(s)H(s)} \\ &= \frac{G_1(s)G_2(s)R(s)+G_2(s)N(s)}{1+G_1(s)G_2(s)H(s)} \end{aligned} \tag{2-91}$$

【例 2-16】 根据图 2-44 位置随动系统的结构图，试求系统在给定值 $\theta_r(t)$ 作用下的传递函数及在负载力矩 M_L 作用下的传递函数，并求两信号同时作用下，系统总输出的拉普拉斯变换式。

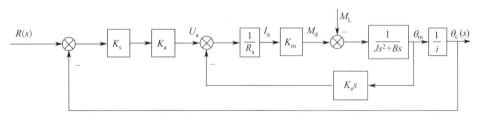
图 2-44 位置随动系统结构图

解 ① 求 $\theta_r(t)$ 作用下系统的闭环传递函数。令 $M_L=0$，系统结构图化为图 2-45。运用串联及反馈法则（或梅逊公式），可求得

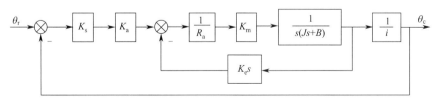
图 2-45 $M_L=0$ 时位置随动系统结构图

$$G_B(s) = \frac{\theta_c(s)}{\theta_r(s)} = \frac{K_a K_s K_m / i R_a}{J s^2 + (B + K_m K_e / R_a) s + K_a K_s K_m / i R_a}$$

② 求 M_L 作用下系统的闭环传递函数。令 $\theta_r = 0$，系统结构图化为图 2-46。图中 $\theta_{cn}(t)$ 表示在干扰作用下系统的输出信号。经结构图化简得

$$G_{Bn}(s) = \frac{\theta_{cn}(s)}{M_L(s)} = \frac{-1/i}{J s^2 + (B + K_m K_e / R_a) s + K_a K_s K_m / i R_a}$$

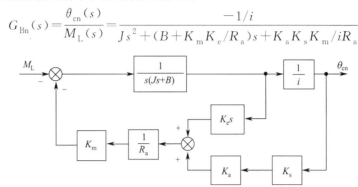

图 2-46 $\theta_r = 0$ 时位置随动系统结构图

③ 求系统总输出。在 θ_r 及 M_L 同时作用下，系统的总输出为两部分叠加，即

$$\theta_\Sigma(s) = G_B(s) \theta_r(s) + G_{Bn}(s) M_L(s)$$

(5) 闭环系统的误差传递函数

在系统分析时，除了要了解输出量的变化规律之外，还经常关心控制过程中误差的变化规律。因为系统误差的大小，直接反映了系统工作的精度。故寻求误差和系统的控制信号 $r(t)$ 及干扰作用 $n(t)$ 之间的数学模型，就十分必要了。在图 2-47 中，定义参考输入 $r(t)$ 与测量装置的输出信号 $b(t)$ 之差为控制系统的误差信号 $e(t)$，即

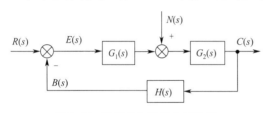

图 2-47 以误差为输出的结构图

$$e(t) = r(t) - b(t) \quad \text{或} \quad E(s) = R(s) - B(s)$$

① $r(t)$ 作用下的误差传递函数为 $E(s)/R(s)$，此时取 $n(t) = 0$，可求得

$$G_{Be}(s) = \frac{E(s)}{R(s)} = \frac{1}{1 + G_1(s) G_2(s) H(s)} \tag{2-92}$$

② $n(t)$ 作用下的误差传递函数为 $E_n(s)/N(s)$，此时取 $r(t) = 0$，可求得

$$G_{Ben}(s) = \frac{E_n(s)}{N(s)} = \frac{-G_2(s) H(s)}{1 + G_1(s) G_2(s) H(s)} \tag{2-93}$$

③ 系统的总误差，根据叠加原理可得

$$E_\Sigma(s) = G_{Be}(s) R(s) + G_{Ben}(s) N(s)$$

(6) 闭环系统的特征方程

将上面导出的四个传递函数表达式 [式(2-89)、式(2-90)、式(2-92) 及式(2-93)] 进行对比，可以看出它们虽然各不相同，但分母却是一样的，均为 $1 + G_1(s) G_2(s) H(s)$，称其为闭环系统的特征多项式。这是闭环控制系统传递函数所具有的规律性。令

$$D(s) = 1 + G_1(s) G_2(s) H(s) = 0 \tag{2-94}$$

称为闭环系统的特征方程。如果将式(2-94) 改写成如下形式

$$s^n + a_1 s^{n-1} + \cdots + a_{n-1} s + a_n = (s + p_1)(s + p_2) \cdots (s + p_n) = 0 \tag{2-95}$$

则 $-p_1, -p_2, \cdots, -p_n$ 称为特征方程的根，或称为闭环系统的极点。特征方程的根是一个非常重要的参数，因为它与控制系统的瞬态响应和系统的稳定性密切相关。

另外，如果控制系统中的参数设置合理，能满足 $|G_1(s) G_2(s) H(s)| \gg 1$ 及 $|G_1(s) H(s)| \gg 1$，

则系统的总输出表达式(2-91)可近似为
$$C_\Sigma(s) \approx \frac{1}{H(s)}R(s) + 0 \times N(s)$$
故有
$$E_\Sigma(s) = R(s) - B(s) = R(s) - H(s)C_\Sigma(s) \approx 0$$

这表明，采用反馈控制的系统，适当地匹配元件或部件的结构参数，有可能获得较高的工作精度和很强的抑制干扰的能力，同时又具备理想的复现、跟随指令输入的性能，这正是闭环控制优于开环控制之处。

2.7 控制系统数学模型的 Matlab 描述 Description of Control System's Mathematical Models by Matlab

【例 2-17】 设系统特征方程为
$$D(s) = s^3 + 3s^2 + 5s + 2$$
试做因式分解。

解 在 Matlab 指令窗口输入语句：
den = [1 3 5 2];
pol = roots(den)
回车则有：
pol =
 -1.2267 + 1.4677i
 -1.2267 - 1.4677i
 -0.5466
对应方程 3 个根，如果输入：
den = poly(pol)
den =
 1.0000 3.0000 5.0000 2.0000
得到对应的多项式系数。

如果传递函数表示为部分分式，即
$$F(s) = \frac{r(1)}{s - p_1} + \frac{r(2)}{s - p_2} + \cdots + \frac{r(n)}{s - p_n} + M(s)$$

$M(s)$ 为余项多项式行向量，$r(j)$ 为对应极点 p_j 的留数，$j = 1, \cdots, n$。如果存在 q 阶重根 p_j，则展开式为

$$F(s) = \frac{r(1)}{s - p_1} + \cdots + \frac{r(j)}{s - p_j} + \frac{r(j+1)}{(s - p_j)^2} + \cdots + \frac{r(j+q-1)}{(s - p_j)^q} + \cdots + \frac{r(n)}{s - p_n} + M(s)$$

不同数学模型之间的转换如表 2-3 所示。

表 2-3 模型转换函数及使用

函数	说明	函数	说明
residue	传递函数形式转化为部分分式形式	tf2zp	传递函数形式转化为零极点形式
ss2tf	状态空间形式转化为传递函数形式	zp2ss	零极点形式转化为状态空间形式
ss2zp	状态空间形式转化为零极点形式	zp2tf	零极点形式转化为传递函数形式
tf2ss	传递函数形式转化为状态空间形式		

得到各环节的传递函数后，就可以求取闭环系统的传递函数，按照典型连接方式，串联、并联和反馈函数如下：

串联   sys＝series(sys1，sys2)
并联   sys＝parallel(sys1，sys2)
反馈   sys＝feedback(sys1，sys2，－1)

【例 2-18】 设系统开环传递函数为

$$G(s)=\frac{s}{s^3+4s^2+5s+2}$$

试求：①零极点形式的传递函数；②展开成部分分式形式；③加入单位负反馈后的闭环传递函数。

解 ① 在 Matlab 指令窗口输入语句：

```
num = [ 1 0 ];
den = [ 1 4 5 2 ];
[zer,pol,k] = tf2zp(num,den)
```

可以得到：

```
zer =
     0
pol =
    -2.0000
    -1.0000 + 0.0000i
    -1.0000 - 0.0000i
k =
     1
```

即零极点传递函数形式为 $G(s)=\dfrac{s}{(s+1)^2(s+2)}$

② 输入语句：

```
[r,pol,m] = residue(num,den)
```

得到：

```
r =
    -2.0000
     2.0000
    -1.0000
pol =
    -2.0000
    -1.0000
    -1.0000
m =
    [ ]
```

部分分式展开式为 $G(s)=\dfrac{-2}{(s+2)}+\dfrac{2}{(s+1)}+\dfrac{-1}{(s+1)^2}$，没有余项。

③ 输入语句：

```
sys1 = tf(num,den);
sys = feedback(sys1,1,-1)
```

得到：

```
Transfer function;
          s
    --------------------
    s^3 + 4 s^2 + 6s + 2
```

本章小结

在经典控制理论中，传递函数是占主导地位的数学模型，是复频域分析和控制方法发展的基础。本章主要介绍了经典控制理论中常用的几种数学模型，包括：微分方程、传递函数、结构图和信号流图。微分方程可以通过分析系统的工作原理及各环节的相互作用关系而建立，能够反映系统的动态本质；传递函数是将微分方程转换为复数 s 域的数学模型，它通过 Laplace 变换将微分运算转换为代数运算，简化了求解过程；结构图和信号流图是对传递函数的图解表示形式，能够形象地表示系统中信号的传递变换关系。

各种数学模型之间可以相互转换，相互推导。采用 Matlab 语言控制工具箱可以方便地实现控制系统的数学模型描述、模型转换等功能，为系统的理论分析研究打下基础。

关键术语和概念

- 数学模型（Mathematical models）：描述系统输入、输出变量及各内部变量之间因果关系的数学表达式。
- 拉普拉斯变换（Laplace transform）：将时域函数 $f(t)$ 转换成复频域 $F(s)$ 的一种变换。
- 传递函数（Transfer function）：在零初值条件下，线性定常系统输出变量的拉普拉斯变换与输入变量的拉普拉斯变换之比。
- 比例环节（Proportional elements）：比例环节的传递函数为 $G(s)=K$，其中 K 为一常值。
- 惯性环节（Inertial elements）：凡传递函数具有如下形式的环节称为惯性环节：$G(s)=\dfrac{1}{Ts+1}$，式中，T 为惯性环节的时间常数。
- 积分环节（Integral elements）：积分环节的传递函数为 $G(s)=\dfrac{1}{Ts}$，其中 T 为积分时间常数，$T=RC$。
- 微分环节（Derivative elements）：理想微分环节的传递函数为 $G(s)=Ts$，式中，T 为微分时间常数。
- 振荡环节（Oscillation elements）：振荡环节的传递函数为 $G(s)=\dfrac{\omega_n^2}{s^2+2\omega_n\zeta s+\omega_n^2}$，式中，$\omega_n$ 为无阻尼自然振荡频率。
- 延滞环节（Delay elements）：延滞环节的传递函数为 $G(s)=\mathrm{e}^{-\tau s}$。
- 特征方程（Characteristic equation）：令传递函数的分母为零所得的方程。
- 串联连接（Cascaded connection）：方框与方框首尾相连，前一个方框的输出，作为后一个方框的输入，这种结构形式称为串联连接。
- 并联连接（Parallel connection）：两个或两个以上方框具有同一个输入，而以各方框输出的代数和作为总输出，这种结构称为并联连接。
- 反馈连接（Feedback connection）：一个方框的输出，输入到另一个方框，得到的输出再返回作用于前一个方框的输入端，这种结构称为反馈连接。
- 信号流图（Signal-flow graphs）：由节点和连接节点的有向线段所构成的一种信息结构图，是一组线性关系的图解表示。
- 节点（Points）：信号图中用小圆圈表示，表示变量（或信号）。
- 输入节点（Input points）：只有输出支路没有输入支路的节点称为输入节点。
- 输出节点（Output points）：只有输入支路没有输出支路的节点称为输出节点。
- 支路（Branches）：是连接相邻两个节点之间的定向线段。它有一定的复数增益（即传递函数），称为支路增益，标记在相应的支路线段旁。信号只能在支路上沿箭头方向传递，经支路传递的信号应乘以支路的增益。
- 通路（Paths）：从某一节点开始沿支路箭头方向经过若干相连支路到另一节点所构成的路径称

为通路。通路中各支路增益的乘积叫作通路增益。

• 回路（Loops）：如果通路的终点就是通路的起点，并且与任何其它节点相交不多于一次的通路称为回路。回路中各支路增益的乘积称为回路增益。

• 梅逊公式（Mason's formula）：使用户能通过追踪系统中的回路和路径以获得其传递函数的公式。

习 题

2-1 微分方程、传递函数、结构图、信号流图几种数学模型的特点各是什么？你可以列出几种建立控制系统传递函数的方法？

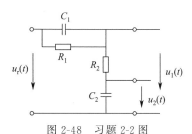

图 2-48 习题 2-2 图

2-2 图 2-48 中，电压 $u_r(t)$ 为输入，则

（1）若电压 $u_1(t)$ 为输出量，列写系统的输入-输出微分方程；

（2）若电压 $u_2(t)$ 为输出量，列写系统的输入-输出微分方程；

（3）零初始条件下，分别求出（1）和（2）的传递函数，比较二者分子分母的形式，能得出什么结论？

2-3 弹簧力 F 与其变形位移 y 之间的关系为
$$F=12.65y^{1.1}$$
设弹簧在 $y=0.25\text{m}$ 附近作微小变化，试推导力变化量 ΔF 的线性化方程。

2-4 晶闸管三相桥式整流电路的输入量为触发角 α，输出量为整流电压 E_d，输入-输出之间的关系为
$$E_d = E_{d0}\cos\alpha$$
其中，E_{d0} 为 $\alpha=0°$ 时的输出电压，试推导 ΔE_d 的线性化表达式。

2-5 试求下列函数的拉氏变换。

（1）$f(t)=(6t+5)\delta(t)+2t\times1(t)$

（2）$f(t)=(9t^2+6)\delta(t)+(t^2+2)\times 1(t-2)$

（3）$f(t)=5\sin\left(2t-\dfrac{\pi}{3}\right)\times 1(t)$

（4）$f(t)=\mathrm{e}^{-2t}(2\cos 4t+5\sin 4t)\times 1(t)$

（5）$f(t)=\mathrm{e}^{-20t}(2+5t)\times 1(t)+(7t+2)\times \delta(t)+\left[3\sin\left(3t-\dfrac{\pi}{2}\right)\right]\times 1\left(t-\dfrac{\pi}{6}\right)$

2-6 试求下列函数的拉氏反变换。

（1）$F(s)=\dfrac{s+1}{(s+2)(s+3)(s+4)}$

（2）$F(s)=\dfrac{1}{s^2+16}$

（3）$F(s)=\dfrac{s}{s^2-2s+5}$

（4）$F(s)=\dfrac{2s+7}{s^2+7s+12}\mathrm{e}^{-2s}$

2-7 用拉氏变换法解下列微分方程。

（1）$\dfrac{\mathrm{d}x(t)}{\mathrm{d}t}+8x(t)=2$，其中 $x(0)=0$

（2）$\dfrac{\mathrm{d}^2 x(t)}{\mathrm{d}t^2}+5\dfrac{\mathrm{d}x(t)}{\mathrm{d}t}+6x(t)=6$，其中 $\dot{x}(0)=2, x(0)=2$

（3）$\dfrac{\mathrm{d}^2 x(t)}{\mathrm{d}t^2}+\dfrac{\mathrm{d}x(t)}{\mathrm{d}t}+x(t)=\delta(t)$，其中 $\dot{x}(0)=x(0)=0$

2-8 令 $x_i(t)$ 为系统输入，$x_o(t)$ 为系统输出，求图 2-49 中各机械系统的传递函数。

2-9 图 2-50 所示为无源电路网络系统，输入为 $u_r(t)$，输出为 $u_c(t)$，试求各自的传递函数。

2-10 图 2-51 所示为励磁控制直流电动机，设电枢电流 I_a 不变，控制电压 $u_r(t)$ 加在励磁绕组上，产生励磁电流 $i_f(t)$，对应磁场有 $\phi(t)=K_1 i_f(t)$，此时电动机转矩为 $M(t)=C_m\phi(t)I_a$。令系统输入为 $u_r(t)$，输出为电机旋转角位移 $\theta(t)$，求系统传递函数 $G(s)=\theta(s)/U_r(s)$。

2-11 有源电路网络如图 2-52 所示，输入 $u_r(t)$，输出 $u_c(t)$，试分别求传递函数。

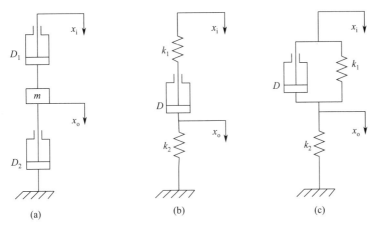

图 2-49 习题 2-8 图

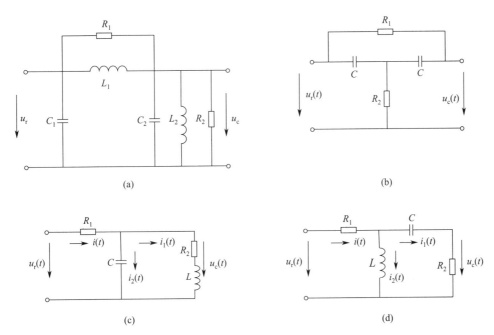

图 2-50 习题 2-9 图

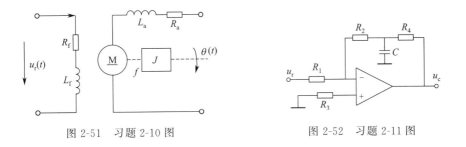

图 2-51 习题 2-10 图　　　图 2-52 习题 2-11 图

2-12 运算放大器电路如图 2-53 所示，写出电路的传递函数 $U_c(s)/U_r(s)$。

2-13 零初始条件下，设系统输入为单位阶跃信号，系统输出响应分别如下所示，试确定各个系统的传递函数。

(1) $h(t) = 2 - 2e^{-t/\tau}$ 　　(2) $h(t) = 1 - e^{-2t} + e^{-t}$ 　　(3) $h(t) = 1 - 1.8e^{-4t} + 0.8e^{-9t}$

如果输入为单位脉冲信号，则上面三个系统的单位脉冲输出响应是什么。

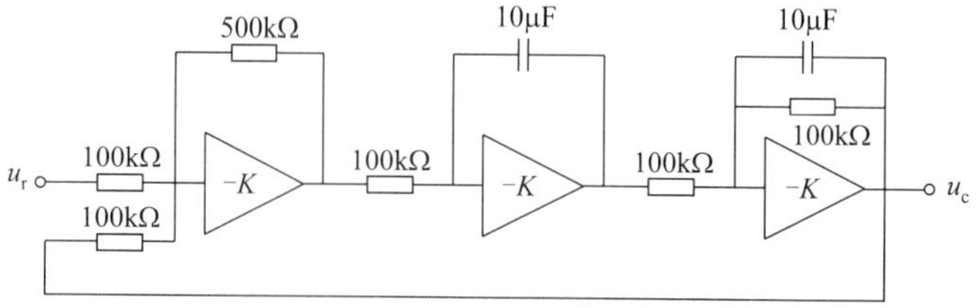

图 2-53 习题 2-12 图

2-14 控制系统微分方程组如下

$$\begin{cases} x_1(t) = r(t) - \tau \dot{c}(t) + K_1 n(t) \\ x_2(t) = K_0 x_1(t) \\ x_3(t) = x_2(t) - n(t) - x_5(t) \\ T\dot{x}_4(t) = x_3(t) \\ x_5(t) = x_4(t) - c(t) \\ \dot{c}(t) = x_5(t) - c(t) \end{cases}$$

其中 $r(t)$, $n(t)$ 为输入，$c(t)$ 为输出，$x_1(t) \sim x_5(t)$ 为中间变量，K_0, K_1, T, τ 均为常数。试求：(1) $n(t) = 0$ 时，传递函数 $C(s)/R(s)$；(2) $r(t) = 0$ 时，传递函数 $C(s)/N(s)$。

2-15 系统框图如图 2-54 所示，已知 $G(s)$ 和 $H(s)$ 两方框输入-输出对应的微分方程分别是

$$6\frac{\mathrm{d}c(t)}{\mathrm{d}t} + 10c(t) = 20e(t)$$

$$20\frac{\mathrm{d}b(t)}{\mathrm{d}t} + 5b(t) = 10c(t)$$

初始条件为零时，试求系统传递函数 $C(s)/R(s)$，$E(s)/R(s)$。

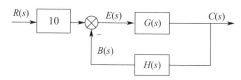

图 2-54 习题 2-15 图

2-16 设系统输入为 $r(t)$，输出为 $c(t)$，$x_1(t)$、$x_2(t)$、$x_3(t)$ 为中间变量，则系统微分方程组为

$$\begin{cases} x_1(t) = r(t) - c(t) \\ T_1\dfrac{\mathrm{d}x_2(t)}{\mathrm{d}t} = k_1 x_1(t) - x_2(t) \\ x_3(t) = x_2(t) - k_3 c(t) \\ T_2\dfrac{\mathrm{d}c(t)}{\mathrm{d}t} + c(t) = k_2 x_3(t) \end{cases}$$

T_1, T_2, k_1, k_2, k_3 均为正常数，试画出动态结构图，并求传递函数。

2-17 系统各子环节传递函数为 $G_i(s)$, $i = 1, 2, \cdots, 8$，信号传递关系满足如下方程组，其中 $X_j(s)$, $j = 1, 2, 3$，为中间变量。试绘制系统动态方框图，并求出闭环传递函数 $C(s)/R(s)$。

$$\begin{cases} X_1(s) = R(s)G_1(s) - G_1(s)[G_7(s) - G_8(s)]C(s) \\ X_2(s) = G_2(s)[X_1(s) - G_6(s)X_3(s)] \\ X_3(s) = [X_2(s) - C(s)G_5(s)]G_3(s) \\ C(s) = G_4(s)X_3(s) \end{cases}$$

2-18 化简图 2-55 所示的结构图，并求出相应的传递函数。

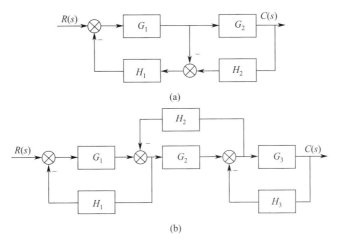

图 2-55 习题 2-18 图

2-19 化简图 2-56 所示结构图，确定其传递函数。

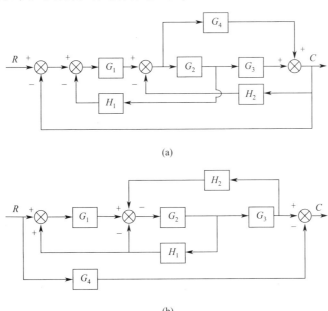

图 2-56 习题 2-19 图

2-20 求如图 2-57 所示系统的传递函数。

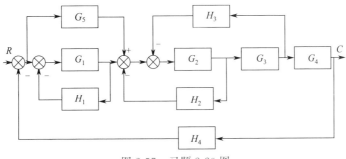

图 2-57 习题 2-20 图

2-21 系统方框图如图 2-58 所示。试分别求取输入-输出传递函数 $C(s)/R(s)$ 和误差传递函数 $E(s)/R(s)$。

2-22 如图 2-59 所示系统，求：

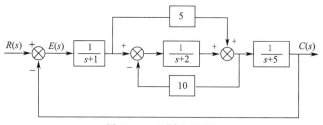

图 2-58 习题 2-21 图

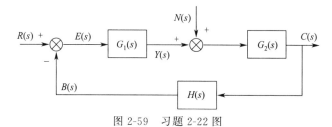

图 2-59 习题 2-22 图

(1) 以 $R(s)$ 为输入，分别以 $C(s)$，$Y(s)$，$B(s)$，$E(s)$ 为输出的传递函数；
(2) 以 $N(s)$ 为输入，分别以 $C(s)$，$Y(s)$，$B(s)$，$E(s)$ 为输出的传递函数；
(3) 试比较所求传递函数的分子分母，分析其变化规律。

2-23 控制系统框图如图 2-60 所示，试用梅逊公式分别求取输入-输出传递函数 $C(s)/R(s)$ 和误差传递函数 $E(s)/R(s)$。

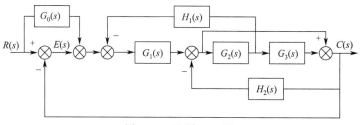

图 2-60 习题 2-23 图

2-24 试求如图 2-61 所示系统的传递函数。

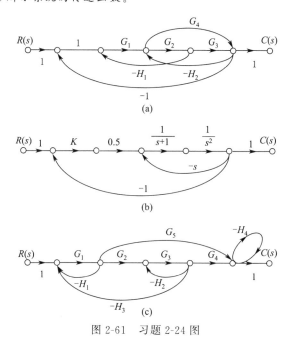

图 2-61 习题 2-24 图

2-25 控制系统框图如图 2-62 所示，试画出系统的信号流图，并求传递函数 $C(s)/R(s)$ 和 $C(s)/X_n(s)$。提示：求 $C(s)/R(s)$ 时，$X_n(s)$ 可看成 0；求 $C(s)/X_n(s)$ 时，$R(s)$ 可看成 0。

第2章 习题答案

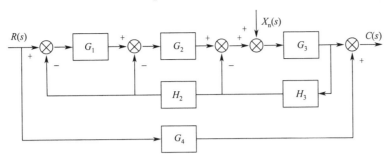

图 2-62 习题 2-25 图

3 时域分析法
Time Domain Analysis

【案例引入】

20世纪40年代后期，随着美国通信工程的发展，时域分析开始作为频域的对比术语而被使用。在时域分析中，若考虑离散时间，时域中的函数或信号，在各个离散时间点的数值均为已知。若考虑连续时间，则函数或信号在任意时间的数值均为已知。在研究时域的信号时，常会用示波器将信号转换为其时域的波形。

【学习意义】

时域分析是在时间域中对系统进行分析，具有直观和准确的优点。由于系统输出量的时间域表达式是时间的函数，所以系统输出量的时域表达式又称为系统的时间响应。时间响应由瞬态响应和稳态响应两部分组成，瞬态响应是指系统从初始状态到最终状态的响应过程，稳态响应是指当时间趋近于无穷大时系统的输出状态。在分析控制系统时，既要研究系统的瞬态响应，如达到稳定状态需要的时间，同时也要研究系统的稳态特性，以确定对输入信号的跟踪误差的大小。由于控制系统的传递函数和微分方程之间具有确定的关系，因此在系统的初始条件为零时，常利用传递函数来研究控制系统的特性。借助传递函数这一数学模型评价系统的特性，是一种间接的分析方法，可以简便、快速地得到系统的各种时域性能指标。

【学习目标】

① 熟练掌握一阶、二阶系统的单位阶跃响应，了解高阶系统的瞬态响应；
② 熟练掌握二阶系统性能指标计算；
③ 熟练掌握劳斯判据；
④ 掌握稳态误差分析及计算方法。

3.1 典型输入信号与时域性能指标 Typical Input Signals and Performance Indices in Time Domain

为了求解系统的时间响应，必须了解输入信号（即外作用）的解析表达式。然而，在一般情况下，一个控制系统的实际输入信号往往具有多重形式，并且具有随机性，难以事先确定，这给系统的分析和设计带来了不便。为便于比较和分析不同系统的性能，通常考虑在典型输入信号作用下系统具有的响应形式。

3.1.1 典型输入信号 Typical Input Signals

选取典型输入信号时应考虑下列原则：首先，输入信号应反映系统工作时的大部分实际情况；其次，输入信号的形式应尽可能简单，易于在实验室获得，以便进行数学分析和实验研究；最后，应选取那些能使系统在最不利情况下工作的输入信号作为典型的测试信号。基于上述原则，采用下述五种信号作为典型输入信号。

(1) 脉冲函数

脉冲函数的表达式为

$$r(t)=\begin{cases}\dfrac{1}{\varepsilon}, & 0\leqslant t<\varepsilon\\ 0, & t<0 \text{ 及 } t\geqslant\varepsilon\end{cases} \tag{3-1}$$

其图形如图 3-1(a) 所示，它是一宽度为 ε，高度为 $1/\varepsilon$ 的矩形脉冲。当 ε 趋于零时称为单位脉冲函数（亦称 δ 函数），如图 3-1(b) 所示。单位脉冲函数的表达式为

$$\delta(t)=\begin{cases}\infty, & t=0\\ 0, & t\neq 0\end{cases} \quad \text{且} \quad \int_{0^-}^{0^+}\delta(t)\mathrm{d}t=1 \tag{3-2}$$

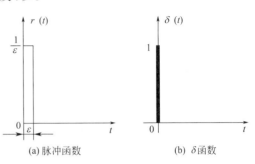

图 3-1 脉冲函数

理想的单位脉冲函数实际上是不存在的，但在控制理论中却是一个重要的数字信号。实际的脉冲信号、撞击力等均可视为理想脉冲。若已知系统对单位脉冲函数的响应，则系统对其他很多信号的响应，就可采用卷积分求得。

(2) 阶跃函数

阶跃函数的表达式为

$$r(t)=\begin{cases}A, & t\geqslant 0\\ 0, & t<0\end{cases} \tag{3-3}$$

式中，A 为阶跃强度。阶跃信号是一种最常用的试验输入信号。诸如电源突然接通、指令突然转换、合闸、负荷突然改变等，均可视为阶跃信号，如图 3-2 所示。当 $A=1$ 时，称为单位阶跃函数，记作 $1(t)$，其拉普拉斯变换为

$$L[1(t)]=\frac{1}{s} \tag{3-4}$$

阶跃函数是在评价系统动态性能时经常采用的一种典型输入信号。

(3) 斜坡函数

斜坡函数的表达式为

$$r(t)=\begin{cases}At, & t\geqslant 0\\ 0, & t<0\end{cases} \tag{3-5}$$

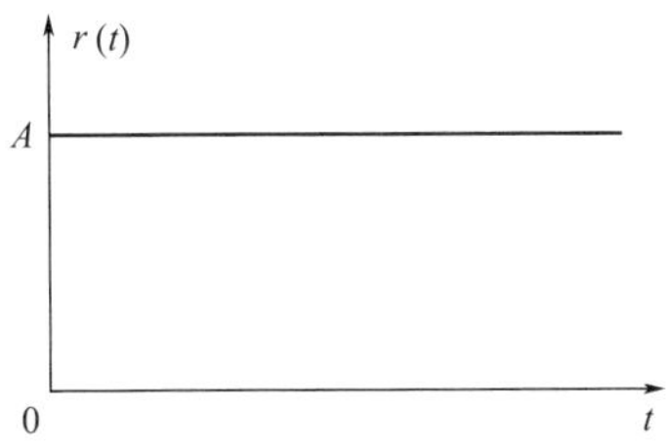

图 3-2 阶跃函数

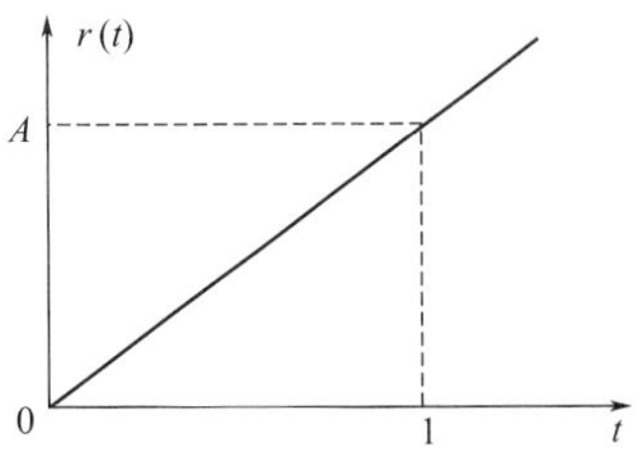

图 3-3 斜坡函数

式中，A 为斜坡信号强度。斜坡函数是从零开始随时间线性增加的信号，所以也叫等速度函数，如图 3-3 所示。数控机床加工斜面的进给指令、机械手的等速移动指令及船闸升降时主拖动系统发出的位置信号等均可视为斜坡信号。它等于阶跃函数对时间的积分。当 $A=1$ 时，称为单位斜坡函数，其拉普拉斯变换为

$$L(s)=\frac{1}{s^2} \tag{3-6}$$

（4）抛物线函数

抛物线函数的表达式为

$$r(t)=\begin{cases} \frac{1}{2}At^2, & t\geqslant 0 \\ 0, & t<0 \end{cases} \tag{3-7}$$

式中，A 为抛物线信号强度。抛物线函数也叫等加速度函数，如图 3-4 所示，可由对斜坡函数的积分得到。当 $A=1$ 时，称为单位抛物线函数，其拉普拉斯变换为

$$L\left[\frac{1}{2}t^2\right]=\frac{1}{s^3} \tag{3-8}$$

单位脉冲、单位阶跃、单位斜坡和单位加速度信号之间的关系如下

$$\delta(t)=\frac{\mathrm{d}}{\mathrm{d}t}[1(t)]=\frac{\mathrm{d}^2}{\mathrm{d}t^2}[t]=\frac{\mathrm{d}^3}{\mathrm{d}t^3}\left[\frac{1}{2}t^2\right] \tag{3-9}$$

（5）正弦函数

除了上面阐述的典型输入函数外，正弦函数也是一种常用的典型输入函数，如图 3-5 所示。正弦函数的表达式为

$$r(t)=\begin{cases} A\sin\omega t, & t\geqslant 0 \\ 0, & t<0 \end{cases} \tag{3-10}$$

式中，A 为振幅；$\omega=2\pi/T$，为角频率。

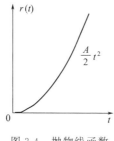

图 3-4 抛物线函数

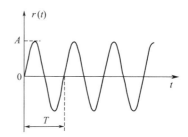

图 3-5 正弦函数

系统对不同频率正弦输入信号的稳态响应，称为频率响应。通过频率响应亦可获得关于系统性能的全部信息。该内容将在第 5 章中介绍。幅值 $A=1$ 的正弦信号，拉普拉斯变换为

$$L[\sin\omega t]=\frac{\omega}{s^2+\omega^2} \tag{3-11}$$

在分析和设计系统时，究竟选用哪种典型输入信号作为实验信号，应视系统的实际输入信号情况而定。通常，如果系统输入的信号大多具有突变性质时，应选用阶跃函数作为实验信号；如果系统输入大部分是随时间逐渐增加的信号时，则选择用斜坡函数作为实验信号。

3.1.2 系统的时域性能指标 Performance Indices in Time Domain

在典型输入信号作用下，任何一个控制系统的时间响应都由瞬态响应和稳态响应两部分组成。

瞬态响应又称动态过程或过渡过程，指系统在典型输入信号作用下，输出量从初始状态到最终状态的响应过程。由于实际控制系统具有惯性、摩擦以及其他一些原因，系统输出量不可能完全复现输入量的变化。根据系统的结构和参数选择情况，瞬态响应表现为衰减、发散或等振幅振荡的形式。显然，一个可以实际运行的控制系统，其瞬态响应必须是衰减的，换句话说，系统必须是稳定的。瞬态响应除提供系统稳定性的信息外，还可以提供响应速度及阻尼情况等信息。工程上为了定量评价系统性能的好坏，必须给出控制系统性能指标的准确定义和定量计算方法。

稳态响应是指系统在典型输入信号作用下，当时间 t 趋于无穷时，系统输出量的表现方式。

稳态响应又称稳态过程，表征系统输出量最终复现输入量的程度，提供系统有关稳态误差的信息。

对于单输入-单输出系统来说，在时域中的稳态响应性能指标为稳态误差，它是在典型信号作用下，当时间 t 趋于无穷时，系统实际输出与希望输出的偏差。

稳态误差是系统控制精度或者抗干扰能力的一种度量。它表达了系统实际输出值与希望输出值之间的最终偏差，包括系统在任何扰动下所引起的偏差，对系统在典型信号作用下的稳态误差要求是最基本的要求。若稳态误差超过规定，系统就不能准确地完成任务。对某种典型信号来说，若 $e(\infty)$ 很大，甚至随着时间越来越大，则系统在这种典型信号作用下是不能正常工作的。

在系统能稳定工作的前提下，其瞬态性能通常以初始条件为零时，系统对单位阶跃输入信号的响应特性来衡量。一般认为阶跃输入对系统而言是比较严重的工作状态，若系统在阶跃函数作用下的动态性能满足要求，那么系统在其他形式的输入作用下，瞬态响应也是令人满意的。

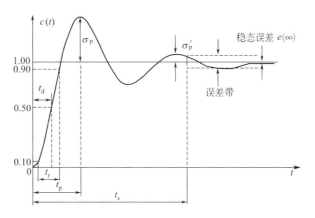

(a) 单位阶跃响应

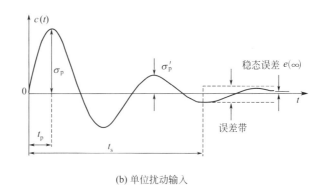

(b) 单位扰动输入

图 3-6 瞬态响应特性曲线

因此，如图 3-6(a) 所示，瞬态响应的性能指标通常如下：

① **最大百分比超调量 $\sigma\%$**：响应曲线最大峰值超过稳态值的部分，称为最大超调量 σ_p。最大超调量 σ_p 与稳态值之比的百分数，称为最大百分比超调量 $\sigma\%$，即

$$\sigma\% = \frac{c(t_p) - c(\infty)}{c(\infty)} \times 100\% \tag{3-12}$$

最大百分比超调量 $\sigma\%$ 可以说明系统的相对稳定性。如果系统响应单调变化，则响应无超调。

② **上升时间 t_r**：响应曲线从稳态值 10% 到 90% 所需的时间；对于有振荡的系统，也可定义为响应曲线从零上升至第一次达到稳态值所需的时间。上升时间是系统响应速度的度量，上升时间越短，响应速度越快。

③ **峰值时间 t_p**：阶跃响应曲线超过稳态值而到达第一个峰值所需要的时间。

④ **调节时间 t_s**：响应曲线从零开始一直到进入并保持在允许的误差带内（±2% 或 ±5%）所需的最短时间，也称调整时间。调节时间反映系统响应的快速性。

⑤ **延迟时间 t_d**：阶跃响应曲线从零上升至第一次达到稳态值 50% 所需的时间。

另外，还有振荡次数、衰减比 σ_p/σ_p'（第一个波峰值与第二个波峰值之比）等其他性能指标。当然这些性能指标不一定全部都要采用，只对其中几个重要的性能指标提出要求。工程上，最常用的动态性能指标为 t_r、t_p、t_s 和 $\sigma\%$。通常，用 t_r 或 t_p 评价系统的响应速度；用 $\sigma\%$ 评价过渡过程的波动程度；而 t_s 是反映响应速度和波动程度的综合性能指标。

对于恒值控制系统，它的主要任务是维持恒值输出，扰动输入为主要输入，所以常以系统对单位扰动输入信号的响应特性来衡量瞬态性能。这时，参考输入不变，输出的希望值不变，响应曲线围绕原来工作状态上下波动，如图 3-6(b) 所示。相应的性能指标就为 σ_p、t_p、t_s、σ_p/σ_p' 或者再加上振荡次数等。

应当指出，除了一些不允许系统产生振荡的应用情况以外，通常希望系统的瞬态响应既要有

充分的快速性，又要有足够的阻尼。因此，为了获得满意的二阶系统的瞬态响应特性，阻尼比 ζ 必须选择在 0.4～0.8 之间，小的 ζ 值（$\zeta<0.4$）会造成系统瞬态响应的严重超调，而大的 ζ 值（$\zeta>0.8$）将使系统的响应变得缓慢。一般情况下，最大超调量和上升时间是互相矛盾的。换句话说，最大超调量和上升时间，两者是不能同时达到比较小的数值的。如果其中一个比较小，那么另一个必然比较大。此外，除简单的一、二阶系统，要精确确定上述动态性能指标的解析表达式是很困难的。

3.2 一阶系统的时域分析 Performance of a First-order System

【什么是一阶系统？】凡是可以用一阶微分方程来描述其动态过程的控制系统，统称为一阶系统。在工程实践中，一阶系统是最基本、最简单的系统。如 R-C 电路、电机、电冰箱、热处理炉及水箱等，均可近似为一阶系统。

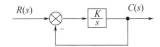

图 3-7　一阶系统典型结构

一阶系统的典型结构图如图 3-7 所示，系统的闭环传递函数为

$$G_B(s) = \frac{C(s)}{R(s)} = \frac{K/s}{1+K/s} = \frac{K}{s+K} = \frac{1}{Ts+1} \quad (3\text{-}13)$$

其中，$T=1/K$，称为一阶系统的时间常数。

3.2.1 一阶系统的单位阶跃响应 Response of a First-order System to a Unit Step Input

当系统输入 $r(t)=1(t)$ 为单位阶跃函数时，输出响应的拉普拉斯变换为

$$C(s) = G_B(s)R(s) = \frac{1}{Ts+1}\frac{1}{s} = \frac{1}{s} - \frac{1}{s+\frac{1}{T}} \quad (3\text{-}14)$$

对 $C(s)$ 取拉普拉斯反变换，可得一阶系统的单位阶跃响应为

$$c(t) = 1 - e^{-\frac{1}{T}t} \quad (t \geqslant 0) \quad (3\text{-}15)$$

单位阶跃响应曲线如图 3-8 所示。该响应是一个由初值 0，按指数规律上升并趋于 1 的无振荡响应，其响应速度完全由一阶系统时间常数 T 决定。时间常数 T 反映系统的惯性，T 越大，响应越慢，系统惯性越大；反之，T 越小，响应越快，系统惯性越小，所以一阶系统通常也被称为一阶惯性系统。由图 3-8 和表 3-1 可知，经过时间 T，系统响应达到其稳态值的 63.2%，经过时间 $(3～4)T$，系统响应将达到

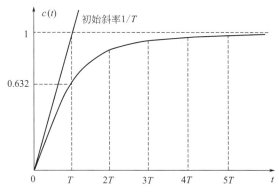

图 3-8　一阶系统的单位阶跃响应

其稳态值的 95%～98%，通常可以认为此时系统动态过程已经结束。所以，对于一阶系统而言，一般认为经过 $(3～4)T$ 的时间，系统动态过程结束。根据式(3-15)可得出表 3-1 的数据。

表 3-1　一阶系统的单位阶跃响应

T	0	T	$2T$	$3T$	$4T$	$5T$	…	∞
$c(t)$	0	0.632	0.865	0.95	0.982	0.993	…	1

对式(3-15)求导并令 $t \to 0$，可以得到一阶系统单位阶跃响应曲线在原点处的斜率，其值等于时间常数的倒数，即

$$\left.\frac{dc(t)}{dt}\right|_{t=0} = \frac{1}{T}e^{-\frac{1}{T}t}\bigg|_{t=0} = \frac{1}{T} \quad (3\text{-}16)$$

式(3-16)表明,如果系统响应始终以这一初始速率持续增加,则经过时间 T 便可以达到其稳态值。工程上常常利用这一特性,通过考察系统阶跃响应的实测曲线在原点处的斜率来估计一阶系统的时间常数 T。

3.2.2 一阶系统的单位脉冲响应 Response of a First-order System to a Unit Impulse Function Input

当系统输入 $r(t)=\delta(t)$ 为单位脉冲信号时,$R(s)=1$,则输出响应的拉普拉斯变换为

$$C(s)=G_B(s)R(s)=\frac{1}{Ts+1}=\frac{1/T}{s+1/T} \tag{3-17}$$

对 $C(s)$ 取拉普拉斯反变换,可得一阶系统的单位脉冲响应为

$$c(t)=\frac{1}{T}e^{-\frac{1}{T}t} \quad (t\geqslant 0) \tag{3-18}$$

如果令 t 分别等于 T、$2T$、$3T$ 和 $4T$,绘制一阶系统的单位脉冲响应曲线,如图3-9所示。

对式(3-18)求导并令 $t\to 0$,可以得到一阶系统单位脉冲响应曲线在原点处的斜率,即

$$\frac{dc(t)}{dt}\Big|_{t=0}=-\frac{1}{T}\frac{1}{T}e^{-\frac{1}{T}t}\Big|_{t=0}=-\frac{1}{T^2} \tag{3-19}$$

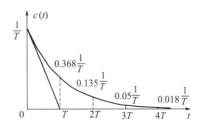

图 3-9 一阶系统的单位脉冲响应

由图3-9可见,一阶系统的脉冲响应为一单调下降的指数曲线。时间常数 T 越大,响应曲线下降得越慢,表明系统受脉冲输入信号作用后,恢复到初始状态的时间越长。反之,曲线下降得越快,恢复到初始状态的时间越短。不论 T 取何值,单位脉冲响应的终值均为零。

在初始条件为零情况下,一阶系统的单位脉冲响应就是系统传递函数的拉普拉斯反变换,它包含了系统动态特性的全部信息。这一特点同样适用于其他各阶线性定常系统,因此,常以脉冲输入信号作用于系统,根据被测定系统的单位脉冲响应,求得被测系统的闭环传递函数。

3.2.3 一阶系统的单位斜坡函数响应 Response of a First-order System to a Unit Ramp Function Input

当系统输入为单位斜坡函数 $r(t)=t\times 1(t)$ 时,$R(s)=\frac{1}{s^2}$,输出响应的拉普拉斯变换为

$$C(s)=G_B(s)R(s)=\frac{1}{Ts+1}\frac{1}{s^2}=\frac{1}{s^2}-\frac{T}{s}+\frac{T^2}{Ts+1} \tag{3-20}$$

对 $C(s)$ 取拉普拉斯反变换,可得一阶系统的单位斜坡响应为

$$c(t)=(t-T)+Te^{-\frac{1}{T}t} \quad (t\geqslant 0) \tag{3-21}$$

当时间 t 趋于无穷大时,系统的输入量与输出量之间的位置误差为

$$e(t)=r(t)-c(t)=T(1-e^{-\frac{1}{T}t}) \tag{3-22}$$

单位斜坡响应曲线如图3-10所示。从图中可以看出,一阶系统在跟踪单位斜坡信号时,存在位置误差,并且位置误差的大小随时间增大,最后趋于时间常数 T。因此,减小时间常数 T,不仅可以提高系统的响应速度,还可以减小系统对斜坡输入的稳态误差。

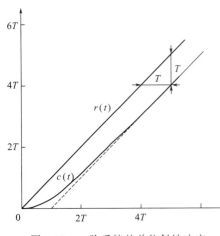

图 3-10 一阶系统的单位斜坡响应

3.3 二阶系统的时域分析 Performance of a Second-order System

【什么是二阶系统?】 以二阶微分方程描述的控制系统称为二阶系统。与一阶系统一样，二阶系统也是控制系统最重要的基本形式之一。在工程实际中，二阶系统应用广泛，如电动机、机械动力系统、小功率随动系统等。很多高阶系统，在一定条件下也可以近似地简化为二阶系统。本节将介绍典型二阶系统的时间响应和瞬态性能指标。

典型的二阶系统微分方程为

$$\frac{d^2 c(t)}{dt^2} + 2\zeta\omega_n \frac{dc(t)}{dt} + \omega_n^2 c(t) = \omega_n^2 r(t) \tag{3-23}$$

式中，ζ 为阻尼比；ω_n 为无阻尼自然振荡频率。

图 3-11 所示为典型二阶系统结构图，其闭环传递函数为

$$G_B(s) = \frac{C(s)}{R(s)} = \frac{\omega_n^2}{s^2 + 2\zeta\omega_n s + \omega_n^2} \tag{3-24}$$

由上式可以看出，ζ 和 ω_n 是决定二阶系统动态特性的两个非常重要的参数。常常把式（3-24）称为二阶系统闭环传递函数的标准形式或标准方程。

例如图 2-1 中 R-L-C 电路，其传递函数为

$$G_B(s) = \frac{U_c(s)}{U_r(s)} = \frac{1}{LCs^2 + RCs + 1} \tag{3-25}$$

或

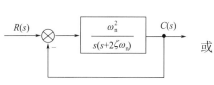

图 3-11 典型二阶系统结构图

$$G_B(s) = \frac{1/LC}{s^2 + \frac{R}{L}s + \frac{1}{LC}} = \frac{\omega_n^2}{s^2 + 2\zeta\omega_n s + \omega_n^2} \tag{3-26}$$

式中，$\omega_n = \frac{1}{\sqrt{LC}} = \frac{1}{\sqrt{T_1 T_2}}$，是 R-L-C 电路中 $R = 0$ 时的谐振频率；$\zeta = \frac{R/L}{2\omega_n} = \frac{1}{2}\sqrt{\frac{T_2}{T_1}}$。

从上述例子可以看出，反映二阶系统动态特性的两个重要参数 ζ 和 ω_n 完全由实际系统的结构和元件参数决定。适当调节实际系统元件参数就可以改变二阶系统的阻尼比 ζ 和无阻尼自然振荡频率 ω_n，进而达到改善二阶系统动态性能的目的。

3.3.1 二阶系统的单位阶跃响应 Response of a Second-order System to a Unit Step Input

设 $r(t) = 1(t)$，$R(s) = 1/s$，初始条件为零，则根据式（3-24），系统的输出可由 $c(t)$ 的拉普拉斯变换求得

$$C(s) = G_B(s)R(s) = \frac{\omega_n^2}{s^2 + 2\zeta\omega_n s + \omega_n^2} \cdot \frac{1}{s} \tag{3-27}$$

对分母多项式进行因式分解得

$$C(s) = \frac{\omega_n^2}{s(s - s_1)(s - s_2)} \tag{3-28}$$

其中，$s_{1,2}$ 是二阶系统的两个特征根

$$s_{1,2} = -\zeta\omega_n \pm \omega_n \sqrt{\zeta^2 - 1} \tag{3-29}$$

显然，阻尼比 ζ 在不同的范围内取值时，二阶系统的特征根在 s 平面上的分布区域不同，其时间响应形式就可能不同。下面分别进行讨论。

(1) 欠阻尼情况

按式(3-24)，系统传递函数可改写为

$$G_B(s) = \frac{\omega_n^2}{(s+\zeta\omega_n+j\omega_d)(s+\zeta\omega_n-j\omega_d)} \tag{3-30}$$

由式(3-30)可知，系统的两个闭环特征根是一对具有负实部的共轭复数根，即

$$s_{1,2} = -\zeta\omega_n \pm j\omega_d \tag{3-31}$$

式中，$\omega_d = \omega_n\sqrt{1-\zeta^2}$，为阻尼振荡频率。

对于单位阶跃输入信号，系统输出为

$$C(s) = G_B(s)R(s) = \frac{\omega_n^2}{s^2+2\zeta\omega_n s+\omega_n^2}\frac{1}{s} = \frac{1}{s} - \frac{s+\zeta\omega_n}{(s+\zeta\omega_n)^2+\omega_d^2} - \frac{\zeta\omega_n}{(s+2\zeta\omega_n)^2+\omega_d^2} \tag{3-32}$$

单位阶跃响应时域表达式为

$$c(t) = L^{-1}[C(s)] = 1 - e^{-\zeta\omega_n t}\left(\cos\omega_d t + \frac{\zeta}{\sqrt{1-\zeta^2}}\sin\omega_d t\right)$$

$$= 1 - \frac{1}{\sqrt{1-\zeta^2}}e^{-\zeta\omega_n t}\sin\left(\omega_n\sqrt{1-\zeta^2}\,t + \arctan\frac{\sqrt{1-\zeta^2}}{\zeta}\right) \tag{3-33}$$

由式(3-33)可以看出，在欠阻尼（$0<\zeta<1$）情况下，二阶系统的单位阶跃响应曲线是振荡且随时间推移而衰减的，如图3-12所示，其振荡频率为阻尼振荡频率ω_d，其幅值随ζ和ω_n而发生变化。比较式(3-33)和式(3-29)可以看出，二阶系统单位阶跃响应的振荡频率等于系统特征根虚部的大小，而幅值与系统特征根负实部的大小有关。当ζ减小时，系统特征根接近虚轴，远离实轴，即系统特征根的负实部和虚部都增加了，这表明系统阶跃响应振荡的幅值和频率都增大了，阶跃响应振荡得更激烈。因此，系统特征根的负实部决定了系统阶跃响应衰减的快慢，而其虚部决定了阶跃响应的振荡程度。

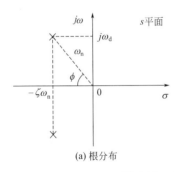
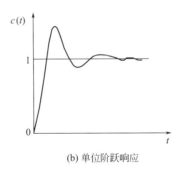

(a) 根分布　　　　　　　　(b) 单位阶跃响应

图3-12　欠阻尼情况（$0<\zeta<1$）

单位阶跃输入与单位阶跃响应之间的误差为

$$e(t) = r(t) - c(t) = \frac{1}{\sqrt{1-\zeta^2}}e^{-\zeta\omega_n t}\sin\left(\omega_n\sqrt{1-\zeta^2}\,t + \arctan\frac{\sqrt{1-\zeta^2}}{\zeta}\right) \tag{3-34}$$

显然，误差也呈阻尼正弦振荡形式，当稳态时，$\lim_{t\to\infty}e(t)=0$，表示二阶系统能够完全跟踪单位阶跃输入信号，稳态误差为零。

当无阻尼（$\zeta=0$）时，系统的两个特征根$s_{1,2}=\pm j\omega_n$为一对共轭虚根，单位阶跃响应为

$$c(t) = 1 - \cos\omega_n t \tag{3-35}$$

称为无阻尼响应（undamped response），是一个等幅振荡响应过程。其振荡频率就是无阻尼自然振荡频率ω_n，如图3-13所示。应当指出，实际系统必然有一定的阻尼比（$\zeta \neq 0$），所以二阶系统的实际有阻尼衰减振荡频率ω_d总是小于无阻尼自然振荡频率ω_n。

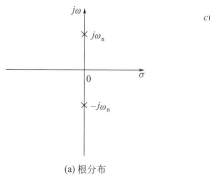
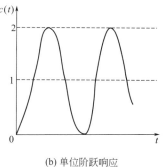

(a) 根分布　　　　　　　　　　　(b) 单位阶跃响应

图 3-13　无阻尼情况（$\zeta=0$）

（2）临界阻尼情况

临界阻尼情况，即当 $\zeta=1$ 时，系统有两个相等的负实数根。

$$s_1 = s_2 = -\omega_n \tag{3-36}$$

系统对单位阶跃输入的响应如下

$$C(s) = \frac{\omega_n^2}{(s+\omega_n)^2}\frac{1}{s} = \frac{1}{s} - \frac{\omega_n}{(s+\omega_n)^2} - \frac{1}{s+\omega_n} \tag{3-37}$$

取 $C(s)$ 的拉普拉斯反变换，求得临界阻尼二阶系统的单位阶跃响应为

$$c(t) = 1 - e^{-\omega_n t}(1+\omega_n t) \tag{3-38}$$

响应曲线如图 3-14 所示，它是一个既无超调，也无振荡的单调上升过程。系统输入量和输出量之间的误差为

$$e(t) = r(t) - c(t) = e^{-\omega_n t}(1+\omega_n t) \tag{3-39}$$

随着时间的增加，误差越来越小，直至稳态时，误差为零。

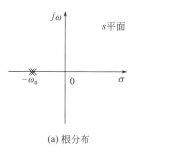
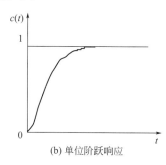

(a) 根分布　　　　　　　　　　　(b) 单位阶跃响应

图 3-14　临界阻尼情况（$\zeta=1$）

（3）过阻尼情况

过阻尼情况，即当阻尼比 $\zeta>1$ 时，系统有两个不相等的负实数根

$$s_{1,2} = -\zeta\omega_n \pm \omega_n\sqrt{\zeta^2-1} \tag{3-40}$$

对于单位阶跃输入，输出为

$$C(s) = \frac{1}{s} + \frac{[2(\zeta^2-1-\zeta\sqrt{\zeta^2-1})]^{-1}}{s+\zeta\omega_n-\omega_n\sqrt{\zeta^2-1}} + \frac{[2(\zeta^2-1+\zeta\sqrt{\zeta^2-1})]^{-1}}{s+\zeta\omega_n+\omega_n\sqrt{\zeta^2-1}} \tag{3-41}$$

对式(3-41)进行拉普拉斯反变换，从而求得过阻尼二阶系统的单位阶跃响应为

$$c(t) = 1 + \frac{1}{2(\zeta^2-1-\zeta\sqrt{\zeta^2-1})}e^{-(\zeta-\sqrt{\zeta^2-1})\omega_n t} + \frac{1}{2(\zeta^2-1+\zeta\sqrt{\zeta^2-1})}e^{-(\zeta+\sqrt{\zeta^2-1})\omega_n t} \tag{3-42}$$

式(3-42)包括两个衰减指数曲线项，由式(3-40)可知，当 ζ 远大于 1 时，一个根距虚轴较

近，而另一个根远离虚轴，远离虚轴根对响应的影响很小，可以忽略不计，这时二阶系统可近似化简为一阶惯性系统。例如，$\zeta=2$，$\omega_n=1\text{rad/s}$时，由式(3-42)可得过阻尼二阶系统的单位阶跃响应为

$$c(t)=1+0.077\mathrm{e}^{-3.732t}-1.077\mathrm{e}^{-0.268t} \qquad (3\text{-}43)$$

近似为一阶系统后的单位阶跃响应为

$$c(t)=1-1.077\mathrm{e}^{-0.268t} \qquad (3\text{-}44)$$

图 3-15 为过阻尼二阶系统的根的分布和响应曲线，阶跃响应无超调，而且响应过程比 $\zeta=1$ 时拖得更长。

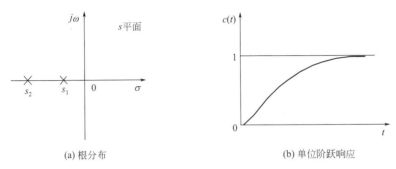

(a) 根分布 (b) 单位阶跃响应

图 3-15 过阻尼情况（$\zeta>1$）

单位阶跃输入与单位阶跃响应之间的误差为

$$e(t)=r(t)-c(t)=\frac{1}{2(\zeta^2-\zeta\sqrt{\zeta^2-1})}\mathrm{e}^{-(\zeta-\sqrt{\zeta^2-1})\omega_n t}-\frac{1}{2(\zeta^2+\zeta\sqrt{\zeta^2-1})}\mathrm{e}^{-(\zeta+\sqrt{\zeta^2-1})\omega_n t} \qquad (3\text{-}45)$$

显然，当稳态时，$\lim_{t\to\infty}e(t)=0$，稳态误差为零。

当 $\zeta<0$ 时，称为负阻尼情况（negatively damped case），系统的两个特征根均具有正实部，其阶跃响应发散，也就是说阶跃响应的幅值随时间的增加趋于无穷。这样的系统不稳定，不能正常工作。

表 3-2 总结了不同阻尼系数 ζ 下典型二阶系统特征根和对应的单位阶跃响应曲线形式，图 3-16 中绘制了不同 ζ 值下的二阶系统单位阶跃响应曲线，横坐标为 $\omega_n t$，曲线只和 ζ 有关。由图 3-16 可见，在一定 ζ 值下，欠阻尼系统比临界阻尼系统更快地达到稳态值。欠阻尼情况下，二阶系统阻尼系数越小，单位阶跃响应超调量越大，上升时间越短。过阻尼情况下，与 ζ 值在一定范围内的欠阻尼系统相比，系统反应迟钝，动作缓慢。所以控制系统大都设计成欠阻尼系统。

表 3-2 不同阻尼系数 ζ 下典型二阶系统特征根和对应的单位阶跃响应曲线形式

阻尼系数	特征根的位置	单位阶跃响应曲线形式
负阻尼	s 右半平面的一对正实部根	发散
无阻尼	虚轴上的一对共轭特征根	等幅周期振荡
欠阻尼	s 左半平面的一对共轭复根	衰减振荡
临界阻尼	负实轴上的一对重根	单调上升
过阻尼	负实轴上的两个互异根	单调上升

3.3.2 二阶系统的脉冲响应 Response of a Second-order System to an Impulse Function Input

当输入信号 $r(t)$ 为单位脉冲函数 $\delta(t)$，即 $R(s)=1$ 时，二阶系统的单位脉冲响应的拉普拉斯变换式如下

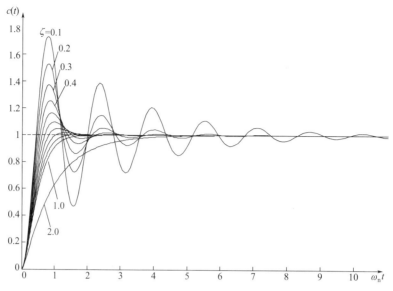

图 3-16 不同 ζ 值下二阶系统单位阶跃响应曲线

$$C(s)=G_B(s)=\frac{\omega_n^2}{s^2+2\zeta\omega_n s+\omega_n^2} \tag{3-46}$$

其时域响应为

$$c(t)=g(t)=L^{-1}[G_B(s)]=L^{-1}\left[\frac{\omega_n^2}{s^2+2\zeta\omega_n s+\omega_n^2}\right] \tag{3-47}$$

从上式可以看出，系统传递函数的拉普拉斯反变换就是系统的脉冲响应函数，记作 $g(t)$。脉冲响应函数和传递函数一样，都可以用来描述系统的特征。

由式(3-47)，对欠阻尼系统（$0<\zeta<1$），有

$$c(t)=g(t)=\frac{\omega_n}{\sqrt{1-\zeta^2}}e^{-\zeta\omega_n t}\sin\omega_n\sqrt{1-\zeta^2}\,t \tag{3-48}$$

对临界阻尼系统（$\zeta=1$），有

$$c(t)=g(t)=\omega_n^2 t e^{-\omega_n t} \tag{3-49}$$

对过阻尼系统（$\zeta>1$），有

$$c(t)=g(t)=\frac{\omega_n}{2\sqrt{\zeta^2-1}}\left[e^{-(\zeta-\sqrt{\zeta^2-1})\omega_n t}-e^{-(\zeta+\sqrt{\zeta^2-1})\omega_n t}\right] \tag{3-50}$$

由于单位脉冲函数是单位阶跃函数对时间的导数，线性定常系统的单位脉冲响应必定是单位阶跃响应对时间的导数。所以上述各式均可以分别由式(3-33)、式(3-38) 和式(3-42) 对时间求导来获得。

图 3-17 表示不同 ζ 值下的单位脉冲响应曲线。由式(3-49)、式(3-50) 和图 3-17 可以发现，临界阻尼和过阻尼时，单位脉冲响应为仅有一个峰值的脉冲曲线。欠阻尼时，单位脉冲响应围绕零值产生振荡。

3.3.3 欠阻尼二阶系统在单位阶跃输入作用下的瞬态响应指标 Transient Response Performance Indices of a Second-order Under Damped System to a Unit Step Input

在控制工程中，过阻尼和临界阻尼系统的响应过程，虽然平稳性好，但响应过程缓慢。除了那些不容许产生振荡响应的系统外，通常都希望系统具有适度的阻尼、较快的响应速度和较短的调节时间。因此，二阶控制系统的设计，一般取 ζ 在 0.4～0.8 之间。此时，系统调节灵敏，响

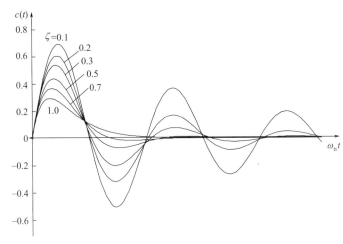

图 3-17 不同ζ值下二阶系统单位脉冲响应曲线

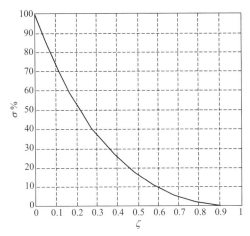

图 3-18 σ%与ζ的关系

应快,且平稳性也较好。所以,采用欠阻尼瞬态响应指标来评价二阶系统的响应特性,具有较大实际意义。在单位阶跃输入下,欠阻尼二阶系统的输出如式(3-33)所示,下面推导在此条件下的欠阻尼二阶系统的动态性能指标计算公式。

(1) **最大百分比超调量 σ%**

以 $t=t_p$ 代入式(3-33),可得到最大百分比超调量

$$\sigma\% = \left|\frac{c(t_p)-c(\infty)}{c(\infty)}\right| \times 100\% = e^{-\zeta\pi/\sqrt{1-\zeta^2}} \times 100\% \tag{3-51}$$

由上式可见,最大百分比超调量 σ% 仅由 ζ 决定,与自然振荡频率 ω_n 无关,ζ 越小,超调量越大。当 ζ=0 时,σ%=100%;而当 ζ=1 时,σ%=0,此时系统响应无超调。σ%与ζ的关系曲线如图 3-18 所示。

(2) **上升时间 t_r**

根据定义,上升时间 t_r 是指系统输出量从零上升至第一次达到稳态值所需的时间。单位阶跃响应下,令 $c(t_r)=1$,由式(3-33)可得输出

$$c(t_r) = 1 - \frac{e^{-\zeta\omega_n t_r}}{\sqrt{1-\zeta^2}} \sin\left(\omega_d t_r + \arctan\frac{\sqrt{1-\zeta^2}}{\zeta}\right) = 1$$

因为 $e^{-\zeta\omega_n t_r} \neq 0$,所以

$$\sin\left(\omega_d t_r + \arctan\frac{\sqrt{1-\zeta^2}}{\zeta}\right) = 0$$

因为上升时间是输出响应第一次达到稳态值所需的时间,所以有

$$\omega_d t_r + \arctan\frac{\sqrt{1-\zeta^2}}{\zeta} = \pi$$

即

$$t_r = \frac{1}{\omega_d}\left(\pi - \arctan\frac{\sqrt{1-\zeta^2}}{\zeta}\right) = \frac{\pi-\varphi}{\omega_d} \tag{3-52}$$

式中,$\varphi = \arctan\frac{\sqrt{1-\zeta^2}}{\zeta}$。由式(3-52)可见,要使系统反应快,必然要减小 t_r。因此当 ζ 一定,ω_n 必须加大;若 ω_n 为定值,则 ζ 越小,t_r 越小。

(3) **峰值时间 t_p**

峰值时间 t_p 是响应曲线第一次达到最大峰值所需的时间。按式(3-33),对 $c(t)$ 求一阶导

数，并令其为零，即 $\dfrac{dc(t_p)}{dt}=0$，可得到

$$\omega_d \cos(\omega_d t_p + \varphi) - \zeta\omega_n \sin(\omega_d t_p + \varphi) = 0$$

$$\tan(\omega_d t_p + \varphi) = \frac{\omega_d}{\zeta\omega_n} = \frac{\sqrt{1-\zeta^2}}{\zeta} = \tan\varphi$$

所以，达到第一个峰值时有

$$\omega_d t_p = \pi$$

$$t_p = \frac{\pi}{\omega_d} = \frac{\pi}{\omega_n\sqrt{1-\zeta^2}} \tag{3-53}$$

上式表明，峰值时间 t_p 与有阻尼振荡频率 ω_d 成反比。当 ω_n 一定，ζ 越小，t_p 也越小。

(4) 调节时间 t_s

调节时间 t_s 定义为响应曲线进入并保持在允许的误差带内（$\pm 2\%$ 或 $\pm 5\%$）所需的最短时间，即

$$|c(t)-c(\infty)| \leq \Delta \times c(\infty) \qquad (t \geq t_s, \Delta = 2\% \text{ 或 } 5\%)$$

根据式(3-33)系统单位阶跃响应表达式及 $c(\infty)=1$，可得

$$\left|\frac{1}{\sqrt{1-\zeta^2}} e^{-\zeta\omega_n t} \sin(\omega_d t + \varphi)\right| \leq \Delta \qquad (t \geq t_s) \tag{3-54}$$

根据式(3-54)直接求解出 t_s 的表达式极为困难。如图 3-19 所示，$1 \pm \dfrac{e^{-\zeta\omega_n t}}{\sqrt{1-\zeta^2}}$ 是系统单位阶跃响应衰减振荡曲线的包络线。可以看出，只要包络线进入误差带，则响应曲线一定进入误差带。所以，式(3-54)可简化近似为

$$\frac{1}{\sqrt{1-\zeta^2}} e^{-\zeta\omega_n t} \leq \Delta \qquad (t \geq t_s)$$

解上式，得出调节时间为

$$t_s = \frac{1}{\zeta\omega_n} \ln\left(\frac{1}{\Delta\sqrt{1-\zeta^2}}\right) \tag{3-55}$$

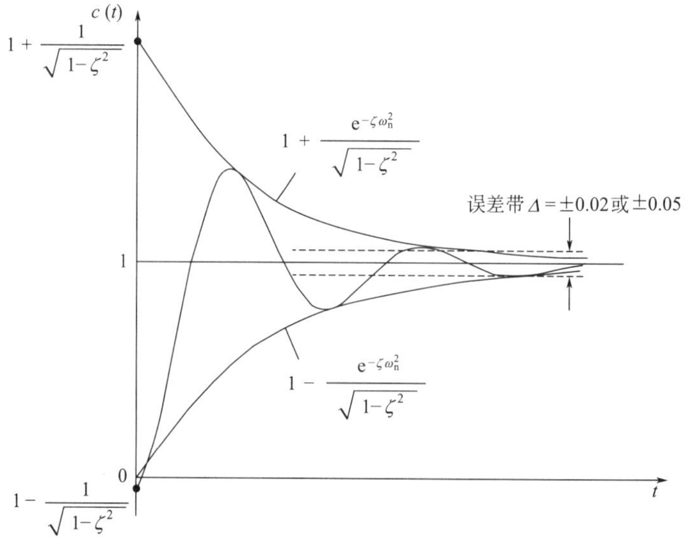

图 3-19 二阶系统单位阶跃响应包络线

如果取 $\Delta = 2\%$,则有

$$t_s = -\frac{1}{\zeta\omega_n}\left[4 + \ln\left(\frac{1}{\sqrt{1-\zeta^2}}\right)\right]$$

如果取 $\Delta = 5\%$,则有

$$t_s = -\frac{1}{\zeta\omega_n}\left[3 + \ln\left(\frac{1}{\sqrt{1-\zeta^2}}\right)\right]$$

当 $0 < \zeta < 0.9$,式(3-55)可进一步由下面两式近似表示

$$t_s = \frac{4}{\zeta\omega_n} = 4T, \Delta = 2\%$$

或

$$t_s = \frac{3}{\zeta\omega_n} = 3T, \Delta = 5\% \tag{3-56}$$

由此可见,$\zeta\omega_n$ 越大,t_s 就越小。当 ω_n 一定时,则 t_s 与 ζ 成反比,这与 t_p、t_r 与 ζ 的关系正好相反。

图 3-20 给出了经数值计算得到的 t_s 随 ζ 变化的关系曲线。图中 $T = 1/\zeta\omega_n$ 为 $c(t)$ 包络曲线的时间常数,在 $\zeta = 0.69$(或 0.77)时,t_s 有最小值,以后 t_s 随 ζ 的增大而近乎线性地上升。图 3-20 中曲线的不连续性是由于 ζ 在虚线附近稍微变化会引起 t_s 突变,如图 3-21 所示。

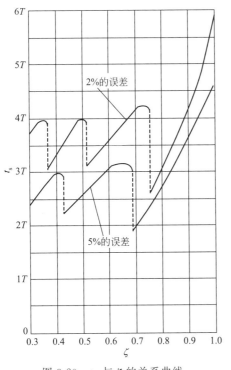

图 3-20 t_s 与 ζ 的关系曲线　　图 3-21 ζ 稍微突变引起的 t_s 突变

根据以上分析,可以看出欠阻尼二阶系统瞬态响应性能完全取决于阻尼比 ζ 和无阻尼自然振荡频率 ω_n。如何选取 ζ 和 ω_n 使系统满足设计要求,应从如下几点考虑。

① 当 ω_n 一定,要减小 t_r 和 t_p,必须减少 ζ 值;要减少 t_s 则应增大 $\zeta\omega_n$ 值,而且 ζ 值有一定范围,不能过大。

② 增大 ω_n,能使 t_r,t_p 和 t_s 都减少。

③ 最大百分比超调量 $\sigma\%$ 只由 ζ 决定,ζ 越小,σ 越大。所以,一般根据 $\sigma\%$ 的要求选择 ζ 值,在实际系统中,ζ 值一般在 $0.4 \sim 0.8$ 之间。而对各种时间性能指标的要求,则需通过 ω_n 的选取来满足。要实现这一点,一般需要对图 3-11 所示的二阶系统进行校正。

【例 3-1】 一单位反馈系统的开环传递函数为 $G(s)=\dfrac{1}{s(s+1)}$，求系统的单位阶跃响应及动态性能指标 $\sigma\%$、t_r、t_s 和 t_p。

解 系统的闭环传递函数为

$$G_B(s)=\dfrac{G(s)}{1+G(s)}=\dfrac{1}{s^2+s+1}$$

与标准二阶系统的闭环传递函数 [式(3-34)] 进行比较，可得

$$\omega_n^2=1, \quad 2\zeta\omega_n=1,$$

由此解得 $\omega_n=1\text{rad/s}$，$\zeta=0.5$

所以，系统的单位阶跃响应为

$$c(t)=1-\dfrac{e^{-\zeta\omega_n t}}{\sqrt{1-\zeta^2}}\sin(\omega_d t+\theta),$$

式中，$\omega_d=\omega_n\sqrt{1-\zeta^2}=\dfrac{\sqrt{3}}{2}$（rad/s），$\theta=\arctan\dfrac{\sqrt{1-\zeta^2}}{\zeta}=1.047$

所以

$$c(t)=1-\dfrac{e^{-0.5t}}{\sqrt{1-0.5^2}}\sin\left(\dfrac{\sqrt{3}}{2}t+1.047\right)=1-\dfrac{\sqrt{3}}{2}e^{-0.5t}\sin\left(\dfrac{\sqrt{3}}{2}t+1.047\right)$$

其动态性能指标为

$$\sigma\%=e^{-\frac{\zeta\pi}{\sqrt{1-\zeta^2}}}\times100\%=e^{-\frac{\pi}{2}/\frac{\sqrt{3}}{2}}\times100\%=16.3\%$$

$$t_r=\dfrac{\pi-\theta}{\omega_d}=\dfrac{\pi-1.047}{\sqrt{3}/2}=2.473(\text{s})$$

$$t_s=\dfrac{3}{\zeta\omega_n}=\dfrac{3}{0.5\times1}=6(\text{s})$$

$$t_p=\dfrac{\pi}{\omega_d}=\dfrac{\pi}{\sqrt{3}/2}=3.628(\text{s})$$

【例 3-2】 控制系统结构图如图 3-22 所示
① 开环增益 $K=10$ 时，求系统在单位阶跃响应下的动态性能指标；
② 确定使系统阻尼比 $\zeta=0.707$ 的 K 值。

解 ① 当 $K=10$ 时，系统的闭环传递函数为

$$G_B(s)=\dfrac{G(s)}{1+G(s)}=\dfrac{100}{s^2+10s+100}$$

与二阶系统传递函数标准形式比较，得

图 3-22 二阶系统结构图

$$\omega_n=10\text{rad/s}$$

$$\zeta=\dfrac{10}{2\times10}=0.5$$

$$t_p=\dfrac{\pi}{\sqrt{1-\zeta^2}\,\omega_n}=\dfrac{\pi}{\sqrt{1-0.5^2}\times10}=0.363(\text{s})$$

② 系统的闭环传递函数为

$$G_B(s)=\dfrac{G(s)}{1+G(s)}=\dfrac{10K}{s^2+10s+10K}$$

与二阶系统传递函数标准形式比较，得

$$\omega_n=\sqrt{10K},\ \zeta=\dfrac{10}{2\sqrt{10K}}$$

令 $\zeta=0.707$，得 $K=\dfrac{100\times 2}{4\times 10}=5$

【例 3-3】 一单位反馈系统的开环传递函数为 $G(s)=\dfrac{K}{s(Ts+1)}$，其中单位阶跃响应曲线如图 3-23 所示，图中 $c_p=1.25$，$t_p=1.5\mathrm{s}$。试确定系统参数 K、T 值。

解 由开环传递函数为 $G(s)=\dfrac{K}{s(Ts+1)}$ 可知单位阶跃响应的峰值 c_p 为

$$c_p=1+e^{-\zeta\pi/\sqrt{1-\zeta^2}}=1.25$$

由此可得 $e^{-\zeta\pi/\sqrt{1-\zeta^2}}=0.25$，所以解得 $\zeta=0.4$。

单位阶跃响应的峰值时间 t_p 为

$$t_p=\dfrac{\pi}{\omega_n\sqrt{1-\zeta^2}}=1.5$$

解得 $\omega_n=2.28\mathrm{rad/s}$

系统的闭环传递函数为

$$G_B(s)=\dfrac{G(s)}{1+G(s)}=\dfrac{\dfrac{K}{T}}{s^2+\dfrac{1}{T}s+\dfrac{K}{T}}$$

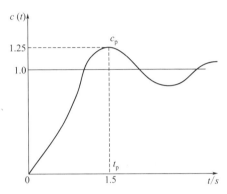

图 3-23 某系统单位阶跃响应曲线

与标准二阶系统的闭环传递函数相比可得

$$\omega_n^2=\dfrac{K}{T}, \quad 2\zeta\omega_n=\dfrac{1}{T}$$

将参数 (ζ,ω_n) 值代入以上两式求出 $K=2.86$，$T=0.54\mathrm{s}$

【例 3-4】 已知单位反馈系统的开环传递函数为

$$G(s)=\dfrac{5K_a}{s(s+34.5)}$$

设系统的输入量为单位阶跃函数，试计算放大器增益 $K_a=200$ 时，系统输出响应的动态性能指标 t_p，t_s 和 $\sigma\%$。如果增益提高到 1500 或降低到 10，对系统响应有何影响？

解 系统开环传递函数为

$$G(s)=\dfrac{\omega_n^2}{s(s+2\zeta\omega_n)}=\dfrac{5K_a}{s(s+34.5)}$$

① 当 $K_a=200$ 时，$\omega_n^2=1000$，解得 $\omega_n=31.6\mathrm{rad/s}$，$\zeta=\dfrac{34.5}{2\omega_n}=0.545$，根据欠阻尼二阶系统动态性能指标的计算公式，可以求得

$$t_p=\dfrac{\pi}{\omega_n\sqrt{1-\zeta^2}}=0.12(\mathrm{s})$$

$$t_s=\dfrac{3}{\zeta\omega_n}=0.17(\mathrm{s})$$

$$\sigma\%=e^{-\pi\zeta/\sqrt{1-\zeta^2}}\times 100\%=13\%$$

② 当 $K_a=1500$ 时，得 $\omega_n=86.2\mathrm{rad/s}$，$\zeta=0.2$ 相应的性能指标为

$$t_p=0.037\mathrm{s}, t_s=0.17\mathrm{s}, \sigma\%=52.7\%$$

由此可见，当 K_a 增大时，阻尼比 ζ 减小，无阻尼振荡频率 ω_n 增大，峰值时间 t_p 减小，超调量

$\sigma\%$增大，调节时间t_s并无多大变化。响应初始段加快，振荡强烈，平稳性明显下降。

③ 当$K_a = 10$时，得$\omega_n = 7.07 \text{rad/s}$，$\zeta = 2.44$，系统处于过阻尼状态，阶跃响应无超调。二阶系统两个特征根为

$$s_1 = -\zeta\omega_n + \omega_n\sqrt{\zeta^2-1} = -1.52, s_2 = -\zeta\omega_n - \omega_n\sqrt{\zeta^2-1} = -32.99$$

因s_2距离虚轴的距离远大于s_1，二阶系统近似化简为一个一阶惯性环节

$$c(t) \approx 1 + \frac{1}{2(\zeta^2 - \zeta\sqrt{\zeta^2-1})} e^{-(\zeta+\sqrt{\zeta^2-1})\omega_n t} = 1 + 0.956 e^{-32.99t}$$

由

$$|c(t_s) - c(\infty)| = \Delta \times c(\infty), \quad \Delta = 5\%$$

得

$$t_s = \frac{\ln(0.05/0.956)}{-1.52} \approx 1.94(\text{s})$$

由此可见，当K_a减小时，响应过程超调量减小，同时过渡过程变得缓慢。

3.3.4 改善二阶系统性能的措施 Measures to Improve Performance of a Second-order System

从例3-4可以看出，为提高响应速度而加大开环增益K_a，结果是阻尼比减小，使振荡加剧；反之，减小增益K_a，能显著改善平稳性，但响应过程又过于缓慢。因此，仅仅依靠调节系统原有部件参数难以兼顾系统的快速性和平稳性。此时可以通过适当改变系统结构，来改善系统的品质。在改善二阶系统性能的方法中，误差的比例-微分控制和输出量的速度反馈控制是两种最常用的方法。

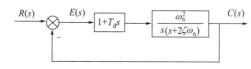

图3-24 二阶系统的比例-微分控制

（1）误差的比例-微分控制

比例-微分控制的二阶系统结构图如图3-24所示。

系统在误差控制作用的基础上，引入误差微分控制，T_d称为微分时间常数。系统开环传递函数为

$$G(s) = \frac{(1+T_d s)\omega_n^2}{s(s+2\zeta\omega_n)}$$

闭环传递函数为

$$G_B(s) = \frac{(1+T_d s)\omega_n^2}{s^2 + 2(\zeta + T_d\omega_n/2)\omega_n s + \omega_n^2} = \frac{(1+T_d s)\omega_n^2}{s^2 + 2\zeta_d \omega_n s + \omega_n^2} \tag{3-57}$$

式中，等效阻尼ζ_d为

$$\zeta_d = \zeta + T_d\omega_n/2 \tag{3-58}$$

比较式(3-57)和式(3-24)可知，比例-微分控制对系统性能的影响是：增大了系统的阻尼比（$\zeta_d > \zeta$），使系统动态过程的超调量下降，平稳性提高，同时系统的无阻尼振荡频率ω_n不发生改变，调节时间缩短，提高系统响应的快速性。

（2）输出量的速度反馈控制

输出信号的导数可以用来改善系统的性能，为了获得输出位置信号的导数，需要采用测速发电机，以代替对输出信号的直接微分。注意：微分过程对噪声有放大作用。事实上，如果不连续的噪声存在时，则微分过程对不连续噪声的放大作用，远大于对有用信号的放大效果。例如，电位计的输出量就是一个不连续的电压信号，因为当电位计的电刷沿绕组移动时，转换器的感应电压将发生变化，并且产生瞬变过程，所以电位计的输出量后面，不应当连接微分元件。

二阶系统的输出速度反馈结构图如图3-25(a)所示，速度信号和位置信号同时反馈到系统的

输入端,以此产生出误差信号,在任何随动系统中,上述速度信号很容易从测速发电机得到。K_t 称为速度反馈系数。

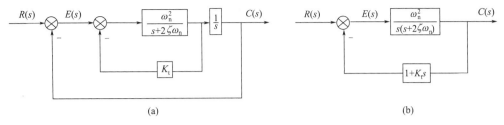

图 3-25 二阶系统的输出量的速度反馈控制

图 3-25(a) 所示结构图可以化简成图 3-25(b) 所示的形式,由图 3-25(b) 可得系统的闭环传递函数为

$$G_B(s)=\frac{\omega_n^2}{s^2+2(\zeta+K_t\omega_n/2)\omega_n s+\omega_n^2}=\frac{\omega_n^2}{s^2+2\zeta_t\omega_n s+\omega_n^2} \quad (3-59)$$

其中

$$\zeta_t=\zeta+K_t\omega_n/2 \quad (3-60)$$

可以看出,输出量的速度反馈控制也可使二阶系统的等效阻尼比增大,提高动态平稳性。

比较式(3-57) 和式(3-59) 可知,若 $K_t=T_d$,则 $\zeta_t=\zeta_d$,速度反馈控制和比例-微分控制有相同的阻尼比。但两者控制方式对系统动态性能的改善程度却略有不同,其原因是比例-微分控制形成闭环零点,而速度反馈控制不形成闭环零点。闭环零点使系统响应加快,有削弱阻尼的作用。因此,在相同条件下,比例-微分控制的超调量要大一些。

从现实的角度来看,由于比例-微分控制可以采用模拟电路来实现,因此,结构比较简单,易于实现,且成本低;而速度反馈控制所用的部件,例如测速发电机或其他速度传感器价格较高。从抗干扰的能力来看,微分器对输入信号中的噪声,特别是高频噪声有放大的作用。而速度反馈信号是引自经过具有较大惯量的电机滤波之后的输出,噪声成分很弱,所以速度反馈抗干扰能力强。

3.4 高阶系统的时域分析 Performance of a Higher-order System

【什么是高阶系统?】 由二阶以上微分方程描述的控制系统称为高阶系统。在控制工程中,大量的实际控制系统都是高阶系统,求解高阶系统的动态性能指标往往比较困难。对于存在闭环主导极点的高阶系统,工程上常将他们简化为一阶或二阶系统,进而估算高阶系统的动态性能指标。

3.4.1 高阶系统的单位阶跃响应 Response of a Higher-order System to a Unit Step Input

高阶系统的闭环传递函数一般形式为

$$G_B(s)=\frac{C(s)}{R(s)}=\frac{b_0 s^m+b_1 s^{m-1}+\cdots+b_{m-1}s+b_m}{s^n+a_1 s^{n-1}+\cdots+a_{n-1}s+a_n} \quad (m\leqslant n) \quad (3-61)$$

将上式写成为零、极点的形式,则

$$G_B(s)=\frac{C(s)}{R(s)}=\frac{b_0\prod_{i=1}^{q}(s+z_i)\prod_{i=1}^{l}(s^2+2\zeta_{mi}\omega_{mi}s+\omega_{mi}^2)}{\prod_{i=1}^{k}(s+p_i)\prod_{i=1}^{r}(s^2+2\zeta_{ni}\omega_{ni}s+\omega_{ni}^2)} \quad (m\leqslant n)$$

式中，$q+2l=m$，$k+2r=n$。

设输入为单位阶跃函数，则

$$C(s)=\frac{b_0\prod_{i=1}^{q}(s+z_i)\prod_{i=1}^{l}(s^2+2\zeta_{mi}\omega_{mi}s+\omega_{mi}^2)}{\prod_{i=1}^{k}(s+p_i)\prod_{i=1}^{r}(s^2+2\zeta_{ni}\omega_{ni}s+\omega_{ni}^2)}\frac{1}{s}$$

假设系统的所有闭环极点各不相同（实际系统通常是这样的），则

$$C(s)=\frac{b_m}{a_n}\frac{1}{s}+\sum_{i=1}^{k}\frac{C_i}{s+p_i}+\sum_{i=1}^{r}\frac{A_i(s+\zeta_{ni}\omega_{ni})+B_i\omega_{ni}\sqrt{1-\zeta_{ni}^2}}{s^2+2\zeta_{ni}\omega_{ni}s+\omega_{ni}^2}$$

$$c(t)=\frac{b_m}{a_n}+\sum_{i=1}^{k}C_i\mathrm{e}^{-p_it}+\sum_{i=1}^{r}\mathrm{e}^{-\zeta_{ni}\omega_{ni}t}(A_i\cos\omega_{ni}\sqrt{1-\zeta_{ni}^2}t+B_i\sin\omega_{ni}\sqrt{1-\zeta_{ni}^2}t)\qquad(t\geqslant 0)$$

(3-62)

由上式可见，高阶系统的响应是由惯性环节和振荡环节（二阶系统）的单位阶跃响应构成的，各分量的相对大小由系数 C_i，A_i 和 B_i 决定，所以了解了各分量及其相对大小，就可知高阶系统的瞬态响应。

对于极点全部位于左半 s 平面上的高阶系统，极点决定了单位阶跃响应各瞬态响应分量的性质，每个极点相对应的瞬态响应分量或为衰减指数函数或为衰减正弦函数项。各瞬态响应分量的衰减快慢由 $-p_i$ 和 $-\zeta_{ni}\omega_{ni}$ 决定，即系统极点在 s 平面左半部离虚轴越远，相应的分量衰减越快。零点不影响单位阶跃响应的形式，只影响各瞬态分量系数的大小。

这里还涉及偶极子的概念。若一对相距很近的零极点，它们之间的距离比它们的模值小一个数量级，则这一对零极点称为偶极子。偶极子对系统瞬态响应的影响可以忽略不计，但会影响系统的稳态特性。

总结上面的讨论，可知各瞬态响应分量的系数取决于高阶系统的极点和零点在 s 平面的分布，主要有以下几种情况：

① 若某极点远离原点，则相应瞬态响应分量的系数很小；
② 若某极点接近一零点，又远离其他极点和原点，则相应瞬态响应分量的系数很小；
③ 若某极点远离零点而又接近原点或者其他极点，则相应瞬态响应分量系数比较大。

显然，系数大而且衰减慢的那些瞬态响应分量在瞬态响应过程中起主要作用，系数小而衰减快的那些瞬态响应分量对瞬态响应过程的影响很小。在控制工程中对高阶系统进行估算时，通常将系数小而且衰减快的那些瞬态响应分量略去。因而，高阶系统的性能就可用低阶系统来近似估计。

3.4.2 主导极点 Dominant Roots

在高阶系统中，满足下列条件的极点称为系统的**主导极点**：
① 离虚轴最近且周围没有零点；
② 其他极点与虚轴的距离比该极点与虚轴的距离大 5 倍以上。

主导极点在单位阶跃响应中对应的瞬态响应分量衰减最慢且系数很大。因此，它对高阶系统瞬态响应起主导作用，单位阶跃响应的形式和瞬态性能指标主要由它决定。主导极点可以是一个二重的负实数极点，也可以是一对具有负实部的共轭复数极点。除主导极点外，所有其他极点由于其对应的瞬态响应分量随时间的推移而迅速衰减，对系统的时间响应影响甚微，因此通称为非主导极点。

具有主导极点的高阶系统可以用主导极点所描述的一阶或二阶系统来近似表示，也就是说，具有主导极点的高阶系统可以简化为一阶或二阶系统，其性能指标可以由一阶或二阶系统的性能指标估算。高阶系统简化低阶系统的具体步骤是：首先确定系统的主导极点，然后将高阶开环或

闭环传递函数写为时间常数形式，再将小时间常数项略去即可。经过这样的处理，可以确保简化后的系统具有基本一致的瞬态性能和相同的稳态性能。

【例 3-5】 已知系统的闭环传递函数为

$$G_B(s) = \frac{(0.24s+1)}{(0.25s+1)(0.04s^2+0.24s+1)(0.0625s+1)}$$

试估算系统的瞬态性能指标超调量和调节时间（按 5% 误差带计算）。

解 先将闭环传递函数表示为零极点的形式

$$G_B(s) = \frac{383.693(s+4.17)}{(s+4)(s^2+6s+25)(s+16)}$$

零极点分布图如图 3-26 所示。观察图可知，系统的主导极点为 $\lambda_{1,2} = -3 \pm j4$，忽略一对偶极子（$\lambda_3 = -4$, $z_1 = -4.17$）和非主导极点 $\lambda_4 = -16$。

注意原系统闭环增益为 1，降阶处理后的系统闭环传递函数为

$$G_B(s) = \frac{383.693 \times 4.17}{4 \times 16} \cdot \frac{1}{s^2+6s+25} = \frac{25}{s^2+6s+25}$$

与标准二阶系统的闭环传递函数相比可近似估算出系统的动态指标，此处有

$$\omega_n = 5\text{rad/s}, \quad \zeta = \frac{6}{2\omega_n} = 0.6$$

故有

$$\sigma\% = e^{-\zeta\pi/\sqrt{1-\zeta^2}} = 9.5\%, \quad t_s = \frac{3}{\zeta\omega_n} = 1(\text{s})$$

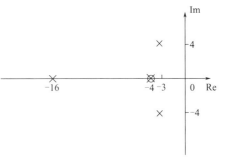

图 3-26 例 3-5 系统零极点分布图

3.5 线性系统的稳定性分析 The Stability of Linear Systems

【为什么进行线性系统稳定性分析？】 在设计和分析线性反馈控制系统时，首先需考虑控制系统的稳定性。一个线性控制系统能够正常工作的首要条件是它必须是稳定的。由于控制系统在实际运行中，不可避免地会受到外界或内部一些扰动因素的影响，比如系统负载或能源的波动、系统参数或环境条件的变化等，从而会使系统各物理量偏离原来的工作状态。如果系统是稳定的，那么随着时间的推移，系统的各物理量就会恢复到原来的工作状态。如果系统不稳定，即使扰动很微弱，也会使系统中的各物理量随着时间的推移而发散，即使在扰动因素消失后，系统也不可能再恢复到原来的工作状态，显然不稳定的控制系统是无法正常工作的。因此，如何分析系统的稳定性并提出保证系统稳定的措施，是自动控制理论研究的基本任务之一。

3.5.1 稳定性概念 The Concept of Stability

为建立稳定性概念，首先通过一个实例来说明它的含义。将一个小球放在抛物面内的底端，如图 3-27(a) 所示。在外界扰动力作用下，小球由原平衡点 A 运动到位置 B，当外力去掉后，小球在重力作用下，由位置 B 回到位置 A，但因惯性作用，小球继续向前运动，到达位置 C。此后小球围绕点 A 反复振荡，经过一段时间，摩擦和阻尼使其能量耗尽，最后停留在原平衡点 A 上。可见，在外力作用下，小球暂时偏离了工作点，当扰动消失后，经过一段时间，又回到原平衡点上，故称 A 为稳定平衡点。反过来，将小球放在抛物面外部的顶端，如图 3-27(b) 所示。显然，在外力作用下，小球一旦离开了平衡点 D，即使干扰消失，它也不能回到原平衡点 D，故称这样的平衡点为不稳定平衡点。对于图 3-27(c) 所示的情况，小球受到小的扰动力作用时，A 为稳定平衡点，而受到大扰动作用时，A 点则是不稳定的平衡点。

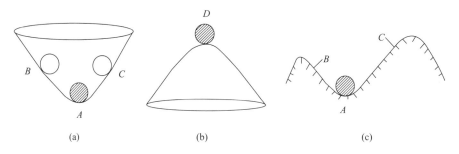

图 3-27 小球的平衡点

从上面稳定性的实例，可以初步建立起稳定性概念，并可以给出稳定性的一般含义：系统受到扰动，偏离了平衡点，但当扰动消失后，如果能回到原平衡点，则称这个系统是稳定的，反之，就是不稳定的。

稳定性严密的数学定义是由俄国学者李雅普诺夫在 1892 年建立的。假设系统具有一个平衡工作点，在该平衡工作点上，当输入信号为零时，系统的输出信号亦为零。一旦扰动信号作用于系统，系统的输出量将偏离原平衡工作点。若线性控制系统在扰动的影响下，其动态过程随时间的推移逐渐衰减并趋于原平衡工作点，则称系统渐近稳定，简称稳定；反之，若在初始扰动影响下，系统的动态过程随时间的推移而发散，则称系统不稳定。

下面给出具体的公式说明。设系统的激励包括参考输入 $r(t)$、扰动输入 $n(t)$ 和系统各储能元件存储的初始能量，即初始条件。在上述激励作用下，线性系统总的响应为

$$c(t)=c_0(t)+c_n(t) \tag{3-63}$$

式中，$c_0(t)$ 为 $r(t)$ 作用下的响应分量和系统的初始条件产生的响应分量之和；$c_n(t)$ 为扰动输入 $n(t)$ 作用下的响应分量。假设在扰动作用之前，系统处于平衡工作状态，即 $n(t)=0$ 时，线性系统的响应为 $c_0(t)$。

设在 $t_1 < t < t_2$ 区间，扰动输入 $n(t)(\neq 0)$ 作用于系统，扰动输入引起的响应为 $c_n(t)$。线性系统总的响应为

$$c(t)=c_0(t)+c_n(t) \quad (t>t_1) \tag{3-64}$$

一般而言，$c(t) \neq c_0(t)$，即扰动输入 $n(t)$ 作用之后，系统的响应偏离了原平衡工作点。当 $t \geqslant t_2$ 时，$n(t)=0$，扰动消失。

当 $t > t_2$ 时，如果经过一定的时间，系统的工作状态能回到原平衡工作点，即

$$\lim_{t\to\infty} c(t)=c_0(t) \quad 或 \quad \lim_{t\to\infty} c_n(t)=0 \tag{3-65}$$

则系统在李雅普诺夫稳定性理论意义下是渐近稳定的。相反，经过一定的时间，系统的工作状态无限偏离原平衡工作点，即

$$\lim_{t\to\infty} c(t)=\infty \quad 或 \quad \lim_{t\to\infty} c_n(t)=\infty \tag{3-66}$$

则称系统是不稳定的。

另外，当经过一定的时间后，系统的工作状态既不回到原平衡工作点又不无限偏离原平衡工作点，而表现为在原平衡工作点附近的一个有限的区域内做等幅振荡运动或收敛于一个有限的新的平衡工作点，则称系统在李雅普诺夫稳定性理论意义下是临界稳定的。

3.5.2 稳定的充分必要条件 The Necessary and Sufficient Condition for Stability

上述稳定性定义表明，线性系统的稳定性仅取决于系统自身的固有特性，而与外界条件无关。

因此，为简化推导过程，设线性系统在扰动输入作用之前，参考输入为零且初始储能为零，则系统在原平衡工作点 A 点处 $c(t)=0$；又设扰动输入为单位脉冲函数，即 $n(t)=\delta(t)$，$N(s)=1$。扰动输入引起的系统输出响应为 $c(t)=c_n(t)=g(t)$，$C(s)=C_n(s)=L^{-1}[g(t)]$。

不失一般性，设 n 阶系统，扰动输入引起系统输出的闭环传递函数为

$$G_{Bn}(s)=\frac{C_n(s)}{N(s)}=\frac{b_0 s^m+b_1 s^{m-1}+\cdots+b_{m-1}s+b_m}{s^n+a_1 s^{n-1}+\cdots+a_{n-1}s+a_n} \tag{3-67}$$

系统输出的拉普拉斯变换为

$$C(s)=C_n(s)=G_{Bn}(s)N(s)=\frac{b_0 s^m+b_1 s^{m-1}+\cdots+b_{m-1}s+b_m}{s^n+a_1 s^{n-1}+\cdots+a_{n-1}s+a_n} \tag{3-68}$$

因 $a_i(i=1,2,\cdots,n)$ 为实数，可得系统闭环极点为实数或共轭复数，所以上式可表示为

$$C(s)=C_n(s)=\frac{b_m}{a_n}\frac{\prod_{j=1}^{m}(s+z_j)}{\prod_{i=1}^{k}(s+\lambda_i)\prod_{i=1}^{r}(s^2+2\sigma_i\omega_i s+\omega_i^2)} \tag{3-69}$$

式中，$k+2r=n$。对上式进行等效变换，写成部分分式和的形式，并取拉普拉斯反变换得

$$c(t)=c_n(t)=\sum_{i=1}^{k}C_i e^{\lambda_i t}+\sum_{i=1}^{r}e^{\sigma_i t}(A_i\cos\omega_i t+B_i\sin\omega_i t) \tag{3-70}$$

其中，系数 A_i，B_i 和 C_i 由系统结构参数决定。

由式(3-70)可知：

① 若 $-\lambda_i<0$，$-\sigma_i<0$（即都是负数），则式(3-65)成立。系统最终能恢复至原平衡状态，所以是稳定的。但由于存在复数根 ($\omega_i\neq 0$)，系统响应为衰减振荡。

② 若 $-\lambda_i<0$，$-\sigma_i<0$，且 $\omega_i=0$，则系统仍是稳定的，系统响应按指数规律衰减。

③ 若 $-\lambda_i$ 或 $-\sigma_i$ 中有一个或一个以上是正数，则条件式(3-65)不成立。$t\to\infty$ 时，偏差越来越大，系统是不稳定的。

④ 只要 $-\sigma_i$ 中有一个为零（即有一对虚根），则式(3-65)不成立。当 $t\to\infty$ 时，系统不能恢复原平衡状态，其输出或者为一常值，或者为等幅振荡，这时称系统处于临界稳定状态。处于临界稳定状态的系统，虽然按李雅普诺夫关于稳定的定义来说是稳定的，但在控制系统的实际应用中，一般认为临界稳定属于系统的实际不稳定工作状态。因为实际系统元件参数值的漂移等，可能导致 $-\lambda_i$ 或 $-\sigma_i$ 为正的情况出现，而使系统不稳定。

总结上述，可以得出如下结论：

线性系统稳定的充分必要条件是系统特征方程式的所有特征根均为负实数，或具有负的实部。

由于系统特征方程式的根与 s 平面上的点一一对应，所以充分必要条件又可以表述为：线性系统稳定的充分必要条件是系统特征方程式的所有根均在 s 平面的左半部分。

又由于系统特征方程的根就是系统的极点，所以系统稳定性的充分必要条件还可描述为：系统的所有极点均位于 s 平面的左半部分。

表 3-3 列举了几个简单的系统稳定性的例子。需要指出的是，对于线性定常系统，根据系统特征方程的根在 s 平面上的分布情况来判断。系统的稳定性反映了事物的本质，因为特征方程的根是由微分方程的结构和参数决定的，即系统的稳定性由且仅由系统的结构和参数决定，而与输入信号和初始条件无关。

表 3-3 系统稳定性的简单实例

系统特征方程及其特征根	极点分布	单位阶跃响应	稳定性
$s^2+2\zeta\omega_n+\omega_n^2=0$ $s_{1,2}=-\zeta\omega_n\pm j\omega_n\sqrt{1-\zeta^2}$ $(0<\zeta<1)$		$c(t)=1-\dfrac{1}{\sqrt{1-\zeta^2}}e^{-\zeta\omega_n t}\sin(\omega_n t+\varphi)$	稳定
$s^2+\omega_n^2=0$ $s_{1,2}=\pm j\omega_n$ $(\zeta=0)$		$c(t)=1-\cos\omega_n t$	临界 (属不稳定)
$s^2+2\zeta\omega_n+\omega_n^2=0$ $s_{1,2}=-\zeta\omega_n\pm j\omega_n\sqrt{1-\zeta^2}$ $(0>\zeta>-1)$		$c(t)=1-\dfrac{1}{\sqrt{1-\zeta^2}}e^{-\zeta\omega_n t}\sin(\omega_n t+\varphi)$	不稳定
$Ts+1=0$ $s=-\dfrac{1}{T}$		$c(t)=1-e^{-t/T}$	稳定
$Ts-1=0$ $s=\dfrac{1}{T}$		$c(t)=-1+e^{t/T}$	不稳定

3.5.3 稳定判据 Stability Criterions

根据线性定常系统稳定的充分必要条件判别系统的稳定性,需要求出系统特征方程的全部特征根。假如特征方程式的根能求得,系统稳定性自然就可断定。但是当系统阶数为四阶或更高时,求解是非常困难的,实际上只能借助于计算机。为了避开对特征方程的直接求解,一些学者研究了系统特征方程的根与其系数之间的关系,通过特征方程式的各项系数,间接地分析系统的稳定性。这些方法统称为判别系统稳定性的代数稳定判据。

设系统的闭环特征方程为

$$D(s)=a_0s^n+a_1s^{n-1}+\cdots+a_{n-1}s+a_n=0 \tag{3-71}$$

式中所有系数均为实数,且 $a_0>0$,则系统稳定的必要条件是上述系统特征方程的所有系数均为正数,即 $a_i>0$ ($i=0,1,2,\cdots,n$)。

证明 设式(3-71)有 n 个根,其中 k 个实根 λ_j ($j=1,2,\cdots,k$),r 对复根 $\sigma_i\pm j\omega_i$ ($i=1,2,\cdots,r$),$n=k+2r$。则特征方程式可写为

$$D(s)=a_0(s-\lambda_1)\cdots(s-\lambda_k)[(s-\sigma_1)^2+\omega_1^2]\cdots[(s-\sigma_r)^2+\omega_r^2] \tag{3-72}$$

假如所有的根均在左半平面,即 $\lambda_j<0$,$\sigma_i<0$,则式(3-72)中 $-\lambda_1$,$-\lambda_2$,$\cdots$,$-\lambda_k$ 和

$-\sigma_1$，$-\sigma_2$，$\cdots$，$-\sigma_r$ 均为正数，则化为式(3-71)形式时，所有系数都是正数。

根据这一原则，在判别系统的稳定性时，可首先检查系统特征方程的系数是否都为正数。假如有任何系数为负数或等于零（缺项），则系统就是不稳定的。但是，就算所有系数均为正数，系统并不一定就是稳定的，还要做进一步的判别。因为上述条件只是系统稳定的必要条件，尚不充分。例如，某三阶系统的特征方程为

$$s^3+s^2+2s+8=(s+2)(s^2-s+4)=0$$

尽管此时特征方程的系数均为正数，但系统却是不稳定的，因为特征方程有一对位于 s 右半平面的共轭正实部根。

很多学者对线性系统的稳定性以及稳定性检验问题进行了研究，其中最主要的是劳斯和赫尔维茨分别于1877年和1895年独立提出的劳斯稳定性判据和赫尔维茨稳定性判据。两位学者的研究成果虽然形式上不同，但本质上是一致的，因此，这一成果也被称为**劳斯-赫尔维茨稳定性判据**。本节将分别介绍劳斯判据和赫尔维茨判据。

3.5.3.1 劳斯判据

若系统特征方程式为

$$D(s)=a_0 s^n+a_1 s^{n-1}+\cdots+a_{n-1}s+a_n=0$$

应用劳斯稳定判据（Routh criterion）判别系统稳定与否的步骤如下：

① 系统稳定的必要性判别：根据劳斯稳定判据的必要条件，要求 $a_0>0$，且系统特征方程式各项系数均为正数。

② 构造劳斯阵列表：由特征方程式的系数构造劳斯阵列表如下

$$
\begin{array}{cccc}
s^n & a_0 & a_2 & a_4 & \cdots \\
s^{n-1} & a_1 & a_3 & a_5 & \cdots \\
s^{n-2} & b_1 & b_2 & b_3 & \cdots \\
s^{n-3} & c_1 & c_2 & c_3 & \cdots \\
s^{n-4} & d_1 & d_2 & d_3 & \cdots \\
\vdots & \vdots & \vdots & \vdots \\
s^1 & f_1 \\
s^0 & g_1 \\
\end{array}
$$

其中，劳斯阵列表中系数计算方法为

$$b_1=-\frac{1}{a_1}\begin{vmatrix}a_0 & a_2 \\ a_1 & a_3\end{vmatrix},\ b_2=-\frac{1}{a_1}\begin{vmatrix}a_0 & a_4 \\ a_1 & a_5\end{vmatrix},\ b_3=-\frac{1}{a_1}\begin{vmatrix}a_0 & a_6 \\ a_1 & a_7\end{vmatrix},\cdots$$

直至其余 b 项均为零。

$$c_1=-\frac{1}{b_1}\begin{vmatrix}a_1 & a_3 \\ b_1 & b_2\end{vmatrix},\ c_2=-\frac{1}{b_1}\begin{vmatrix}a_1 & a_5 \\ b_1 & b_3\end{vmatrix},\ c_3=-\frac{1}{b_1}\begin{vmatrix}a_1 & a_7 \\ b_1 & b_4\end{vmatrix},\cdots$$

按此规律一直计算到 $n+1$ 行为止。在上述计算过程中，为了简化数值运算，可将某一行中的各数均乘（或除）一个正整数，不影响稳定性判断。

③ 系统稳定性的判别：考察阵列表第一列系数的符号，假若劳斯阵列表中第一列系数均为正数，则该系统是稳定的，即特征方程式所有的根均位于根平面的左半平面。假若第一列系数有负数，则第一列系数符号改变的次数等于系统特征方程式在 s 右半平面上根的个数。

【例 3-6】 设系统特征方程为：$D(s)=s^4+2s^3+3s^2+4s+5=0$，试判断系统的稳定性。

解 从系统特征方程看出，它的所有系数均为正实数，满足系统稳定的必要条件。列劳斯表如下

$$
\begin{array}{llll}
s^4 & 1 & 3 & 5 \\
s^3 & 2 & 4 & 0 \\
s^2 & \dfrac{2\times3-1\times4}{2}=1 & \dfrac{2\times5-1\times0}{2}=5 & \\
s^1 & \dfrac{1\times4-2\times5}{1}=-6 & 0 & \\
s^0 & \dfrac{-6\times5-1\times0}{-6}=5 & &
\end{array}
$$

劳斯表第一列系数符号改变了两次，所以系统有两个根在右半 s 平面，系统不稳定。

【例 3-7】 设系统的特征方程为：$s^4+6s^3+12s^2+11s+6=0$，试用劳斯判据判断系统的稳定性。

解 系统特征方程所有系数均为正数，列劳斯表如下

$$
\begin{array}{lccc}
s^4 & 1 & 12 & 6 \\
s^3 & 6 & 11 & 0 \\
s^2 & 61/6 & 6 & \\
s^1 & 455/61 & & \\
s^0 & 6 & &
\end{array}
$$

劳斯矩阵第一列元素均为正数，所以系统是稳定的。

④ 劳斯判据的两种特殊情况：在应用劳斯判据分析系统的稳定性时，有时会出现两种特殊情况，使得劳斯阵列表的计算无法进行下去。第一种情况是在劳斯阵列表中任意一行，出现第一列系数为零，而该行其余列系数至少有一个为非零。第二种情况是劳斯阵列表中，出现全零行。

下面针对这二种特殊情况，分别说明如何应用劳斯稳定判据。

ⅰ. 如果劳斯阵列表中任意一行的第一列系数为零，而该行其余列系数至少有一个为非零，则这个零使得下一行的所有系数变为无穷大，劳斯阵列表的计算过程无法进行下去。这时可用一个很小的正数 ε 来代替这个零，从而可使劳斯阵列表得以继续算下去。如果 ε 上下两行系数的符号相同，则说明系统特征方程有一对虚根，系统处于临界稳定状态；如果 ε 上下两行系数的符号不同，则说明出现符号变化，系统不稳定。

【例 3-8】 设系统特征方程为：$s^4+s^3+3s^2+3s+2=0$，试用劳斯判据判别系统的稳定性。

解 劳斯阵列表为

$$
\begin{array}{lccc}
s^4 & 1 & 3 & 2 \\
s^3 & 1 & 3 & 0 \\
s^2 & \varepsilon & 2 & \\
s^1 & 3-\dfrac{2}{\varepsilon} & 0 & \\
s^0 & 2 & &
\end{array}
$$

令 $\varepsilon\to 0$，s^1 行第一列系数符号为负。则第一列系数符号改变次数为 2，因此特征方程有两个具有正实部的根，系统不稳定。

对上述问题，还可以通过用 $(s+a)$ 乘特征方程的办法来解决。这里 a 取任意正数。如取 $a=1$，则原特征方程变为

$$(s^4+s^3+3s^2+3s+2)(s+1)=s^5+2s^4+4s^3+6s^2+5s+2=0$$

对新的特征方程计算出的劳斯阵列表如下

$$
\begin{array}{llll}
s^5 & 1 & 4 & 5 \\
s^4 & 2 & 6 & 2 \\
s^3 & 1 & 4 & 0 \\
s^2 & -2 & 2 \\
s^1 & 5 & 0 \\
s^0 & 2
\end{array}
$$

从上面的劳斯阵列表看出，第一列系数符号改变 2 次，特征方程有两个具有正实部的根。这个结论与以 ε 代替零的处理方法所得结论一致。由于附加因子 $(s+1)$ 仅使新特征方程增加了一个负根，与原特征方程相比，正根的个数及数值不变。

ⅱ. 若劳斯阵列表中第 k 行所有系数均为零，说明在根平面内存在原点对称的实根、共轭虚根或（和）共轭复数根。此时，系统要么不稳定，要么处于临界稳定状态。

在这种情况下可做如下处理：ⅰ利用第 $k-1$ 行的系数构成辅助多项式，它的次数总是偶数；ⅱ求辅助多项式对 s 的导数，将其系数构成新行，以代替全部为零的一行；ⅲ继续计算劳斯阵列表。ⅳ对原点对称的根可由辅助多项式等于零（即辅助方程式）求得。

【例 3-9】 已知系统特征方程 $D(s)=s^5+3s^4+12s^3+20s^2+35s+25=0$，判断系统的稳定性。

解 根据特征方程，有辅助方程

$$F(s)=5s^2+25=0, \quad F'(s)=10s=0$$

故列劳斯表如下

$$
\begin{array}{llll}
s^5 & 1 & 12 & 35 \\
s^4 & 3 & 20 & 25 \\
s^3 & 16/3 & 80/3 & 0 \\
s^2 & 5 & 25 & 0 \\
s^1 & 0 & 0 \\
    & 10 & 0 \\
s^0 & 25
\end{array}
$$

劳斯表第一列系数符号没有改变，所以系统没有在右边 s 平面的根，系统临界稳定。求解辅助方程可以得到系统的一对纯虚根 $\lambda_{1,2}=\pm j\sqrt{5}$。

3.5.3.2 劳斯判据的应用

应用劳斯判据不仅可以判别系统稳定不稳定，即系统的绝对稳定性，而且也可检验系统是否有一定的**稳定裕量**，即相对稳定性。其还可用来求解系统稳定的临界参数，分析系统参数对稳定性的影响。

(1) 稳定裕量的检验

如图 3-28 所示，令

$$s=z-\sigma_1 \quad (3-73)$$

即把虚轴左移 σ_1，将上式代入式(3-71)，得以 z 为变量的新的特征方程式，然后再检验新特征方程式有几个根位于新虚轴（垂直线 $s=-\sigma_1$）的右边。如果所有根均在新虚轴的左边（新劳斯阵列式第一列均为正数），则说系统具有稳定裕量 σ_1。

【例 3-10】 已知单位负反馈系统的开环传递函数为

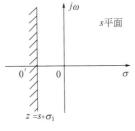

图 3-28 稳定裕量 σ_1

$$G(s)H(s) = \frac{6500(s+K_1)}{s^2(s+30)}$$

① 用劳斯稳定性判据确定使系统稳定 K_1 的取值范围；

② 如果要求闭环极点全部位于 $s=-1$ 垂线之左，求 K_1 的取值范围。

解 ① 系统的闭环传递函数为

$$G(s)H(s) = \frac{6500(s+K_1)}{s^3+30s^2+6500s+6500K_1}$$

因此闭环特征方程为 $D(s) = s^3+30s^2+6500s+6500K_1 = 0$

相应的劳斯表为

s^3	1	6500
s^2	30	$6500K_1$
s^1	$\dfrac{30 \times 6500 - 6500K_1}{30}$	
s^0	$6500K_1$	

根据劳斯稳定性判据，使系统稳定的 K_1 的取值范围是：$0 < K_1 < 30$。

② 根据题意，将 $s = z - 1$ 代入原特征方程，可得新的特征方程

$$D(z) = z^3 + 27z^2 + 6443z + (6500K_1 - 6471) = 0$$

列劳斯表为

z^3	1	6443
z^2	27	$6500K_1 - 6471$
z^1	$\dfrac{27 \times 6443 - 6500K_1 + 6471}{27}$	
z^0	$6500K_1 - 6471$	

根据劳斯判据，得全部闭环极点位于 $s = -1$ 垂线之左的 K_1 取值范围是 $1 < K_1 < 27.7$。

（2）分析系统参数变化对稳定性的影响

劳斯判据除用于直接判别线性系统的稳定性，还可以用来分析系统参数变化对系统稳定性的影响，以及确定为使系统稳定这些参数的可取值范围。

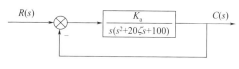

图 3-29 控制系统结构图

【例 3-11】 控制系统结构图如图 3-29 所示，确定使系统稳定的开环增益 K 与阻尼比 ζ。

解 系统开环传递函数为 $G(s) = \dfrac{K_a}{s(s^2+20\zeta s+100)}$，开环增益 $K = \dfrac{K_a}{100}$，系统特征方程为

$$D(S) = s^3 + 20\zeta s^2 + 100s + 100K = 0$$

列劳斯表为

s^3	1	100	
s^2	20ζ	$100K$	$\to \zeta > 0$
s^1	$(2000\zeta - 100K)/(20\zeta)$	0	$\to 20\zeta > K$
s^0	$100K$	0	$\to K > 0$

则根据稳定条件画出的使系统稳定的参数区域如图 3-30 所示。

3.5.3.3 赫尔维茨判据

若系统特征方程式为

$$D(s)=a_0s^n+a_1s^{n-1}+\cdots+a_{n-1}s+a_n=0$$

赫尔维茨判据（Hurwitz criterion）认为：系统稳定的充分必要条件是 $a_0>0$ 的情况下，赫尔维茨行列式对角线上所有子行列式（如表中横竖线所隔）$\Delta_i(i=1,2,\cdots,n)$ 均大于零。

赫尔维茨行列式由特征方程的系数按下述规则构成：主对角线上为特征方程式自第 2 项系数 a_1 至系数 a_n，每行以主对角线上系数为准，在主对角线以下的各行中各项元素的下标依次减少；而在主对角线以上的各行中各项元素的下标依次增加。当元素的下标大于 n 或小于 0 时，行列式中的该项取 0。

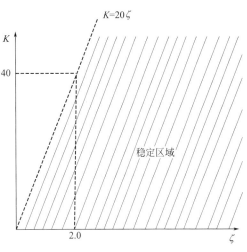

图 3-30 使系统稳定的参数区域

$$\begin{vmatrix} a_1 & a_3 & a_5 & \cdots & \cdots & 0 \\ a_0 & a_2 & a_4 & \cdots & \cdots & 0 \\ 0 & a_1 & a_3 & a_5 & \cdots & 0 \\ 0 & a_0 & a_2 & a_4 & \cdots & 0 \\ \cdots & \cdots & \cdots & \cdots & \cdots & \cdots \\ \cdots & \cdots & \cdots & \cdots & \cdots & \cdots \\ 0 & \cdots & \cdots & \cdots & \cdots & a_n \end{vmatrix}$$

事实上，赫尔维茨判据可从劳斯判据推导。当 n 较大时，应用赫尔维茨判据比较麻烦，故它常应用于 $n \leqslant 4 \sim 5$ 的情况。

① 当 $n=1$，特征方程式为

$$a_0s+a_1=0$$

稳定条件为

$$a_0>0, \quad \Delta_1=a_1>0$$

即要求系统特征方程的所有系数为正数。

② 当 $n=2$，特征方程式为

$$a_0s^2+a_1s+a_2=0$$

稳定条件为

$$a_0>0, \quad \Delta_1=a_1>0, \quad \Delta_2=\begin{vmatrix} a_1 & 0 \\ a_0 & a_2 \end{vmatrix}=a_1a_2>0$$

即只要特征方程的所有系数为正数，系统总是稳定的。

③ 当 $n=3$，特征方程式为

$$a_0s^3+a_1s^2+a_2s+a_3=0$$

稳定条件为

$$a_0>0, \Delta_1=a_1>0, \Delta_2=\begin{vmatrix} a_1 & a_3 \\ a_0 & a_2 \end{vmatrix}=a_1a_2-a_0a_3>0, \Delta_3=\begin{vmatrix} a_1 & a_3 & 0 \\ a_0 & a_2 & 0 \\ 0 & a_1 & a_3 \end{vmatrix}=a_3\Delta_2>0$$

即要求所有系数为正数，而且 $\Delta_2>0$。

④ 当 $n=4$，特征方程式为

$$a_0s^4+a_1s^3+a_2s^2+a_3s+a_4=0$$

稳定条件为

$$a_0>0$$
$$\Delta_1=a_1>0$$
$$\Delta_2=\begin{vmatrix} a_1 & a_3 \\ a_0 & a_2 \end{vmatrix}=a_1a_2-a_0a_3>0$$
$$\Delta_3=\begin{vmatrix} a_1 & a_3 & 0 \\ a_0 & a_2 & a_4 \\ 0 & a_1 & a_3 \end{vmatrix}=a_3\begin{vmatrix} a_1 & a_3 \\ a_0 & a_2 \end{vmatrix}-a_1\begin{vmatrix} a_1 & 0 \\ a_0 & a_4 \end{vmatrix}=a_3\Delta_2-a_1^2a_4>0$$
$$\Delta_4=\begin{vmatrix} a_1 & a_3 & 0 & 0 \\ a_0 & a_2 & a_4 & 0 \\ 0 & a_1 & a_3 & 0 \\ 0 & a_0 & a_2 & a_4 \end{vmatrix}=a_4\Delta_3>0$$

所以，稳定条件是特征方程式所有系数为正数，且 $\Delta_3>0$。

【例 3-12】 设系统特征方程式为

$$s^4+50s^3+200s^2+400s+1000=0$$

试用赫尔维茨判据判别系统的稳定性。

解 从特征方程式看出所有系数为正数，满足稳定的必要条件。计算赫尔维茨行列式

$$\Delta_4=\begin{vmatrix} 50 & 400 & 0 & 0 \\ 1 & 200 & 1000 & 0 \\ 0 & 50 & 400 & 0 \\ 0 & 1 & 200 & 1000 \end{vmatrix}$$

各主子行列式为

$$\Delta_1=50>0$$
$$\Delta_2=50\times200-1\times400>0$$
$$\Delta_3=400\times200\times50-400^2\times1-50^2\times1000>0$$
$$\Delta_4=1000\times\Delta_3>0$$

根据赫尔维茨稳定性判据可知系统是稳定的。

3.6 线性系统的稳态误差 The Steady-state Error of Linear Systems

一个线性系统如果是稳定的，那么在外信号的作用下，经过一段时间，就可以认为它的过渡过程已经结束，进入一种固定的状态，即**稳态**。控制系统在稳态下的精度是一项重要的技术指标。稳态误差必须在允许范围之内，控制系统才有使用价值。例如火炮跟踪的误差超过允许限度就不能用于战斗，工业加热炉的炉温误差超过允许限度就会影响产品质量等。

对于一个实际的控制系统，由于系统自身的结构参数、外作用的类型（控制量或扰动量）以及外作用的形式（阶跃、斜坡或加速度等）不同，控制系统的稳态输出不可能在任何情况下都与输入量（希望的输出）一致，也不可能在任何形式的扰动下都能准确地恢复到原平衡位置。此外，控

系统不可避免地存在摩擦、间隙、不灵敏区、零漂等非线性因素，这些都会造成附加的稳态误差。可以说，稳态误差是不可避免的，控制系统设计的任务之一就是尽量减小系统的稳态误差。

研究稳定系统的稳态误差才有意义，所以计算稳态误差应以系统稳定性为前提。

通常，稳态误差分为两种。一种是当系统仅受到输入信号的作用而没有任何扰动时的稳态误差，称为输入信号引起的稳态误差；另一种是输入信号为零、扰动作用于系统上时的稳态误差，称为扰动引起的稳态误差。当线性系统既受到输入信号作用又受到扰动作用时，它的稳态误差是上述两项误差的代数和。

本节主要讨论线性系统稳态误差的计算方法，以及如何减小或消除稳态误差。

3.6.1 稳态误差概念 The Concept of Steady-state Error

控制系统结构图一般可用图 3-31 形式表示。系统的稳态误差通常有两种定义：按输入端定义和按输出端定义。

① 按输入端定义：系统的稳态误差被定义为输入信号 $r(t)$ 和反馈信号 $b(t)$ 之差

$$e(t) = r(t) - b(t) \quad (3-74)$$

其拉普拉斯变换为

$$E(s) = R(s) - B(s) \quad (3-75)$$

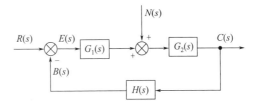

图 3-31　系统误差分析结构图

由负反馈控制原理知，闭环系统在 $e(t)$ 的控制作用下，使输出量的实际值 $c(t)$ 趋向于其希望值 $c_r(t)$。通常把 $e(t)$ 称为系统的误差信号，简称系统误差。此种方法定义的误差，在实际系统中是可以测量的，具有一定的实际意义。

② 按输出端定义：系统的稳态误差为系统输出量的希望值 $c_r(t)$ 与其实际值 $c(t)$ 之差

$$e'(t) = c_r(t) - c(t) \quad (3-76)$$

其拉普拉斯变换表达式为

$$E'(s) = C_r(s) - C(s) \quad (3-77)$$

在实际系统中，有时 $c_r(t)$ 是不可测量的，而只具有概念上的意义。

上述两种误差的定义之间存在着内在的联系。对图 3-31 所示结构图进行等效变换得图 3-32。

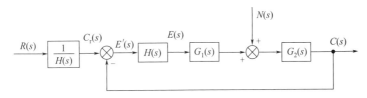

图 3-32　定义在输出端的误差分析结构图

由图 3-32 可得

$$E'(s) = C_r(s) - C(s) = \frac{1}{H(s)}R(s) - \frac{1}{H(s)}B(s) = \frac{1}{H(s)}E(s) \quad (3-78)$$

由式(3-78)可知 $E(s)$ 可以反映 $E'(s)$，且可测量。对于单位反馈系统，即 $H(s)=1$，有 $E'(s)=E(s)$。因此，除非特别说明，本书关于误差分析与计算均采用式(3-74)的误差定义式。

如果误差的极限存在，则此极限定义为稳态误差，记作

$$e_{ss} = \lim_{t \to \infty} e(t) \quad (3-79)$$

由拉普拉斯变换终值定理知，误差 $e(t)$ 的极限存在，即 $sE(s)$ 在右半 s 平面及虚轴上解析，或者说，$sE(s)$ 的极点均位于 s 平面虚轴之左（包括坐标原点），则系统稳态误差可表示为

$$e_{ss} = \lim_{t \to \infty} e(t) = \lim_{s \to 0} sE(s) \quad (3-80)$$

上式表明，求 $t \to \infty$ 时 $e(t)$ 的极限，可以用求解 $s \to 0$ 时 $sE(s)$ 的极限替代，通常 $E(s)$ 的

解析表达式比 $e(t)$ 的解析表达式更容易得到。

3.6.2 稳态误差的计算 Calculation of the Steady-state Error

对于参考输入信号和扰动信号同时作用的线性控制系统，如图 3-31 所示，其误差为 $E(s) = E_1(s) + E_2(s)$，$E_1(s)$ 为由参考输入信号 $R(s)$ 引起的误差，$E_2(s)$ 为由扰动信号 $N(s)$ 引起的误差。

令 $N(s) = 0$，可列出 $E_1(s)$ 对 $R(s)$ 的传递函数为

$$G_{\text{Ber}}(s) = \frac{E_1(s)}{R(s)} = \frac{1}{1 + G_1(s)G_2(s)H(s)} \tag{3-81}$$

即

$$E_1(s) = \frac{1}{1 + G_1(s)G_2(s)H(s)} R(s)$$

令 $R(s) = 0$，可列出可列出 $E_2(s)$ 对 $N(s)$ 的传递函数为

$$G_{\text{Ben}}(s) = \frac{E_2(s)}{N(s)} = -\frac{G_2(s)H(s)}{1 + G_1(s)G_2(s)H(s)} \tag{3-82}$$

即

$$E_2(s) = -\frac{G_2(s)H(s)}{1 + G_1(s)G_2(s)H(s)} N(s)$$

根据线性系统的叠加原理，可求得系统的总稳态误差为

$$E(s) = E_1 + E_2 = \frac{1}{1 + G_k(s)} R(s) - \frac{G_2(s)H(s)}{1 + G_k(s)} N(s) \tag{3-83}$$

式中，$G_k(s)$ 表示系统的开环传递函数，有 $G_k(s) = G_1(s)G_2(s)H(s)$。

对上式求拉普拉斯反变换，可求得该系统总误差的时域表达式为

$$e(t) = L^{-1}[E(s)] \tag{3-84}$$

式(3-83) 表明，系统误差不仅与系统的结构、参数有关，还与输入信号的形式及作用点有关，下面分别进行讨论。

3.6.2.1 参考输入作用下的稳态误差计算

当仅考虑参考输入引起系统误差时，即 $N(s) = 0$，由式(3-81)得系统误差表达式简记为

$$E(s) = G_{\text{Ber}}(s) R(s) = \frac{1}{1 + G_k(s)} R(s) \tag{3-85}$$

如果系统稳定，根据式(3-80)，控制输入引起的稳态误差为

$$e_{ss} = \lim_{s \to 0} sE(s) = \lim_{s \to 0} s \frac{1}{1 + G_k(s)} R(s) \tag{3-86}$$

(1) 系统的类型

若控制系统的开环传递函数为

$$G_k(s) = \frac{K(\tau_1 s + 1)(\tau_2 s + 1)\cdots(\tau_m s + 1)}{s^v (T_1 s + 1)(T_2 s + 1)\cdots(T_n s + 1)} = \frac{K}{s^v} G_0(s) \tag{3-87}$$

式中，K 称为系统的开环放大系数；τ_i 和 T_i 为时间常数；v 为开环系统在 s 平面坐标原点处的极点数，也就是开环系统所含的积分环节个数；$G_0(s)$ 为开环传递函数去掉积分环节和比例环节以后剩余的部分，显然 $G_0(0) = 1$。通常根据开环系统所含积分环节个数 v 对系统进行分类，称为 v 型系统，当 $v = 0, 1, 2, \cdots$ 时，则分别称之为 0 型、Ⅰ型、Ⅱ型、⋯系统等。增加系统型号数，可使系统精度提高，但对稳定性不利，实际系统中通常选 $v \leqslant 2$。$G_k(s)$ 的其他零、极点，对分类没有影响。

下面基于系统的类型，分析各种典型输入信号作用下系统稳态误差。

(2) 典型输入信号作用下系统稳态误差

① 阶跃输入作用下的稳态误差及位置误差系数的计算。设系统参考输入为阶跃函数 $r(t) = A \times 1(t)$，A 为阶跃函数的幅值。按式(3-86)，有

$$e_{ss} = \lim_{s \to 0} \frac{s}{1+G_k(s)} \frac{A}{s} = \frac{A}{1+G_k(0)} \tag{3-88}$$

令

$$K_p = \lim_{s \to 0} G_k(s) = G_k(0) \tag{3-89}$$

K_p 定义为静态位置误差系数，对于 0 型系统，它实际上等于系统的开环放大系数 K。

因此

$$e_{ss} = \frac{A}{1+K_p} = \frac{A}{1+K} \tag{3-90}$$

对于 I 型及 I 型以上的系统，$v \geq 1$，则

$$K_p = \lim_{s \to 0} \frac{K(\tau_1 s+1)(\tau_2 s+1)\cdots}{s^v(T_1 s+1)(T_2 s+1)\cdots} = \infty$$

$$e_{ss} = 0$$

由上述分析可知，对于 0 型系统，由于没有积分环节，对阶跃输入的稳态误差为定值，系统开环放大系数 K 越大，e_{ss} 越小，但误差始终存在，除非 K 为无穷大。所以这种没有积分环节的 0 型系统，又常称为有差系统。

对于实际系统，通常允许存在稳态误差，只要它不超过规定指标就可以。所以有时为了降低稳态误差，常在稳态条件允许的前提下，增大 K_p。若要求系统对阶跃输入的稳态误差为零，则系统必须是 I 型或 I 型以上的系统，其前向通道中必须含有积分环节。

② 斜坡输入作用下的稳态误差及速度误差系数的计算。设系统参考输入为斜坡函数 $r(t) = Bt$，B 为斜坡输入的斜率。系统的稳态误差为

$$e_{ss} = \lim_{s \to 0} \frac{s}{1+G_k(s)} \frac{B}{s^2} = \lim_{s \to 0} \frac{B}{sG_k(s)} \tag{3-91}$$

令

$$K_v = \lim_{s \to 0} sG_k(s) \tag{3-92}$$

K_v 定义为静态速度误差系数，所以有

$$e_{ss} = \frac{B}{K_v} \tag{3-93}$$

对于 0 型系统，$v = 0$，则

$$K_v = \lim_{s \to 0} s \frac{K(\tau_1 s+1)(\tau_2 s+1)\cdots}{(T_1 s+1)(T_2 s+1)\cdots} = 0$$

$$e_{ss} = \infty$$

对于 I 型系统，$v = 1$，则

$$K_v = \lim_{s \to 0} s \frac{K(\tau_1 s+1)(\tau_2 s+1)\cdots}{s(T_1 s+1)(T_2 s+1)\cdots} = K$$

$$e_{ss} = \frac{B}{K}$$

对于 II 型及或高于 II 型系统，$v \geq 2$，则

$$K_v = \lim_{s \to 0} s \frac{K(\tau_1 s+1)(\tau_2 s+1)\cdots}{s^v(T_1 s+1)(T_2 s+1)\cdots} = \infty$$

$$e_{ss} = 0$$

以上表明，0 型系统对于等速度输入（斜坡输入）不能紧跟，最后稳态误差为∞。具有单位反馈的 I 型系统，其输出能跟踪等速度输入，但总有一定误差，为使稳态误差不超过系统的规定值，K 值

必须足够大。对于 II 型或高于 II 型的系统，稳态误差为零，这种系统有时称为二阶无差系统。

所以对于等速度输入信号，要使系统稳态误差一定为零，必须使 $v \geq 2$，即必须有足够的积分环节数。

③ 抛物线函数输入作用下的稳态误差及加速度误差系数的计算。设系统参考输入为等加速度函数 $r(t) = \frac{1}{2}Ct^2$，C 为等加速度。系统的稳态误差为

$$e_{ss} = \lim_{s \to 0} \frac{s}{1+G_k(s)} \frac{C}{s^3} = \lim_{s \to 0} \frac{C}{s^2 G_k(s)} \tag{3-94}$$

令

$$K_a = \lim_{s \to 0} s^2 G_k(s) \tag{3-95}$$

K_a 定义为静态加速度误差系数，所以

$$e_{ss} = \frac{C}{K_a} \tag{3-96}$$

对于 0 型系统，$v = 0$，则

$$K_a = \lim_{s \to 0} s^2 \frac{K(\tau_1 s+1)(\tau_2 s+1)\cdots}{(T_1 s+1)(T_2 s+1)\cdots} = 0$$
$$e_{ss} = \infty$$

对于 I 型系统，$v = 1$，则

$$K_a = \lim_{s \to 0} s^2 \frac{K(\tau_1 s+1)(\tau_2 s+1)\cdots}{s(T_1 s+1)(T_2 s+1)\cdots} = 0$$
$$e_{ss} = \infty$$

对于 II 型系统，$v = 2$，则

$$K_a = \lim_{s \to 0} s^2 \frac{K(\tau_1 s+1)(\tau_2 s+1)\cdots}{s^2(T_1 s+1)(T_2 s+1)\cdots} = K$$
$$e_{ss} = \frac{C}{K}$$

对于 III 型及以上系统，则

$$K_a = \infty$$
$$e_{ss} = 0$$

所以当输入为抛物线函数时，0 型或 I 型系统都不能满足要求，II 型系统能工作，但要有足够大的 K_a 或 K。只有 III 型及以上的系统（$v \geq 3$），当它为单位反馈时，系统输出才能紧跟输入，且稳态误差为零。但必须指出，当前向通道积分环节数增多时，会降低系统的稳定性。

当输入信号是上述典型函数的组合时，为使系统满足稳态响应的要求，v 值应按最复杂的输入函数来选定（例如输入函数包含有阶跃和等速度函数时，v 值必须大于或等于 1）。

综上所述，表 3-4 概括了不同系统在各种控制输入信号作用下的稳态误差。

表 3-4 系统的稳态误差 e_{ss}

系统型别	静态误差系数			阶跃输入 $r(t)=A \times 1(t)$	斜坡输入 $r(t)=Bt$	抛物线输 $r(t)=\frac{1}{2}Ct^2$
	K_p	K_v	K_a	$e_{ss}=\frac{A}{1+K_p}$	$e_{ss}=\frac{B}{K_v}$	$e_{ss}=\frac{C}{K_a}$
0 型	K	0	0	$\frac{A}{1+K}$	∞	∞
I 型	∞	K	0	0	$\frac{B}{K}$	∞
II 型	∞	∞	K	0	0	$\frac{C}{K}$

【例 3-13】 已知单位反馈控制系统的开环传递函数为 $G(s)=\dfrac{10(s+a)}{s^2(s+1)(s+5)}$，$a=0.5$，系统如图 3-33 所示，试求：

① 判断系统稳定性；

② 输入信号为 $r(t)=1+4t+t^2$，试求静态位置误差系数 K_p、静态速度系数 K_v、静态加速度误差系数 K_a 及稳态误差。

解 ①判断系统稳定性。系统的闭环传递函数为

$$G_B(s)=\frac{G(s)}{1+G(s)}=\frac{10(s+0.5)}{s^4+6s^3+5s^2+10s+5}$$

图 3-33 例 3-13 系统结构图

其闭环特征方程为 $s^4+6s^3+5s^2+10s+5=0$

列劳斯表为

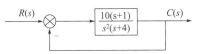

$$\begin{array}{llll} s^4 & 1 & 5 & 5 \\ s^3 & 6 & 10 & \\ s^2 & 10 & 15 & \\ s^1 & 1 & 0 & \\ s^0 & 15 & & \end{array}$$

劳斯表第一列系数符号没有改变，系统是稳定的。

② 稳态误差系数该系统的类型为Ⅱ型，可以求得静态误差为

$$K_p=\lim_{s\to 0}G(s)=\lim_{s\to 0}\frac{10(s+0.5)}{s^2(s+1)(s+5)}=\infty$$

$$K_v=\lim_{s\to 0}sG(s)=\lim_{s\to 0}s\times\frac{10(s+0.5)}{s^2(s+1)(s+5)}=\infty$$

$$K_a=\lim_{s\to 0}s^2G(s)=\lim_{s\to 0}s^2\times\frac{10(s+0.5)}{s^2(s+1)(s+5)}=1$$

所以给定信号的稳态误差计算如下

$$e_{ss}=\frac{1}{1+K_p}+\frac{4}{K_v}+\frac{2}{K_a}=2$$

该例说明，当输入为阶跃、斜坡和抛物线函数的组合时，抛物线函数分量要求系统型号最高。系统 $v=2$ 能跟随输入信号中的抛物线函数分量，但仍有稳态误差。

【例 3-14】 已知系统的结构图如图 3-34 所示。当输入信号 $r(t)=t\times 1(t)$ 时，求系统的稳态误差。

解 ① 判断系统的稳定性。由结构图 3-34 可写出系统的闭环特征方程 $s(s+1)(2s+1)+K(0.5s+1)=0$，经整理得

$$2s^3+3s^2+(1+0.5K)s+K=0$$

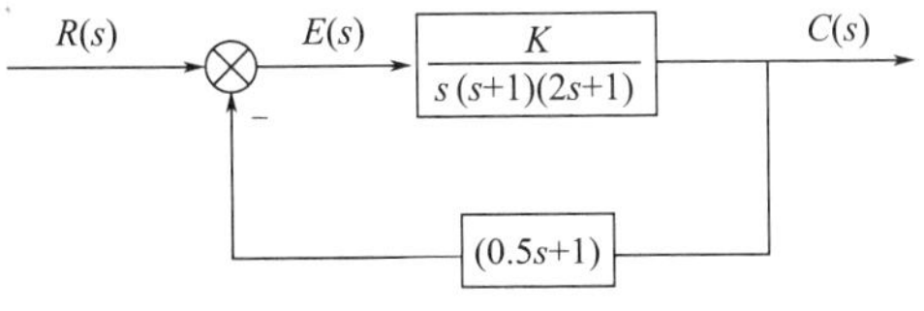

图 3-34 例 3-14 系统结构图

列劳斯表为

$$\begin{array}{lcc} s^3 & 2 & 1+0.5K \\ s^2 & 3 & K \\ s^1 & -\dfrac{2K-3(1+0.5K)}{3} & 0 \\ s^0 & K & \end{array}$$

稳定的充要条件是 $0<K<6$。

② 在满足系统稳定性条件下，计算系统的稳态误差。由系统结构图 3-34 可知

$$G_k(s)=G(s)H(s)=\frac{K(0.5s+1)}{s(s+1)(2s+1)}$$

系统为 I 型系统，单位斜坡输入 $R(s)=\dfrac{1}{s^2}$，$B=1$，静态速度误差系数

$$K_v = \lim_{s \to 0} s G_k(s) = K$$

稳态误差为

$$e_{ss} = \dfrac{B}{K} = \dfrac{1}{K}$$

以上结果表明，稳态误差的大小与系统的开环增益 K 有关，系统的开环增益 K 越大，稳态误差越小，由此可见，控制系统对稳态精度和稳定性的要求有时会产生矛盾，在此情况下，通常采用其他措施，如增加校正环节，既保证稳定性又保证稳态精度，详细内容将在 3.6.3 节中进行讨论。

3.6.2.2 主扰动输入引起的稳态误差

实际控制系统在工作中不可避免得受到各种干扰的影响，如系统负载的变化，电压的波动，环境工况引起的参数变化等。这些干扰会引起稳态误差，称为扰动稳态误差。扰动稳态误差值的大小，反映系统的抗干扰能力的强弱。

由图 3-31 知，在扰动输入信号作用下，即 $R(s)=0$ 时，系统误差表达式为

$$E(s) = G_{Ben}(s) N(s) = -\dfrac{G_2(s) H(s)}{1 + G_k(s)} N(s) \tag{3-97}$$

根据终值定理，扰动输入引起的稳态误差为

$$e_{ssn} = \lim_{t \to \infty} e(t) = \lim_{s \to 0} s E(s) = \lim_{s \to 0} s \dfrac{-G_2(s) H(s)}{1 + G_k(s)} N(s) \tag{3-98}$$

若扰动为单位阶跃函数 $n(t)=1(t)$ 时，则

$$e_{ssn} = -\dfrac{G_2(0) H(0)}{1 + G_1(0) G_2(0) H(0)} \approx -\dfrac{1}{G_1(0)} \tag{3-99}$$

由此可见，在扰动作用点以前的系统前向通道 $G_1(s)$ 的静态放大系数越大，则由扰动引起的稳态误差就越小。

以图 3-35 所示的随动系统为例，讨论当参考输入 $r(t)=1(t)$、扰动输入 $n(t)=1(t)$ 皆为单位阶跃信号时，系统总的稳态误差 e_{ss}。

这是一个稳定的二阶系统。先求输入引起的稳态误差。由阶跃输入作用下的稳态误差及位置误差系数的计算公式得

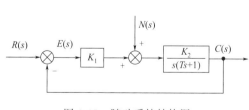

图 3-35 随动系统结构图

$$K_p = \lim_{s \to 0} G_k(s) = \lim_{s \to 0} \dfrac{K_1 K_2}{s(Ts+1)} = \infty$$

$$e_{ssr} = \dfrac{1}{1 + K_p} = 0$$

再求扰动输入引起的稳态误差。根据终值定理

$$e_{ssn} = \lim_{s \to 0} s E_n(s) = \lim_{s \to 0} s G_{Ben}(s) N(s)$$

$$= \lim_{s \to 0} s \dfrac{-K_2}{s(Ts+1) + K_1 K_2} \dfrac{1}{s} = -\dfrac{1}{K_1}$$

结果表明，虽然为 I 型系统，跟踪阶跃参考输入的稳态误差为零，但阶跃扰动输入却引起了系统的稳态误差，且该误差的大小与扰动作用点之前系统前向通道放大系数 K_1 有关。由此，可以看出，$n(t)$ 作用与 $r(t)$ 作用相比，误差规律是不同的，必须具体问题具体分析。

如果令扰动作用点之前的系统前向通道传递函数为

$$G_1(s)=\frac{K_1(\tau s+1)}{s}$$

则扰动输入引起的稳态误差为

$$e_{ssn}=\lim_{s\to 0}s\frac{-K_2}{s(T+1)+K_2G_1(s)}\frac{1}{s}=\lim_{s\to 0}\frac{-1}{G_1(s)}=\lim_{s\to 0}\frac{-s}{K_1(\tau s+1)}=0$$

上述分析表明，为了降低或消除主扰动引起的稳态误差，可以采用增大扰动作用点之前的前向通道放大系数或通过在扰动作用点之前引入积分环节的办法来实现，但是，这样往往会给系统带来结构不稳定问题。

【例 3-15】 系统结构图如图 3-36 所示，将开环增益和积分环节分布在回路的不同位置，分别讨论它们在控制输入 $r(t)=\dfrac{t^2}{2}$ 和干扰 $n(t)=At$ 作用下产生的稳态误差的作用。

解 系统开环传递函数为

$$G_k(s)=\frac{K_1K_2K_3(Ts+1)}{s_1s_2}$$

① $r(t)$ 单独作用下系统的稳态误差传递函数为

$$G_{Ber}(s)=\frac{E(s)}{R(s)}=\frac{s_1s_2}{s_1s_2+K_1K_2K_3(Ts+1)}$$

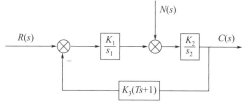

图 3-36 例 3-15 控制系统结构图

系统特征多项式为 $D(s)=s_1s_2+K_1K_2K_3Ts+K_1K_2K_3$，当 $K_1K_2K_3>0$ 且 $T>0$ 时系统稳定。

当 $r(t)=\dfrac{t^2}{2}$ 时系统稳态误差为

$$e_{ssr}=\lim_{s\to 0}sG_{Ber}(s)\frac{1}{s^3}=\lim_{s\to 0}\frac{1}{s^2}\frac{s_1s_2}{s_1s_2+K_1K_2K_3(Ts+1)}=\frac{1}{K_1K_2K_3}$$

可见，开环增益和积分环节分布在回路的任何位置，对于减小或消除 $r(t)$ 作用下的稳态误差均有效。

② $n(t)=At$ 单独作用下系统的误差传递函数为

$$G_{Ben}(s)=\frac{E(s)}{R(s)}=\frac{-K_2K_3s_1(Ts+1)}{s_1s_2+K_1K_2K_3(Ts+1)}$$

$$e_{ssn}=\lim_{s\to 0}sG_{Ben}(s)N(s)=-\frac{A}{K_1}$$

可见，只有分布在前向通道主反馈点到干扰作用点之间的增益和积分环节才对减少或消除干扰作用下的稳态误差有效。

3.6.3 减小或消除稳态误差的措施 Measures to Reduce or Eliminate Steady-state Errors

为了减小或消除系统在输入信号和扰动作用下的稳态误差，可以采取以下措施：

① 保证元件有一定的精度和性能稳定性，尤其是反馈通道元件。避免在反馈通道引入干扰。有时还应考虑实际的环境条件，采取必要的误差补偿，甚至人工环境等措施。

② 在满足系统稳定性能要求的前提下，增大系统开环放大系数或增加前向通道中积分环节数使系统型号提高，保证对参考输入的跟随能力；增大扰动作用点之前的前向通道放大系数或增

加扰动作用点之前前向通道的积分环节数，以降低扰动引起的稳态误差。

③ 增加前向通道中积分环节数改变了闭环传递函数的极点，会降低系统的稳定性和动态性能。所以必须同时对系统进行校正，以保证系统的稳定性、快速性和控制精度。如果作用于系统的主要干扰可以测量，可以采用复合控制来降低系统误差，消除扰动影响。图 3-37 表示了一个按输入反馈、按扰动顺馈的复合控制系统。图中 $G(s)$ 为被控对象的传递函数，$G_c(s)$ 为控制器传递函数，$G_n(s)$ 为干扰信号 $N(s)$ 影响系统输出的干扰通道的传递函数，$G_N(s)$ 为顺馈控制器的传递函数。如果扰动量是可测的，并且 $G_n(s)$ 是已知的，则可通过适当选择 $G_N(s)$，消除扰动所引起的误差。

$G_N(s)$ 的确定：按系统结构图可求出 $C(s)$ 对 $N(s)$ 的传递函数为

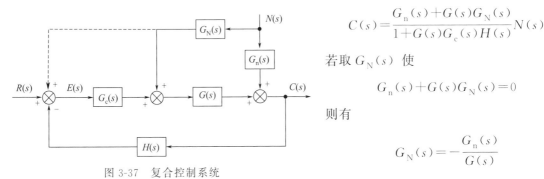

$$C(s) = \frac{G_n(s) + G(s)G_N(s)}{1 + G(s)G_c(s)H(s)} N(s)$$

若取 $G_N(s)$ 使

$$G_n(s) + G(s)G_N(s) = 0$$

则有

$$G_N(s) = -\frac{G_n(s)}{G(s)}$$

图 3-37 复合控制系统

即可消除扰动对系统的影响，其中包括对稳态响应的影响，从而提高系统的精度。

由于顺馈控制是开环控制，精度受限，且对参考输入引起的响应没有作用。所以为了满足系统对参考输入响应的要求，同时消除或降低其他扰动的影响，在复合控制系统中还需借助反馈和适当选取 $G_c(s)$ 来满足要求。

为了提高系统对参考输入的跟踪能力，也可按参考输入顺馈来消除或降低误差。其原理与按扰动顺馈相同，如图 3-38 所示，只是 $G_D(s)$ 的输入不是 $N(s)$ 而是 $R(s)$。

此时确定传递函数 $G_D(s)$ 的方法，是使系统在参考输入作用下的稳态误差为零。按系统结构图，可求出 $E(s)$ 对 $R(s)$ 的传递函数

$$E(s) = \frac{1 - G_D(s)G(s)H(s)}{1 + G_c(s)G(s)H(s)} R(s)$$

令

$$1 - G_D(s)G(s)H(s) = 0$$

则

$$G_D(s) = \frac{1}{G(s)H(s)}$$

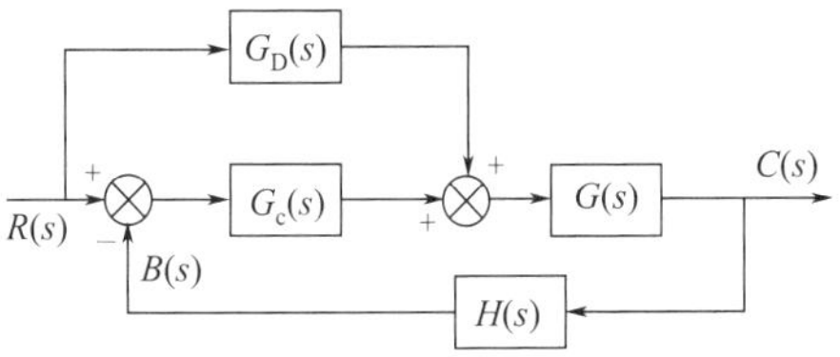

图 3-38 按参考输入顺馈的复合控制系统

即系统可消除由参考输入信号作用所引起的误差。

图 3-39(a) 表示一个温度复合控制系统，系统结构图如图 3-39(b) 所示。系统控制的目的是保持热水温度恒定，系统的扰动是冷水流量的变化。当冷水流量变化时，此系统的输出温度不会立即变化，因而采用按流量顺馈提前控制蒸汽阀的来保证快速响应，消除因流量变化引起的误差，对温度反馈控制通道的要求也可以大大降低，从而很好地解决了降低稳态误差与系统瞬态性能之间的矛盾。

其他如发电机电压镇定系统、同步电动机转速控制系统、位置随动系统等，都有应用复合控制的例子。

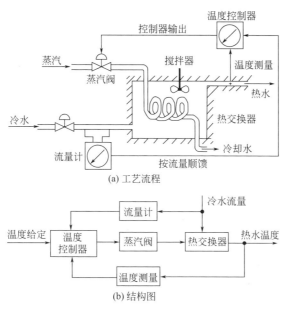

图 3-39 温度复合控制系统

3.7 利用 Matlab 进行时域分析 Analysis in Time Domain by Matlab

应用 Matlab 进行控制系统的时域分析，主要包括瞬态响应、稳定性和稳态误差分析几个方面。

【例 3-16】 求典型二阶系统

$$G_B(s)=\frac{\omega_n^2}{s^2+2\zeta\omega_n+\omega_n^2}$$

在阻尼系数 ζ、无阻尼振荡频率 ω_n 不同取值下的单位阶跃响应。

解 令 $\omega_n=4$，ζ 为 0.1，0.2，…，1，2，绘制典型二阶系统的单位阶跃响应曲线代码如下：

```
wn = 4;
kosai = [0.1:0.1:1,2];
figure(1)
hold on
for i = kosai
    num = wn.^2;
    den = [1,2 * i * wn,wn.^2];
    step(num,den)
end
title('The step response of second-order system')
```

运行结果如图 3-40 所示。

令 $\zeta=0.6$，$\omega_n=2$，4，6，8，10，12，绘制典型二阶系统的单位阶跃响应曲线代码如下：

```
w = 2:2:12;
kosai = 0.6;
figure(1)
hold on
for Wn = w
    num = Wn.^2;
```

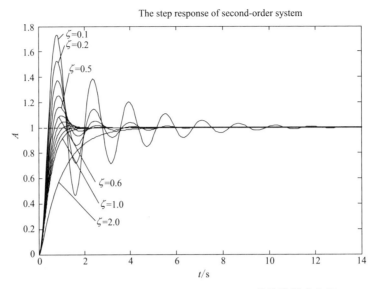

图 3-40 $\omega_n=4$，$\zeta=0.1, 0.2, \cdots, 1, 2$ 单位阶跃响应图

```
    den = [1,2 * kosai * Wn,Wn. ^2];
    step(num,den);
end
hold off
```

运行结果如图 3-41 所示。

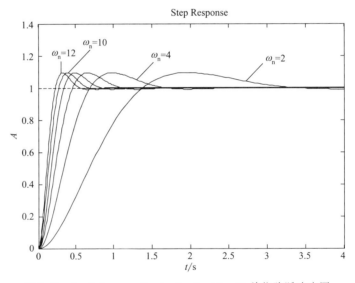

图 3-41 $\zeta=0.6$，$\omega_n=2, 4, 6, 8, 10, 12$ 单位阶跃响应图

【例 3-17】 考虑由下式表示的高阶系统

$$G_B(s)=\frac{6.3223s^2+18s+12.811}{s^4+6s^3+11.3223s^2+18s+12.811}$$

按照时域性能指标定义，求系统的上升时间、峰值时间、超调量和调整时间。

解 Matlab 程序代码如下：

```
num = [0,0,6.3223,18,12.811];
den = [1,6,11.3223,18,12.811];
sys = tf(num,den);                    %定义系统
```

```
t = 0:0.0005:20;
[y,t] = step(sys,t),
r1 = 1;
while y(r1)<1.00001
    r1 = r1 + 1;
end
rise_time = (r1-1) * 0.0005
[ymax,tp] = max(y);
peak_time = (tp-1) * 0.0005;              %计算峰值时间
max_overshoot = ymax-1;                   %计算超调量
s = 20/0.0005;
while y(s)>0.98&y(s)<1.02
    s = s-1;
end
settle_time = (s-1) * 0.0005;             %计算调整时间（误差带宽取 2%）
```
运行结果如下：
```
rise_time = 0.8440
peak_time = 1.6675
max_overshoot = 0.6182
settle_time = 10.0340
```

【**例 3-18**】 已知某反馈系统闭环传递函数为

$$G_B(s) = \frac{3s^3 + 16s^2 + 41s + 28}{s^6 + 14s^5 + 110s^4 + 528s^3 + 149s^2 + 2117s + 112}$$

试判断系统的稳定性。

解 Matlab 代码如下：
```
num = [3 16 41 28];
den = [1 14 110 528 1494 2117 112];
[z,p,k] = tf2zp(num,den);                 %求取系统的零极点
jj = find(real(p)>0):n = length(jj);
if(n>0)
    disp('The system is unstable');
else
    disp('The system is stable');
end
axis equal;
pzmap(p,z);                               %绘制系统的零极点图
title('The pole and zero map of system');
```
运行结果如图 3-42 所示。
```
z = 
   -2.1667 + 2.1538i
   -2.1667 - 2.1538i
   -1.0000 + 0.0000i
p = 
   -1.9474 + 5.0282i
   -1.9474 - 5.0282i
   -4.2998 + 0.0000i
```

```
       - 2.8752 + 2.8324i
       - 2.8752 - 2.8324i
       - 0.0550 + 0.0000i
k =
       3
The system is stable
```

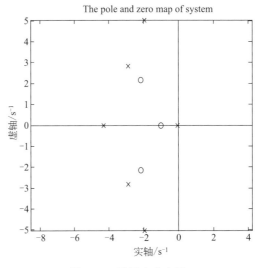

图 3-42 零极点分布图

【例 3-19】 某单位负反馈系统的前向通道传递函数为 $G(s)=\dfrac{10}{s+1}$，求该系统在单位阶跃信号作用下的稳态误差。

解 Matlab 代码如下：

```
syms t s GH R E essrp;
GH = 10/(s + 1);
r = sym('1 * 1(t)');
R = laplace(r);
E = R/(1 + GH);              %计算闭环系统的误差
essrp = limit(s * E,s,0);
```

运行结果为：
```
essrp =
1/11
```

本章小结

本章主要介绍分析设计自动控制系统最基本、最直观的方法——时域分析法。时域法可以根据系统传递函数及其参数直接分析系统的稳定性、动态性能和稳态性能。

自动控制系统的动态性能指标主要指系统阶跃响应的峰值时间 t_p、超调量 $\sigma\%$、调节时间 t_s、延迟时间 t_d 和上升时间 t_r 等。典型一阶、二阶系统的动态性能指标 $\sigma\%$ 和 t_s 与系统参数具有严格的对应关系，必须牢固掌握。采用比例-微分控制和速度反馈控制可以改善二阶系统的动态性能。

高阶系统的瞬态响应比较复杂，当系统具有一对闭环主导极点（通常为一对共轭复数极点）时，可以用一个二阶系统近似，并以此估算高阶系统的动态性能。

稳定是自动控制系统能够正常工作的首要条件。线性系统的稳定性取决于系统自身的结构和参数，与外作用的大小和形式无关。线性系统稳定的充分必要条件是其特征方程的根均位于左半 s 平面，即系统的特征根全部具有负实部。

利用劳斯判据可以通过系统特征多项式的系数，判断系统是否稳定，还可以确定使系统稳定时有关参数的取值范围及计算系统的稳定裕量。

稳态误差是控制系统的稳态性能指标，与系统的结构、参数以及外作用的形式、类型均有关。系统的型号 v 决定了系统对典型输入信号的跟踪能力。计算稳态误差可用一般方法（基于拉普拉斯变换的终值定理），也可由静态误差系数法获得。

在主反馈点至干扰作用点之间的前向通道中设置增益或增加积分环节数，可以同时减小或消除由控制输入和干扰作用产生的稳态误差。在系统的主回路以外加入按给定输入作用或按扰动作用进行补偿的附加装置，构成复合控制，可以有效改善系统的稳态精度。

关键术语和概念

- 瞬态响应（Transient response）：指系统在典型输入信号作用下，输出量从初始状态到最终状态的响应过程。
- 稳态响应（Steady-state response）：当时间趋于无穷时，系统输出量的表现方式。
- 稳态误差（Steady-state error）：指系统瞬态响应消失后，偏离预期响应的持续偏差。
- 性能指标（Performance indices）：系统性能的定量度量。
- 峰值时间 t_p（Peak time）：阶跃响应曲线超过稳态值而到达第一个峰值所需要的时间。
- 最大百分比超调量 $\sigma\%$（Percent overshoot）：响应曲线最大峰值超过稳态值的部分，即是最大超调量 σ_p。最大超调量 σ_p 与稳态值之比的百分数，称为最大百分比超调量 $\sigma\%$。
- 调节时间 t_s（Settling time）：响应曲线从零开始一直到进入并保持在允许的误差带内（±2%或±5%）所需的最短时间，也称调整时间，反映系统响应的快速性。
- 延迟时间 t_d（Delay time）：阶跃响应曲线从零上升第一次达到稳态值50%所需的时间。
- 上升时间 t_r（Rise time）：响应曲线从稳态值10%到90%所需时间；对于有振荡的系统，也可定义为响应曲线从零上升至第一次达到稳态值所需的时间。上升时间是系统响应速度的度量，上升时间越短，响应速度越快。
- 阻尼比（Damping ratio）：阻尼强度的度量标准，为二阶无量纲参数。
- 阻尼振荡（Damped oscillation）：指幅值随时间衰减的震荡。
- 主导极点（Dominant roots）：对系统瞬态响应起主导作用的特征根。
- 稳定性（Stability）：一种重要的系统性能。如果系统传递函数的所有极点均具有负实部，则系统是稳定的。
- 劳斯判据（Routh criterion）：通过研究线性定常系统特征方程的系数来确定系统稳定性的判据。该判据指出：特征方程的正实部根的个数同劳斯判定表第1列中系数的符号改变的次数相等。
- 相对稳定性（Relative stability）：由特征方程的每个或每对根的实部度量的系统稳定特性。
- 位置误差系数 K_p（Position error constant）：可用 $\lim_{s\to 0} G(s)$ 来估计的常数。系统对幅值为 A 的阶跃输入的稳态跟踪误差为 $A/(1+K_p)$。
- 速度误差系数 K_v（Velocity error constant）：可用 $\lim_{s\to 0} sG(s)$ 来估计的常数。系统对坡度为 B 的斜坡输入的稳态跟踪误差为 B/K_v。
- 加速度误差系数 K_a（Acceleration error constant）：可用 $\lim_{s\to 0} s^2 G(s)$ 来估计的常数。系统对加速度为 C 的斜坡输入的稳态跟踪误差为 C/K_a。

❓ 习 题

3-1 单位反馈系统的开环传递函数 $G(s)=\dfrac{4}{s(s+5)}$，求单位阶跃响应 $c(t)$ 和调节时间 t_s。

3-2 一阶系统结构图如图3-43所示。要求闭环增益 $K_B=2$，调节时间 $t_s \leqslant 0.4s$，试确定参数 K_1、K_2 的值。

3-3 某典型二阶系统的单位阶跃响应如图 3-44 所示，试确定系统的闭环传递函数。

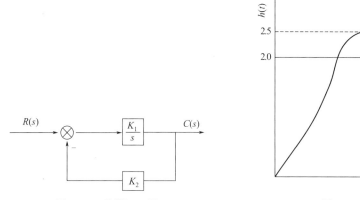

图 3-43 习题 3-2 图　　　　图 3-44 习题 3-3 图

3-4 已知单位反馈的二阶控制系统的开环传递函数为 $G(s)=\dfrac{K}{s(Ts+1)}$，求：

(1) 写出用阻尼比 ζ 和无阻尼振荡频率 ω_n 描述的闭环传递函数；

(2) 若要求闭环传递函数极点配置在 $\lambda_{1,2}=-5\pm5\sqrt{3}j$，$K$、$T$ 应如何取值。

3-5 已知系统特征方程如下，试求系统在 s 右半平面的根数及虚根值。

(1) $s^5+3s^4+12s^3+24s^2+32s+48=0$　　(2) $s^6+4s^5-4s^4+4s^3-7s^2-8s+10=0$

3-6 已知单位反馈系统的开环传递函数为 $G(s)=\dfrac{K(0.5s+1)}{s(s+1)(0.5s^2+s+1)}$，试确定使系统稳定时的 K 值范围。

3-7 已知单位反馈系统的开环传递函数：

(1) $G(s)=\dfrac{100}{(0.1s+1)(s+5)}$　　(2) $G(s)=\dfrac{50}{s(0.1s+1)(s+5)}$

试求输入分别为 $r(t)=2t$ 和 $r(t)=2+2t+t^2$ 时，系统的稳定误差。

3-8 已知单位反馈系统的开环传递函数：

(1) $G(s)=\dfrac{50}{(0.1s+1)(2s+1)}$　　(2) $G(s)=\dfrac{K}{s(s^2+4s+200)}$

试求静态位置误差系数 K_p、静态速度误差系数 K_v、静态加速度误差系数 K_a。

3-9 已知单位反馈系统的开环传递函数 $G(s)=\dfrac{K}{s(0.1s+1)(0.25s+1)}$，试确定

(1) 使系统稳定的 K 的取值范围；

(2) 如果要求闭环极点全部位于 $s=-1$ 垂线之左，求 k_1 的取值范围。

3-10 系统结构图如图 3-45 所示。试判断系统闭环稳定性，并确定系统的稳定误差 e_{ssr} 及 e_{ssn}。

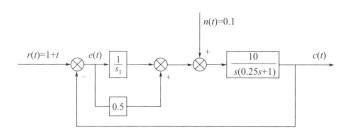

图 3-45 习题 3-10 图

3-11 已知系统结构图如图 3-46 所示，要求系统在 $r(t)=t^2$ 作用下，稳态误差 $e_{ss}<0.5$，试确定

满足要求的开环增益 K 的范围。

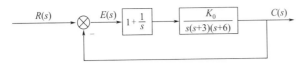

图 3-46 习题 3-11 图

3-12 控制系统结构图如图 3-47 所示，$K_1 K_2 > 0$，$\beta \geq 0$，试分析：
(1) β 值增大对系统稳定性的影响；
(2) β 值增大对动态性能 ($\sigma\%$, t_s) 的影响；
(3) β 值增大对 $r(t) = at$ 作用下稳态误差的影响。

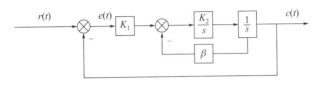

图 3-47 习题 3-12 图

3-13 系统结构图如图 3-48 所示，已知系统单位阶跃响应超调量 $\sigma\% = 16.3\%$，峰值时间 $t_p = 1s$，求
(1) 系统的开环传递函数；
(2) 系统的闭环传递函数；
(3) 根据已知的动态性能指标，确定系统参数 K 及 τ；
(4) 计算等速输入 $r(t) = 1.5t$ 时，系统的稳态误差。

3-14 系统结构图如图 3-49 所示，试问：
(1) 为了确保系统稳定，如何取 K 值？
(2) 为使系统特征根全部位于 s 平面 $s = -1$ 的左侧，K 应取何值；
(3) 若 $r(t) = 2t + 2$ 时，要求系统稳态误差 $e_{ss} \leq 0.25$，K 应取何值。

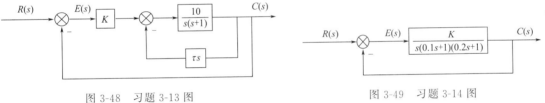

图 3-48 习题 3-13 图　　　　　图 3-49 习题 3-14 图

3-15 控制系统结构图如图 3-50 所示
(1) 当 $K_A = 10$，$K_f = 0$ 时，确定系统的阻尼比、无阻尼自然振荡频率和 $r(t) = t$ 作用下系统的稳态误差；
(2) 当 $K_A = 10$，$\zeta = 0.6$ 时，确定参数 K_f 值及 $r(t) = t$ 作用下系统的稳态误差；
(3) 当 $r(t) = t$ 时，欲保持 $\zeta = 0.6$ 和 $e_{ssr} = 0.2$，试确定系统中的 K_f 值，此时放大器系数 K_A 应为多少。

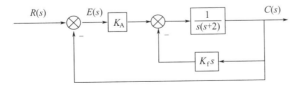

图 3-50 习题 3-15 图

4 根轨迹分析法
The Root Locus Method

【案例引入】

在第二次世界大战时期，使用和发展自动控制系统的主要动力就是设计和发展自动导航系统、自动瞄准系统、自动雷达探测系统和其他自动控制的军事系统。这些系统的高性能要求和复杂性使创造出的控制装备的性能有了飞跃性的进步，涌现出大量的新的研究方法与手段。对高性能武器的要求还促进了对非线性系统、采样系统以及随机控制系统的研究。第二次世界大战结束后，经典控制技术和理论基本建立。1948年，伊万思（M. R. Evans）根据反馈系统中开、闭环传递函数间的内在联系，提出了求解闭环特征根的比较简易的图解方法，给出了系统参数变化与时域性能变化之间的关系。

【学习意义】

闭环传递函数的极点，即闭环系统特征方程的根，不仅可以决定闭环控制系统的稳定性，还可以主导控制系统的瞬态响应，此外闭环零点也可以影响系统瞬态响应的形态。对于高阶系统，采用解析法求取系统的闭环特征方程的根（闭环传递函数的极点）通常是比较困难的，且当系统某一参数（如开环增益）发生变化时，又需要重新计算，给系统分析带来很大的不便。根轨迹法直观形象，在控制系统工程中获得了广泛的应用。

【学习目标】

① 掌握根轨迹的基本概念；
② 熟练掌握根轨迹的绘制方法；
③ 掌握广义根轨迹的绘制方法；
④ 掌握开环零、极点对根轨迹的影响，了解闭环零、极点分布对系统性能指标的影响。

4.1 根轨迹的基本概念 The Root Locus Concept

根轨迹是开环系统某一参数从零变化到无穷时，闭环系统特征方程式的根在 s 平面上变化的轨迹。为了说明根轨迹的概念，下面首先以一个二阶系统为例，说明采用解析法绘制根轨迹图的过程。然后建立系统的根轨迹方程，给出绘制根轨迹的幅值条件和相角条件。

4.1.1 采用解析法绘制根轨迹图 Plotting Root Loci by Analytical Method

由图 4-1 可知，系统的开环传递函数

$$G(s)=\frac{K}{s(0.5s+1)}=\frac{2K}{s(s+2)} \quad (4-1)$$

系统有 2 个开环极点：$-p_1=0$ 和 $-p_2=-2$；没有开环零点。

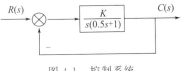

图 4-1 控制系统

而系统闭环传递函数

$$\frac{C(s)}{R(s)}=\frac{2K}{s^2+2s+2K} \quad (4-2)$$

因此，系统闭环特征方程为

$$s^2+2s+2K=0$$

求解该方程可得闭环特征根为

$$s_1=-1+\sqrt{1-2K}$$
$$s_2=-1-\sqrt{1-2K} \quad (4-3)$$

从式(4-3)可以看出，闭环特征根 s_1 和 s_2 与开环增益 K 有关。当开环增益 K 取从零变化到无穷时，可求出系统的全部特征根。表 4-1 列出了 K 取不同值时相应的特征根 s_1，s_2。

表 4-1 开环增益 K 取不同值时对应的闭环特征根 s_1，s_2

K	0	0.5	1	2.5	...	∞
s_1	0	-1	$-1+j$	$-1+j2$	...	$-1+j\infty$
s_2	-2	-1	$-1-j$	$-1-j2$	...	$-1-j\infty$

根据表 4-1，在 s 平面上标出 K 变化时相应的 s_1、s_2 点，并将它们用粗实线连接起来，如图 4-2 所示。图中的粗实线即为根轨迹。一般用符号"×"表示系统的开环极点；用符号"○"表示系统的开环零点。所谓开环零点是使开环传递函数等于零的点；开环极点是使开环传递函数分母等于零的点；而闭环极点是使闭环传递函数分母为零的点，也就是闭环特征方程的根。根轨迹上的箭头表明当 K 增大时，特征根移动的方向；旁边的数值注明特征根位置所对应的 K 值。

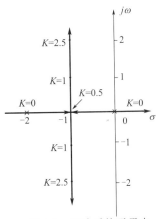

图 4-2 二阶系统无零点时的根轨迹

从图 4-2 中可以看出开环增益 K 的变化对闭环特征根分布的影响：

① 当 $K=0$ 时，闭环系统的两个特征根为 $s_1=0$，$s_2=-2$，与开环极点完全相同，这就是根轨迹的起始点。

② 当 K 值逐渐增大，两个闭环特征根由起点对称沿实轴相对移动。当 $K=0.5$ 时，两特征根相同，即 $s_1=s_2=-1$ 为重根。

③ 当 K 再增大时，两个闭环特征根变为一对共轭复数，离开实轴并分为两路沿着 $\sigma=-1$ 和虚轴相平行的直线背向移动，直至无穷远处。

4.1.2 根轨迹与系统性能 Root Locus and System Performances

有了根轨迹图，就可以方便地分析闭环系统的各种性能。以图 4-2 为例进行说明。

(1) 稳定性

由于在 $0<K<\infty$ 范围内，系统的闭环特征根均在 s 平面的左半部，因此图 4-1 所示的系统对所有的 K 值都是稳定的。如果分析高阶系统的根轨迹图，那么根轨迹有可能越过虚轴进入 s 右半平面，此时根轨迹与虚轴交点处的 K 值，就是临界开环增益。

(2) 动态性能

当 $0<K<0.5$ 时，闭环特征根为 2 个不等的负实根，系统是过阻尼的，单位阶跃响应为非周期过程；当 $K=0.5$ 时，系统为临界阻尼状态，单位阶跃响应仍为非周期过程，但响应速度较

$0 < K < 0.5$ 情况要快；当 $K > 0.5$ 时，闭环特征根为共轭复根，系统是欠阻尼的，阶跃响应为衰减振荡状态。

若已知 $K=1$，则可以利用根轨迹图查得系统的闭环极点为 $-1 \pm j$，从而得到系统参数 $\zeta = 0.707$，$\omega_n = 0.414 \text{rad/s}$，进而求得系统的瞬态响应指标超调量 $\sigma\% = 4.3\%$，调节时间 $t_s = 3\text{s}$。当 K 继续增大，其超调量 $\sigma\%$ 将增大，而调节时间基本不变。

(3) 稳态性能

因为开环传递函数有一个位于原点的极点，所以该系统是 I 型的，阶跃函数作用下的稳态误差为零。由根轨迹上对应的 K 值可以求出系统的静态速度误差系数。如果给定系统的稳态误差要求，则由根轨迹图可以确定闭环极点位置的容许范围。

上述分析表明，根轨迹图展示了闭环系统的稳定性以及其他主要性能指标的相关信息，对于系统分析和设计具有指导作用。但这种直接求解闭环特征根绘制根轨迹的办法，对于高阶系统显然是不适用的。因此，根轨迹法的思路是利用开环传递函数确定系统的闭环特征根，希望通过简单的计算画出根轨迹的大致图形，是一种图解方法。

4.1.3 根轨迹方程 Root Locus Equation

闭环控制系统的一般结构如图 4-3 所示。

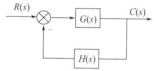

图 4-3 控制系统结构图

系统的闭环传递函数为

$$\frac{C(s)}{R(s)} = \frac{G(s)}{1+G(s)H(s)} \tag{4-4}$$

其闭环特征方程为

$$1+G(s)H(s)=0 \tag{4-5}$$

或写成

$$G(s)H(s)=-1 \tag{4-6}$$

因为满足方程式(4-6) 的 s 值是系统的特征值，必定是根轨迹上的点，因此式(4-6) 称为根轨迹方程。

通常系统开环传递函数 $G(s)H(s)$ 等于系统各环节传递函数之积，即

$$G(s)H(s) = \frac{K \prod_{i=1}^{m}(\tau_i s+1)}{\prod_{j=1}^{n}(T_j s+1)} \tag{4-7}$$

式(4-7) 又可写成

$$G(s)H(s) = K^* \frac{\prod_{i=1}^{m}(s+z_i)}{\prod_{j=1}^{n}(s+p_j)} \tag{4-8}$$

式中，$-z_i = -\frac{1}{\tau_i}(i=1,2,\cdots,m)$ 与 $-p_j = -\frac{1}{T_j}(j=1,2,\cdots,n)$ 分别为系统的开环零点和开环极点，它们既可以是实数，也可以是复数；$K^* = \frac{K\tau_1\cdots\tau_m}{T_1\cdots T_n}$ 为系统的根轨迹增益，简称根迹增益；K 为系统的开环放大系数，也称开环增益，它与根轨迹增益 K^* 之间只差一个比例系数。

综合式(4-6) 和式(4-8)，根轨迹方程也可写成

$$K^* \frac{\prod_{i=1}^{m}(s+z_i)}{\prod_{j=1}^{n}(s+p_j)} = -1 \tag{4-9}$$

由于 $G(s)H(s)$ 是复变量 s 的函数，所以式（4-9）可以用向量形式表示成以下两个方程，即

$$K^* \frac{\prod_{i=1}^{m} |s+z_i|}{\prod_{j=1}^{n} |s+p_j|} = 1 \qquad (4-10)$$

$$\sum_{i=1}^{m} \angle(s+z_i) - \sum_{j=1}^{n} \angle(s+p_j) = \pm 180°(2k+1), \quad k=0,1,2,\cdots \qquad (4-11)$$

式（4-10）与式（4-11）分别称为根轨迹方程的幅值条件和相角条件。

从式（4-10）和式（4-11）可以看出，在 s 平面上，凡能满足幅角条件的点都是系统的特征根，这些点的连线就是根轨迹。所以，幅角条件是确定 s 平面上根轨迹的充分必要条件。也就是说，绘制根轨迹时，只需要使用相角条件，而当需要确定根轨迹上各点的 K^* 值时，才使用幅值条件。

4.1.4 利用试探法确定根轨迹上的点 Determining the Points on the Root Locus by Heuristics

由于根轨迹上的点均满足相角条件，所以可以利用相角条件来判断 s 平面上的点是否在根轨迹上。在图 4-1 所示的系统中，开环极点为 $-p_1=0$ 和 $-p_2=-2$。如图 4-4 所示，假设 s 平面上有任意点 A，记 $-p_1$ 指向 A 点的向量为 s，$-p_2$ 指向 A 点的向量为 $s+2$，向量 s 和 $s+2$ 的相角分别为 φ_{A1} 和 φ_{A2}，由相角条件式（4-11），如果 $-\varphi_{A1}-\varphi_{A2}=\pm 180°(2k+1)$，则 A 点是根轨迹上的点。显然，如果 A 点位于 $[-2,0]$ 区间或位于通过 $(-1,j0)$ 且平行于虚轴的直线上，那么这些点满足相角条件，因此，是根轨迹上的点。对于复平面上这些范围以外的点，比如 B 点，显然有 $-\varphi_{B1}-\varphi_{B2} \neq \pm 180°(2k+1)$，不满足相角条件，因此 B 点不在相轨迹上。

另外，利用幅值条件可以确定根轨迹上特定点的根轨迹增益 K^*。例如，若根轨迹上 A 点的坐标为 $(-1,j1)$，则根据幅值条件式（4-10），有

$$\frac{K^*}{|s||s+2|}\bigg|_{s=-1+1j} = 1$$

求得 $K^*=2$。

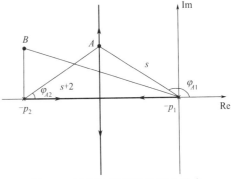

图 4-4 试探法确定根轨迹上的点

4.2 根轨迹绘制的基本规则 Basic Rules of Root Locus Plotting

上节介绍了根轨迹的基本概念、根轨迹应满足的幅值和相角条件以及利用试探法绘制根轨迹的方法。利用试探法绘制根轨迹对于低阶系统是可行的，但对于高阶系统，绘制过程很烦琐，不便于实际应用。**在实际控制工程应用中，通常使用以相角条件为基础建立起来的一些基本规则来绘制根轨迹**。使用这些规则，可以较迅速地画出根轨迹的大致形状和变化趋势，大大减少绘制根轨迹的工作量。本节以根轨迹增益 K^* 为参变量，讨论绘制根轨迹的基本规则。

4.2.1 绘制根轨迹的基本规则 Basic Rules for Plotting Root Locus

负反馈控制系统的典型结构图如图 4-3 所示，其开环传递函数和根轨迹方程式如式（4-8）和式（4-9）所示。绘制根轨迹图的基本规则如下。

规则 1 根轨迹起始于开环极点,终止于开环零点或无穷远处。如果开环零点数目 m 小于开环极点数目 n,则有 $n-m$ 条根轨迹终止于无穷远处。

证明 根据根轨迹的定义,根轨迹起始于 $K^*=0$,终止于 $K^*\to\infty$。由幅值条件(4-10)得

$$\frac{\prod_{i=1}^{m}|s+z_i|}{\prod_{j=1}^{n}|s+p_j|}=\frac{1}{K^*} \tag{4-12}$$

当 $K^*=0$ 时,$s\to -p_j(j=1,2,\cdots,n)$,为系统的开环极点;

当 $K^*\to\infty$ 时,$s\to -z_i(i=1,2,\cdots,m)$,为系统的开环零点。

规则 2 根轨迹的分支数等于特征方程的阶次,也等于开环极点的个数。

证明 根轨迹是闭环特征根的变化轨迹,故每个闭环特征根的变化轨迹都是整个根轨迹的一个分支。因此根轨迹的分支数与闭环特征方程根的数目相同。又由于每一个开环极点是不同分支的起始点,所以,根轨迹的分支数等于开环极点的个数。

规则 3 根轨迹是对称于实轴的连续曲线。

证明 由式(4-12)知,参数 K^* 的无限小增量与 s 平面上的长度 $|s+p_j|$ 及 $|s+z_i|$ 的无限小增量相对应,即复变量 s 在 n 条根轨迹上均有一个无限小的位移。因此,当 K^* 从零到无穷大连续变化时,根轨迹在 s 平面上一定是连续的。

由于闭环特征方程的根只有实数根或复数根两种,而复数根又都是成对出现的共轭复数,所以这些根必然对称于实轴。由于根轨迹是闭环特征根的集合,所以根轨迹对称于实轴。在绘制根轨迹时,只要画出 s 平面上半部的轨迹,就可根据对称性得到下半平面的根轨迹。

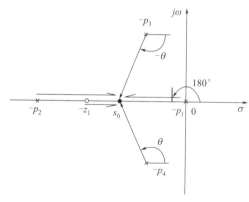

图 4-5 开环零、极点分布与实轴上根轨迹的关系

规则 4 若实轴上某点右边的开环零、极点个数之和为奇数,则该点是根轨迹上的点。共轭复数开环零、极点对确定实轴上的根轨迹无影响。

证明 设系统开环零、极点分布如图 4-5 所示。$-p_1$、$-p_2$ 和 $-z_1$ 分别是实数极点和零点;$-p_3$ 与 $-p_4$ 是一对共轭复数极点。为了在实轴上确定属于根轨迹的部分,首先选一试验点 s_0。s_0 在根轨迹上的充分必要条件是它应满足式(4-11)的相角条件。由于复数极(零)点必是共轭成对的,它们至 s_0 点的幅角和恒为 $0°$ 或 $\pm 360°k$,$(k=0,1,\cdots)$。因此实轴上的根轨迹只取决于实轴上零、极点的分布。由图 4-5 可知,s_0 点右边的零、极点至 s_0 点向量的幅角均为 $\pm 180°$;而 s_0 点左边的零、极点至 s_0 点向量的幅角均为 $0°$。由此可以得到根轨迹在实轴上的分布规律:若试验点 s_0 右边零、极点个数之和为奇数,则 s_0 点所在的线段是根轨迹的一部分;若试验点 s_0 右边零、极点个数之和为偶数,则 s_0 点所在的线段不是根轨迹。

对于图 4-5 所示系统,实轴上的根轨迹分布在 $-p_1$ 至 $-z_1$ 之间及 $-p_2$ 左侧的实轴上。

规则 5 如果系统的开环零点数 m 少于其开环极点数 n,则当根迹增益 $K^*\to\infty$ 时,趋向无穷远处根轨迹的渐近线共有 $n-m$ 条。这些渐近线在实轴上共交于一点,其坐标是 $\left(-\dfrac{\sum_{j=1}^{n}p_j-\sum_{i=1}^{m}z_i}{n-m},j0\right)$,而它们与实轴正方向的夹角为 $\dfrac{\pm 180°(2k+1)}{n-m}$,其中 k 可取 0,1,2,$\cdots$,$n-m-1$。

证明 若系统开环极点数 n 大于开环零点数 m,则当根迹增益 $K^*\to\infty$ 时,有 $n-m$ 条根轨

迹趋向无穷远处。为了完整描绘出根轨迹，则需要确定这 $n-m$ 条根轨迹趋向无穷远点的方向，即渐近线。可以认为，当 $K^* \to \infty$，$s \to \infty$ 时，渐近线与根轨迹是重合的。确定根轨迹的渐近线包括两项内容，即渐近线与实轴的夹角和交点。因为根轨迹以实轴对称，所以渐近线的夹角和交点都是对实轴而言的。

将系统开环传递函数式(4-8)展开得

$$G(s)H(s) = K^* \frac{s^m + \sum_{i=1}^{m} z_i s^{m-1} + \cdots + \prod_{i=1}^{m} z_i}{s^n + \sum_{j=1}^{n} p_j s^{n-1} + \cdots + \prod_{j=1}^{n} p_j} = \frac{K^*}{\dfrac{s^n + \sum_{j=1}^{n} p_j s^{n-1} + \cdots + \prod_{i=1}^{n} p_j}{s^m + \sum_{i=1}^{m} z_i s^{m-1} + \cdots + \prod_{i=1}^{m} z_i}}$$

$$= \frac{K^*}{s^{n-m} + (\sum_{j=1}^{n} p_j - \sum_{i=1}^{m} z_i) s^{n-m-1} + \cdots} \tag{4-13}$$

当 s 很大时，上式可近似为

$$G(s)H(s) = \frac{K^*}{s^{n-m} + (\sum_{j=1}^{n} p_j - \sum_{i=1}^{m} z_i) s^{n-m-1}} \tag{4-14}$$

由 $G(s)H(s) = -1$，得渐近线方程

$$s^{n-m} \left[1 + (\sum_{j=1}^{n} p_j - \sum_{i=1}^{m} z_i) s^{-1}\right] = -K^* \tag{4-15}$$

将式(4-15)两边均开 $n-m$ 次方，得

$$s \left(1 + \frac{\sum_{j=1}^{n} p_j - \sum_{i=1}^{m} z_i}{s}\right)^{\frac{1}{n-m}} = (-K^*)^{\frac{1}{n-m}} \tag{4-16}$$

根据二项式定理

$$\left(1 + \frac{a-b}{s}\right)^{\frac{1}{n-m}} = 1 + \frac{a-b}{(n-m)s} + \frac{1}{2!}\frac{1}{n-m}\left(\frac{1}{n-m} - 1\right)\left(\frac{a-b}{s}\right)^2 + \cdots$$

当 $K^* \to \infty$，$s \to \infty$ 时，取展开后的前两项，近似有

$$\left(1 + \frac{\sum_{j=1}^{n} p_j - \sum_{i=1}^{m} z_i}{s}\right)^{\frac{1}{n-m}} = 1 + \frac{\sum_{j=1}^{n} p_j - \sum_{i=1}^{m} z_i}{(n-m)s} \tag{4-17}$$

将式(4-17)代入式(4-16)，得

$$s + \frac{\sum_{j=1}^{n} p_j - \sum_{i=1}^{m} z_i}{n-m} = (-K^*)^{\frac{1}{n-m}}$$

或

$$\left(s + \frac{\sum_{j=1}^{n} p_j - \sum_{i=1}^{m} z_i}{n-m}\right)^{n-m} = -K^* \tag{4-18}$$

这就是 $K^* \to \infty$ 时渐近线的表达式。

令式(4-18)中的 $K^* \to 0$，得

$$\left(s+\frac{\sum\limits_{j=1}^{n}p_j-\sum\limits_{i=1}^{m}z_i}{n-m}\right)^{n-m}=0$$

由此求得渐近线的起始点，即与实轴的交点

$$s=-\frac{\sum\limits_{j=1}^{n}p_j-\sum\limits_{i=1}^{m}z_i}{n-m}$$

由根轨迹的对称性，s 点必定在实轴上，即交点

$$\sigma=-\frac{\sum\limits_{j=1}^{n}p_j-\sum\limits_{i=1}^{m}z_i}{n-m} \qquad (4-19)$$

根据式(4-18)及相角条件，有

$$(n-m)\angle\left(s+\frac{\sum\limits_{j=1}^{n}p_j-\sum\limits_{i=1}^{m}z_i}{n-m}\right)=\pm 180°(2k+1)$$

因此得到渐近线的倾角为

$$\angle\left(s+\frac{\sum\limits_{j=1}^{n}p_j-\sum\limits_{i=1}^{m}z_i}{n-m}\right)=\frac{\pm 180°(2k+1)}{n-m}$$

渐近线倾角公式从几何上比较容易理解。当 s 很大时，系统各开环零、极点至 s 点的向量已趋于相同，其相角为 θ。由相角条件可以得到

$$(n-m)\theta=\pm 180°(2k+1)$$

所以渐近线夹角计算公式为

$$\theta=\frac{\pm 180°(2k+1)}{n-m} \qquad (k=0,1,2,\cdots,n-m-1) \qquad (4-20)$$

【例 4-1】 已知系统的开环传递函数为

$$G(s)H(s)=\frac{K^*(s+1)}{s(s+4)(s^2+2s+2)}$$

试确定该系统的根轨迹在实轴上的分布及渐近线。

解 首先将开环极点标注在 s 平面的直角坐标系上。因为系统开环极点数 $n=4$，开环零点数 $m=1$，所以由规则 1～5 知：

① 根轨迹的方向、起点和终点：根轨迹起始于极点 $-p_1=0$，$-p_2=-1+j1$，$-p_3=-1-j1$，$-p_4=-4$，终止于零点 $-z_1=-1$ 和无穷远处；

② 根轨迹的分支数：由于系统开环极点数 $n=4$，开环零点数 $m=1$，所以根轨迹有 4 条分支；

③ 根轨迹的连续性和对称性：根轨迹是对称于实轴的连续曲线；

④ 实轴上根轨迹的分布：实轴上根轨迹分布在 $0\sim-1$ 以及 $-4\sim-\infty$ 之间；

⑤ 根轨迹的渐近线：根轨迹的渐近线共有 $n-m=3$ 条，其在实轴上的交点和夹角按式(4-19)和式(4-20)计算如下

$$\sigma=-\frac{0+(1+j1)+(1-j1)+4-1}{4-1}=-\frac{5}{3}$$

分别令 $k=0$，$k=1$，可得到 3 条渐近线夹角

$$\theta=\frac{\pm 180°(2k+1)}{4-1}=\pm 60°,180° \qquad (k=0,1)$$

绘出根轨迹在实轴上的分布以及渐近线，如图 4-6 所示，图中 180°渐近线与负实轴重合，此处为表示清晰，将其略微上移。

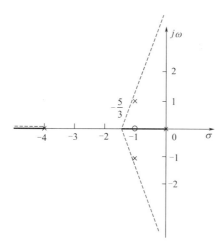

图 4-6　根轨迹在实轴上的分布以及渐近线

规则 6　根轨迹分离点或会合点的坐标，可以通过求解方程 $\dfrac{\mathrm{d}[G(s)H(s)]}{\mathrm{d}s}=0$ 或者 $\sum\limits_{j=1}^{n}\dfrac{1}{s+p_j}=\sum\limits_{i=1}^{m}\dfrac{1}{s+z_i}$ 的根得到。

证明　两条或两条以上的根轨迹分支在 s 平面上某一点相遇后又分开，则称该点为分离点（或会合点）。由于根轨迹对称于实轴，所以根轨迹的分离、会合点一般位于实轴上，但有时也会以共轭形式成对出现在复平面中。

当根轨迹分支在实轴上某点相遇又向复平面运动时，该交点称为根轨迹的分离点；当根轨迹分支从复平面运动到实轴上某点时，该交点称为会合点。

一般情况下，两个极点间的根轨迹上至少有一个分离点；两个零点（其中一个可以是无限零点）间的根轨迹上至少有一个会合点；而在一个零点和一个极点间的轨迹上，或既没有分离点也没有会合点，或分离点与会合点同时存在。

下面介绍的两种求分离、会合点的方法，其实质是相同的，只是求根方程的表现形式不同。

① 对开环传递函数求导法。系统开环传递函数 $G(s)H(s)$ 通常是两个多项式之比，可写为

$$G(s)H(s)=\dfrac{K^*P(s)}{Q(s)} \tag{4-21}$$

所以，系统特征方程为

$$D(s)=K^*P(s)+Q(s)=0$$

根轨迹在 s 平面上相遇，说明闭环特征方程有重根。根据代数方程中重根的条件，有 $D(s)=0$，一阶导数 $\dot{D}(s)=0$。

因此特征方程的重根可由下列联立方程求解而得

$$\begin{cases} K^*P(s)+Q(s)=0 \\ K^*P'(s)+Q'(s)=0 \end{cases} \tag{4-22}$$

由式(4-22)消去 K^*，可得

$$P(s)Q'(s)-P'(s)Q(s)=0 \tag{4-23}$$

解方程 (4-23) 即得到特征方程的重根。

应该指出，所求出的重根如果在根轨迹上，它们是分离点或会合点；如果不在根轨迹上，则不是分离点或会合点（它们对应的 K^* 值在 $-\infty \sim 0$ 之间）。

为便于记忆，式(4-23)可改写为如下形式

$$\frac{\mathrm{d}[G(s)H(s)]}{\mathrm{d}s}=0 \qquad (4\text{-}24)$$

分离（会合）点对应的根轨迹增益为

$$K^* = -\frac{Q(s)}{P(s)} \quad \text{或} \quad K^* = -\frac{Q'(s)}{P'(s)} \qquad (4\text{-}25)$$

② 开环极、零点分式求和相等法，由式(4-9)，系统的闭环特征方程为

$$D(s) = \prod_{j=1}^{n}(s+p_j) + K^* \prod_{i=1}^{m}(s+z_i) = 0$$

由于上述方程有重根的条件是 $D(s)=0$，$\dot{D}(s)=0$。因此，特征方程的重根可由下列联立方程求解而得

$$\begin{cases} K^* \prod_{i=1}^{m}(s+z_i) + \prod_{j=1}^{n}(s+p_j) = 0 \\ K^* \dfrac{\mathrm{d}}{\mathrm{d}s}\prod_{i=1}^{m}(s+z_i) + \dfrac{\mathrm{d}}{\mathrm{d}s}\prod_{j=1}^{n}(s+p_j) = 0 \end{cases}$$

或

$$\prod_{j=1}^{n}(s+p_j) = -K^* \prod_{i=1}^{m}(s+z_i) \qquad (4\text{-}26)$$

$$\frac{\mathrm{d}}{\mathrm{d}s}\prod_{j=1}^{n}(s+p_j) = -K^* \frac{\mathrm{d}}{\mathrm{d}s}\prod_{i=1}^{m}(s+z_i) \qquad (4\text{-}27)$$

式(4-26) 除式(4-27)，得

$$\frac{\dfrac{\mathrm{d}}{\mathrm{d}s}\prod_{j=1}^{n}(s+p_j)}{\prod_{j=1}^{n}(s+p_j)} = \frac{\dfrac{\mathrm{d}}{\mathrm{d}s}\prod_{i=1}^{m}(s+z_i)}{\prod_{i=1}^{m}(s+z_i)}$$

即

$$\frac{\mathrm{d}\ln\prod_{j=1}^{n}(s+p_j)}{\mathrm{d}s} = \frac{\mathrm{d}\ln\prod_{i=1}^{m}(s+z_i)}{\mathrm{d}s} \qquad (4\text{-}28)$$

因为

$$\ln\prod_{j=1}^{n}(s+p_j) = \sum_{j=1}^{n}\ln(s+p_j)$$

$$\ln\prod_{i=1}^{m}(s+z_i) = \sum_{i=1}^{m}\ln(s+z_i)$$

式(4-28) 可写为

$$\sum_{j=1}^{n}\frac{\mathrm{d}\ln(s+p_j)}{\mathrm{d}s} = \sum_{i=1}^{m}\frac{\mathrm{d}\ln(s+z_i)}{\mathrm{d}s}$$

有

$$\sum_{j=1}^{n}\frac{1}{s+p_j} = \sum_{i=1}^{m}\frac{1}{s+z_i} \qquad (4\text{-}29)$$

解方程（4-29），可得根轨迹的分离点或会合点。

若开环传递函数没有有限零点，则在式(4-29) 中应取 $\sum_{i=1}^{m}\dfrac{1}{s+z_i} = 0$。

下面给出分离（会合）角 θ_d 的定义：

根轨迹离开分离点处的切线与实轴正方向的夹角称为分离角；根轨迹进入会合点的切线与实

轴正方向的夹角称为会合角。

如果有 l 条根轨迹分支进入并离开分离点或会合点，则分离、会合角计算公式为

$$\theta_d = \frac{\pm 180°(2k+1)}{l} \quad (k=0,1,2,\cdots,l-1) \tag{4-30}$$

通常，两支根轨迹相遇的情况较多，即 $l=2$，其分离、会合角为 $\pm 90°$。

规则 7 根轨迹与虚轴的交点坐标及临界根轨迹增益，可以通过用 $s=j\omega$ 代入系统闭环特征方程求取，也可以应用劳斯判据列表的方法确定。

证明 当根迹增益 K^* 值逐渐增大，根轨迹有可能穿过虚轴进入 s 右半平面，此时表明出现实部为正的特征根。因此需要确定根轨迹与虚轴的交点，并计算对应的临界根轨迹增益。求取与虚轴的交点可利用下面两种方法之一。

① $s=j\omega$ 代入特征方程法。根轨迹与虚轴相交，意味着系统有位于虚轴上的闭环极点，即闭环特征方程含有纯虚根 $s=\pm j\omega$。将 $s=j\omega$ 代入特征方程式中，得到

$$1+G(j\omega)H(j\omega)=0$$

或

$$\text{Re}[1+G(j\omega)H(j\omega)]+\text{Im}[1+G(j\omega)H(j\omega)]=0 \tag{4-31}$$

令式(4-31)两边的实部和虚部分别相等，有

$$\text{Re}[1+G(j\omega)H(j\omega)]=0$$
$$\text{Im}[1+G(j\omega)H(j\omega)]=0$$

联立求解上面两个方程，即可求出与虚轴交点处的 K^* 值和 ω 值。

② 应用劳斯判据法。应用劳斯稳定性判据也可求得根轨迹与虚轴的交点及其相对应的根轨迹增益。若根轨迹与虚轴相交，则表示闭环系统存在纯虚根，意味着 K^* 的数值使闭环系统处于临界稳定状态。因此，令劳斯表中第一列中包含 K^* 的项为零，即可确定根轨迹与虚轴交点上的 K^* 值。此外，因为一对纯虚根是数值相同但符号相异的根，所以利用劳斯表中 s^2 行系数构成辅助方程，必可解出纯虚根的数值，这一数值就是根轨迹与虚轴交点上的 ω 值。如果根轨迹与正虚轴（或者负虚轴）有一个以上交点，则应采用劳斯表中幂大于 2 的 s 偶次方行的系数构造辅助方程。

【例 4-2】 设单位反馈控制系统开环传递函数为

$$G(s)=\frac{K}{s(0.2s+1)(0.5s+1)}$$

试绘出相应的闭环根轨迹图。

解 系统开环传递函数可写成

$$G(s)=\frac{K^*}{s(s+2)(s+5)}, \quad K^*=10K$$

① 根轨迹的方向、起点和终点：根轨迹起始于开环极点 $-p_1=0$，$-p_2=-2$，$-p_3=-5$，终止于开环零点或无穷远处。

② 根轨迹的分支数：$n=3$，$m=0$，有三条根轨迹分支。

③ 根轨迹的连续性和对称性：根轨迹是对称于实轴的连续曲线。

④ 实轴上根轨迹的分布：$(-\infty,-5)$ 和 $(-2,0)$ 为实轴上的根轨迹区间。

⑤ 根轨迹的渐近线：根轨迹渐近线与实轴交点的坐标为

$$\sigma=-\frac{0+2+5}{3}=-2.33$$

渐近线的夹角为

$$\theta=\frac{\pm(2k+1)\times 180°}{n-m}=\frac{\pm(2k+1)\times 180°}{3-0}=\pm 60°,180° \quad (k=0,1)$$

⑥ 根轨迹的分离、会合点：在极点 0 和 -2 之间的根轨迹上一定有分离点。分离点方程为

$$\frac{1}{s}+\frac{1}{s+5}+\frac{1}{s+2}=0$$

解出 $s_1=-0.88$，$s_2=-3.79$（舍去）。其中 s_1 点在根轨迹上，是分离点，所对应的 K^* 由幅值条件确定

$$K_1^*=|s_1||s_1+2||s_1+5|=0.88\times1.12\times4.12=4$$

对应地，$K=\dfrac{K^*}{10}=0.4$。分离点的分离角为 $\pm90°$。s_2 点不在根轨迹上，故不是分离点，应舍去。

⑦ 根轨迹与虚轴的交点：用劳斯判据法求出与虚轴的交点。已知

$$1+G(s)=1+\dfrac{K^*}{s(s+2)(s+5)}=0$$

所以特征方程式为

$$D(s)=s(s+2)(s+5)+K^*=s^3+7s^2+10s+K^*=0$$

劳斯阵列表为

s^3	1	10
s^2	7	K^*
s^1	$\dfrac{70-K^*}{7}$	
s^0	K^*	

令 $(70-K^*)/7=0$，所以 $K^*=70$，$K=7$；解辅助方程 $7s^2+K^*=0$，得 $s_{1,2}=\pm j\sqrt{10}=\pm j3.162$。作系统根轨迹如图 4-7 所示。

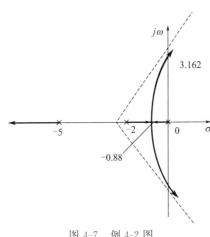

图 4-7 例 4-2 图

从图中可以看出：

当 $0<K\leqslant0.4$ 时，系统响应为非周期过渡过程；

当 $0.4<K<7$ 时，系统响应为衰减振荡过渡过程；

当 $K=7$ 时，系统响应为等幅振荡过渡过程；

当 $K>7$ 时，系统是不稳定的。

规则 8 开环复数极、零点的出射角与入射角可根据下面的公式计算

$$\theta_{p_l}=180°+\sum_{i=1}^{m}\angle(s+z_i)-\sum_{\substack{j=1\\j\neq l}}^{n}\angle(s+p_j) \tag{4-32}$$

$$\theta_{z_l}=180°-\sum_{\substack{i=1\\i\neq l}}^{m}\angle(s+z_i)+\sum_{j=1}^{n}\angle(s+p_j) \tag{4-33}$$

证明 根轨迹离开开环复数极点处的切线方向与正实轴间的夹角称为出射角，用 θ_{p_l} 表示；根轨迹进入开环复数零点处的切线方向与正实轴间的夹角称为入射角，用 θ_{z_l} 表示。

设控制系统开环极、零点数目分别为 n 和 m。在根轨迹上无限靠近待求出射角的开环极点 $-p_l$ 附近取一点 s_1。由于 s_1 无限接近 $-p_l$ 点，所以除了 $-p_l$ 点之外，其他开环零点和极点到 s_1 点的向量幅角都可用它们到 $-p_l$ 点的向量幅角来代替，而 $-p_l$ 点到 s_1 点的向量幅角即为出射角。因为 s_1 点在根轨迹上，必满足相角条件，有

$$\sum_{i=1}^{m}\angle(s+z_i)-\sum_{\substack{j=1\\j\neq l}}^{n}\angle(s+p_j)-\theta_{p_l}=\pm180°(2k+1)$$

也即

$$\theta_{p_l}=\mp180°(2k+1)+\sum_{i=1}^{m}\angle(s+z_i)-\sum_{\substack{j=1\\j\neq l}}^{n}\angle(s+p_j) \tag{4-34}$$

用相似的方法，可推导出复数零点$-z_l$的计算公式

$$\theta_{z_l} = \pm 180°(2k+1) - \sum_{\substack{i=1\\i\neq l}}^{m}\angle(s+z_i) + \sum_{j=1}^{n}\angle(s+p_j) \tag{4-35}$$

应该指出，在根轨迹的幅角条件中，$180°(2k+1)$与$-180°(2k+1)$是等价的。在计算出射角和入射角时，均可用$180°$代替。

【例 4-3】 系统开环传递函数为

$$G(s)H(s) = \frac{K^*(s+3)}{s(s+6)(s^2+2s+2)}$$

试绘制该系统的根轨迹图。

解 已知系统的开环传递函数，可根据绘制根轨迹的基本步骤进行绘制。

① 根轨迹的方向、起点和终点：根轨迹起始于开环极点0、-6、$-1\pm j1$，终止于开环零点或无穷远处。

② 根轨迹的分支数：$n=4$，$m=1$，有四条根轨迹分支。

③ 根轨迹的连续性和对称性：根轨迹是对称于实轴的连续曲线。

④ 实轴上根轨迹的分布：实轴上的根轨迹在区间$(-\infty,-6)$和$(-3,0)$。

⑤ 根轨迹的渐近线：根轨迹渐近线与实轴正方向的夹角为

$$\theta = \frac{(2k+1)\times 180°}{n-m} = \frac{(2k+1)\times 180°}{4-1} = 60°, 180°, 300° \quad (k=0,1,2)$$

根轨迹渐近线与实轴交点的坐标为

$$\sigma = -\frac{0+6+(1+j1)+(1-j1)-3}{4-1} = -1.67$$

⑥ 根轨迹的分离、会合点：根轨迹不存在分离点。

⑦ 根轨迹与虚轴的交点：可以求得系统的闭环特征方程为

$$D(s) = s^4 + 8s^3 + 14s^2 + (12+K^*)s + 3K^* = 0$$

列出劳斯阵列表为

s^4	1	14	$3K^*$
s^3	8	$12+K^*$	
s^2	$\dfrac{100-K^*}{8}$	$3K^*$	
s^1	$12+K^* - \dfrac{192K^*}{100-K^*}$		
s^0	$3K^*$		

若系统稳定，劳斯表第一列所有元素应均大于零，因此以下不等式成立。

$$\begin{cases} \dfrac{100-K^*}{8} > 0 \\ 12+K^* - \dfrac{192K^*}{100-K^*} > 0 \\ 3K^* > 0 \end{cases}$$

得

$$0 < K^* < 10.48$$

由此可知，当$K^* = 10.48$时，系统临界稳定，此时根轨迹与虚轴有交点。

$K^* = 10.48$时，s^1行为全零行，由s^2行构成辅助方程

$$11.2s^2+31.44=0$$

解得

$$s=\pm j1.68$$

⑧ 根轨迹的出射角和入射角：根轨迹离开复数极点 $-1+j$ 的出射角可以求得

$$\theta_{p_l}=180°+\angle(-1+j1+3)-\angle(-1+j1+0)-\angle(-1+j1+6)-\angle(-1+j1+1+j1)$$
$$=180°+26.6°-135°-11.3°-90°=-29.7°$$

根据对称性可以求得根轨迹离开复数极点 $-1-j1$ 的出射角为 $29.7°$。

由以上步骤，可以绘制出给定系统的根轨迹，如图 4-8 所示。

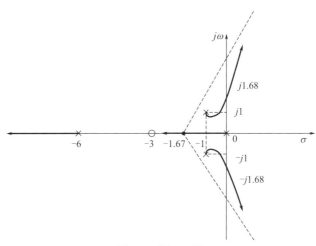

图 4-8 例 4-3 图

规则 9 当系统满足 $(n-m)\geqslant 2$ 时，系统闭环极点之和等于开环极点之和。

证明 由式(4-13)，其特征方程可写为

$$s^n+\sum_{j=1}^{n}p_j s^{n-1}+\cdots+\prod_{j=1}^{n}p_j+K^*[s^m+\sum_{i=1}^{m}z_i s^{m-1}+\cdots+\prod_{i=1}^{m}z_i]=0 \quad (4\text{-}36)$$

式中，$-z_i$、$-p_j$ 分别为系统开环零、极点；K^* 为根迹增益。若系统满足 $n-m\geqslant 2$，s^m 项的阶次比 s^{n-1} 项的阶次低，因而，式(4-36)中 s^{n-1} 项的系数为 $\sum_{j=1}^{n}p_j$，即

$$s^n+\sum_{j=1}^{n}p_j s^{n-1}+\cdots+(\prod_{j=1}^{n}p_j+K^*\prod_{i=1}^{m}z_i)=0 \quad (4\text{-}37)$$

闭环极点即特征方程的根若为 $-s_j(j=1,2,\cdots,n)$，有

$$\prod_{j=1}^{n}(s+s_j)=s^n+\sum_{j=1}^{n}s_j s^{n-1}+\cdots+\prod_{j=1}^{n}s_j=0 \quad (4\text{-}38)$$

由于式(4-37)、式(4-38)的 s^{n-1} 项系数相等，所以有

$$\sum_{j=1}^{n}s_j=\sum_{j=1}^{n}p_j$$

或

$$\sum_{j=1}^{n}(-s_j)=\sum_{j=1}^{n}(-p_j) \quad (4\text{-}39)$$

通常把 $\sum_{j=1}^{n}(-s_j)/n$ 称为极点的重心。当 K^* 值变化时，极点重心保持不变。此特性可用来估计根轨迹曲线的变化趋势，有助于确定极点位置及相应的 K^* 值。

规则 10 若系统满足 $n-m\geqslant 2$，且有开环零点位于原点时，闭环极点之积等于开环极点之积。

证明 比较式(4-37)和式(4-38)的常数项，可得 n 个闭环特征根之积为

$$\prod_{j=i}^{n}(-s_j) = (-1)^n\left(\prod_{j=1}^{n} p_j + K\prod_{i=1}^{m} z_i\right) \tag{4-40}$$

若 $\prod_{i=1}^{m} z_i = 0$，有

$$\prod_{j=1}^{n}(-s_j) = \prod_{j=1}^{n}(-p_j) \tag{4-41}$$

根据以上规则，可以绘出系统的概略根轨迹图。表 4-2 给出了绘制根轨迹的步骤。需要说明的是，一般情况只需使用规则 1~8，规则 9~10 是用来估计根轨迹曲线的变化趋势的。而根据系统的不同，1~8 的规则也不必全部使用，有时只用部分规则就可以绘制完整的根轨迹。

表 4-2 根轨迹图绘制规则

序号	内容	法则
1	根轨迹的起点和终点	根轨迹起于开环极点，终于开环零点(包括无穷远点)
2	根轨迹的分支数	根轨迹的分支数等于特征方程的阶次，也等于开环极点的个数
3	根轨迹的连续性和对称性	根轨迹是对称于实轴的连续曲线
4	实轴上根轨迹的分布	实轴上某一区域，若其右方开环零、极点个数之和为奇数，则该区域在根轨迹上
5	根轨迹的渐近线	$n-m$ 条渐近线与实轴的交点和夹角为 $\sigma = -\dfrac{\sum_{j=1}^{n} p_j - \sum_{i=1}^{m} z_i}{n-m}$，$\theta = \dfrac{\pm 180°(2k+1)}{n-m}$ ($k=0,1,2,\cdots,n-m-1$)
6	根轨迹的分离点与会合点	求解方程 $\dfrac{\mathrm{d}[G(s)H(s)]}{\mathrm{d}s}=0$ 或求解 $\sum_{j=1}^{n}\dfrac{1}{s+p_j} = \sum_{i=1}^{m}\dfrac{1}{s+z_i}$
7	根轨迹与虚轴的交点	将 $s=j\omega$ 代入系统闭环特征方程求取，也可应用劳斯判据确定
8	根轨迹的出射角与入射角	出射角：$\theta_{p_l} = 180° + \sum_{i=1}^{m}\angle(s+z_i) - \sum_{\substack{j=1 \\ j\neq l}}^{n}\angle(s+p_j)$ 入射角：$\theta_{z_l} = 180° - \sum_{\substack{i=1 \\ i\neq l}}^{m}\angle(s+z_i) + \sum_{j=1}^{n}\angle(s+p_j)$
9	闭环极点之和	当 $n-m\geqslant 2$ 时，$\sum_{j=1}^{n} s_j = \sum_{j=1}^{n} p_j$
10	闭环极点之积	若 $n-m\geqslant 2$，且有开环零点位于原点时，$\prod_{j=1}^{n}(-s_j) = \prod_{j=1}^{n}(-p_j)$

图 4-9 给出了几种常见的开环零极点分布及其相应的根轨迹，供绘制概略根轨迹图时参考。

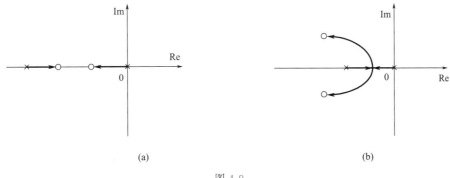

图 4-9

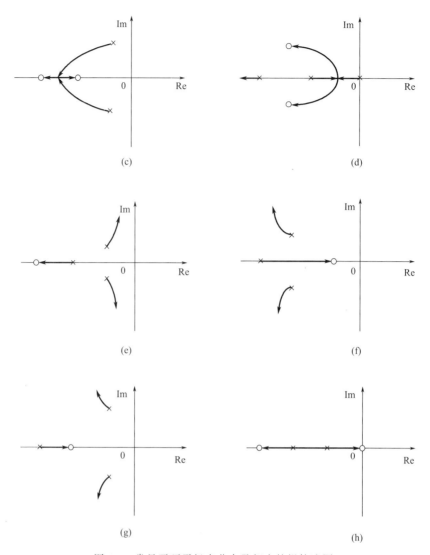

图 4-9 常见开环零极点分布及相应的根轨迹图

4.2.2 绘制根轨迹举例 Examples of Plotting Root Locus

根据前面介绍的基本规则,可以绘制出控制系统根轨迹的大致形状。下面举例说明根轨迹的绘制过程。

【例 4-4】 已知系统的开环传递函数为

$$G(s)H(s)=\frac{K^*(s+4)}{s(s+2)}$$

试绘制根轨迹。

解 按下述步骤绘制概略根轨迹:

① 根轨迹的方向、起点和终点:根轨迹起始于开环极点 $-p_1=0$,$-p_2=-2$,终止于开环零点 $-z_1=-4$ 和无穷远处。

② 根轨迹的分支数:$n=2$,$m=1$,有两条根轨迹分支。

③ 根轨迹的连续性和对称性:根轨迹是对称于实轴的连续曲线。

④ 实轴上根轨迹的分布:实轴上的根轨迹区间为 $(-\infty,-4)$,$(-2,0)$。

⑤ 根轨迹的渐近线：根轨迹的渐近线条数为 $n-m=1$，因此有

$$\sigma = -\frac{\sum_{i=1}^{n} p_i - \sum_{i=1}^{m} z_1}{n-m} = -\frac{(0+2)-4}{2-1} = 2$$

$$\theta = \frac{\pm 180°(2k+1)}{2-1} = \pm 180° \quad (k=0)$$

所以，渐近线为整个负实轴，有一条根轨迹沿实轴趋于 $-\infty$。

⑥ 根轨迹的分离、会合点：0 和 -2 两极点之间是根轨迹，必有分离点；零点 -4 和 $-\infty$ 之间是根轨迹，必有会合点。设交点为 s，有

$$\frac{1}{s+0} + \frac{1}{s+2} = \frac{1}{s+4}$$

解得 $s_{1,2} = -4 \pm 2\sqrt{2}$，即 $s_1 = -1.172$（分离点）；$s_2 = -6.828$（会合点）。

根据幅值条件 $K^* = \dfrac{|s||s+2|}{|s+4|}$，可求得在 s_1 处的 $K^* = 0.343$；在 s_2 处的 $K^* = 11.66$。

根据以上计算和分析，可绘制出完整的根轨迹如图 4-10 所示。

如果用 $s = \alpha + j\beta$ 代入特征方程 $1+G(s)H(s)=0$ 中，经整理可得到以下方程式

$$(\alpha+4)^2 + \beta^2 = (2\sqrt{2})^2$$

显然，这是个圆的方程式，其圆心的坐标为 $(-4,0)$，半径为 $2\sqrt{2}$。

由此例推广到一般形式，可以证明：若系统的开环传递函数为

$$G(s)H(s) = \frac{K(s+z_1)}{(s+p_1)(s+p_2)}$$

且 z_1 大于 p_1 和 p_2（即开环零点位于两开环极点之左），则系统根轨迹在复平面上为一个圆，其圆心在 $-z_1$，半径为 $\sqrt{(z_1-p_1)(z_1-p_2)}$。

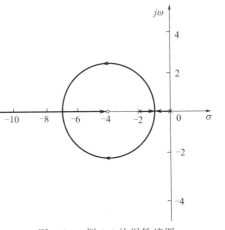

图 4-10 例 4-4 的根轨迹图

【例 4-5】 单位反馈系统的开环传递函数为

$$G(s) = \frac{K^*(s+1)}{s(s+2)(s+3)}$$

试绘制闭环系统的概略根轨迹。

解 按下述步骤绘制概略根轨迹：

① 根轨迹的方向、起点和终点：根轨迹起始于开环极点 $-p_1=0$，$-p_2=-2$，$-p_3=-3$，终止于开环零点 $-z_1=-1$ 或无穷远处。

② 根轨迹的分支数：$n=3$，$m=1$，有三条根轨迹分支。

③ 根轨迹的连续性和对称性：根轨迹是对称于实轴的连续曲线。

④ 实轴上根轨迹的分布：实轴上的根轨迹在区间为 $(-3,-2)$，$(-1,0)$。

⑤ 根轨迹的渐近线：根轨迹的渐近线条数为 $n-m=2$，渐近线的倾角为

$$\theta = \frac{(2k+1) \times 180°}{n-m} = \frac{(2k+1) \times 180°}{3-1} = 90°, 270° \quad (k=0,1)$$

渐近线与实轴的交点为

$$\sigma = -\frac{\sum_{i=1}^{n} p_i - \sum_{i=1}^{m} z_1}{n-m} = -\frac{0+2+3-1}{3-1} = -2$$

⑥ 根轨迹的分离、会合点：分离点方程为

$$\frac{1}{s}+\frac{1}{s+2}+\frac{1}{s+3}=\frac{1}{s+1}$$

解得分离点 $s=-2.47$。

闭环系统概略根轨迹如图 4-11 所示。

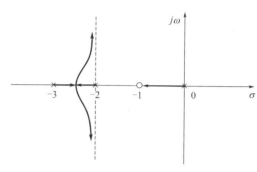

图 4-11　例 4-5 图

【例 4-6】 已知负反馈系统的开环传递函数为

$$G(s)H(s)=\frac{K^*(s+1)}{s^2+3s+3.25}$$

试绘制出系统的根轨迹图。

解　令 $s^2+3s+3.25=0$，解得 $p_{1,2}=-1.5\pm j1$；令 $s+1=0$，解得 $z_1=-1$。

① 根轨迹的方向、起点和终点：根轨迹起点分别是 p_1、p_2，终点是 z_1 及无穷远处。
② 根轨迹的分支数：$n=2$，$m=1$，根轨迹分支数等于 2。
③ 根轨迹的连续性和对称性：根轨迹是对称于实轴的连续曲线。
④ 实轴上根轨迹的分布：实轴上的根轨迹在区间 $(-\infty,-1)$。
⑤ 根轨迹的渐近线：因为 $n=2$，$m=1$，所以只有一条渐近线，沿负实轴趋于无穷远。
⑥ 根轨迹的分离、会合点：根轨迹与实轴会合点坐标

$$\frac{d}{ds}\left[\frac{K^*(s+1)}{s^2+3s+3.25}\right]=0$$

$$s^2+2s-0.25=0$$

解得

$$s_1=-2.12, s_2=0.12$$

s_2 不是根轨迹上的点，故舍去，s_1 是根轨迹的会合点。

⑦ 根轨迹与虚轴的交点：根轨迹与虚轴无交点。
⑧ 根轨迹的出射角和入射角：求极点 $-1.5+j1$ 的出射角

$$\theta_{pl}=180°+\angle(-1.5+j1+1)-\angle(-1.5+j1+1.5+j1)$$
$$=180°+116.6°-90°=206.6°$$

则极点 $-1.5-j1$ 的出射角为 $-206.6°$

最后画出根轨迹图，如图 4-12 所示。

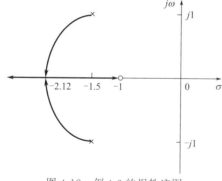

图 4-12　例 4-6 的根轨迹图

【例 4-7】 已知系统的开环传递函数为

$$G(s)H(s)=\frac{K^*}{s(s+3)(s^2+2s+2)}$$

试绘制出 K^* 由 $0\to\infty$ 变化时的根轨迹图。

解　绘图步骤如下：

① 根轨迹的方向、起点和终点：根轨迹起始于开环极点 $-p_1=0$，$-p_2=-3$ 以及 $-p_{3,4}=-1\pm j1$；终止于无穷远处。

② 根轨迹的分支数：$n=4$，$m=0$，有四条根轨迹分支。

③ 根轨迹的连续性和对称性：根轨迹是对称于实轴的连续曲线。

④ 实轴上根轨迹的分布：实轴上（$-3,0$）为根轨迹区段。

⑤ 根轨迹的渐近线：渐近线的截距和夹角分别为

$$\sigma=-\frac{0+3+(1+j1)+(1-j1)}{4}=-1.25$$

$$\theta=\frac{\pm 180°(2k+1)}{4}=\pm 45°,\pm 135° \quad (k=0,1)$$

⑥ 根轨迹的分离、会合点：求根轨迹在实轴上的分离点，令

$$G(s)H(s)=K^*\frac{N(s)}{D(s)}$$

所以

$$N'(s)D(s)-N(s)D'(s)=-(4s^3+15s^2+16s+6)=0$$

解方程得

$$s_1=-2.29；s_{2,3}=-0.73\pm j0.35（舍去）$$

故分离点出现在实轴 -2.29 处。

⑦ 根轨迹与虚轴的交点：求根轨迹与虚轴之交点。系统特征方程为

$$s^4+5s^3+8s^2+6s+K^*=0$$

用 $j\omega$ 代替 s 得

$$(j\omega)^4+5(j\omega)^3+8(j\omega)^2+6(j\omega)+K^*=0$$

整理出虚部与实部，并均为 0，得

$$\begin{cases}\omega^4-8\omega^2+K^*=0\\ \omega(6-5\omega^2)=0\end{cases}$$

联立求解上述方程，舍去 $\omega=0$ 后得

$$\omega_{1,2}=\pm 1.09$$
$$K^*=8.16$$

⑧ 根轨迹的出射角和入射角：根轨迹在开环极点 $-p_3$ 处的出射角为

$$\theta_{p1}=180°-(135°+26.6°+90°)=-71.6°$$

按上述各步骤计算结果，系统根轨迹的大致形状如图 4-13 所示。

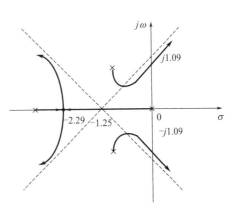

图 4-13 例 4-7 的根轨迹图

【例 4-8】 设某系统的开环传递函数为

$$G(s)H(s)=\frac{K^*(s+0.1)}{s^2(s+10)(s+30)(s+50)}$$

试绘制出该系统的根轨迹图。

解 根据题意有：

① 根轨迹的方向、起点和终点：系统的根轨迹起于开环极点 0、0、-10、-30 和 -50，终于开环零点 -0.1 和无穷远处。

② 根轨迹的分支数：$n=5$，$m=1$，有五条根轨迹分支。

③ 根轨迹的连续性和对称性：根轨迹是对称于实轴的连续曲线。

④ 实轴上根轨迹的分布：实轴上的根轨迹区间为（-50,-30），（-10,-0.1）。
⑤ 轨迹的渐近线：因为 $n-m=4$，故有四条渐近线

$$\sigma = -\frac{(50+30+10)-0.1}{5-1} = -22.5$$

$$\theta = \frac{\pm 180°(2k+1)}{5-1} = \pm 45°, \pm 135°$$

⑥ 根轨迹的分离、会合点：

在该系统中，开环零点-0.1和开环极点0之间相距很近，而与其他开环极点间的距离相距很远。因此可做如下近似处理：在绘制原点附近的根轨迹时，略去远离原点的极点的影响。在绘制远离原点的根轨迹时，略去原点附近的一对零极点的影响。

ⅰ. 求原点附近的根轨迹和会合点。略去远离原点的极点，传递函数简化为

$$G(s)H(s) = \frac{K^*(s+0.1)}{s^2}$$

因此，实轴上根轨迹分布在零点-0.1的左侧，并且一定有会合点。在原点处为二重极点，其分离角为 $\pm 90°$。

令 $d[G(s)H(s)]/ds=0$，整理得

$$2s(s+0.1) - s^2 = 0$$

解此方程，得 $s_1=-0.2$，即为会合点；$s_2=0$，即为重极点的分离点。在原点附近的根轨迹如图4-14（b）所示。

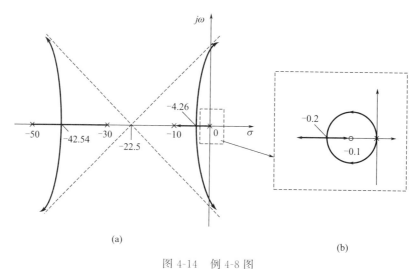

图 4-14 例 4-8 图

ⅱ. 求远离原点的根轨迹和分离点。略去原点附近的一对开环零、极点（即零点-0.1和1个极点0），传递函数简化为

$$G(s)H(s) = \frac{K^*}{s(s+10)(s+30)(s+50)}$$

令 $d[G(s)H(s)]/ds=0$，整理得

$$s^3 + 67.5s^2 + 1150s + 3750 = 0$$

解此方程，并舍去无意义根，得两个分离点为 $s_1=-4.26$，$s_2=-42.54$。分离点的分离角恒为 $\pm 90°$。

⑦ 根轨迹与虚轴的交点：令 $s=j\omega$ 并代入特征方程，经整理后得

$$\begin{cases} 90\omega^4 - 15000\omega^2 + 0.1K^* = 0 \\ \omega^4 - 2300\omega^2 + K^* = 0 \end{cases}$$

解此方程组得：$\omega = \pm 12.82$，$K^* = 3.51 \times 10^5$。完整的根轨迹如图 4-14(a) 所示。

4.3 广义根轨迹绘制 Generalized Root Locus Plots

4.2 节介绍的是以开环根轨迹增益 K^* 为可变参量的负反馈系统根轨迹绘制方法。这是最常见的情况，一般称为常规根轨迹。在实际应用中，除了增益 K^* 外，还经常研究系统其他参数变化时对闭环特征根的影响，如在例 2-16 中，希望绘制电动机转动惯量对控制系统闭环特征根的影响；有时也需绘制正反馈系统的根轨迹。通常将以非开环根轨迹增益为可变参数的根轨迹和非负反馈系统的根轨迹称为广义根轨迹。下面介绍这类根轨迹的绘制方法。

4.3.1 参变量根轨迹的绘制 Parameter Root Locus Plots

除根轨迹增益 K^*（或开环增益 K）以外的其他参量从零变化到无穷大时绘制的根轨迹称为参变量根轨迹，也称为参数根轨迹。参变量根轨迹可以用来分析系统中的各种参数对系统性能的影响，如环节的时间常数、测速机反馈系数或开环零、极点变化等。

绘制参变量根轨迹的法则与绘制常规根轨迹的法则完全相同。只需要在绘制参变量根轨迹之前，对控制系统的特征方程进行等效变换，求出等效开环传递函数，将绘制参变量根轨迹的问题转化为绘制 K^* 变化时根轨迹的形式来处理。

由式(4-21) 知，系统的开环传递函数可写为

$$G(s)H(s) = \frac{K^* P(s)}{Q(s)}$$

则系统闭环特征方程为

$$K^* P(s) + Q(s) = 0 \tag{4-42}$$

用不含待讨论参数的各项除方程两端，将其写成以非开环增益的待定参数 K' 为可变参量的绘制根轨迹的形式，即

$$1 + [G(s)H(s)]' = 1 + K' \frac{P'(s)}{Q'(s)} = 0 \tag{4-43}$$

式中的 $P'(s)$ 及 $Q'(s)$ 为两个与 K' 无关的多项式，其中，s 最高次项的系数为 1。式(4-42) 和式(4-43) 相等，满足

$$K'P'(s) + Q'(s) = 1 + G(s)H(s) = 0 \tag{4-44}$$

根据式(4-43)，有

$$[G(s)H(s)]' = K' \frac{P'(s)}{Q'(s)} = -1 \tag{4-45}$$

称为等效开环传递函数。

根据系统的等效开环传递函数 $[G(s)H(s)]'$，按照 4.3 节介绍的根轨迹绘制规则可以绘制出以 K' 为变量的参变量根轨迹。应该指出，等效开环传递函数是根据式(4-44) 得来的，是在系统闭环极点相同这一基础上等效的。因此，由等效开环传递函数描述的系统与原系统具有相同的闭环极点，但其闭环零点一般是不同的。由于系统的闭环极点和零点对动态性能均有影响，所以在用闭环零、极点分布来分析系统性能时，应该采用参变量根轨迹上的闭环极点和原系统的闭环零点。

下面举例说明参变量根轨迹的绘制方法。

【例 4-9】 已知单位负反馈控制系统的开环传递函数为

$$G(s) = \frac{\frac{1}{4}(s+a)}{s^2(s+1)}$$

试绘制出 $a = 0 \to \infty$ 时的根轨迹。

解 可以求得系统的闭环特征方程为

$$s^2(s+1)+\frac{1}{4}(s+a)=0$$

即

$$s^3+s^2+\frac{1}{4}s+\frac{1}{4}a=0$$

以不含参数 a 的各项除方程的两边，得

$$1+\frac{\frac{1}{4}a}{s^3+s^2+\frac{1}{4}s}=0$$

则系统的等效开环传递函数为

$$[G(s)]'=\frac{\frac{1}{4}a}{s\left(s+\frac{1}{2}\right)^2}$$

① 根轨迹的方向、起点和终点：$[G(s)]'$ 有三个极点 $p_1=0$，$p_2=p_3=-1/2$，无零点，所以根轨迹起始于开环极点，终止于无穷远处。

② 根轨迹的分支数：$n=3$，$m=0$，有三条根轨迹分支。

③ 根轨迹的连续性和对称性：根轨迹是对称于实轴的连续曲线。

④ 实轴上根轨迹的分布：实轴上的根轨迹位于 $\left(-\frac{1}{2}, 0\right)$，$\left(-\infty, -\frac{1}{2}\right)$。

⑤ 根轨迹的渐近线为

$$\sigma=\frac{-\frac{1}{2}-\frac{1}{2}}{3}=-\frac{1}{3}$$

$$\theta=\frac{\pm 180°(2k+1)}{3}=\pm 60°,180° \quad (k=0,1)$$

⑥ 根轨迹的分离、会合点的计算式为

$$\frac{1}{s}+\frac{1}{s+\frac{1}{2}}+\frac{1}{s+\frac{1}{2}}=0$$

解得

$$s=-\frac{1}{6}$$

由幅值条件可以求得分离点处的 a 值

$$\frac{a}{4}=|s|\left|s+\frac{1}{2}\right|^2=\frac{1}{54}$$

解得

$$a=\frac{2}{27}$$

⑦ 根轨迹与虚轴的交点：将 $s=j\omega$ 代入闭环特征方程，得

$$D(j\omega)=(j\omega)^3+(j\omega)^2+\frac{1}{4}(j\omega)+\frac{a}{4}=\left(-\omega^2+\frac{a}{4}\right)+j\left(-\omega^3+\frac{\omega}{4}\right)=0$$

实部、虚部均为零，则有

$$\begin{cases} -\omega^2 + \dfrac{a}{4} = 0 \\ -\omega^3 + \dfrac{\omega}{4} = 0 \end{cases}$$

解得

$$\begin{cases} \omega = \pm \dfrac{1}{2} \\ a = 1 \end{cases}$$

根据以上步骤画出以 a 为参变量的根轨迹如图 4-15 所示。

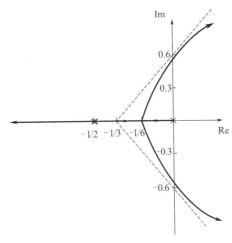

图 4-15　例 4-9 图

4.3.2　正反馈系统根轨迹的绘制 Root Locus Plots of Positive Feedback Systems

负反馈是自动控制的一个重要特点。然而，在某些复杂的控制系统中，可能会出现局部正反馈结构，如图 4-16 所示的 $G_1(s)$ 和 $H_1(s)$ 构成局部内环正反馈。这种局部正反馈的结构可能是控制对象本身的特征，也可能是为满足系统的某些性能要求而在设计系统时附加进去的。

为了分析整个控制系统的性能，首先要确定内回路的零极点。利用根轨迹法确定内回路的零极点时，相当于绘制正反馈系统的根轨迹。对于如图 4-17 所示的具有开环传递函数 $G(s)H(s)$ 的正反馈系统，闭环传递函数为

$$\frac{C(s)}{R(s)} = \frac{G(s)}{1 - G(s)H(s)} \tag{4-46}$$

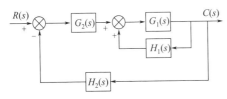

图 4-16　带局部正反馈的系统结构

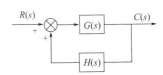

图 4-17　正反馈控制系统结构图

其闭环特征方程为

$$1 - G(s)H(s) = 0 \tag{4-47}$$

所以，正反馈系统的根轨迹方程为

$$G(s)H(s) = 1 \tag{4-48}$$

幅值条件

$$|G(s)H(s)|=K^*\frac{\prod_{i=1}^m|s+z_i|}{\prod_{j=1}^n|s+p_j|}=1 \tag{4-49}$$

相角条件

$$\angle G(s)H(s)=\sum_{i=1}^m\angle(s+z_i)-\sum_{j=1}^n\angle(s+p_j)=\pm 360°k \quad (k=0,1,2,\cdots) \tag{4-50}$$

与负反馈系统的根轨迹方程相比，它们的幅值条件相同，相角条件不同。负反馈系统的幅角满足 $\pm 180°(2k+1)$，而正反馈系统的幅角满足 $\pm 360°k$。所以，通常也称负反馈系统的根轨迹为 $180°$ 根轨迹，正反馈系统的根轨迹为 $0°$ 根轨迹。在正反馈系统根轨迹的绘制规则中，凡是与相角条件有关的规则都要作相应的修改。具体如下：

规则 4　若实轴上某点右边的开环零、极点个数之和为偶数，则该点是根轨迹上的点。

规则 5　如果系统的开环零点数 m 少于其开环极点数 n，则当根迹增益 $K^*\to\infty$ 时，趋向无穷远处根轨迹的渐近线共有 $n-m$ 条。这些渐近线在实轴上共交于一点，其坐标是 $\left(-\dfrac{\sum_{j=1}^n p_j-\sum_{i=1}^m z_i}{n-m},j0\right)$，而它们与实轴正方向的夹角为 $\dfrac{\pm 360°k}{n-m}$，其中 k 可取 $0,1,2,\cdots,n-m-1$。

规则 8　开环复数极、零点的出射角与入射角可根据下面的公式计算

$$\theta_{p_l}=\sum_{i=1}^m\angle(s+z_i)-\sum_{\substack{j=1\\j\neq l}}^n\angle(s+p_j) \tag{4-51}$$

$$\theta_{z_l}=-\sum_{\substack{i=1\\i\neq l}}^m\angle(s+z_i)+\sum_{j=1}^n\angle(s+p_j) \tag{4-52}$$

表 4-3 总结了绘制正反馈系统根轨迹的基本规则。

表 4-3　正反馈根轨迹绘制规则

序号	内容	法则
1	根轨迹的起点和终点	根轨迹起于开环极点，终于开环零点（包括无穷远点）
2	根轨迹的分支数	根轨迹的分支数等于系统特征方程的阶次，也等于开环极点数
3	根轨迹的连续性和对称性	根轨迹是对称于实轴的连续曲线
4	实轴上根轨迹的分布	实轴上某一区域，若其右方开环零、极点个数之和为偶数，则该区域在根轨迹上
5	根轨迹的渐近线	$n-m$ 条渐近线与实轴的交点和夹角为 $\sigma=-\dfrac{\sum_{j=1}^n p_j-\sum_{i=1}^m z_i}{n-m}$ $\theta=\dfrac{\pm 360°k}{n-m}\quad(k=0,1,2,\cdots,n-m-1)$
6	根轨迹的分离点与会合点	求解方程 $\dfrac{d[G(s)H(s)]}{ds}=0$ 或者求解 $\sum_{j=1}^n\dfrac{1}{s+p_j}=\sum_{i=1}^m\dfrac{1}{s+z_i}$
7	根轨迹与虚轴的交点	将 $s=j\omega$ 代入系统闭环特征方程求取，也可应用劳斯判据确定
8	根轨迹的出射角与入射角	出射角：$\theta_{p_l}=\sum_{i=1}^m\angle(s+z_i)-\sum_{\substack{j=1\\j\neq l}}^n\angle(s+p_j)$ 入射角：$\theta_{z_l}=-\sum_{\substack{i=1\\i\neq l}}^m\angle(s+z_i)+\sum_{j=1}^n\angle(s+p_j)$

续表

序号	内容	法则
9	闭环极点之和	当 $n-m \geq 2$ 时，$\sum_{j=1}^{n} s_j = \sum_{j=1}^{n} p_j$
10	闭环极点之积	若 $n-m \geq 2$，且有开环零点位于原点时，$\prod_{j=1}^{n}(-s_j) = \prod_{j=1}^{n}(-p_j)$

【例 4-10】 设某正反馈系统的开环传递函数为

$$G(s)H(s) = \frac{K^*(s+2)}{(s+3)(s^2+2s+2)}$$

绘制该系统根轨迹的大致形状。

解 因为系统为正反馈系统，所以需按正反馈根轨迹绘制法则来绘制系统的根轨迹。

① 根轨迹的方向、起点和终点：根轨迹起始于开环极点 $-p_1 = -3$，$-p_{2,3} = -1 \pm j1$，终止于开环零点 $-z_1 = -2$ 和无穷远处。

② 根轨迹的分支数：$n=3$，$m=1$，有三条根轨迹分支。

③ 根轨迹的连续性和对称性：根轨迹是对称于实轴的连续曲线。

④ 实轴上根轨迹的分布：根据根轨迹绘制法则，实轴上的 $(-2,+\infty)$ 段及 $(-\infty,-3)$ 段为根轨迹的一部分。

⑤ 根轨迹的渐近线：由于 $n-m=2$，所以根轨迹具有两条渐近线，其与实轴正方向的夹角可按下式计算

$$\theta = \frac{360°k}{n-m} = 0°, 180° \quad (k=0,1)$$

⑥ 根轨迹的分离、会合点：根轨迹与实轴相交点（会合点）s 可由下式计算

$$\frac{\mathrm{d}}{\mathrm{d}s}\left[\frac{K^*(s+2)}{(s+3)(s^2+2s+2)}\right] = 0$$

$$2s^3 + 11s^2 + 20s + 10 = 0$$

上列方程式的唯一实数解 $s_1 = -0.8$，因此，根轨迹与实轴会合点坐标为 $(-0.8, j0)$。

⑦ 根轨迹的出射角和入射角：根轨迹始于极点 $-1+j1$ 的出射角为

$$\theta_{p_2} = 0° + \angle(p_2 - z_1) - \angle(p_2 - p_1) = 0° + 45° - 26.6° - 90° = -71.6°$$

则 $-1-j1$ 的出射角为 $71.6°$。

⑧ 根轨迹与虚轴的交点：由给定系统的特征方程式

$$1 - \frac{K^*(s+2)}{(s+3)(s^2+2s+2)} = 0$$

$$s^3 + 5s^2 + (8-K^*)s + (6-2K^*) = 0$$

令 $s = j\omega$，解出

$$\omega = 0, K^* = 3$$

可以求得 $K^* = 3$ 对应的开环增益 K 为

$$K = \frac{K^* \times 2}{3 \times 2} = 1$$

上式说明，当开环增益 K 在 $[0,1)$ 范围内取值时，给定正反馈系统是稳定的；当 $K>1$ 时，该系统将变为不稳定。根轨迹图如图 4-18 所示。

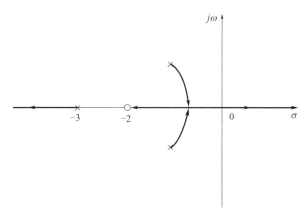

图 4-18 例 4-10 图

4.3.3 非最小相位系统的根轨迹 Root Locus Plots of Non-minimum Phase Systems

若系统的开环传递函数在右半 s 平面有零点或极点，则该系统称为非最小相位系统。之所以称为"非最小相位系统"，是出自这类系统在正弦信号作用下的相移特性（见第 5 章内容）。

设某负反馈系统的开环传递函数为

$$G(s)H(s) = \frac{K(1-\tau s)}{s(1+Ts)} \quad (\tau > 0, T > 0) \tag{4-53}$$

由于系统存在一个在 s 右半面的开环零点 $\dfrac{1}{\tau}$，所以该系统是非最小相位系统。系统的特征方程为

$$1 + G(s)H(s) = 1 + \frac{K(1-\tau s)}{s(1+Ts)} = 1 - \frac{K(\tau s - 1)}{s(Ts+1)} = 0 \tag{4-54}$$

即有

$$\left| \frac{K(\tau s - 1)}{s(Ts+1)} \right| = 1 \tag{4-55}$$

$$\angle(\tau s - 1) - \angle s - \angle(Ts + 1) = 0° + 360°k \quad (k = 0, 1, 2, \cdots) \tag{4-56}$$

因此，应根据正反馈根轨迹的规则绘制该非最小相位系统的根轨迹。但是，并不是所有非最小相位系统的根轨迹都是按正反馈根轨迹的规则画，应根据系统的特征方程来确定。

首先，将非最小相位系统的开环传递函数写成如下所示的标准形式

$$G(s)H(s) = K^* \frac{\prod_{j=1}^{m} |s - z_j|}{\prod_{i=1}^{n} |s - p_i|} \tag{4-57}$$

使上式分子和分母中 s 的最高次幂的系数为正，此时，若有负号提出，则按正反馈根轨迹的规则作图，否则，仍按负反馈根轨迹的规则作图。下面举例说明非最小相位系统根轨迹的画法。

【例 4-11】 设某非最小相位负反馈系统的开环传递函数为

$$G(s) = \frac{K(s-1)}{s^2 + 4s + 4}, \quad H(s) = \frac{5}{s+5}$$

试绘制出该系统的根轨迹图。

解 首先将系统的开环传递函数改写为

$$G(s)H(s) = \frac{5K(s-1)}{(s+5)(s^2+4s+4)}$$

根轨迹方程为

$$\frac{5K(s-1)}{(s+5)(s^2+4s+4)} = -1$$

由上式可知，该根轨迹方程与负反馈系统根轨迹方程的形式一样，因此，应按负反馈根轨迹绘制法则作图。步骤如下：

① 根轨迹的方向、起点和终点：系统具有三个开环极点 $-p_1=-5$，$-p_2=-p_3=-2$ 以及一个开环零点 $-z_1=1$，因此有 $n=3$，$m=1$。

② 根轨迹的分支数：根轨迹共有三条根轨迹分支，它们分别起始于三个开环极点 $-p_1=-5$，$-p_2=-p_3=-2$，其中一条根轨迹终止于开环零点 $-z_1=1$，两个根轨迹分支趋于无穷远处。

③ 根轨迹的连续性和对称性：根轨迹是对称于实轴的连续曲线。

④ 实轴上根轨迹的分布：实轴上的根轨迹分布为 $(-5,-2)$，$(-2,1)$。

⑤ 根轨迹的渐近线：$n-m=2$，故有两条渐近线

$$\sigma = \frac{(-5-2-2)-(1)}{3-1} = -5$$

$$\theta = \frac{\pm 180°(2k+1)}{3-1} = \pm 90° \quad (k=0)$$

⑥ 根轨迹的分离、会合点：会合点 s 可由下式计算

$$\frac{d}{ds}\left[\frac{5K(s-1)}{(s+5)(s^2+4s+4)}\right] = 0$$

得出 $s=-3.854$。

⑦ 根轨迹与虚轴的交点：根轨迹与虚轴无交点。

根据上列步骤绘制给定的非最小相位负反馈系统的根轨迹如图 4-19 所示。

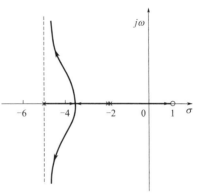

图 4-19　例 4-11 图

4.4 基于根轨迹的系统性能分析 Performance Analysis Based on the Root Locus Method

在实际控制系统的设计中，该如何调整电气元件参数来使控制系统达到预定的性能要求呢？鉴于系统的闭环极点在系统的性能分析中起着主要作用，可以借助系统的根轨迹，研究某个参数或者某些参数变化时，闭环系统特征方程根在 s 平面上分布的大致情况。通过一些简单的作图和计算，可以看到系统的参数变化对系统闭环极点影响的趋势，从而确定系统在某些特定参数下的性能，也可根据性能指标的要求，在根轨迹上选择合适的闭环极点的位置。根轨迹为分析系统性能和改善系统性能提供依据。

4.4.1 开环零、极点对根轨迹的影响 The Effect of Zeros and Poles of the Open-loop Transfer Function on Root Locus

由于根轨迹取决于系统的开环零、极点分布形式，因此在系统中增加开环零、极点的个数或改变开环零、极点在 s 平面上的位置，可以改变根轨迹的形状，也可以影响控制系统的性能。

(1) 增加开环零点对根轨迹的影响

为了说明增加零点对根轨迹图的影响，首先考虑渐近线在增加零点前后的变化。对于一般的反馈控制系统，其开环极点数 n 通常都大于开环零点数 m。因此，渐近线在实轴上的交点和夹角可按式(4-19)和式(4-20)计算。

当增加一个开环零点 $-z_0$ 后，渐近线在实轴上的交点用 σ_z 表示，则式(4-19)改写为

$$\sigma_z = -\frac{\sum_{j=1}^{n} p_j - \sum_{i=1}^{m} z_i - z_0}{n-m-1} \tag{4-58}$$

渐近线夹角用 θ_z 表示，式(4-20)改写为

$$\theta_z = \frac{\pm 180°(2k+1)}{n-m-1} \quad (k=0,1,2,\cdots,n-m-2) \quad (4-59)$$

设系统的开环传递函数为

$$G(s)H(s) = \frac{K^*}{s(s^2+2s+2)}$$

其根轨迹如图 4-20(a) 所示。

若增加一个开环零点，则开环传递函数将变为

$$G(s)H(s) = \frac{K^*(s+z)}{s(s^2+2s+2)}$$

分别取零点 $-z=-3$、-2 和 0，绘出所对应的根轨迹分别如图 4-20(b)、(c)、(d)所示。

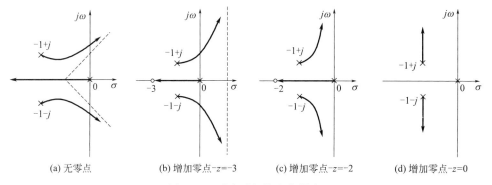

图 4-20 零点对根轨迹的影响

从式(4-58)、式(4-59)和图 4-20 看出，增加开环零点后，使得根轨迹图形向 s 左半平面弯曲或移动，从而使闭环系统的稳定性得到提高。而且，零点 $-z$ 值越大，零点越靠近虚轴，改善的效果越明显。

必须指出，上述结论并不意味着零点越大越好。如果零点过于接近原点，则闭环系统的一个主要实数根距离虚轴太近，使系统的过渡过程时间很长，这也是不希望发生的。

下面再举例说明增加零点对系统性能的影响。

【例 4-12】 单位反馈系统的开环传递函数为

$$G(s) = \frac{K^*}{s^2(s+10)}$$

试用根轨迹法讨论增加开环零点对系统稳定性的影响。

解 根轨迹的绘制可根据如下步骤进行：

① 根轨迹的方向、起点和终点：根轨迹起始于开环极点 $-p_1=-p_2=0$，$-p_3=-10$，终止于无穷远处。

② 根轨迹的分支数：$n=3$，$m=0$，有三条根轨迹分支。

③ 根轨迹的连续性和对称性：根轨迹是对称于实轴的连续曲线。

④ 实轴上根轨迹的分布：实轴上根轨迹区间为 $(-\infty,-10)$。

⑤ 根轨迹的渐近线：渐近线条数为 $n-m=3$，渐近线与实轴的交点为

$$\sigma_z = -\frac{\sum_{j=1}^{n} p_j}{n-m} = -\frac{10}{3}$$

渐近线与正实轴夹角为

$$\theta_z = \frac{\pm 180°(2k+1)}{n-m} = \pm 60°, 180° \quad (k=0,1)$$

⑥ 根轨迹与虚轴的交点：将 $s=j\omega$ 代入 $G(s)$ 中，经计算，根轨迹与虚轴无交点。

按上述绘制法则得出根轨迹图如图 4-21(a) 所示。其中有两条根轨迹分支始终位于 s 平面右半部，说明无论 K^* 取何值，系统均不稳定。此系统属于结构性不稳定系统。

若在系统中增加一个负实数的开环零点，使系统的开环传递函数变为

$$G(s)=\frac{K^*(s+z_1)}{s^2(s+10)}$$

设 $-z_1$ 在 $-10\sim0$ 之间，则增加零点后的根轨迹如图 4-21(b) 所示。可以看出，当 K^* 由 0 变至无穷时，3 条根轨迹分支全部落在 s 平面的左半部，即系统总是稳定的。由于闭环特征根是共轭复数，故阶跃响应应呈衰减振荡形式。

但是，若增加的开环零点 $-z_1<-10$，则系统的根轨迹如图 4-21(c) 所示。此时根轨迹虽然向左弯了些，但仍有 2 条根轨迹分支始终落在 s 平面的右半部，系统仍无法稳定。因此，引入附加开环零点的数值要适当，才能比较显著地改善系统的性能。

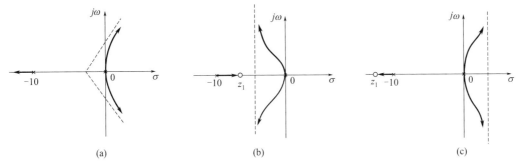

图 4-21 例 4-12 图

(2) 增加开环极点对根轨迹的影响

如前所述，当增加一个开环极点 $-p_0$ 后，渐近线在实轴上的交点用 σ_p 表示，则式(4-19)可改写为

$$\sigma_p=-\frac{\sum_{j=1}^n p_j-\sum_{i=1}^m z_i+p_0}{n-m+1} \tag{4-60}$$

渐近线夹角用 θ_p 表示，式(4-20) 改写为

$$\theta_p=\frac{\pm 180°(2k+1)}{n-m+1} \quad (k=0,1,2,\cdots,n-m) \tag{4-61}$$

设二阶系统的开环传递函数为

$$G(s)H(s)=\frac{K^*}{s(s+2)}$$

其根轨迹如图 4-22(a) 所示。

若在该系统中增加一个开环极点，则开环传递函数变为

$$G(s)H(s)=\frac{K^*}{s(s+2)(s+p)}$$

分别取极点 $-p=4$、1 和 0，所对应的根轨迹分别如图 4-22(b)、(c)、(d) 所示。

由式(4-60)、式(4-61) 和图 4-22 可知，增加开环极点后，根轨迹渐近线的重心将沿实轴向右移动。同样，$-p_0$ 数值越大，向右移动的距离越大。因此，渐近线将带动根轨迹向右半 s 平面弯曲或移动。相对稳定性变差。而且，极点值越接近原点，系统的性能变得越差。当极点值 $-p=0$ 时，系统将始终处于不稳定状态。

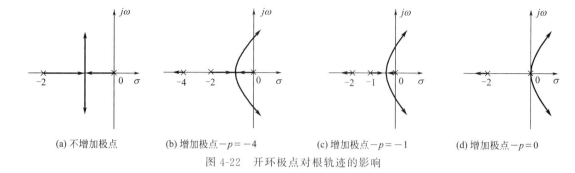

(a) 不增加极点　(b) 增加极点 $-p=-4$　(c) 增加极点 $-p=-1$　(d) 增加极点 $-p=0$

图 4-22　开环极点对根轨迹的影响

【例 4-13】 已知某系统的开环传递函数为

$$G(s)H(s)=\frac{K^*}{s(s+1)}$$

若给此系统增加一个开环极点 $-p=-2$，或增加一个开环零点 $-z=-2$。试分别讨论对系统根轨迹和动态性能的影响。

解　依据根轨迹的绘制法则，绘制出的根轨迹如图 4-23 所示。

图 4-23(a) 为原系统的根轨迹；图 4-23(b) 为增加极点后的根轨迹，此时开环传递函数为

$$G(s)H(s)=\frac{K^*}{s(s+1)(s+2)}$$

图 4-23(c) 为增加零点后的根轨迹，此时开环函数为

$$G(s)H(s)=\frac{K^*(s+2)}{s(s+1)}$$

可见，增加极点后根轨迹及其分离点都向右偏移；增加零点后使根轨迹及其分离点都向左偏移。

原来的二阶系统，K^* 从 0 到无穷大时，系统总是稳定的。增加一个开环极点后，当 K^* 增大到一定程度时，有两条根轨迹跨过虚轴进入 s 平面右半部，系统变为不稳定。当轨迹仍在 s 平面左侧时，随着 K^* 的增大，阻尼角增大，阻尼比 ζ 变小，使得系统振荡程度加剧。由于特征根更加靠近虚轴，衰减振荡过程变得很缓慢。总而言之，增加开环极点对系统的动态性能是不利的。

增加开环零点的效应恰恰相反，当 K^* 从 0 变至无穷大时，根轨迹始终都在 s 左半平面，系统总是稳定的。随着 K^* 的增大，闭环极点由两个负实数变为负实部共轭复数，再变为负实数，相对稳定性比原系统更好。由于阻尼角减小，阻尼比 ζ 增大，使得系统的超调量变小，调节时间变短，因此，动态性能有明显的提高。在工程设计中，常采用增加零点的方法对系统进行校正。

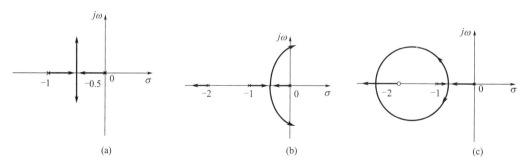

图 4-23　例 4-13 的根轨迹图

4.4.2 利用根轨迹估算系统参数与性能 Parameter and Performance Estimation by the Root Locus Method

根轨迹分析法和时域分析法的实质是一样的，都可用来分析系统的性能。由于根轨迹法是一种图解方法，从图上就可以清楚地看到开环根轨迹增益或其他开环参数变化时，闭环系统极点位置及其瞬态性能的改变情况，故与时域法相比，避免了烦琐的数学计算，用于控制系统的分析和设计十分方便，尤其是对于具有主导极点的高阶系统。第3章讨论的控制系统的主要性能指标，如最大百分比超调量、调节时间、振荡频率等，都可以定量地在 s 平面上表示出来。

对于二阶系统，闭环传递函数为

$$\frac{C(s)}{R(s)} = \frac{\omega_n^2}{s^2 + 2\zeta\omega_n s + \omega_n^2} \tag{4-62}$$

当 $0 < \zeta < 1$ 时，有一对闭环极点为 $s_{1,2} = -\zeta\omega_n \pm j\omega_n\sqrt{1-\zeta^2}$

(1) 最大百分比超调量

闭环极点在 s 平面的分布如图 4-24(a) 所示。闭环极点与负实轴构成的夹角 β 满足

$$\cos\beta = \frac{\zeta\omega_n}{[(\zeta\omega_n)^2 + (\omega_n\sqrt{1-\zeta^2})^2]^{1/2}} = \zeta \tag{4-63}$$

由上式可得

$$\beta = \arccos\zeta \tag{4-64}$$

β 即为阻尼角，构成阻尼角的斜线称为等 ζ 线。

当 $\zeta \to 0$ 时，$\beta \to 90°$，等 ζ 线趋近虚轴，系统过渡过程接近于等幅振荡；当 $\zeta \to 1$ 时，$\beta \to 180°$，等 ζ 线靠近实轴，系统过渡过程基本不振荡。

由第 3 章知，最大百分比超调量的计算公式为

$$\sigma\% = e^{-\frac{\pi\zeta}{\sqrt{1-\zeta^2}}} \times 100\% = e^{-\pi\cot\beta} \times 100\% \tag{4-65}$$

因此，二阶系统闭环极点的阻尼角 β 越大，系统的阻尼系数 ζ 越小，系统的超调量越大。

(2) 调节时间

系统的调节时间，也称过渡过程时间或调整时间。当 $0 < \zeta < 0.9$ 时，调节时间可用 $3/\zeta\omega_n$（误差 $\pm 5\%$）或 $4/\zeta\omega_n$（误差 $\pm 2\%$）估算。也就是说，调节时间只取决于特征根的实部。因此，在 s 平面上作一条垂直于实轴的直线，在这条直线上的特征根都具有相同的实部，所以这些根所对应的过渡过程时间基本相同，故称这条垂直线为等时线。

当 $\zeta\omega_n$ 增加时，调节时间相应变短；反之，调节时间相应变长。如果对调节时间有限制的话，就要使特征根与虚轴保持一定的距离。如图 4-24(b) 所示，在等时线的左侧画上阴影，则阴影区域内的特征根对应于较短的时间响应过程，这个区域就是响应速度的合格区。

(3) 振荡频率

系统过渡过程的振荡频率 $\omega_d = \omega_n\sqrt{1-\zeta^2}$，为特征根的虚部。如果两系统的 ω_d 相同，则它们的振荡频率就相同。即在 s 平面上，当特征根的虚部相同时，将对应于相同振荡频率的过渡过程。取 ω_d 等于常数作一条平行于实轴的直线，该直线称为等频线。

ω_d 值越大，系统的振荡频率越高；反之，ω_d 值越小，相应的振荡频率越低。在控制系统设计中，不希望振荡频率过高。因为振荡频率过高，意味着系统中一些元件的动作过于频繁，会造成过大的磨损而增加维修工作量。为了延长元件寿命，频率应在某值以下。如图 4-24(c) 中所示的阴影区为工作频率的合格区。

综合上述讨论，在 s 平面上有三种规律：第一，通过原点射线上的特征根都对应于百分比超调量相同的过程；第二，垂直于实轴直线上的特征根对应有基本相同的调节时间；第三，平行于实轴直线上的特征根对应振荡频率相等的过程。

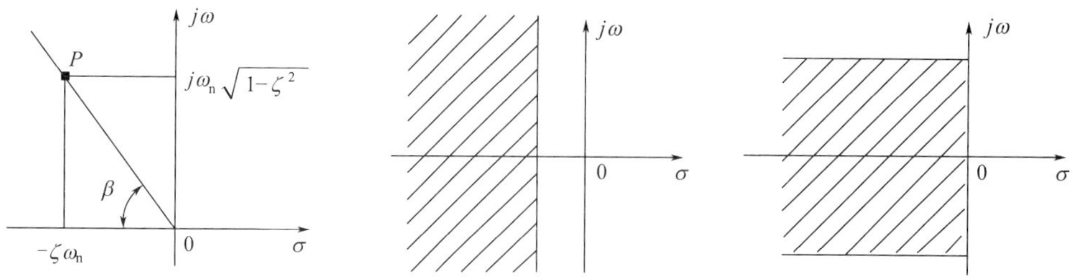

(a) 等ζ线　　　　　　　(b) 等时线　　　　　　　(c) 等频线

图 4-24　s 平面上的三种规律

【例 4-14】 已知单位反馈系统的开环传递函数为

$$G(s)=\frac{K}{s(s+1)(0.5s+1)}$$

要求系统的闭环极点有一对共轭复极点，其阻尼比为 $\zeta=0.5$。试确定开环增益 K，并近似分析系统的时域性能。

解 根据绘制常规根轨迹的基本法则，作系统的概略根轨迹如图 4-25 所示。欲确定 K，需要确定共轭复极点。设复极点为 $s_{1,2}=x\pm jy$，根据阻尼比的要求，应保证

$$y=-\frac{x}{\zeta}\sqrt{1-\zeta^2}=-1.732x$$

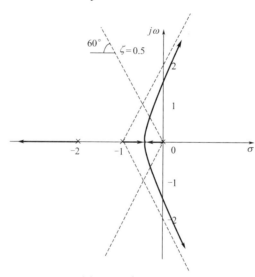

图 4-25　例 4-14 图

当 $\zeta=0.5$ 时，阻尼角 $\beta=60°$。根据相角条件有

$$120°+\arctan\frac{y}{1+x}+\arctan\frac{y}{2+x}=180° \tag{4-66}$$

解得 $x=-0.33$，$y=0.572$。因此共轭复极点为 $s_{1,2}=-0.33\pm j0.572$。由幅值条件求得

$$K=\frac{1}{2}K^*\bigg|_{s=-0.33+j0.572}=|s||s+1||s+2|\big|_{s=-0.33+j0.572}=0.513$$

运用综合除法求得另一闭环极点为 $s_3=-2.34$。共轭复极点的实部与实极点的实部之比为 0.14，因此可视共轭复极点为系统的主导极点，系统的闭环传递函数可近似表示为

$$G_B(s)=\frac{0.436}{s^2+0.665s+0.436}$$

并可近似地运用典型二阶系统估算系统的时域性能

$$t_s = \frac{3}{\zeta\omega_n} = 9.02(\text{s})(\text{误差带按}5\%\text{计算})$$

$$\sigma\% = e^{-\pi\zeta/\sqrt{1-\zeta^2}} \times 100\% = 16.3\%$$

4.4.3 闭环零、极点分布与系统性能的关系 The Relationship Between the Distribution of Zeros and Poles of the Closed-loop Transfer Function and the System Performances

当系统的闭环零、极点位置确定以后，则可以根据闭环零、极点分布与系统瞬态响应的关系来分析系统的性能。本节主要讨论怎样根据闭环零、极点的分布来计算系统的瞬态响应以及其他性能指标。

(1) 系统瞬态响应表达式

典型控制系统的闭环传递函数为

$$\frac{C(s)}{R(s)} = \frac{G(s)}{1+G(s)H(s)} = K_B \frac{\prod_{i=1}^{m}(s+z_i)}{\prod_{j=1}^{n}(s+p_j)} \tag{4-67}$$

式中 $-z_i$——系统的闭环零点，由式(4-67)可知，系统的闭环零点由系统前向通道的零点与反馈通道的极点组成。对于单位反馈系统，闭环零点就是开环零点，所以闭环零点是已知的。

$-p_j$——系统的闭环极点，可由根轨迹图确定。

K_B——系统的闭环增益，由式(4-67)可知，K_B等于系统前向通道的增益。若$H(s)=1$，则K_B等于系统的开环增益K，它也是已知的。

单位阶跃输入时的瞬态响应为

$$C(s) = K_B \frac{\prod_{i=1}^{m}(s+z_i)}{s\prod_{j=1}^{n}(s+p_j)}$$

经拉普拉斯反变换求得

$$c(t) = L^{-1}[C(s)] = C_0 + \sum_{j=1}^{n} C_j e^{-p_j t} \tag{4-68}$$

其中C_0、$C_j(j=1,2,\cdots,n)$分别是$C(s)$在坐标原点和闭环极点处的留数，即

$$\begin{aligned} C_0 &= C(s)s\big|_{s=0} \\ C_j &= C(s)(s+p_j)\big|_{s=-p_j} \end{aligned} \tag{4-69}$$

因此，只要根据系统的开环传递函数$G(s)H(s)$绘制出系统的根轨迹，由根轨迹图求得系统的闭环极点，再利用式(4-68)、式(4-69)就能求得单位阶跃输入的瞬态响应曲线$c(t)$。

(2) 闭环零点、极点对系统瞬态性能的影响

由于系统闭环零、极点的位置会影响瞬态响应曲线的形状及其性能指标，因此，在定性讨论系统瞬态响应性能时，应掌握以下分析原则和方法。

① 闭环极点的分布决定了瞬态响应的类型。瞬态响应是由多个分量叠加组成。每个分量都与一个闭环极点相对应。瞬态响应各分量的性质，完全取决于相应极点的位置。若极点位于s平面的左半平面，则该分量是衰减的，极点离虚轴越远，衰减越快；若极点位于右半平面，则该分量是渐增的，系统是不稳定的；若极点位于实轴上，则该分量是非振荡的，否则就是振荡的。

② 闭环零、极点的分布决定了瞬态响应曲线的形状及指标。分析式(4-68)可知：输出曲线$c(t)$的形状不仅仅取决于各瞬态分量的类型，它还和各瞬态分量的相对大小有关。由式(4-69)知，C_j是$C(s)$在点$-p_j$的留数，其值取决于全部零、极点的分布。虽然可以用式(4-68)、式

(4-69) 准确算出 $c(t)$ 曲线，但进一步掌握零、极点的分布与 $c(t)$ 曲线的基本关系，对分析及综合反馈系统都很重要。

③ 远离虚轴的极点（或零点）对瞬态响应的影响。由式(4-68)、式(4-69) 可知，当极点远离虚轴时，对应瞬态分量衰减较快，其幅值也较小，因此对瞬态响应的影响也较小。一般情况下，若某极点是其他极点距虚轴距离的 4～6 倍时，则它对瞬态响应的影响可以略去不计。

④ 闭环主导极点。反馈系统的零、极点都影响系统的瞬态响应，但影响大小是有差别的。如前所述，那些远离虚轴的零、极点对瞬态响应的影响很小，可以略去不计。而那些离虚轴较近的零点和极点则起主导作用，决定了瞬态响应性能。如果某一对闭环极点（或一个闭环极点）距虚轴距离是其他极点的 1/5～1/7，附近又没有其他零点，则称这些极点为闭环主导极点。

利用主导极点这一概念可使系统分析大为简化。在高阶系统设计中，常常希望具有一对复数主导极点，以便克服某些非线性因素（如死区等）的影响。对这类系统的分析，可以引用二阶系统瞬态分析的全部结果。

⑤ 偶极子对瞬态响应的影响。当某个闭环极点和零点相距很近，与其他零、极点相距很远（1/10 或更小）时，则这一对闭环极点和零点就构成了偶极子。由式(4-69) 可知，此时瞬态响应表达式中留数很小，相应瞬态分量幅度也较小。因此，闭环偶极子对瞬态响应的影响可略去不计。

⑥ 闭环零点对瞬态响应的影响。实际系统中除了一对复数主导极点外，往往还有一些不能完全忽略的零点或极点。因此需要研究其对瞬态响应的影响。

若某系统简化时略去零点 $-z_1$，求得系统的单位阶跃响应为 $c_1(t)$。由于零点 $-z_1$ 的影响，实际系统的响应曲线为 $c(t)$。经分析可得

$$c(t) = c_1(t) + \frac{1}{z_1}\frac{\mathrm{d}[c_1(t)]}{\mathrm{d}t} \tag{4-70}$$

式中第二项反映出零点 $-z_1$ 对瞬态响应的影响。影响的大小与 $c_1(t)$ 的变化率成正比，与零点至虚轴的距离 z_1 成反比。影响的结果是使系统运动加速，超调量增大，在一定条件下调节时间缩短。

⑦ 闭环极点对瞬态响应的影响。若某系统略去一个极点 $-p_1$，求得简化系统的阶跃响应的象函数 $C_1(s)$。而实际系统的阶跃响应象函数为

$$C(s) = C_1(s)\frac{1}{\frac{1}{p_1}s+1} \tag{4-71}$$

式中因子 $1/\left(\dfrac{1}{p_1}s+1\right)$ 反映出极点 $-p_1$ 的影响。该因子是时间常数为 $1/p_1$ 的惯性环节。其影响结果是使系统响应速度减慢，超调量减小，调节时间加长。影响程度随 p_1 值的减少而增大。

4.5 利用 Matlab 绘制根轨迹图 Drawing Root Locus by Matlab

【例 4-15】 已知单位反馈系统的开环传递函数分别如下所示，试绘制系统的根轨迹。

① $G(s) = \dfrac{K^*}{s(s+1)(s+5)}$ ② $G(s) = \dfrac{K^*}{(s+1)^2(s+4)^2}$

解 ① Matlab 程序如下，根轨迹如图 4-26(a) 所示。

```
num = [1];
den = conv([1 0],conv([1 1],[1 2]));
rlocus(num,den);
```

② Matlab 程序如下，根轨迹如图 4-26(b) 所示。

```
zero = [];
pole = [-1 -1 -4 -4];
g = zpk(zero,pole,1);
```

```
rlocus(g);
```

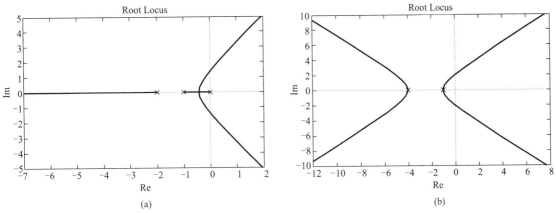

图 4-26 例 4-15 图

【例 4-16】 利用 Matlab 画出单位负反馈系统开环传递函数为 $G(s)=\dfrac{K(s+1)}{s(s-1)(s^2+4s+16)}$ 的 Matlab 根轨迹图。

解 Matlab 程序如下，根轨迹如图 4-27 所示。

```
num = [0   0   0   1   1];
den = [1   3   12   -16   0];
rlocus(num,den);
v = [-17   4   -8   8];
axis(v);
v = [0.1,0.2,0.3,0.4,0.5,0.6,0.707,0.8,0.85,0.9,0.94,0.97,0.99,1.0];
w = [1:16];
sgrid(v,w);
```

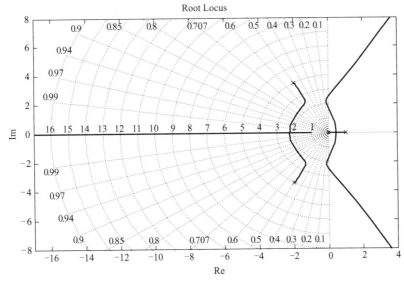

图 4-27 例 4-16 图

【例 4-17】 三个单位反馈系统的开环传递函数分别为

$$G_1(s)=\dfrac{K^*}{s(s+0.8)}$$

$$G_2(s)=\frac{K^*(s+2+j4)(s+2-j4)}{s(s+0.8)}$$

$$G_3(s)=\frac{K^*(s+4)}{s(s+0.8)}$$

试分别绘制三个系统的根轨迹，并探讨增加开环零点对根轨迹的影响。

解 Matlab 计算程序如下：

```
den=[1 0.8 0];
g=tf(1,den):rlocus(g);
axis equal;
figure;
g=tf([1 4 20],den):rlocus(g);
axis equal;
figure;
g=tf([1 4],den):rlocus(g);
axis equal;
```

三个系统的零极点分布及根轨迹分别如图 4-28 所示。

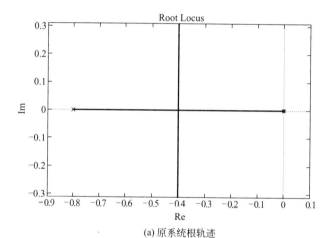

(a) 原系统根轨迹

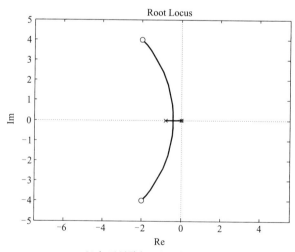

(b) 加开环零点$-2\pm j4$后系统根轨迹

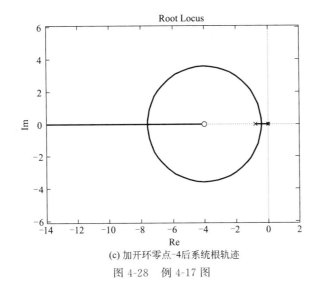

(c) 加开环零点-4后系统根轨迹

图 4-28　例 4-17 图

从图 4-28 中可以看出，增加一个开环零点使系统的根轨迹向左偏移，提高了系统的稳定度，有利于改善系统的动态性能，而且，开环负实零点离虚轴越近，这种作用越显著。若增加的开环零点和某个极点重合或距离很近时，构成偶极子，则二者作用相互抵消。因此，可以通过加入开环零点的方法，抵消有损于系统性能的极点。

【例 4-18】　对例 4-17 进行讨论。在原系统上分别增加一个实数开环极点 -4 和一对开环极点 $-2\pm j4$，三个单位反馈系统的开环传递函数分别为

$$G_1(s)=\frac{K^*}{s(s+0.8)}$$

$$G_2(s)=\frac{K^*}{s(s+0.8)(s+2+j4)(s+2-j4)}$$

$$G_3(s)=\frac{K^*}{s(s+0.8)(s+4)}$$

试分别绘制三个系统的根轨迹，并探讨增加开环极点对根轨迹的影响。

解　Matlab 计算程序如下：

```
den1 = [1 0.8 0];
g = tf(1,den1);rlocus(g);
axis equal;figure;
den2 = [1 4 20];
den2 = conv(den1,den2);
g = tf(1,den2);rlocus(g);
axis equal;figure;
den3 = [1 4];
den3 = conv(den1,den3);
g = tf(1,den3);rlocus(g);
axis equal;
```

三个系统的零、极点分布及根轨迹分别如图 4-29 所示。

从图 4-29 中可以看出，增加一个开环极点使系统的根轨迹向右偏移。这样，降低了系统的稳定性，不利于改善系统的动态性能，并且，开环负实极点离虚轴越近，作用越显著。因此，合理选择校正装置的参数，设置合适的开环零、极点位置，有助于改善系统的稳态性能。

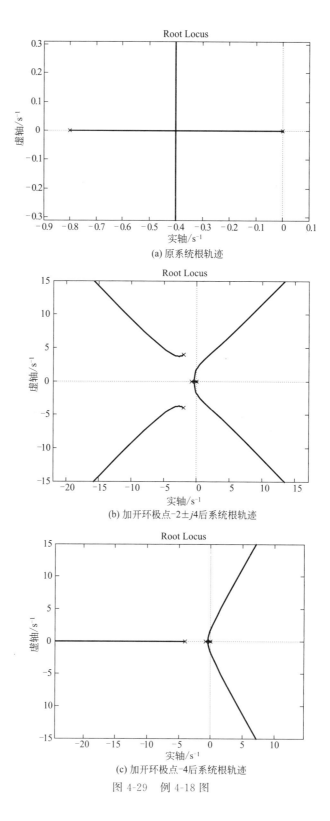

(a) 原系统根轨迹

(b) 加开环极点$-2\pm j4$后系统根轨迹

(c) 加开环极点-4后系统根轨迹

图 4-29　例 4-18 图

<本章小结>

本章介绍了根轨迹的基本概念、根轨迹的绘制方法以及根轨迹法在控制系统性能分析中的应用。

根轨迹是指当系统开环传递函数中某一参数从零变到无穷时，闭环特征方程式的根在 s 平面上运动的轨迹。绘制根轨迹图是采用根轨迹法分析系统的基础。正确区分并处理常规根轨迹和广义根轨迹问题，牢固掌握绘制根轨迹的基本法则，就可以快速绘出根轨迹的大致形状。绘制根轨迹的依据是根轨迹方程，由根轨迹方程可推导出根轨迹的幅值条件和相角条件。在绘制系统某一参数从零变化到无穷的根轨迹时，只需由相角条件就可得到根轨迹图，即凡满足相角条件的点都是根轨迹上的点。

采用根轨迹法分析系统性能的步骤为：在已知系统开环零、极点分布的情况下，根据绘制根轨迹的基本法则绘出系统的根轨迹；分析系统性能随参数的变化趋势；在根轨迹上确定出满足系统要求的闭环极点位置；利用闭环主导极点的概念，对系统控制性能进行定性分析和定量估算。

在控制系统中，适当设置一些开环零、极点，可以改变根轨迹的形状，达到改善系统性能的目的。一般情况下，增加开环零点可使根轨迹左移，有利于改善系统的相对稳定性和动态性能；单纯增加开环极点，则效果相反。

关键术语和概念

- 根轨迹（Root locus）：指当系统开环传递函数中某一参数从零变化到无穷时，闭环特征方程式的根在 s 平面上运动的轨迹。
- 根轨迹法（Root locus method）：根据控制系统开环传递函数零、极点在 s 平面上的分布，研究某一个或某些参数的变化对控制系统闭环传递函数极点分布影响的图解方法。
- 根轨迹方程（Root locus equation）：开环系统的闭环特征根的轨迹所满足的方程。
- 渐近线（Asymptotes）：如果系统开环极点数 n 大于开环零点数 m，则当根轨迹增益 $K^* \to \infty$ 时，有 $n-m$ 条根轨迹趋向无穷远处。因此，渐近线就是 $n-m$ 条根轨迹趋向无穷远点的方向。
- 分离点（Breakaway points）：两条或两条以上的根轨迹分支在 s 平面上某一点相遇后又分开，则称该点为分离点。
- 出射角（Angle of departure）：根轨迹离开开环复数极点处的切线方向与正实轴间的夹角称为出射角，用 θ_{p_l} 表示。
- 入射角（Angle of incidence）：根轨迹进入开环复数零点处的切线方向与正实轴间的夹角称为入射角，用 θ_{z_i} 表示。
- 参变量根轨迹（Parameter root locus）：除根轨迹增益 K^*（或开环增益 K）以外的其他参量从零变化到无穷大时绘制的根轨迹称为参变量根轨迹，也称为参数根轨迹。

？ 习 题

4-1 某负反馈闭环系统的开环传递函数为

$$G(s)H(s) = \frac{K^*(s+2)}{s(s+0.5)} \quad (K^* = 0 \sim +\infty)$$

复平面上的一些点：

$$s_1 = -1 + j\sqrt{2},\ s_2 = -0.3 + j0,\ s_3 = 0.3 + j0,\ s_4 = -4 + j0,\ s_5 = -5 + j\sqrt{3}$$

（1）试用相角条件，检查这些点中的哪些点是闭环极点；
（2）如果是闭环传递函数的极点，计算出对应的 K^* 值。

4-2 系统的开环传递函数为

$$G(s)H(s) = \frac{K^*}{(s+1)(s+2)(s+4)}$$

试证明点 $s_1 = -1 + j\sqrt{3}$ 在根轨迹上，并求出相应的根轨迹增益 K^* 和开环增益 K。

4-3 已知系统的开环传递函数为

$$G(s)H(s) = \frac{K^*}{s(s^2+3s+9)}$$

试用根轨迹法确定使闭环系统稳定的开环增益 K 的取值范围。

4-4 单位反馈系统开环传递函数为

$$G(s)=\frac{K^*(s^2-2s+5)}{(s+2)(s-0.5)}$$

试绘制系统的根轨迹,确定使系统稳定的 K 值范围。

4-5 已知系统开环传递函数为

$$G(s)H(s)=\frac{K^*(s^2+2s+4)}{s(s+3)(s^2+0.5)}$$

试概略绘制系统的根轨迹,并由此确定系统稳定时 K^* 的范围。

4-6 概略绘制下述多项式的根轨迹图

$$D(s)=(s^2+2s+2)^2(s^2+2s+5)^2+K$$

4-7 系统特征多项式为

$$D(s)=s^4+3s^3+3s^2+s+K(s+3)$$

若要求系统特征根都为复根,试确定 K 值的影响。

4-8 已知系统开环传递函数为

$$G(s)H(s)=\frac{K^*(1+Ts)}{s(s+1)(s+2)}$$

试研究当 K^* 和 T 变化时闭环特征根的变化情况,请画出:

(1) 当 $T=0$,$K^* \in [0,\infty)$ 时的根轨迹;

(2) 当 K^* 分别取值为 3、6、20 时,对应 $T \in [0,\infty)$ 的根轨迹;

(3) 讨论当系统为稳定时对应的 K^* 和 T 值的范围及增加零点项 $(1+Ts)$ 对系统性能影响。

4-9 设单位负反馈系统的开环传递函数为

$$G(s)=\frac{s+a}{s(s+1)^2}$$

(1) 绘制 a 从 $0 \to +\infty$ 时闭环系统根轨迹图;

(2) 当系统输入 $r(t)=1.2t$ 时,确定使系统稳态误差 $e_{ss} \leqslant 0.6$ 的 a 值范围。

4-10 设反馈控制系统中

$$G(s)=\frac{K^*}{s^2(s+2)(s+5)}, \qquad H(s)=1$$

(1) 概略绘制系统的根轨迹图,并判断系统的稳定性;

(2) 如果改变反馈通路传递函数使 $H(s)=1+2s$,试判断 $H(s)$ 改变后系统的稳定性,并研究 $H(s)$ 改变所产生的效应。

4-11 已知反馈控制系统的开环传递函数为

$$G(s)H(s)=\frac{K^*}{(s^2+2s+2)(s^2+2s+5)}, \qquad (K^*>0)$$

但反馈极性未知,欲保证闭环系统稳定,试确定根轨迹增益 K^* 的范围。

4-12 设一位置随动系统如图 4-30 所示,试求:

(1) 绘制以 τ 为参数的根轨迹;

(2) 求系统阻尼比 $\zeta=0.5$ 时的闭环传递函数。

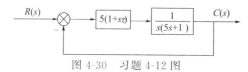

图 4-30 习题 4-12 图

4-13 已知单位负反馈系统的开环传递函数

$$G(s)=\frac{K^*(s+2)}{(s+1)(s-2)}$$

(1) 绘制 K^* 从 $0 \to +\infty$ 变化的根轨迹图;

(2) 系统稳定时的 K 值范围；
(3) 系统满足 $0.707<\zeta<1$ 时的 K 值范围；
(4) 列写系统在 $\zeta=0.707$ 时的闭环传递函数。

4-14 已知单位负反馈系统的闭环传递函数为

$$G_B(s)=\frac{as}{s^2+as+16}, \qquad (a>0)$$

(1) 绘出闭环系统的根轨迹 $(0\leqslant a<\infty)$；
(2) 判断 $(-\sqrt{3},j)$ 点是否在根轨迹上；
(3) 由根轨迹求出使闭环系统阻尼比 $\zeta=0.5$ 时的 a 值。

4-15 设控制系统如图 4-31 所示，其中 $K\geqslant 0$。

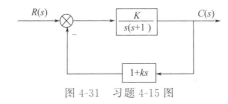

图 4-31 习题 4-15 图

(1) 试画出 $k=0$ 和 $k>1$ 时的根轨迹，并依据根轨迹画出典型的单位阶跃响应曲线；
(2) 试画出 $k=0.5$ 时的根轨迹图，并在根轨迹上找出 $K=10$ 时的闭环极点。

4-16 设系统结构图如图 4-32 所示。

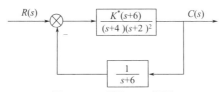

图 4-32 习题 4-16 框图

(1) 绘制出 K^* 从 $0\to+\infty$ 变化的根轨迹图；
(2) 要使系统的一对闭环复极点实部为 -1，确定满足条件的开环增益 K 及相应的闭环极点的坐标；
(3) 当 $K^*=32$ 时，写出闭环传递函数表达式，并计算系统的动态性能指标 $(\sigma\%,t_s)$。

5 频域分析法
Frequency Domain Analysis Method

【学习意义】

前面几章学习了系统的时域分析方法，通过时域分析可以直接在时间域范围内对系统微分方程进行求解，从而直观、准确地描述系统的动态性能和时域响应。但用解析方法求解系统的时域响应相对烦琐，对于高阶系统就更加困难，尤其是当系统方程已经解出而系统的响应不能满足性能指标要求时，不容易看出应该如何调整系统结构和参数来获得预期的结果。因此，在实际工程应用中希望找出一种方法，使之不用求解系统微分方程就可以分析系统的性能。同时，这种方法又能方便地指出应该如何调整系统，使其达到希望的性能要求。本章介绍系统的频域分析方法，以弥补时域分析方法的不足，频域分析方法是通过系统对正弦输入信号的稳态响应来分析系统的频域特性，研究系统的稳定性、相对稳定性和动态性能。频域分析法和根轨迹法一样，不仅是一种系统微分方程的图解表示方法，而且也可以用来对系统进行分析和综合。

【学习目标】

① 掌握频率特性的基本概念；
② 熟练掌握频率特性的图示方法；
③ 熟练掌握奈奎斯特稳定判据；
④ 掌握系统稳定裕量的计算方法；
⑤ 了解系统的闭环频率特性，以及频域性能指标与瞬态性能指标之间的关系。

5.1 频率特性的基本概念 Basic Concept of Frequency Characteristics

线性系统的频域响应是指在正弦输入信号作用下系统输出稳态响应的振幅、相位与输入正弦信号间的关系。下面以一个简单的一阶 RC 电路系统（图 5-1）为例说明其基本概念。

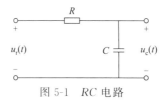

图 5-1 RC 电路

系统的微分方程为

$$RC\frac{\mathrm{d}u_c(t)}{\mathrm{d}t}+u_c(t)=u_r(t)$$

5 频域分析法

其传递函数为

$$\frac{U_c(s)}{U_r(s)} = G(s) = \frac{1}{Ts+1} \tag{5-1}$$

其中 $T = RC$。

设输入正弦信号为

$$u_r(t) = A\sin\omega t$$

由式(5-1)，有

$$U_c(s) = \frac{1}{Ts+1} U_r(s)$$

取其拉普拉斯反变换，得到系统的输出为

$$u_c(t) = \frac{AT\omega}{1+T^2\omega^2} e^{-\frac{t}{T}} + \frac{A}{\sqrt{1+T^2\omega^2}} \left[\frac{1}{\sqrt{1+T^2\omega^2}} \sin\omega t - \frac{T\omega}{\sqrt{1+T^2\omega^2}} \cos\omega t \right]$$

$$= \frac{A\omega T}{1+T^2\omega^2} e^{-\frac{t}{T}} + \frac{A}{\sqrt{1+T^2\omega^2}} \sin(\omega t - \arctan T\omega)$$

其中第一项为正弦输入的暂态响应，后一项为稳态响应，所以系统的稳态输出 $u_{css}(t)$ 为

$$u_{css}(t) = \frac{A}{\sqrt{1+T^2\omega^2}} \sin(\omega t - \arctan T\omega) \tag{5-2}$$

因此可以看出，线性定常系统的稳态输出是与输入信号频率相同、幅值不同、相角不同的正弦电压，幅值是输入幅值的 $\frac{1}{\sqrt{1+T^2\omega^2}}$ 倍，相角滞后输入信号 $\arctan T\omega$。$\frac{1}{\sqrt{1+T^2\omega^2}}$ 随输入信号频率 ω 变化的函数称为该系统的幅频特性，相角 $\arctan T\omega$ 随输入信号频率 ω 变化的函数称为该系统的相频特性。

系统的频率特性依赖于系统本身，可以用 $j\omega$ 取代传递函数中的 s 来计算频率响应，如 RC 电路

$$G(s)|_{s=j\omega} = \frac{1}{jT\omega+1} = \left|\frac{1}{jT\omega+1}\right| e^{-j\arctan\omega T} = \frac{1}{\sqrt{1+T^2\omega^2}} e^{-j\arctan T\omega} = \frac{1}{\sqrt{1+T^2\omega^2}} \angle -\arctan T\omega$$

可以证明，线性定常系统的频率特性可用下式表示

$$G(s)|_{s=j\omega} = G(j\omega) = |G(j\omega)| e^{j\varphi} = |G(j\omega)| \angle \varphi$$

设线性定常系统的传递函数 $G(s)$ 为

$$G(s) = \frac{b_0 s^m + b_1 s^{m-1} + \cdots + b_{m-1} s + b_m}{a_0 s^n + a_1 s^{n-1} + \cdots + a_{n-1} s + a_n} = \frac{N(s)}{P(s)} \tag{5-3}$$

系统输入、输出信号分别为 $r(t)$ 和 $c(t)$，其中

$$r(t) = A\sin\omega t$$

其输入信号的拉普拉斯变换为

$$R(s) = \frac{A\omega}{s^2 + \omega^2}$$

假设系统是稳定的且具有不同的极点 $p_1, p_2, \cdots, p_n$，即系统极点都具有负实部，则式(5-3)可写为

$$G(s) = \frac{N(s)}{P(s)} = \frac{N(s)}{(s+p_1)(s+p_2)\cdots(s+p_n)}$$

则系统输出为

$$C(s) = G(s)R(s) = \frac{N(s)}{(s+p_1)(s+p_2)\cdots(s+p_n)} \frac{A\omega}{s^2+\omega^2}$$

$$= \frac{f}{s+j\omega} + \frac{\overline{f}}{s-j\omega} + \frac{g_1}{s+p_1} + \frac{g_2}{s+p_2} + \cdots + \frac{g_n}{s+p_n} \tag{5-4}$$

对式(5-4)两边取拉普拉斯反变换，得到系统对正弦输入信号的输出响应

$$c(t) = f e^{-j\omega t} + \overline{f} e^{j\omega t} + g_1 e^{-p_1 t} + g_2 e^{-p_2 t} + \cdots + g_n e^{-p_n t} \tag{5-5}$$

由于极点具有负实部，当时间趋于无穷时，系统输出响应与负实部极点有关的指数项都将衰减至零。因此，系统的稳态响应（稳态分量）为

$$c_{ss}(t) = \lim_{t \to \infty} c(t) = f e^{-j\omega t} + \overline{f} e^{j\omega t} \tag{5-6}$$

其中稳态响应系数 f、$\overline{f}$ 为

$$f = G(s) \frac{A\omega}{(s+j\omega)(s-j\omega)}(s+j\omega)\Big|_{s=-j\omega} = -\frac{G(-j\omega)A}{2j} \tag{5-7a}$$

$$\overline{f} = G(s) \frac{A\omega}{(s+j\omega)(s-j\omega)}(s-j\omega)\Big|_{s=j\omega} = \frac{G(j\omega)A}{2j} \tag{5-7b}$$

考虑到 $G(j\omega)$ 和 $G(-j\omega)$ 是共轭复数，式(5-7) 可表示为

$$G(j\omega) = |G(j\omega)| e^{j\varphi(\omega)} \tag{5-8a}$$

$$G(-j\omega) = |G(-j\omega)| e^{-j\varphi(\omega)} = |G(j\omega)| e^{-j\varphi(\omega)} \tag{5-8b}$$

其中 $\varphi(\omega)$ 为

$$\varphi(\omega) = \angle G(j\omega) = \arctan \frac{\mathrm{Im}\, G(j\omega)}{\mathrm{Re}\, G(j\omega)} \tag{5-9}$$

将式(5-7) 代入式(5-6)，并利用欧拉公式，得到稳态响应 $c_{ss}(t)$

$$c_{ss}(t) = \lim_{t \to \infty} c(t) = A |G(j\omega)| \sin(\omega t + \varphi) \tag{5-10}$$

式(5-10) 表明线性定常系统对正弦输入信号的稳态响应是与其输入信号同频率的正弦信号，只是稳态输出的幅值放大（缩小）$|G(j\omega)|$ 倍，相角变化 $\varphi(\omega)$，它们都是输入信号频率的函数。因此，称系统输出稳态响应的幅值 $A|G(j\omega)|$ 与输入信号的幅值 A 之比 $|G(j\omega)|$ 为系统的幅频特性，称输出信号相对输入信号的相角位移 $\varphi(\omega) = \angle G(j\omega) = \arctan \dfrac{\mathrm{Im}[G(j\omega)]}{\mathrm{Re}[G(j\omega)]}$ 为系统的相频特性，系统的幅频特性和相频特性统称为频率特性或频率响应。可见在系统传递函数已知的情况下，可用 $j\omega$ 取代传递函数 $G(s)$ 中的 s，按式(5-8)、式(5-9) 来计算复函数 $G(j\omega)$ 的幅值与相角。对于模型未知的稳定的线性定常系统，可以由实验的方法确定系统的频率特性，在系统的输入端输入不同频率的正弦信号，测量系统达到稳态时的输出幅值和相角，求得幅值比与相位差就可得到系统的频率特性。对于不稳定的系统，由于暂态分量会振荡或发散，因此无法用实验的方法测得系统的频率特性。

综上所述，线性定常系统的频率特性是系统的内在特性，是由系统本身决定的。同时就复杂的实际控制系统而言，尽管系统各类信号不可能是纯正弦信号，但线性定常系统满足叠加定理，任何信号都可分解为各频率正弦信号之和。所以，频率分析方法从频率特性出发研究与分析控制系统是具有理论基础的。

5.2 频率特性的图示方法 Diagrammatic Methods of Frequency Characteristics

当系统的传递函数 $G(s)$ 已知时，可由传递函数直接计算其频率特性，但若传递函数阶次较高，计算复函数 $G(j\omega)$ 的幅值与相角十分复杂，使用起来很不方便。在工程实际中常常把频率特性绘成曲线，用图形曲线直观地表示出幅值与相角随频率 ω 变化的情况。常用的频率特性曲线图是极坐标图与对数坐标图。

5.2.1 极坐标图 Polar Plots

频率特性的极坐标图是以角频率 ω 为自变量，当频率 ω 从 0^+ 变化到 $+\infty$ 时，把复函数 $G(j\omega)$ 的幅值与相角随 ω 的变化用一条曲线同时表示在复平面上。极坐标图又称为幅相特性曲线、幅相图

或奈奎斯特图。极坐标图的特点是在一张图上就可以较容易地得到全部频率范围内的频率特性,利用该图能够较容易地对系统进行定性分析。但缺点是不能明显地表示出各个环节对系统的影响和作用。在极坐标图上,规定复函数 $G(j\omega)$ 与正实轴的夹角按逆时针方向为频率特性的正相角。

5.2.1.1 典型环节的极坐标图

在用频率特性来分析控制系统时,常用的是绘制开环频率特性曲线,设系统开环传递函数为 $G(s)H(s)$,表示为

$$G(s)H(s) = \frac{b_0 s^m + b_1 s^{m-1} + \cdots + b_{m-1} s + b_m}{a_0 s^n + a_1 s^{n-1} + \cdots + a_{n-1} s + a_n}$$

$$= K \frac{1}{s^v} \frac{\prod_{j=1}^{L}(\tau_j s + 1) \prod_{j=1}^{\frac{1}{2}(m-L)}(\tau_j^2 s^2 + 2\zeta_j \tau_j s + 1)}{\prod_{i=1}^{h}(T_i s + 1) \prod_{i=1}^{\frac{1}{2}(n-v-h)}(T_i^2 s^2 + 2\zeta_i T_i s + 1)} \qquad (5-11)$$

式中,L 和 h 分别为系统开环传递函数的非零实零点和极点数。由式(5-11)可以看出:复杂系统的传递函数可以分解成若干简单环节之积的形式,这些简单环节称为典型环节,如比例环节、惯性环节、积分环节、振荡环节、一阶微分和二阶微分环节等。

(1) 比例环节(放大环节)

传递函数　　　　　　　　$G(s) = K$

频率特性　　　　　　　　$G(j\omega) = K$

幅频特性　　　　　　　　$|G(j\omega)| = K$

相频特性　　　　　　　　$\angle G(j\omega) = 0°$

极坐标图如图 5-2 所示。

(2) 积分环节

传递函数　　　　　　　　$G(s) = \dfrac{1}{s}$

频率特性　　　　　　　　$G(j\omega) = \dfrac{1}{j\omega}$

幅频特性　　　　　　　　$|G(j\omega)| = \dfrac{1}{\omega}$

相频特性　　　　　　　　$\angle G(j\omega) = -\arctan\dfrac{1/\omega}{0} = -90°$

由上式可知,当频率 ω 从 0^+ 变化到 ∞ 时,积分环节的幅频特性由 ∞ 变化到 0,相频特性始终为 $-90°$,极坐标图如图 5-3 所示。

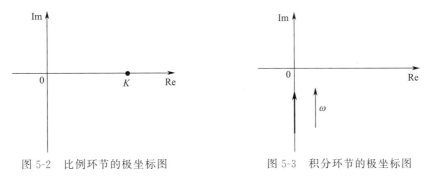

图 5-2　比例环节的极坐标图　　　　图 5-3　积分环节的极坐标图

(3) 纯微分环节

微分环节的传递函数 $\qquad G(s)=s$

频率特性 $\qquad G(j\omega)=j\omega$

幅频特性 $\qquad |G(j\omega)|=\omega$

相频特性 $\qquad \angle G(j\omega)=\arctan\dfrac{\omega}{0}=90°$

由上式可知,当频率 ω 从 0^+ 变化到 ∞ 时,积分环节的幅频特性由 0 变化到 ∞,相频特性始终为 $90°$,如图 5-4 所示。

(4) 惯性环节

惯性环节的传递函数 $\qquad G(s)=\dfrac{1}{Ts+1}$

频率特性 $\qquad G(j\omega)=\dfrac{1}{j\omega T+1}$

幅频特性 $\qquad |G(j\omega)|=\dfrac{1}{\sqrt{1+\omega^2 T^2}} \qquad (5-12)$

相频特性 $\qquad \angle G(j\omega)=-\arctan\omega T \qquad (5-13)$

由式(5-12)可知,当频率 ω 从 0^+ 变化到 ∞ 时,惯性环节的幅频特性由 1 变化到 0,相频特性由 $0°$ 变化至 $-90°$,极坐标图如图 5-5 所示。

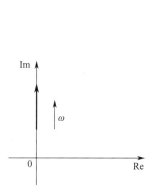

图 5-4 纯微分环节的极坐标图

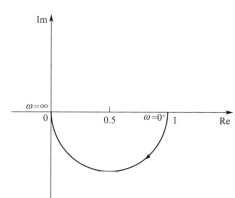

图 5-5 惯性环节的极坐标图

可以证明关于 $G(j\omega)=\dfrac{1}{1+j\omega T}$ 的幅相特性曲线是半圆。

证明 设 $G(j\omega)=\dfrac{1}{1+j\omega T}=\dfrac{(1-j\omega T)}{1+\omega^2 T^2}=X+jY$

实部为 $\qquad X=\dfrac{1}{1+\omega^2 T^2}$

虚部为 $\qquad Y=\dfrac{-\omega T}{1+\omega^2 T^2}$

则有

$$\left(X-\dfrac{1}{2}\right)^2+Y^2=\left(\dfrac{1}{1+\omega^2 T^2}-\dfrac{1}{2}\right)^2+\left(\dfrac{-\omega T}{1+\omega^2 T^2}\right)^2=\left(\dfrac{1}{2}\right)^2$$

这是圆心在 $\left(\dfrac{1}{2},0\right)$,半径为 $\dfrac{1}{2}$ 的圆方程,因为 $-\omega T=\dfrac{Y}{X}$,所以只有下半圆。

惯性环节是一个低通滤波器,在低频段相角滞后和幅值衰减很小,随着频率增高,相角滞后增大，幅值衰减增大。

（5）二阶振荡环节

二阶振荡环节的传递函数
$$G(s)=\frac{\omega_n^2}{s^2+2\zeta\omega_n s+\omega_n^2}=\frac{1}{\left(\dfrac{s}{\omega_n}\right)^2+2\zeta\dfrac{s}{\omega_n}+1}$$

频率特性
$$G(j\omega)=\frac{1}{\left(1-\dfrac{\omega^2}{\omega_n^2}\right)+j2\zeta\dfrac{\omega}{\omega_n}}$$

幅频特性
$$|G(j\omega)|=\frac{1}{\sqrt{\left(1-\dfrac{\omega^2}{\omega_n^2}\right)^2+4\zeta^2\dfrac{\omega^2}{\omega_n^2}}} \tag{5-14}$$

相频特性
$$\angle G(j\omega)=-\arctan\frac{2\zeta\dfrac{\omega}{\omega_n}}{1-\dfrac{\omega^2}{\omega_n^2}} \tag{5-15}$$

由式(5-14)和式(5-15)可知

$$\omega=0^+:\ |G(j\omega)|=1,\quad \angle|G(j\omega)|=0°$$
$$\omega=\omega_n:\ |G(j\omega)|=\frac{1}{2\zeta},\quad \angle|G(j\omega)|=-90°$$
$$\omega=\infty:\ |G(j\omega)|=0,\quad \angle|G(j\omega)|=-180°$$

不同阻尼比下二阶振荡环节的极坐标如图5-6所示。可以看出，振荡环节的频率特性除了与频率ω有关还与系统阻尼比ζ有关。当阻尼较小时会在某一频率处产生谐振，谐振峰值为$M_r=|G(j\omega)|_{\max}$，即振荡环节稳态输出能达到的最大幅值比，此时的频率为谐振频率ω_r，其求解如下

$$|G(j\omega)|=\frac{1}{\sqrt{\left(1-\dfrac{\omega^2}{\omega_n^2}\right)^2+4\zeta^2\dfrac{\omega^2}{\omega_n^2}}} \tag{5-16}$$

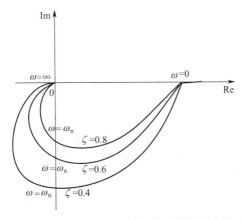

图 5-6 不同阻尼比下二阶振荡环节的极坐标图

令$\dfrac{d|G(j\omega)|}{d\omega}=0$，则$\dfrac{d}{d\omega}\left[\left(1-\dfrac{\omega^2}{\omega_n^2}\right)^2+4\zeta^2\dfrac{\omega^2}{\omega_n^2}\right]=0$，有

$$2\left[1-\frac{\omega^2}{\omega_n^2}\right]\left(-2\frac{\omega}{\omega_n^2}\right)+4\zeta\frac{\omega}{\omega_n}\left(2\zeta\frac{1}{\omega_n}\right)=4\left[-\frac{\omega}{\omega_n^2}+\frac{\omega^3}{\omega_n^4}\right]+8\frac{\zeta^2\omega}{\omega_n^2}=4\frac{\omega}{\omega_n^2}\left[-1+\frac{\omega^2}{\omega_n^2}+2\zeta^2\right]=0$$

即

$$\frac{\omega^2}{\omega_n^2}=1-2\zeta^2 \tag{5-17}$$

则有

$$\omega_r=\omega_n\sqrt{1-2\zeta^2} \tag{5-18}$$

将式(5-17)代入式(5-16)有

$$M_r=|G(j\omega_r)|=\frac{1}{\sqrt{[1-(1-2\zeta^2)]^2+(2\zeta)^2(1-2\zeta^2)}}=\frac{1}{2\zeta\sqrt{1-\zeta^2}} \tag{5-19}$$

由式(5-18)、式(5-19)、式(5-14)和式(5-15)可知,当 ζ 取值不同时,振荡环节的特性不同,即

当 $1-2\zeta^2<0$ 时, $\zeta>0.707$, ω_r, M_r 不存在;

当 $1-2\zeta^2=0$ 时, $\zeta=0.707$, $\omega_r=0$, $M_r=1$

当 $1-2\zeta^2>0$ 时, $\zeta<0.707$, $\omega_r=\omega_n\sqrt{1-2\zeta^2}<\omega_n$, $M_r=\frac{1}{2\xi\sqrt{1-\zeta^2}}>1$

当 $1-2\zeta^2=1$ 时, $\zeta=0$, $\omega_r=\omega_n$, $M_r=\infty$

(6) 一阶微分环节

一阶微分环节的传递函数 $\qquad G(s)=Ts+1$

频率特性 $\qquad G(j\omega)=j\omega T+1$

幅频特性 $\qquad |G(j\omega)|=\sqrt{1+\omega^2T^2} \tag{5-20}$

相频特性 $\qquad \angle G(j\omega)=\arctan\omega T \tag{5-21}$

由式(5-20)和式(5-21)可知

$$\omega=0^+, |G(j\omega)|=1, \angle|G(j\omega)|=0°$$
$$\omega=\infty, |G(j\omega)|=\infty, \angle|G(j\omega)|=90°$$

极坐标图如图 5-7 所示。

(7) 二阶微分环节

二阶微分环节的传递函数 $\qquad G(s)=\tau^2s^2+2\zeta\tau s+1$

频率特性 $\qquad G(j\omega)=\tau^2(j\omega)^2+2\zeta\tau j\omega+1$

幅频特性 $\qquad |G(j\omega)|=\sqrt{(1-\omega^2\tau^2)^2+4\zeta^2\omega^2\tau^2} \tag{5-22}$

相频特性 $\qquad \angle G(j\omega)=\arctan\frac{2\zeta\omega\tau}{1-\omega^2\tau^2} \tag{5-23}$

由式(5-22)和式(5-23)可知

$$\omega=0^+, |G(j\omega)|=1, \angle|G(j\omega)|=0°$$
$$\omega=\frac{1}{\tau}, |G(j\omega)|=2\zeta, \angle|G(j\omega)|=90°$$
$$\omega=\infty, |G(j\omega)|=\infty, \angle|G(j\omega)|=180°$$

极坐标图如图 5-8 所示。

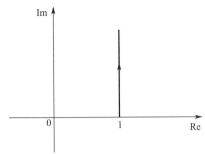
图 5-7 一阶微分环节的极坐标图

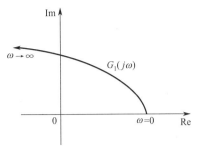
图 5-8 二阶微分环节的极坐标图

(8) 延滞环节

延滞环节的传递函数 $\quad G(s)=e^{-\tau s}$

频率特性 $\quad G(j\omega)=e^{-j\omega\tau}$

幅频特性 $\quad |G(j\omega)|=1$

相频特性 $\quad \angle G(j\omega)=-\tau\omega(\text{弧度})$

由于延滞环节的幅值是 1，而相角与 ω 呈比例变化，所以延滞环节的极坐标图是一个单位圆，如图 5-9 所示。

5.2.1.2 非最小相位系统的极坐标图

就系统的传递函数而言，若在 s 平面的右半平面内无极点、零点及无纯滞后环节，则这类传递函数称为最小相位传递函数，具有最小相位传递函数的系统称为最小相位系统。反之，若在 s 平面的右半平面内存在极点、零点或纯滞后环节，则这类传递函数称为非最小相位传递函数，具有非最小相位传递函数的系统称为非最小相位系统。

对于最小相位系统，幅频特性和相频特性具有唯一对应关系，相角在 $\omega\to\infty$ 时将变为 $-90°(n-m)$，n 和 m 分别为传递函数的分母与分子次数。而非最小相位系统不满足该关系。下面介绍两种典型的非最小相位系统（或环节）的频率特性。

(1) 一阶不稳定极点系统

一阶不稳定极点系统的传递函数 $\quad G(s)=\dfrac{K}{-Ts+1}$

频率特性 $\quad G(j\omega)=K\dfrac{1+j\omega T}{1+\omega^2 T^2} \quad (5\text{-}24)$

由式(5-24)可知，当 $\omega\to\infty$ 时，$G(j\omega)$ 相角由 $0°\to 90°$（第一象限内变化），即有：

幅频特性 $\quad |G(j\omega)|=\dfrac{K}{\sqrt{1+\omega^2 T^2}} \quad (5\text{-}25)$

相频特性 $\quad \angle G(j\omega)=-(-\arctan\omega T)=\arctan\omega T \quad (5\text{-}26)$

极坐标图如图 5-10 所示。

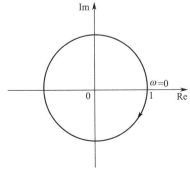
图 5-9 延滞环节的极坐标图

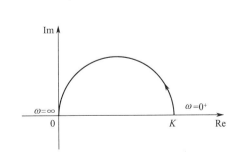
图 5-10 一阶不稳定极点系统的极坐标图

(2) 不稳定二阶振荡环节

不稳定二阶振荡环节的传递函数

$$G(s)=\frac{\omega_n^2}{s^2-2\zeta\omega_n s+\omega_n^2}=\frac{1}{\left(\dfrac{s}{\omega_n}\right)^2-2\zeta\dfrac{s}{\omega_n}+1}$$

频率特性

$$G(j\omega)=\frac{1}{\left(1-\dfrac{\omega^2}{\omega_n^2}\right)-j2\zeta\dfrac{\omega}{\omega_n}}$$

幅频特性

$$|G(j\omega)|=\frac{1}{\sqrt{\left(1-\dfrac{\omega^2}{\omega_n^2}\right)^2+4\zeta^2\dfrac{\omega^2}{\omega_n^2}}} \tag{5-27}$$

相频特性

$$\angle G(j\omega)=-\arctan\frac{-2\xi\dfrac{\omega}{\omega_n}}{1-\dfrac{\omega^2}{\omega_n^2}} \tag{5-28}$$

由式(5-27) 和式(5-28) 可知

$$\omega=0, |G(j\omega)|=1, \angle|G(j\omega)|=0°$$
$$\omega=\infty, |G(j\omega)|=0, \angle|G(j\omega)|=180°$$

极坐标图如图 5-11 所示。

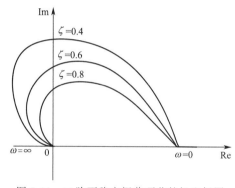

图 5-11 二阶不稳定振荡环节的极坐标图

其他典型的非最小相位环节如：$1/Ts-1$，$Ts-1$，$-Ts+1$ 等同样可采用类似的方法分析其频率特性。

5.2.1.3 开环系统的极坐标图

系统一般由若干典型环节组成，在掌握了典型环节的频率特性后，利用复数相乘的模相乘、复角相加特性可以概略绘制系统的开环频率特性曲线。开环频率特性曲线在控制系统中主要用于分析系统的闭环特性，如稳定性、相对稳定性和系统的动态性能等。

从各典型环节的频率特性可以看出：开环幅频特性是 ω 的偶函数，相频特性是 ω 的奇函数，因此只要绘制 ω 从 $0^+ \to +\infty$ 的极坐标图就可按实轴对称的方法绘出 ω 从 $-\infty \to 0^-$ 时的曲线。

开环频率特性可以依据精确计算频率特性的幅值和相角来绘制，也可通过特性分析画出大致的幅相曲线。

不失一般性，考虑系统的开环传递函数为

$$G(s)H(s)=\frac{K\prod_{i=1}^{m}(\tau_i s+1)}{s^v\prod_{j=1}^{n-v}(T_j s+1)} \quad (n \geqslant m) \tag{5-29}$$

式中，v 为纯积分环节数目。根据式(5-29)，绘制系统开环极坐标图可按如下步骤：

① 确定曲线的起始点和终止点。对于最小相位系统的频率特性而言：

起始点 ($\omega=0^+$)：当 $v=0$ 时，起始于 $K\angle 0°$；当 $v\geqslant 1$ 时，起始于 $\infty\angle-v\times 90°$。

终止点 ($\omega=\infty$)：当 $n>m$ 时，终止于 $0\angle-(n-m)\times 90°$；当 $n=m$ 时，终止于实轴上某点，该点数值与各环节时间常数及放大系数 K 有关。

最小相位系统的极坐标曲线的起始点和终止点示意图见图 5-12 和图 5-13。

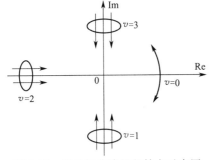
图 5-12 极坐标曲线的起始点示意图

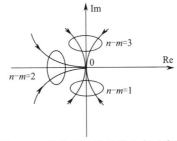
图 5-13 极坐标曲线的终止点示意图

② 确定曲线与实轴或虚轴的交点。将开环频率特性表示为如下的实部和虚部两个部分

$$G(j\omega)H(j\omega)=\text{Re}[G(j\omega)H(j\omega)]+\text{Im}[G(j\omega)H(j\omega)] \qquad (5-30)$$

令实部 $\text{Re}[G(j\omega)H(j\omega)]=0$，可解出 ω_x，代入虚部表达式中，得到与虚轴上的交点值；令虚部 $\text{Im}[G(j\omega)H(j\omega)]=0$，可解出 ω_y，代入实部表达式中，得到与实轴上的交点值。

③ 分析曲线的变化区域。在 $0<\omega<\infty$ 区间内，需要分析频率特性变化的范围，即所在的象限以及单调性，特别是当开环传递函数中含有右半平面的零点或极点时，应注意其相频特性。

下面举例说明开环系统的极坐标图的绘制方法。

【例 5-1】 某单位反馈系统

$$G(s)=\frac{K}{(T_1 s+1)(T_2 s+1)} \qquad (K,T_1,T_2>0)$$

试概略绘制系统开环幅相特性曲线。

解 系统开环频率特性为

$$G(j\omega)=\frac{K}{(j\omega T_1+1)(j\omega T_2+1)}=|G(j\omega)|e^{j\angle G(j\omega)}$$

式中

$$|G(j\omega)|=\frac{K}{\sqrt{(T_1\omega)^2+1}\sqrt{(T_2\omega)^2+1}}$$

$$\angle G(j\omega)=-\arctan\omega T_1-\arctan\omega T_2$$

确定极坐标曲线的起始点和终止点：

起点 $\omega=0$：$|G(j\omega)|=K$，$\angle G(j\omega)=0°$

终点 $\omega=\infty$：$|G(j\omega)|=0$，$\angle G(j\omega)=2\times(-90°)=-180°$

系统开环频率特性表示成实部和虚部的形式，为

$$G(j\omega)=\frac{K(1-T_1 T_2\omega^2)-jK(T_1+T_2)\omega}{(1+T_1^2\omega^2)(1+T_2^2\omega^2)}$$

由于惯性环节单调地从 $0°$ 变化至 $-90°$，故该系统幅相曲线的变化范围为第四和第三象限。

令 $\text{Im}[G(j\omega_x)]=0$，得 $\omega_x=0$

令 $\text{Re}[G(j\omega_y)]=0$，得 $\omega_y=\sqrt{\dfrac{1}{T_1 T_2}}$，

$\text{Im}[G(j\omega_y)]=-K\dfrac{T_1 T_2}{T_1+T_2}$

即系统开环幅相曲线除在 $\omega=0$ 处，与实轴无交点，与虚轴交于 $\left(0,-K\dfrac{T_1 T_2}{T_1+T_2}\right)$。

系统概略开环幅相曲线如图 5-14 所示。

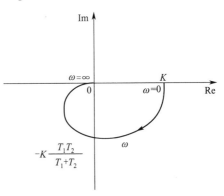
图 5-14 例 5-1 图

【例 5-2】 开环系统的传递函数如下，试绘制该系统的幅相特性曲线。

$$G(s)=\frac{K}{s(T_1s+1)(T_2s+1)}$$

解 开环频率特性为

$$G(j\omega)=\frac{K}{j\omega(1+j\omega T_1)(1+j\omega T_2)}=|G(j\omega)|e^{j\angle G(j\omega)}$$

式中

$$|G(j\omega)|=\frac{K}{\omega\sqrt{(1+T_1^2\omega^2)(1+T_2^2\omega^2)}}$$

$$\angle G(j\omega)=-90°-\arctan\omega T_1-\arctan\omega T_2$$

确定极坐标曲线的起始点和终止点：

当 $\omega=0$ 时，$|G(j\omega)|=\infty$，$\angle G(j\omega)=-90°$

当 $\omega=\infty$ 时，$|G(j\omega)|=0$，$\angle G(j\omega)=-270°$

由分析知，该极坐标曲线在第二象限和第三象限之间变化，与负实轴有交点。可计算得开环频率特性的实部、虚部分别为

$$\text{Re}[G(j\omega)]=\frac{-K(T_1+T_2)}{(1+T_1^2\omega^2)(1+T_2^2\omega^2)}$$

$$\text{Im}[G(j\omega)]=\frac{-K(1-\omega^2T_1T_2)}{\omega(1+T_1^2\omega^2)(1+T_2^2\omega^2)}$$

令虚部 $\text{Im}[G(j\omega)]=0$ 时，解出

$$1-\omega^2T_1T_2=0$$

可解得交点的频率为

$$\omega_x=\frac{1}{\sqrt{T_1T_2}}$$

交点处的实部值为

$$\text{Re}[G(j\omega_x)]=-\frac{KT_1T_2}{T_1+T_2}$$

此外，系统低频部分沿一条渐近线趋于无穷远处。当 $\lim_{\omega\to 0}\text{Im}[G(j\omega)]=\infty$ 时，由 $\lim_{\omega\to 0}\text{Re}[G(j\omega)]$ 可求出平行于虚轴的渐近线，本例中

$$\lim_{\omega\to 0}\text{Re}[G(j\omega)]=\lim_{\omega\to 0}\frac{-K(T_1+T_2)}{(1+T_1^2\omega^2)(1+T_2^2\omega^2)}=-K(T_1+T_2)$$

根据以上分析，可以画出系统的幅相频率特性曲线，如图 5-15 所示。

【例 5-3】 设系统的开环传递函数为

$$G(s)=\frac{K}{s^2(Ts+1)}$$

试绘制该系统的开环幅相特性曲线。

解 系统开环频率特性为

$$G(j\omega)=\frac{K}{(j\omega)^2(1+j\omega T)}=\frac{K}{\omega^2\sqrt{1+\omega^2T^2}}\angle-180°-\arctan\omega T$$

确定起始点和终止点：

当 $\omega=0$ 时，$G(j\omega)=\infty\angle-180°$

当 $\omega=\infty$ 时，$G(j\omega)=0\angle-270°$

分析知，该极坐标曲线的变化范围在第二象限。其幅相频率特性的大致图形如图 5-16 所示。

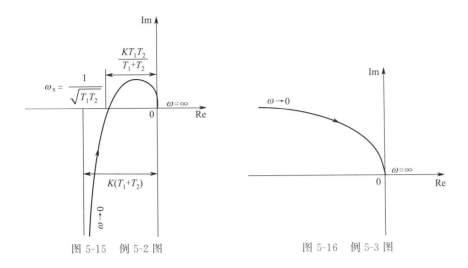

图 5-15 例 5-2 图　　　　图 5-16 例 5-3 图

【例 5-4】 系统的开环传递函数为

$$G(s)=\frac{K}{s(Ts+1)}$$

试绘制该系统的开环幅相特性曲线。

解 给定的系统由比例环节、积分环节和惯性环节串联组成，其开环幅相频率特性为

$$G(j\omega)=\frac{K}{j\omega(1+j\omega T)}=|G(j\omega)|\mathrm{e}^{j\angle G(j\omega)}$$

式中

$$|G(j\omega)|=K\left|\frac{1}{j\omega}\right|\left|\frac{1}{1+j\omega T}\right|=\frac{K}{\omega\sqrt{1+(\omega T)^2}}$$

$$\angle G(j\omega)=-90°-\arctan\omega T$$

确定极坐标曲线的起始点和终止点：
当 $\omega=0$ 时，$|G(j\omega)|=\infty$，$\angle G(j\omega)=-90°$
当 $\omega=\infty$ 时，$|G(j\omega)|=0$，$\angle G(j\omega)=-180°$
将 $G(j\omega)$ 写成实部和虚部的形式，即

$$G(j\omega)=-\frac{KT}{1+\omega^2T^2}-j\frac{K}{\omega(1+\omega^2T^2)}$$

分析知，该极坐标曲线的变化范围在第三象限。它的低频部分沿一条渐近线趋于无穷远处。当 $\lim_{\omega\to 0}\mathrm{Im}[G(j\omega)]=\pm\infty$ 时，由 $\lim_{\omega\to 0}\mathrm{Re}[G(j\omega)]$ 可求出平行于虚轴的渐近线。本例中

$$\lim_{\omega\to 0}\mathrm{Im}[G(j\omega)]=-j\frac{K}{\omega(1+\omega^2T^2)}=-\infty$$

$$\lim_{\omega\to 0}\mathrm{Re}[G(j\omega)]=\lim_{\omega\to 0}\frac{-KT}{1+\omega^2T^2}=-KT$$

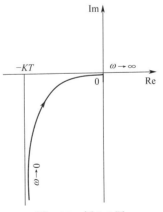

图 5-17 例 5-4 图

于是可以画出开环幅相频率特性 $G(j\omega)$ 的大致曲线，如图 5-17 所示。当 $\omega\to 0$ 时，$G(j\omega)$ 趋向渐近线 $\sigma=-KT$。

【例 5-5】 概略绘制如下非最小相位系统传递函数的幅相特性曲线

$$G(s)=\frac{K}{s(Ts-1)}\qquad(T>0)$$

解 系统的开环频率特性为

$$G(j\omega) = \frac{K}{j\omega(-1+j\omega T)} = |G(j\omega)|e^{j\angle G(j\omega)}$$

式中

$$|G(j\omega)| = K\left|\frac{1}{j\omega}\right|\left|\frac{1}{-1+j\omega T}\right| = \frac{K}{\omega\sqrt{1+(\omega T)^2}}$$

$$\angle G(j\omega) = -90° - (180° - \arctan\omega T) = -270° + \arctan\omega T$$

当 $\omega=0$ 时，$|G(j\omega)|=\infty$，$\angle G(j\omega)=-270°$

当 $\omega=\infty$ 时，$|G(j\omega)|=0$，$\angle G(j\omega)=-180°$

将 $G(j\omega)$ 写成实部和虚部的形式，即

$$G(j\omega) = \frac{K}{j\omega(jT\omega-1)} = -\frac{KT}{1+T^2\omega^2} + j\frac{K}{\omega(1+T^2\omega^2)}$$

它的低频部分沿一条渐近线趋于无穷远处。当 $\lim_{\omega\to 0}\mathrm{Im}[G(j\omega)]=\pm\infty$ 时，由 $\lim_{\omega\to 0}\mathrm{Re}[G(j\omega)]$ 可求出平行于虚轴的渐近线。本例中

$$\lim_{\omega\to 0}\mathrm{Im}[G(j\omega)] = j\frac{K}{\omega(1+\omega^2 T^2)} = \infty$$

$$\lim_{\omega\to 0}\mathrm{Re}[G(j\omega)] = \lim_{\omega\to 0}\frac{-KT}{1+\omega^2 T^2} = -KT$$

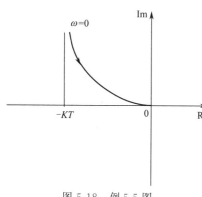

图 5-18 例 5-5 图

于是可以绘制出开环幅相特性 $G(j\omega)$ 的大致曲线，如图 5-18 所示。当 $\omega\to 0^+$ 时，$G(j\omega)$ 趋向渐近线 $\sigma=-KT$。

分析知，该极坐标曲线与实轴和虚轴均无交点，且开环幅相曲线在第二象限内变化，如图 5-18 所示。

【例 5-6】 设系统具有纯滞后环节，其传递函数如下

$$G(s) = \frac{K}{Ts+1}e^{-\tau s}$$

试绘制该系统的幅相特性曲线。

解 系统的开环频率特性为

$$G(j\omega) = \frac{K}{1+j\omega T}e^{-j\omega\tau} = \frac{K}{\sqrt{1+\omega^2 T^2}}\angle(-\arctan\omega T-\omega\tau)$$

这是一个惯性环节与延滞环节的组合，其频率特性的幅值与惯性环节相同，只是相角滞后了 $\omega\tau$。因此，可以先绘制惯性环节的极坐标图，然后在每一个频率 ω 上幅值保持不变，相角再增加 $-\omega\tau$，即得该系统的极坐标图，如图 5-19 所示，幅相频率特性曲线是一条螺旋线。

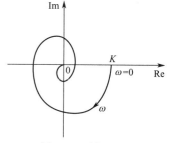

图 5-19 例 5-6 图

5.2.2 对数坐标图 Logarithmic Plots

通过半对数坐标分别表示幅频特性和相频特性的图形，称为对数坐标图或伯德图。从伯德图上容易看出某些参数变化和某些环节对系统性能的影响，因此它是在频率特性法中应用最为广泛的图示法。伯德图包括幅频特性图和相频特性图，分别表示频率特性的幅值和相角与角频率之间的关系。两种图的横坐标都是角频率 ω，单位是弧度/秒（rad/s），采用对数分度。采用对数分度的最大优点是可以将很宽的频率范围清楚地画在一张图上，从而能同时清晰地表示出频率特性在低频段、中频段和高频段的情况，适于控制系统的分析与设计。

假设系统由串联环节组成，其开环传递函数为

$$G(s) = G_1(s)G_2(s)\cdots G_n(s)$$

其频率特性为

$$|G(j\omega)| = G_1(j\omega)G_2(j\omega)\cdots G_n(j\omega)$$
$$= |G_1(j\omega)| e^{j\varphi_1(\omega)} |G_2(j\omega)| e^{j\varphi_2(\omega)} \cdots |G_n(j\omega)| e^{j\varphi_n(\omega)} \tag{5-31}$$
$$= \prod_{i=1}^{n} |G_i(j\omega)| e^{j\sum_{i=1}^{n}\varphi_i(\omega)}$$

幅频特性为

$$|G(j\omega)| = \prod_{i=1}^{n} |G_i(j\omega)| \tag{5-32}$$

相频特性为

$$\varphi(\omega) = \angle G(j\omega) = \sum_{i=1}^{n} \varphi_i(\omega) \tag{5-33}$$

系统的开环对数幅频特性定义为

$$L(\omega) = 20\lg |G(j\omega)| = 20\lg \prod_{i=1}^{n} |G_i(j\omega)| = \sum_{i=1}^{n} 20\lg |G_i(j\omega)| \tag{5-34}$$

单位为分贝（Decibel），记为 dB。

从式(5-33)和式(5-34)可见，系统开环对数幅频特性等于各环节的对数幅频特性之和；系统开环相频特性等于各环节相频特性之和。因此在掌握典型环节的伯德图的基础上可以容易地绘制系统的开环对数频率特性。对数幅频特性曲线的纵坐标表示对数幅频特性的函数值 $L(\omega)$，采用线性分度，单位是分贝（dB），横坐标表示频率 ω，采用对数分度，单位是 rad/s。对数相频特性曲线的纵坐标表示相频特性的函数值 $\varphi(\omega)$，单位是度，横坐标也是频率 ω，按对数分度，单位是 rad/s。采用对数分度、线性分度的横轴如图 5-20 所示。

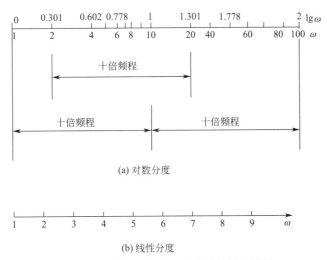

图 5-20 采用对数分度和线性分度的横轴

由图 5-20 可知，在对数分度的横坐标中，当变量增大 10 倍或减少为 1/10，称为十倍频程（dec），坐标间距离变化一个单位长度，此外，零频率不能表示在对数坐标图中。

5.2.2.1 典型环节的伯德图

首先讨论典型环节的对数频率特性曲线，再讨论由这些典型环节构成的开环系统的对数频率特性曲线的绘制方法和特点。

(1) 比例环节

比例环节的传递函数 $G(s) = K$

其频率特性函数 $G(j\omega) = K \angle 0°$ $(K > 0)$

对数幅频特性 $L(\omega)=20\lg|G(j\omega)|=20\lg K$ （dB）
相频特性 $\varphi(\omega)=0°$
伯德图如 5-21 所示。

（2）积分环节

积分环节的传递函数 $G(s)=\dfrac{1}{s}$

其频率特性函数 $G(j\omega)=\dfrac{1}{j\omega}$

对数幅频特性

$$L(\omega)=20\lg|G(j\omega)|=20\lg\left|\dfrac{1}{j\omega}\right|=-20\lg\omega \quad (5-35)$$

相频特性 $\varphi(\omega)=-90°$

由式(5-35) 求出幅频特性的斜率为

$$\dfrac{d20\lg|G(j\omega)|}{d(\lg\omega)}=-20$$

斜率的单位为分贝/十倍频程，简写为 dB/dec。当 $\omega=1\text{rad/s}$ 时，$L(\omega)=0$，因此，这是一条与横轴在 $\omega=1\text{rad/s}$ 处相交，斜率为 -20dB/dec 的直线。表示随着频率的增加，幅频特性以每十倍频程下降 -20dB 的斜率衰减。

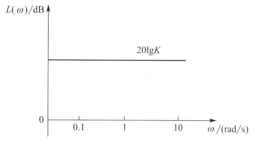
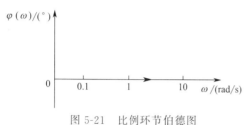

图 5-21 比例环节伯德图

由于相角 $\varphi(\omega)=-90°$，所以其相频特性曲线为一条平行于横轴，且纵坐标为 $-90°$ 的直线，伯德图如图 5-22 所示。

若有 v 个积分环节串联，则其对数幅频特性为

$$20\lg|G(j\omega)|=20\lg\left|\dfrac{1}{(j\omega)^v}\right|=-v\times20\lg\omega \tag{5-36}$$

相频特性为

$$\angle|G(j\omega)|=-v\times90° \tag{5-37}$$

上式表明，v 个积分环节串联的对数幅频特性曲线是在 $\omega=1\text{rad/s}$ 处穿过横轴的直线，直线的斜率为 $-v\times20\text{dB/dec}$。相频特性曲线是 $-v\times90°$，且平行于横轴的直线，如图 5-23 所示。

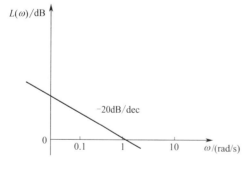
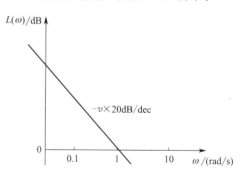
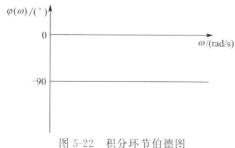

图 5-22 积分环节伯德图　　　　　　　　图 5-23 v 个积分环节的伯德图

(3) 微分环节

微分环节的传递函数 $\qquad G(s)=s$

其频率特性函数 $\qquad G(j\omega)=j\omega$

对数幅频特性 $\qquad L(\omega)=20\lg|G(j\omega)|=20\lg\omega \qquad (5\text{-}38)$

相频特性 $\qquad \varphi(\omega)=90°$

由式(5-38)求出幅频特性的斜率为

$$\frac{\mathrm{d}20\lg|G(j\omega)|}{\mathrm{d}(\lg\omega)}=20 \quad (\mathrm{dB/dec})$$

当 $\omega=1\mathrm{rad/s}$ 时，$L(\omega)=0$，因此，这是一条与横轴在 $\omega=1\mathrm{rad/s}$ 处相交，斜率为 $20\mathrm{dB/dec}$ 的直线。表示频率每增加十倍，幅值增大 $20\mathrm{dB}$。

由于相角 $\varphi(\omega)=90°$，所以其相频特性曲线为一条平行于横轴，且纵坐标为 $90°$ 的直线。伯德图如图 5-24 所示。

(4) 惯性环节

惯性环节的传递函数 $\qquad G(s)=\dfrac{1}{Ts+1}$

频率特性 $\qquad G(j\omega)=\dfrac{1}{j\omega T+1}$

对数幅频特性

$$L(\omega)=20\lg|G(j\omega)|=-20\lg\sqrt{1+\omega^2T^2} \qquad (5\text{-}39)$$

相频特性 $\qquad \varphi(\omega)=-\arctan\omega T \qquad (5\text{-}40)$

为了简化作图，可以用渐近线来代替对数频率特性曲线。

当 $\omega T\ll 1$ 或 $\omega\ll\dfrac{1}{T}$ 时，其对数幅频特性曲线可近似表示为

$$L(\omega)\approx-20\lg1=0$$

即频率很低时，对数幅频特性曲线可以用零分贝线近似表示，称为低频渐近线。

当 $\omega T\gg 1$ 或 $\omega\gg\dfrac{1}{T}$ 时，其对数幅频特性曲线可近似表示为

$$L(\omega)\approx-20\lg\omega T$$

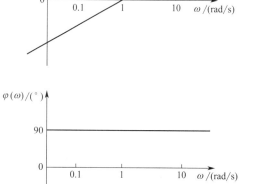

图 5-24 微分环节伯德图

即频率很高时，对数幅频特性曲线可由斜率为 $-20\mathrm{dB/dec}$，且在 $\omega=1/T$ 处相交于零分贝线的直线近似表示，称为高频渐近线。

当 $\omega T=1$ 或者 $\omega=1/T$ 时，低频渐近线和高频渐近线相交，且有相同值，即 $0\mathrm{dB}$，交点处频率 $\omega=1/T$ 称为惯性环节的转折角频率，又称为转角频率。

对数相频特性曲线可按式(5-40)绘制。当 $\omega=0^+$ 时，$\varphi=0°$；当 $\omega=1/T$ 或 $\omega T=1$ 时，$\varphi=-45°$；当 $\omega\to\infty$ 时，$\varphi=-90°$。惯性环节在几个特殊点的相频特性数据见表 5-1。

表 5-1 惯性环节相频特性数据表

ωT	0.1	0.25	0.5	1.0	2.0	4.0	10
φ	$-5.7°$	$-14.1°$	$-26.6°$	$-45°$	$-63.4°$	$-75.9°$	$-84.3°$

根据以上分析，惯性环节的相频特性曲线如图 5-25 所示，可以看出，对数相频特性曲线以 $(1/T, -45°)$ 点斜对称。

用渐近线近似表示对数幅频特性必然存在误差。定义误差为真值-近似值，表达式为

$$\delta=\begin{cases}-20\lg\sqrt{\omega^2T^2+1}, & \omega\leqslant 1/T \\ -20\lg\sqrt{\omega^2T^2+1}+20\lg\omega T, & \omega\geqslant 1/T\end{cases}$$

图 5-26 所示是惯性环节对数幅频特性渐近线的误差曲线，可以看出，越靠近转角频率，误差越大。最大误差发生在转角频率处，其值为

$$L\left(\frac{1}{T}\right) = -20\lg\sqrt{2} \approx -3(\text{dB})$$

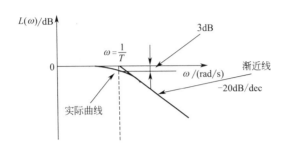

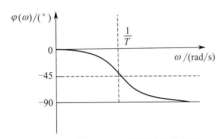

图 5-25 惯性环节伯德图

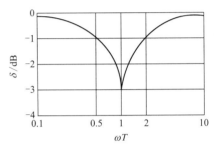

图 5-26 惯性环节的误差曲线

以上分析表明，用两条渐近线代替精确的对数幅频特性曲线在工程上是完全允许的。如果需要绘制精确对数幅频特性曲线，只需在两条渐近线的基础上用误差曲线修正即可。

(5) 一阶微分环节

一阶微分环节的传递函数 $\qquad G(s) = Ts + 1$

幅频特性 $\qquad L(\omega) = 20\lg\sqrt{1 + \omega^2 T^2}$ （5-41）

相频特性 $\qquad \varphi(\omega) = \arctan\omega T$ （5-42）

$T\omega \ll 1$ 是为对数幅频特性的低频段，式(5-41) 可近似为

$$L(\omega) \approx 20\lg 1 = 0(\text{dB}) \qquad (5\text{-}43)$$

即低频段渐近线是一条与 0dB 重合的直线。

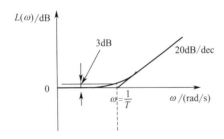

当 $T\omega \gg 1$ 时为对数幅频特性的高频段，式(5-41) 可近似为

$$L(\omega) \approx 20\lg\omega T$$

即高低频段是一条斜率为 20dB/dec 的直线。

在转折频率 $\omega = 1/T$ 处，精确幅频特性与渐近频率特性之差为 3dB。

由相频特性式(5-42) 可绘制出相频特性曲线，相角变化是 0°～90°，如图 5-27 所示。

基于以上分析，可以看出积分环节和微分环节、惯性环节和一阶微分环节的传递函数互为倒数，即有下述关系成立

$$G_1(s) = \frac{1}{G_2(s)}$$

设 $G_1(j\omega) = |G_1(j\omega)| e^{j\angle G_1(j\omega)}$，则

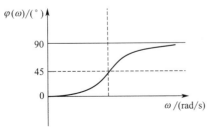

图 5-27 一阶微分环节伯德图

$$\begin{cases} \angle G_2(j\omega) = -\angle G_1(j\omega) \\ L_2(\omega) = 20\lg|G_2(j\omega)| = 20\lg\dfrac{1}{|G_1(j\omega)|} = -L_1(\omega) \end{cases}$$

由此可知，传递函数互为倒数的典型环节，对数幅频曲线关于 0dB 线对称，对数相频曲线关于 0°线对称。

(6) 二阶振荡环节

传递函数
$$G(s) = \dfrac{\omega_n^2}{s^2 + 2\zeta\omega_n s + \omega_n^2} = \dfrac{1}{\left(\dfrac{s}{\omega_n}\right)^2 + 2\zeta\dfrac{s}{\omega_n} + 1}$$

其频率特性
$$G(j\omega) = \dfrac{\omega_n^2}{s^2 + 2\zeta\omega_n s + \omega_n^2} = \dfrac{1}{-\left(\dfrac{\omega}{\omega_n}\right)^2 + 2j\zeta\dfrac{\omega}{\omega_n} + 1}$$

幅频特性
$$L(\omega) = 20\lg|G(j\omega)| = -20\lg\sqrt{\left(1 - \dfrac{\omega^2}{\omega_n^2}\right)^2 + 4\zeta^2\dfrac{\omega^2}{\omega_n^2}} \tag{5-44}$$

相频特性
$$\varphi(\omega) = -\arctan\dfrac{2\zeta\dfrac{\omega}{\omega_n}}{1 - \dfrac{\omega^2}{\omega_n^2}} \tag{5-45}$$

当 $\omega/\omega_n \ll 1$ 或 $\omega \ll \omega_n$ 时，式(5-44) 可以近似为
$$L(\omega) \approx 0$$
即低频段渐近线是一条 0dB 的直线。

当 $\omega/\omega_n \gg 1$ 或 $\omega \gg \omega_n$ 时，式(5-44) 可以近似为
$$L(\omega) \approx -40\lg\dfrac{\omega}{\omega_n}$$
即高频段渐近线是一条斜率为 -40dB/dec 的直线，转角频率为 ω_n。

对数幅频特性的渐近线和阻尼系数 ζ 无关，但精确的对数幅频特性曲线在 ω_n 处的值为 $-20\lg 2\zeta$。因此，在 ω_n 附近的渐近线的误差将随不同的 ζ 值可能有很大的变化。图 5-28 给出了当 ζ 取不同值时振荡环节的精确曲线。图中可见，当 $\zeta \le 0.707$ 时，出现谐振现象，对数幅频特性曲线在谐振频率 ω_r 上出现一个峰值，即谐振峰值 M_r，如 5.2.1 节所述，计算公式为

$$M_r = |G(j\omega)|_{\omega=\omega_r} = \dfrac{1}{2\zeta\sqrt{1-\zeta^2}}$$

$$\omega_r = \omega_n\sqrt{1 - 2\zeta^2}$$

当 $\omega = 0$ 时，$\varphi(\omega) = 0°$；当 $\omega \to \infty$ 时，$\varphi(\omega) = -180°$；而当 $\omega = \omega_n = 1/T$ 时，$\varphi(\omega) = -90°$。相频特性的这三点值与 ζ 无关，其他频率的相角值均与 ζ 有关，其关系如图 5-28 所示。由图可知，对数相频特性关于 $(\omega_n, -90°)$ 点是斜对称的，并且当 ζ 很小时，在转折频率 ω_n 处接近突变。

图 5-29 给出了振荡环节渐近线与精确曲线的误差曲线，图中横坐标是频率 ω，纵坐标是误差分贝值。可以看出，当 $0.4 \le \zeta \le 0.8$ 时，渐近线与精确曲线间的误差较小，可用渐近线来近似；而当 ζ 较小时，误差较大，需要在渐近线的基础上，通过计算谐振频率 ω_r 和谐振峰值来加以修正。

(7) 延滞环节

延滞环节的传递函数 $G(s) = e^{-s\tau}$

其频率特性 $G(j\omega) = e^{-j\tau\omega} = 1\angle -\tau\omega$

幅频特性 $L(\omega) = 20\lg 1 = 0$

相频特性 $\varphi(\omega) = \tau\omega(弧度) = (-57.3 \times \tau\omega)°$

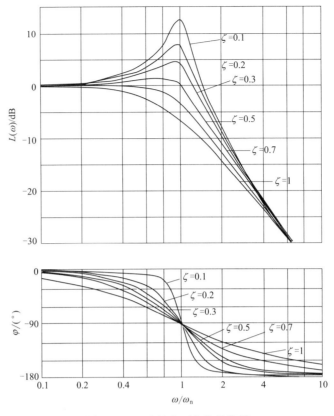

图 5-28 二阶振荡环节的伯德图

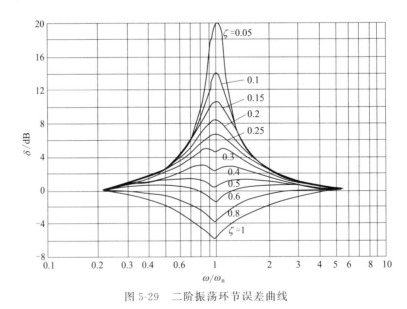

图 5-29 二阶振荡环节误差曲线

因此，延滞环节的对数幅频特性是一条 0dB 的直线，而相频特性随 ω 增加而迅速下降，其伯德图如图 5-30 所示。

5.2.2.2 非最小相位系统（环节）的伯德图

(1) 一阶不稳定惯性环节

一阶不稳定惯性环节的传递函数 $G(s)=\dfrac{1}{-Ts+1}$

频率特性
$$G(j\omega) = \frac{1}{-jT\omega+1}$$

对比惯性环节的幅频特性和相频特性，可得一阶不稳定惯性环节的幅频特性和相频特性。

其幅频特性为

$$L(\omega) = 20\lg|G(j\omega)| = -20\lg\sqrt{1+\omega^2 T^2} = \begin{cases} 0, & T\omega \ll 1 \\ -20\lg\omega T, & T\omega \gg 1 \end{cases} \tag{5-46}$$

相频特性为

$$\varphi(\omega) = -(-\arctan\omega T) = \arctan\omega T \tag{5-47}$$

将式(5-46)、式(5-47)与式(5-39)、式(5-40)相比，可知不稳定惯性环节与惯性环节的幅频特性完全一样，相频特性则不同。当 ω 从 0^+ 变化到 ∞ 时，惯性环节的相角变化为从 $0°$ 至 $-90°$，一阶不稳定惯性环节相角变化从 $0°$ 至 $90°$，伯德图如图 5-31 所示，相频特性曲线与惯性环节关于横轴对称。

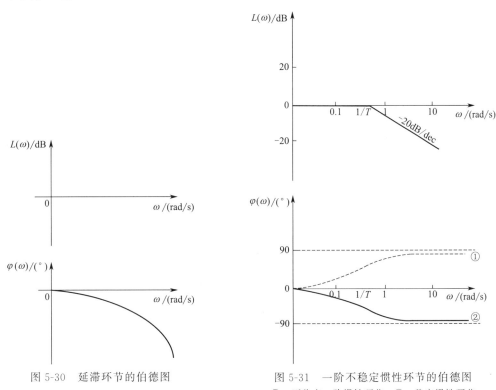

图 5-30 延滞环节的伯德图

图 5-31 一阶不稳定惯性环节的伯德图
①—不稳定一阶惯性环节；②—稳定惯性环节

(2) 不稳定振荡环节

传递函数
$$G(s) = \frac{\omega^2}{s^2 - 2\zeta\omega_n s + \omega_n^2} = \frac{1}{\left(\dfrac{s}{\omega_n}\right)^2 - 2\zeta\dfrac{s}{\omega_n} + 1}$$

频率幅频特性
$$G(j\omega) = \frac{\omega^2}{(j\omega)^2 - 2\zeta\omega_n(j\omega) + \omega_n^2} = \frac{1}{\left(\dfrac{j\omega}{\omega_n}\right)^2 - 2\zeta\dfrac{j\omega}{\omega_n} + 1}$$

幅频特性
$$L(\omega) = 20\lg|G(j\omega)| = 20\lg\frac{1}{\sqrt{\left(1-\dfrac{\omega^2}{\omega_n^2}\right)^2 + 4\zeta^2\dfrac{\omega^2}{\omega_n^2}}} \tag{5-48}$$

相频特性

将式(5-48)与式(5-44)相比,可知不稳定振荡环节与二阶振荡环节的对数幅频特性完全一样,而它们的相频特性关于横轴对称。当 ω 从 0^+ 变化到 ∞ 时,不稳定振荡环节的相角变化为从 $0°$ 至 $180°$,而稳定的二阶振荡环节的相角变化为从 $0°$ 至 $-180°$。不稳定振荡环节的伯德图如图 5-32 所示。

5.2.2.3 系统的开环对数频率特性曲线

任何复杂系统的开环传递函数都可表示为各典型环节之积的形式,因此系统开环对数幅频特性为各典型环节对数幅频特性之和,系统相频特性等于各典型环节相频特性之和。从典型环节的频率特性可知,低频段幅频特性非零 dB 的只有比例环节、积分或微分环节。因此在绘制系统的开环对数频率特性时先绘制这三个环节,然后按转折频率由小到大的顺序再依次叠加其他典型环节的幅频曲线。绘制系统开环对数坐标图的一般步骤为:

① 写出以时间常数表示的、典型环节频率特性连乘形式的系统频率特性。

② 求出各环节的转角频率,并从小到大依次标注在对数坐标图的横坐标上。

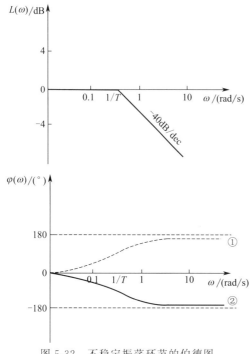

图 5-32 不稳定振荡环节的伯德图
①—不稳定振荡环节;②—稳定振荡环节

③ 计算 $20\lg K$ 的分贝值,K 是系统开环放大系数。过 $(1,20\lg K)$ 点,作斜率为 $-20v\text{dB/dec}$ 的直线,此即为低频段的渐近线,其中 v 是开环系统包含串联积分环节的个数,若 v 是正数表示是积分环节,v 是负数表示是微分环节。

④ 绘制对数幅频特性的其他渐近线,方法是从低频段渐近线开始,从左到右,每遇到一个转角频率就按该转角频率所对应环节的特性改变一次上一频段的斜率。如有必要再利用误差曲线修正,得到精确对数幅频特性的光滑曲线。

⑤ 给出不同 ω 的值,计算对应的 $\varphi(\omega)$,再进行代数相加,算出系统的相频特性曲线。

【例 5-7】 已知控制系统的开环传递函数如下,试绘制系统 Bode 图。

$$G(s)H(s)=\frac{4(1+0.5s)}{s(1+2s)[1+0.05s+(0.125s)^2]}$$

解 该系统由积分、惯性、比例、一阶微分和振荡五个典型环节构成。
对数幅频特性为

$$\begin{aligned}L(\omega)&=L_1(\omega)+L_2(\omega)+L_3(\omega)+L_4(\omega)+L_5(\omega)\\&=20\lg4-20\lg\omega-20\lg\sqrt{1+(2\omega)^2}+20\lg\sqrt{1+(0.5\omega)^2}\\&\quad-20\lg\sqrt{[1-(0.125\omega)^2]^2+(0.05)^2}\end{aligned}$$

三个转折频率为 $\omega_1=0.5$,$\omega_2=2$,$\omega_3=8$。

① 在 $\omega\leqslant\omega_1$ 时,L_1 和 L_2 为正值,$L_3=L_4=L_5=0$。在 $\omega=\omega_1$ 时,$L_1(\omega_1)=12\text{dB}$,$L_2(\omega_1)=6\text{dB}$,$L_2(\omega_1)$ 的斜率为 -20dB/dec,故在 $\omega\leqslant\omega_1$ 的频段内,$L(\omega)$ 是一条在 $\omega=\omega_1$ 处幅值为 18dB,斜率为 -20dB/dec 的直线。

② 在 $\omega_1<\omega<\omega_2$ 时,$L_3\neq0$,斜率为 -20dB/dec,叠加后的 $L(\omega)$ 是在 $\omega=\omega_1$ 处幅值为

18dB，斜率为-40dB/dec 的直线。

③ 在 $\omega_2 < \omega < \omega_3$ 时，$L_4 \neq 0$，斜率为 20dB/dec，叠加后的 $L(\omega)$ 是在 $\omega = \omega_2$ 处幅值为 -6dB，斜率为 -20dB/dec 的直线。

④ 在 $\omega > \omega_3$ 时，L_5 的斜率为 -40dB/dec，故 $L(\omega)$ 是在 $\omega = \omega_3$ 处幅值为 -18dB，斜率为 -60dB/dec 的直线。

则系统开环对数幅频特性曲线如图 5-33 所示。

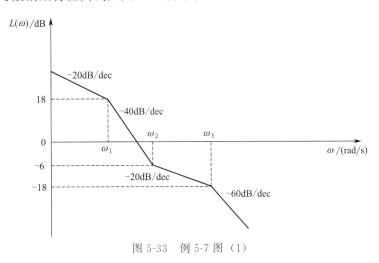

图 5-33　例 5-7 图（1）

对数相频特性为

$$\varphi(\omega) = \varphi_1(\omega) + \varphi_2(\omega) + \varphi_3(\omega) + \varphi_4(\omega) + \varphi_5(\omega)$$
$$= 0° - 90° - \arctan 2\omega + \arctan 0.5\omega - \arctan \frac{0.05\omega}{1-(0.125\omega)^2}$$

则系统开环对数幅频特性曲线如图 5-34 所示

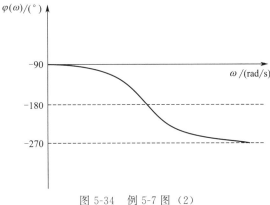

图 5-34　例 5-7 图（2）

【例 5-8】 图 5-35 为由频率响应实验获得的某最小相位系统的对数幅频曲线和对数幅频渐近特性曲线，试确定系统传递函数。

解 根据给定的系统对数幅频特性曲线可以确定该系统传递函数的组成：

① 确定系统积分或微分环节的个数。因为对数幅频渐近特性曲线的低频渐近线的斜率为 $-20v$dB/dec，而由图 5-35 知低频渐近线斜率为 $+20$dB/dec，故有 $v = -1$，系统含有一个微分环节。

② 确定系统传递函数结构形式。由于对数幅频渐近特性曲线为分段折线，其各转折点对应的频率为所含一阶环节或二阶环节的转折频率，每个转折频率处斜率的变化取决于环节的种类。本题中共有两个转折频率：

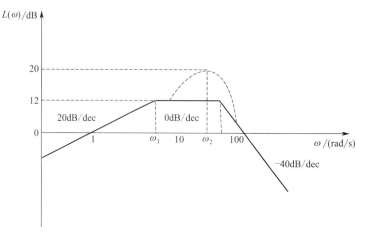

图 5-35 例 5-8 图

$\omega = \omega_1$ 处，斜率变化 $-20\mathrm{dB/dec}$，对应惯性环节。

$\omega = \omega_2$ 处，斜率变化 $-40\mathrm{dB/dec}$，可以对应振荡环节也可以为重惯性环节。本题中，对数幅频特性在 ω_2 附近存在谐振现象，故应为振荡环节。因此所测系统应具有下述传递函数

$$G(s) = \frac{Ks}{\left(1+\dfrac{s}{\omega_1}\right)\left(\dfrac{s^2}{\omega_2^2}+2\zeta\dfrac{s}{\omega_2}+1\right)}$$

其中参数 ω_1，ω_2，ζ 及 K 待定。

③ 由给定条件确定传递函数参数。

低频渐近线的方程为

$$L(\omega) = 20\lg\frac{K}{\omega^v} = 20\lg K + 20\lg\omega$$

由

$$L(1) - L(\omega_1) = 20\lg 1 - 20\lg\omega_1 = -12$$

解得 $\omega_1 = 10^{\frac{12}{20}} = 4(\mathrm{rad/s})$

从图 5-35 中可以看出，当 $\omega = 1$ 时，$L(1) = 20\lg K + 20\lg 1 = 0$，解得 $K = 1$。

高频渐近线的方程为

$$L(\omega) = 20\lg K + 20\lg\omega - 20\lg\frac{\omega}{\omega_1} - 40\lg\frac{\omega}{\omega_2}$$

考虑 $\omega = 100$，$L(\omega) = 0$，得

$$\omega_2 = 10^{\left(-\frac{12}{10}+\lg 100\right)} = 50(\mathrm{rad/s})$$

由前面可知，在谐振频率 ω_r 处，振荡环节的谐振峰值为

$$20\lg M_r = 20\lg\frac{1}{2\zeta\sqrt{1-\zeta^2}}$$

而根据叠加性质，本题中 $20\lg M_r = 20 - 12 = 8(\mathrm{dB})$，故有 $M_r = 2.5$，于是得

$$\zeta^4 - \zeta^2 + 0.04 = 0$$

解得 $\zeta_1 = 0.20$，$\zeta_2 = 0.98$。

因为 $0 < \zeta < 0.707$ 时才存在谐振峰值，故应选 $\zeta = 0.20$。于是，系统的传递函数为

$$G(s) = \frac{s}{\left(1+\dfrac{s}{4}\right)\left(\dfrac{s^2}{50^2}+0.4\dfrac{s}{50}+1\right)}$$

值得注意的是，实际系统并不都是最小相位系统。最小相位系统的幅频特性和相频特性之间有着确定的单值关系。也就是说，如果系统的幅频特性已定，那么这个系统的相频特性也就唯一地被确定了，反之亦然。然而，对于非最小相位系统而言，上述关系是不成立的。

判断已经画出的对数频率特性是否为最小相位系统，既要检查对数幅频特性曲线高频渐近线的斜率，也要检查当 $\omega \rightarrow \infty$ 时的相角。若 $\omega \rightarrow \infty$ 时幅频特性的斜率为 $-20 \times (n-m)$ dB/dec（n、m 分别为传递函数中分母、分子多项式的阶数），相角等于 $-90°(n-m)$，则是最小相位系统，否则就不是。

5.3 奈奎斯特稳定判据 Nyquist Stability Criterion

对于一个线性定常控制系统，其系统闭环稳定的充要条件是：闭环特征方程的根（即闭环传递函数的极点）全为负实根或具有负实部的共轭复根，即闭环特征方程的全部特征根都位于复平面的左半部。劳斯稳定判据利用闭环特征方程的系数特征判断系统稳定性，而频率法判据是奈奎斯特于 1932 年提出的。利用奈奎斯特稳定判据，不但可以判断系统是否稳定（绝对稳定性），也可以确定系统的稳定程度（相对稳定性），还可以用于分析系统的瞬态性能以及指出改善系统性能指标的途径。因此奈奎斯特稳定判据是一种重要而实用的判据，在工程上获得广泛的采用。

5.3.1 幅角定理 Mapping Theorem

考虑有理复变函数

$$F(s) = \frac{K(s+z_1)(s+z_2)\cdots(s+z_m)}{(s+p_1)(s+p_2)\cdots(s+p_n)} \tag{5-49}$$

s 为 s 平面上的复变量，$-z_1 \sim -z_m$ 和 $-p_1 \sim -p_n$ 分别为 $F(s)$ 零点和极点，$n \geqslant m$。

函数 $F(s)$ 是复变量 s 的单值函数，s 可以在整个 s 平面上变化，对于除 n 个有限极点即 $F(s)$ 的奇点外的任一点，复函数 $F(s)$ 都有唯一的一个值与之对应，将这些对应点画在复平面上即为 $F(s)$ 平面。当 s 取 $F(s)$ 的零点和极点时，分别对应 $F(s)$ 平面的原点和无穷远点。

若 s 在 s 平面上沿一条不通过 $F(s)$ 零点和极点的闭合曲线 Γ_s 变化，则在 $F(s)$ 平面上必映射一条封闭曲线 Γ_F，如图 5-36 所示。

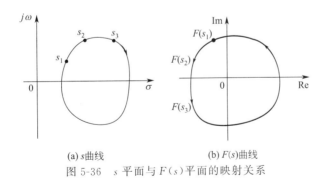

(a) s 曲线　　(b) $F(s)$ 曲线

图 5-36　s 平面与 $F(s)$ 平面的映射关系

由式(5-49) 有

$$F(s) = \frac{K \prod_{i=1}^{m} |s+z_i| e^{j\angle(s+z_i)}}{\prod_{i=1}^{n} |s+p_i| e^{j\angle(s+p_i)}} = K \frac{\prod_{i=1}^{m} |s+z_i|}{\prod_{i=1}^{n} |s+p_i|} e^{j\left[\sum_{i=1}^{m} \angle(s+z_i) - \sum_{i=1}^{n} \angle(s+p_i)\right]} \tag{5-50}$$

则

$$\angle F(s) = \sum_{i=1}^{m} \angle(s+z_i) - \sum_{i=1}^{n} \angle(s+p_i)$$

若在 s 平面上任意选定一条封闭曲线 Γ_s 使其不包围 $F(s)$ 的任一零点和极点,当 s 沿 s 平面上封闭曲线 Γ_s 顺时针方向变化一周时,$\sum_{i=1}^{m}\angle(s+z_i)$ 和 $\sum_{i=1}^{n}\angle(s+p_i)$ 的幅角变化为 0,则 $\angle F(s)$ 的总变化量也为 0,即 Γ_F 不包围 $F(s)$ 平面的原点。

若在 s 平面上选定一条封闭曲线 Γ_s 包围 $F(s)$ 的任一个零点,如零点 $-z_1$,当 s 沿 s 平面上封闭曲线 Γ_s 顺时针方向变化一周时,$\sum_{i=1}^{m}\angle(s+z_i)$ 和 $\sum_{i=1}^{n}\angle(s+p_i)$ 的幅角变化量为向量 $(s+z_1)$ 的幅角增量,即 $\Delta\angle(s+z_1)=-2\pi$(弧度,逆时针方向为幅角正方向),此时 $\angle F(s)$ 的总变化量为 $\Delta\angle F(s)=-2\pi$(弧度),Γ_F 在 $F(s)$ 平面上顺时针变化一周,即包围 $F(s)$ 平面的原点一周。

因此,若在 s 平面上选定一条封闭曲线 Γ_s 包围 $F(s)$ 的 Z 个零点,当 s 沿 s 平面上封闭曲线 Γ_s 顺时针方向变化一周时,$\angle F(s)$ 的总变化量为 $\Delta\angle F(s)=-2Z\pi$(弧度),则 Γ_F 在 $F(s)$ 平面上顺时针变化 Z 周,即顺时针包围 $F(s)$ 平面的原点 Z 周。同理,若在 s 平面上选定一条封闭曲线 Γ_s 包围 $F(s)$ 的 P 个极点,当 s 沿 s 平面上封闭曲线 Γ_s 顺时针方向变化一周时,$\angle F(s)$ 的总变化量为 $\Delta\angle F(s)=2P\pi$(弧度),则 Γ_F 在 $F(s)$ 平面上逆时针变化 P 周,即逆时针包围 $F(s)$ 平面的原点 P 周。

映射定理:$F(s)$ 是有理复函数,若 s 在 s 平面上沿一条不通过 $F(s)$ 零点和极点的封闭曲线 Γ_s 变化,则 $F(s)$ 平面上必映射一条封闭曲线 Γ_F,当变量 s 沿顺时针方向通过平面上包括 $F(s)$ 的 Z 个零点和 P 个极点的封闭曲线 Γ_s 时,在 $F(s)$ 平面上的映射轨迹 Γ_F 相应的包围 $F(s)$ 平面上的原点 N 次,且

$$N = Z - P$$

若 $Z>P$,N 为正值,顺时针包围原点;若 $Z<P$,N 为负值,逆时针包围原点。

5.3.2 奈奎斯特稳定判据 Nyquist Stability Criterion

奈奎斯特稳定判据是一种重要的判据,其原理是根据开环频率特性和开环极点确定闭环系统的稳定性。

5.3.2.1 辅助函数 $F(s)$

考虑如图 5-37 所示的闭环系统

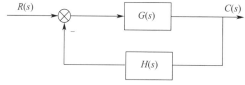

图 5-37 典型的反馈系统

系统的开环传递函数为

$$G(s)H(s) = \frac{M(s)}{N(s)} \tag{5-51}$$

系统的闭环传递函数为

$$\frac{C(s)}{R(s)} = \frac{G(s)}{1+G(s)H(s)}$$

闭环特征方程为

$$1 + G(s)H(s) = 0$$

令
$$F(s)=1+G(s)H(s)=\frac{M(s)+N(s)}{N(s)} \tag{5-52}$$

考虑到有理系统中开环传递函数分子的最高次幂 m 必不大于分母的最高次幂 n，故复变函数 $F(s)$ 的分子和分母两个多项式的阶次是相同的。因此，式(5-49) 的 $F(s)$ 可改写为

$$F(s)=\frac{\prod_{i=1}^{n}(s+z_i)}{\prod_{i=1}^{n}(s+p_i)} \tag{5-53}$$

由式(5-52) 和式(5-53) 可知，特征函数 $F(s)$ 的零点和极点分别是系统的闭环极点和开环极点；$F(s)$ 的零点和极点个数相同；$F(s)$ 和 $G(s)H(s)$ 只差常数 1。

因此闭环系统稳定条件是特征函数 $F(s)$ 的零点全部具有负实部，或者说 $F(s)$ 的所有零点都在 s 平面的左半平面。

5.3.2.2 封闭曲线 Γ_s 的选择及奈奎斯特判据

为了将幅角定理应用于频率域闭环系统稳定性的判定，选取 s 平面上的封闭曲线 Γ_s 使之包围整个 s 右半平面。该封闭曲线由整个虚轴（从 $s=-j\infty$ 到 $s=+j\infty$）和右半平面上半径为无穷大的半圆轨迹构成，这一封闭曲线通常称作奈奎斯特轨迹，其方向为顺时针，如图 5-38 所示。因此，在右半 s 平面内是否包围 $F(s)$ 的零点和极点的问题，也就归结为在奈奎斯特轨迹内是否包围 $F(s)$ 的零点和极点的问题。

奈奎斯特轨迹上的变点 s 是连续变化的，其在 $F(s)$ 平面上的映射也是一条封闭曲线，称为奈奎斯特曲线。因为 Γ_s 曲线不能通过 $F(s)$ 的奇点，所以分两种情况讨论。

(1) $F(s)$ 在虚轴上无极点

函数 $F(s)$ 在虚轴上无极点，即开环传递函数 $G(s)H(s)$ 在虚轴上无极点。此时，Γ_s 曲线按图 5-38 选取。下面分别讨论奈奎斯特轨迹的两个组成部分，沿无穷大半径的半圆路径和沿虚轴路径所对应的映射曲线图形。

① 沿无穷大半径的半圆路径。在实际控制系统中，开环传递函数 $G(s)H(s)$ 的一般形式为

$$G(s)H(s)=\frac{b_0s^m+b_1s^{m-1}+\cdots+b_{m-1}s+b_m}{a_0s^n+a_1s^{n-1}+\cdots+a_{n-1}s+a_n}$$

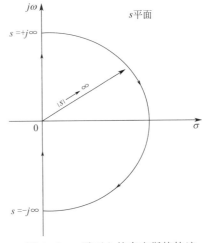

图 5-38 s 平面上的奈奎斯特轨迹

由于 $n \geqslant m$ 总是满足的，故当 s 趋于无穷时，必有

$$\lim_{s\to\infty}G(s)H(s)=\begin{cases}0, & n>m \\ \dfrac{b_0}{a_0}, & n=m\end{cases} \tag{5-54}$$

或

$$\lim_{s\to\infty}F(s)=\lim_{s\to\infty}[1+G(s)H(s)]=\begin{cases}1, & n>m \\ 1+\dfrac{b_0}{a_0}, & n=m\end{cases} \tag{5-55}$$

可见，当 $s\to\infty$ 时，$F(s)$ 是一个常量，奈奎斯特轨迹的这一部分映射到 $F(s)$ 平面上只是一个点。该点在 $F(s)$ 平面上的坐标可按式(5-55) 确定。

② 沿虚轴路经。当动点 s 取虚轴上的数值时，即取 $s=j\omega(-\infty<\omega<+\infty)$，映射曲线 $F(j\omega)$

刚好是频率特性形式。这就是说，在 s 平面上奈奎斯特轨迹的虚轴部分映射到 $F(s)$ 平面上的曲线恰好是频率特性函数 $F(j\omega)$。由式(5-52) 知

$$G(j\omega)H(j\omega)=F(j\omega)-1 \tag{5-56}$$

上式表明，只要将 $F(j\omega)$ 曲线向负实轴方向平行移动单位向量长度的距离，即得到 $G(j\omega)H(j\omega)$ 曲线。因此，$F(j\omega)$ 曲线对坐标原点的包围情况与 $G(j\omega)H(j\omega)$ 曲线对于 $(-1,j0)$ 点的包围情况完全相同。于是可直接从开环频率特性 $G(j\omega)H(j\omega)$ 曲线对 $(-1,j0)$ 点的包围情况来分析闭环系统的稳定性。

因此，奈奎斯特轨迹在 $G(s)H(s)$ 平面上的映射关系可描述为：当奈奎斯特轨迹顺时针包围了特征函数 $F(s)$ 中的 Z 个零点和 P 个极点时，在 $G(s)H(s)$ 平面上的映射围线（即开环频率特性曲线）必顺时针包围 $(-1,j0)$ 点 N 次，且 $N=Z-P$。

因为闭环系统稳定的充要条件是 $F(s)$ 在右半 s 平面无零点，即 $Z=0$。所以，利用开环频率特性曲线 $G(j\omega)H(j\omega)$ 对 $(-1,j0)$ 点的包围情况分析闭环系统的稳定性，奈奎斯特稳定判据可概括为：闭环控制系统稳定的充分必要条件是开环频率特性曲线 $G(j\omega)H(j\omega)$ 不通过 $(-1,j0)$ 点，且逆时针包围 $(-1,j0)$ 点的周数 N 等于开环传递函数正实部根的个数 P，即 $N=-P$。

关于奈奎斯特稳定判据有如下说明：

ⅰ. 对于开环稳定的系统 $[P=0,G(s)H(s)$ 在右半 s 平面无极点 $]$，当且仅当开环频率特性曲线 $G(j\omega)H(j\omega)$ 不通过也不包围 $(-1,j0)$ 点，即 $N=0$ 时，闭环系统稳定。

ⅱ. 对于开环不稳定的系统 $[P\neq 0,G(s)H(s)$ 在右半 s 平面含有 P 个极点 $]$，当且仅当开环频率特性曲线 $G(j\omega)H(j\omega)$ 逆时针包围 $(-1,j0)$ 点 P 周，即 $N=-P$ 时，闭环系统稳定。

ⅲ. 如果 $N\neq -P$，则闭环系统不稳定，闭环正实部特征根的个数为

$$Z=N+P \tag{5-57}$$

ⅳ. 当开环频率特性曲线 $G(j\omega)H(j\omega)$ 通过 $(-1,j0)$ 点时，闭环系统处于临界稳定状态。

其中开环频率特性曲线 $G(j\omega)H(j\omega)$ 不仅要绘制 ω 从 0^+ 变化到 $+\infty$ 的频率特性曲线，也要按对称性绘制 ω 从 $-\infty$ 变化到 0^- 时的频率特性曲线，即形成闭合曲线。

【例 5-9】 已知系统开环传递函数为

$$G(j\omega)H(j\omega)=\frac{52}{(s+2)(s^2+2s+5)}$$

试用奈奎斯特判据判定闭环系统的稳定性。

解 当 ω 从 0^+ 变化到 $+\infty$ 时，开环幅相特性曲线的起点和终点分别为 $5.2\angle 0°$ 和 $0\angle -270°$，若令 $\text{Im}[G(j\omega)H(j\omega)]=0$ 可得与实轴交点处的模值 $|G(j\omega)H(j\omega)|=2$；令 $\text{Re}[G(j\omega)H(j\omega)]=0$ 可得与虚轴交点处的频率 $\omega^2=2.5$，模值 $|G(j\omega)H(j\omega)|=5.06$。系统的开环幅相特性曲线如图 5-39 所示，其中曲线Ⅰ为当 ω 从 0^+ 变化到 $+\infty$ 时的曲线。

曲线Ⅱ为当 ω 从 $-\infty$ 变化到 0^- 时的频率特性曲线。

因为 $P=0$，从图可知 $G(j\omega)H(j\omega)$ 轨迹顺时针包围 $(-1,j0)$ 点两周，$N=2$，所以 $Z=N+P=2$，闭环系统不稳定。

从这类例子和 $G(j\omega)H(j\omega)$ 轨迹的对称性可知，是否围绕 $(-1,j0)$ 点，相当于在 $G(j\omega)H(j\omega)$ 轨迹平面上 $(-1,j0)$ 点之左的负实轴上，$G(j\omega)H(j\omega)$ 轨迹在该段实轴上的正、负穿越次数是否相等。规定由上到下逆时针穿越为正穿越，由下到上顺时针穿越为负穿越。若 $G(j\omega)H(j\omega)$ 轨迹是从负实轴上开始，随着 ω 的增加，由负实轴往下变化，那么该穿越为正 $\frac{1}{2}$ 次穿越；往上变化，便是负 $\frac{1}{2}$ 次穿越，如图 5-40 所示。

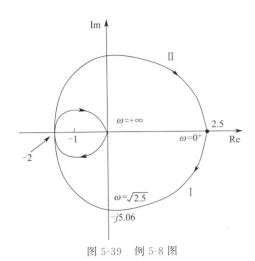

图 5-39 例 5-8 图

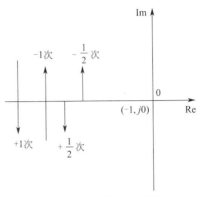

图 5-40 穿越次数计算

于是，当开环系统不稳定，在右半平面有 P 个极点时，闭环系统稳定的充要条件是：当 ω 从 0^+ 变化到 $+\infty$ 时，$G(j\omega)H(j\omega)$ 轨迹在 $(-1,j0)$ 点之左的负实轴上正负穿越次数之差为 $\dfrac{P}{2}$；当开环系统稳定时，闭环系统稳定的充要条件是：当 ω 从 0^+ 变化到 $+\infty$ 时，$G(j\omega)H(j\omega)$ 轨迹在 $(-1,j0)$ 点之左的负实轴上正穿越次数之差为 0。

(2) $F(s)$ 在虚轴上有极点

实际的控制系统在虚轴上有极点，特别是在原点处有极点的情况是常见的。假设开环系统含有 v 个积分环节，为

$$G(j\omega)H(j\omega) = K \dfrac{\prod\limits_{j=1}^{m}(\tau_j s + 1)}{s^v \prod\limits_{i=1}^{n}(T_i s + 1)} \tag{5-58}$$

由于 s 平面上封闭曲线 Γ_s 不能通过 $F(s)$ 的极点和零点，因此封闭曲线 Γ_s 必须绕过 $s=0$ 的极点。一种办法是对奈奎斯特轨迹进行修正，在以原点为圆心、无穷小半径逆时针作半圆，使其绕过虚轴上的开环极点，将这些极点排除在奈奎斯特轨迹所包围的区域之外，但仍包围 $F(s)$ 在右半 s 平面内的所有零点和极点，如图 5-41 所示。

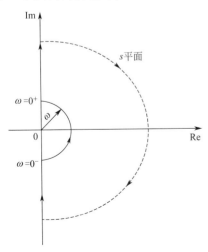

图 5-41 绕过原点的极点或零点的封闭曲线

其描述为 $s = \lim\limits_{\varepsilon \to 0}\varepsilon e^{j\varphi}\left(-\dfrac{\pi}{2} \leqslant \varphi \leqslant \dfrac{\pi}{2}\right)$，因此由式(5-58)有

$$G(j\omega)H(j\omega)\Big|_{s=\lim\limits_{\varepsilon\to 0}\varepsilon e^{j\varphi}} = K \dfrac{\prod\limits_{j=1}^{m}(\tau_j s + 1)}{s^v \prod\limits_{i=1}^{n}(T_i s + 1)}\Bigg|_{s=\lim\limits_{\varepsilon\to 0}\varepsilon e^{j\varphi}}$$

$$= \lim\limits_{\varepsilon\to 0}\dfrac{K}{\varepsilon^v}e^{-jv\varphi} = \infty e^{-jv\varphi} \tag{5-59}$$

式(5-59)表明这一无穷小的圆弧在 $G(s)H(s)$ 平面上的映射为顺时针无穷大的半圆环绕原点，旋转角度为 $v\pi$（弧度）。

对于这类开环系统为了绕过 $s=0$ 的极点，首先应当绘制 ω 从 0^+ 变化到 $+\infty$ 时的 $G(j\omega)H(j\omega)$ 轨迹，其次，按 $G(j\omega)H(j\omega)$ 轨迹的对称特性就可得 ω 从 $-\infty$ 变化到 0^- 时

的 $G(j\omega)H(j\omega)$ 轨迹，而 s 沿 0^- 到 0^+ 这段无穷小的圆弧变化，可以按上述的映射关系，由 0^- 向 0^+ 顺时针画一无穷大的圆弧，相对原点旋转的角度为 $v\pi$（弧度），这段圆弧称为奈奎斯特曲线的补线，奈奎斯特曲线的补线常常绘成虚线。这样就可以应用奈奎斯特判据来判断这类系统的闭环稳定性。图 5-42 给出 $v=1$ 和 $v=2$ 时的开环系统奈奎斯特曲线。

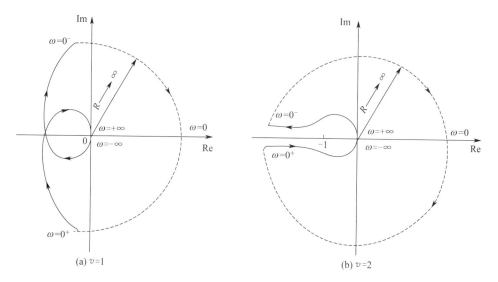

图 5-42　$v=1$ 和 $v=2$ 的开环系统奈奎斯特曲线

【例 5-10】 系统的开环传递函数为

$$G(s)H(s)=\frac{K}{s(s+1)(2s+1)}$$

① 当 $K=0.75$ 时，绘制开环极坐标图并判断闭环系统的稳定性。
② 当 $K=3$ 时，绘制开环极坐标图并判断闭环系统的稳定性。

解　开环传递函数无 s 右半平面极点，故 $P=0$。
开环频率特性函数为

$$G(j\omega)H(j\omega)=\frac{K}{\omega\sqrt{\omega^2+1}\sqrt{(2\omega)^2+1}}\angle(-90°-\arctan\omega-\arctan2\omega)$$

求得 $G(j\omega)H(j\omega)$ 曲线与负实轴交点处的频率为 $\omega=\frac{1}{\sqrt{2}}$ rad/s。

① $K=0.75$ 时，将 $\omega=\frac{1}{\sqrt{2}}$ rad/s 代入 $|G(j\omega)H(j\omega)|$ 中，得到 $|G(j\omega)H(j\omega)|=\frac{1}{2}$。即当 ω 由 $0^+\to+\infty$ 时，曲线与负实轴交于 $\left(-\frac{1}{2}, j0\right)$，补充 ω 由 $-\infty\to 0^-$ 的曲线，根据奈奎斯特判据，如图 5-43(a) 所示，奈奎斯特曲线没有包围 $(-1, j0)$ 点，因此 $N=0$，$Z=N+P=0$，故系统稳定。

② $K=3$ 时，将 $\omega=\frac{1}{\sqrt{2}}$ rad/s 代入 $|G(j\omega)H(j\omega)|$ 中，得到 $|G(j\omega)H(j\omega)|=2$。即当 ω 由 $0^+\to+\infty$ 时，曲线与负实轴交于 $(-2, j0)$，补充 ω 由 $-\infty\to 0^-$ 的曲线，根据奈奎斯特判据，图 5-43(b) 中奈奎斯特曲线顺时针包围 $(-1, j0)$ 点 2 周，$N=2$，$Z=N+P=2$，故系统不稳定。

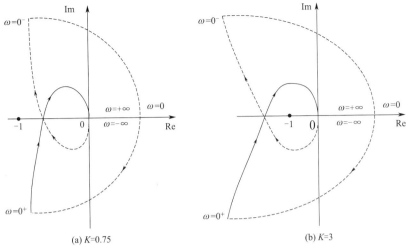

(a) $K=0.75$ (b) $K=3$

图 5-43 例 5-10 图

【**例 5-11**】 系统开环传递函数为
$$G(s)H(s)=\frac{K(\tau s+1)}{s^2(Ts+1)}$$

① 当 $T<\tau$ 时，绘制开环极坐标图，并判定闭环系统的稳定性。
② 当 $T>\tau$ 时，绘制开环极坐标图，并判定闭环系统的稳定性。

解 系统不存在 s 右半平面的极点，故 $P=0$。
开环频率特性函数为
$$G(j\omega)H(j\omega)=\frac{K\sqrt{(\omega\tau)^2+1}}{\omega^2\sqrt{(\omega T)^2+1}}\angle(-180°-\arctan\omega T+\arctan\omega\tau)$$

① 当 $T<\tau$ 时，ω 由 $0^+\to+\infty$ 时，有
$$\angle G(j\omega)H(j\omega)=\angle[-180°-(\arctan\omega T-\arctan\omega\tau)]>-180°$$
奈奎斯特曲线在第三象限，补充 ω 由 $-\infty\to0^-$ 后，如图 5-44(a) 中所示，奈奎斯特曲线没有包围 $(-1,j0)$ 点，$N=0$，因此 $Z=N+P=0$，闭环系统稳定。

② 当 $T>\tau$ 时，ω 由 $0^+\to+\infty$ 时，有
$$\angle G(j\omega)H(j\omega)=\angle[-180°-(\arctan\omega T-\arctan\omega\tau)]<-180°$$
奈奎斯特曲线位于第二象限，如图 5-44(b) 中所示，奈奎斯特曲线顺时针包围 $(-1,j0)$ 点 2 周，$N=2$，$Z=N+P=2$，故闭环系统不稳定。

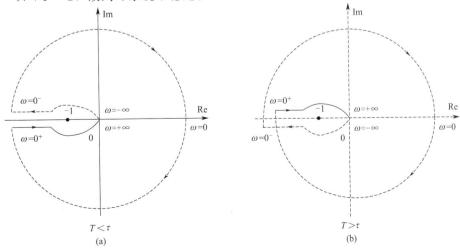

(a)   (b)

图 5-44 例 5-11 图

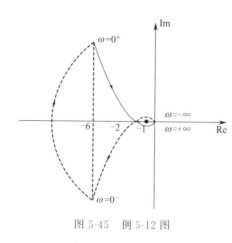

图 5-45 例 5-12 图

【例 5-12】 给定系统的开环传递函数为
$$G(s)H(s) = \frac{2(s+1)}{s(2s-1)} \quad (K>0)$$
试用奈奎斯特判据判断闭环系统的稳定性。

解 系统存在 s 右半平面的极点 $s=\frac{1}{2}$，故 $P=1$。

令 $s=j\omega$，则
$$G(j\omega)H(j\omega) = \frac{2(j\omega+1)}{j\omega(2j\omega-1)} = -\frac{6\omega^2}{4\omega^4+\omega^2} - \frac{4\omega^3-2\omega}{4\omega^4+\omega^2}j$$

当 $\omega \to 0^+$ 时，曲线起始于 $(-6,+j\infty)$；$\omega \to +\infty$ 时，曲线终止于 $(0,-j0)$。$\omega = \pm\frac{1}{\sqrt{2}}$ rad/s 时，曲线与实轴交于 $(-2,j0)$。奈奎斯特曲线逆时针包围 $(-1,j0)$ 点 1 次，故 $N=-1$。又因 $P=1$，所以 $Z=N+P=0$，系统稳定。奈奎斯特曲线如图 5-45 所示。

5.4 控制系统的稳定裕量 Stability Margin of Control Systems

在设计控制系统时，除了要求系统闭环稳定外，还希望系统参数或被控对象模型稍有变化时系统仍是闭环稳定的。也就是说系统还应该有一定的稳定裕量。稳定裕量反映了系统的相对稳定性，通常用幅值裕量和相角裕量来衡量。

5.4.1 相角裕量和幅值裕量 Phase Margin and Gain Margin

设系统开环传递函数为 $G(s)H(s)$，其频率特性的极坐标图如图 5-46 所示。

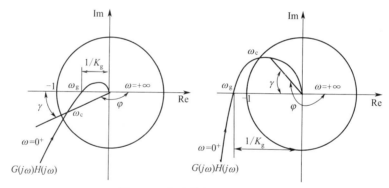

图 5-46 频率特性的极坐标图

开环传递函数的幅相曲线 $G(j\omega)H(j\omega)$ 与幅值为 1 的幅相圆交点处的频率称为剪切频率 ω_c，即 $|G(j\omega_c)H(j\omega_c)|=1$，剪切频率 ω_c 处的相角为 $\varphi(\omega_c)$，相角裕量定义为
$$\gamma = 180° + \varphi(\omega_c) \tag{5-60}$$

开环传递函数的幅相曲线 $G(j\omega)H(j\omega)$ 与负实轴交点处的频率称为相位穿越频率 ω_g，即 $\angle G(j\omega_g)H(j\omega_g) = -180°$，幅值裕量定义为
$$K_g = \frac{1}{|G(j\omega_g)H(j\omega_g)|} \quad \text{或} \quad K_g = 20\lg\frac{1}{|G(j\omega_g)H(j\omega_g)|} \tag{5-61}$$

ω_c、ω_g 分别对应于系统开环伯德图幅频曲线的 0dB 和相频曲线的 $-180°$ 处，若系统闭环稳定，开环最小相位系统的相角裕量必须为正，正值越大系统的相对稳定性越好。当相角裕量为 $\gamma=0°$，开环频率曲线穿越 $(-1,j0)$，闭环系统临界稳定，有虚轴上的共轭闭环极点。对于闭环

稳定的开环最小相位系统，幅值裕量表示了在保证系统稳定的前提下，为提高闭环响应速度或减小稳态误差，开环增益 K 能增加多少；对于闭环不稳定的开环最小相位系统，增益应减小多少才能使其闭环稳定。系统的相对稳定性是由相角裕量和幅值裕量共同决定的，对于开环最小相位系统而言，只有当相角裕量和幅值裕量都是正值时，闭环系统才稳定。在工程中通常取相角裕量 $\gamma = 30° \sim 60°$，幅值裕量 $K_g = 2 \sim 6 dB$。图 5-47 用伯德图分别表达闭环稳定和不稳定的开环最小相位系统的相角裕量和幅值裕量。

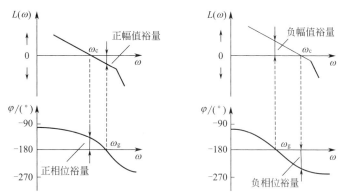

图 5-47 稳定和不稳定的开环最小相位系统的相角裕量与幅值裕量

5.4.2 稳定裕量的计算 Stability Margin Calculation

控制系统的稳定裕量可以用解析法或图解法计算。解析法是根据式(5-60) 和式(5-61) 分别求出相角裕量和幅值裕量；所谓图解法是在所绘制的极坐标图或对数坐标图上直接量取相角裕量 γ 和幅值裕量的倒数，从而得到 γ 和 K_g 或 K_g 的分贝值。解析法能够得到较精确的结果，但对于阶数较高的系统来说计算比较困难。图解法的精度取决于作图的准确性，是一种近似方法，其优点是直观、方便，避免了烦琐的计算。特别是在对数坐标图上，不仅可以直接量出相角裕量 γ 和幅值裕量 K_g，还可得到剪切频率 ω_c 和相位穿越频率 ω_g。有时，也可以将两种方法相结合，以便快速、准确地计算稳定裕量。

【例 5-13】 单位负反馈系统的开环传递函数为

$$G(s)H(s) = \frac{1}{s(1+0.2s)(1+0.05s)}$$

试求系统的相位裕量和幅值裕量。

解 幅值增益裕量相角穿越频率 ω_g 满足

$$\angle G(j\omega_g)H(j\omega_g) = -180°$$

即

$$\arctan 0.2\omega_g + \arctan 0.05\omega_g = 90°$$

利用

$$\arctan\alpha \pm \arctan\beta = \arctan\frac{\alpha+\beta}{1\mp\alpha\beta}$$

解得

$$\omega_g = 10$$

则有

$$K_g = 20\lg\frac{1}{|G(j\omega_g)H(j\omega_g)|} = 28(dB)$$

幅值穿越频率 ω_c 满足

$$|G(j\omega_c)H(j\omega_c)| = 1$$

即

$$\frac{1}{\omega_c\sqrt{(1+0.04\omega_c^2)(1+0.0025\omega_c^2)}}=1$$

解得

$$\omega_c=1$$
$$\gamma=180°+\angle G(j\omega_c)H(j\omega_c)=76°$$

所以系统的幅值裕量为28dB，相角裕量为76°。

【例 5-14】 单位负反馈系统的开环传递函数为

$$G(s)=\frac{K}{s(s+1)(0.1s+1)}$$

试分别确定系统开环增益 $K=5$ 和 $K=20$ 时的相角裕量和幅值裕量。

解 系统的开环频率特性为

$$G(j\omega)=\frac{K}{j\omega(j\omega+1)\left(\frac{1}{10}j\omega+1\right)}$$

其中，两个转角频率分别为 $\omega_1=1$，$\omega_2=10$。

根据这些参数绘制 $K=5$ 和 $K=20$ 时的对数幅频渐近特性和对数相频特性曲线，如图 5-48 所示，它们具有相同的相频特性，但幅频特性不同。

当 $K=5$ 时，由相角裕量的定义可知，其满足

$$\frac{5}{\omega_c\sqrt{\omega_c^2+1}\sqrt{(0.1\omega_c)^2+1}}=1$$

解得 $\omega_c=2.1$。按式(5-60)计算相角裕量可得 $\gamma=14°$。

由相角裕量的定义可知，其满足

$$-90°-\arctan\omega_g-\arctan 0.1\omega_g=-180°$$

计算解得 $\omega_g=3.27$，由式(5-61)计算幅值裕量 $K_g=7.44$dB。

同理，当 $K=20$ 时，可计算获得相角裕量 $\gamma\approx-14°$，幅值裕量 $K_g\approx-6$dB。

此例表明，减小开环增益 K，可以增大系统的相角裕量，但 K 的减小可能会使系统的稳态误差变大。为了使系统具有良好的过渡过程，通常要求相角裕量达到 $45°\sim60°$，而欲满足这一要求，应使开环对数幅频特性在截止频率附近的斜率大于 -40dB/dec，且有一定宽度。因此，为了兼顾系统的稳态误差和过渡过程的要求，有必要应用校正方法来实现。

5.5 控制系统的闭环频率特性 Closed-loop Frequency Characteristics of Control Systems

对于闭环控制系统，也可以通过闭环频率特性来对系统进行研究，闭环频率特性的定义与开环频率特性类似，闭环频率特性可以由系统的开环频率特性来求得。

(1) 闭环频率特性基本概念

如图 5-49 所示的单位反馈控制系统，系统闭环传递函数及闭环频率特性与开环频率特性的关系为

$$G_B(s)=\frac{G(s)}{1+G(s)}$$

$$G_B(j\omega)=\frac{G(j\omega)}{1+G(j\omega)} \tag{5-62}$$

$$G_B(j\omega)=\frac{G(j\omega)}{1+G(j\omega)}=M(\omega)\angle\alpha$$

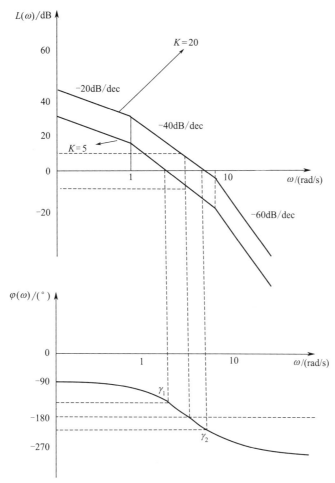

图 5-48 例 5-14 的开环对数幅频特性曲线

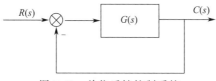

图 5-49 单位反馈控制系统

闭环频率特性也分为幅频特性和相频特性。若某系统的开环奈奎斯特曲线如图 5-50 所示，可用矢量表示方法描述闭环频率特性与开环频率特性的关系，图 5-50 中 A 点矢量为 $\overrightarrow{OA} = |G(j\omega_1)|\angle\varphi$，$P$ 点为 $(-1,j0)$，则 A 点矢量为

$$\overrightarrow{PA} = 1 + G(j\omega_1) = |1 + G(j\omega_1)|\angle\theta$$

在任意频率处有

$$G_B(j\omega) = \frac{G(j\omega)}{1+G(j\omega)} = M(\omega)e^{j\alpha(\omega)} = \frac{\overrightarrow{OA}}{\overrightarrow{PA}} \tag{5-63}$$

$$\alpha(\omega) = \angle|\overrightarrow{OA}| - |\overrightarrow{PA}| = \varphi - \theta \tag{5-64}$$

$$M(\omega) = \frac{|G(j\omega)|}{|1+G(j\omega)|} = \frac{|\overrightarrow{OA}|}{|\overrightarrow{PA}|} \tag{5-65}$$

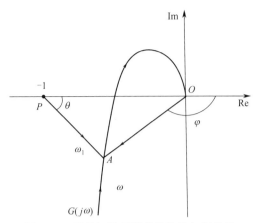

图 5-50 开环与闭环频率特性的矢量关系

图 5-51 给出了典型单位反馈系统闭环幅频特性曲线。

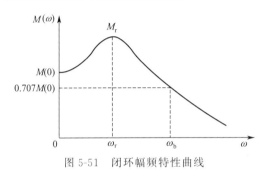

图 5-51 闭环幅频特性曲线

闭环幅频特性 $M(\omega)$ 的低频段较为平缓，随着系统参考输入频率的增加，闭环幅值 $M(\omega)$ 逐渐增大，在到某一谐振峰值后，将较快地衰减直至为零，说明反馈控制系统大都是低通系统。闭环频率响应的主要性能指标有：

① 闭环谐振频率 ω_r 和谐振峰值 M_r：谐振峰值 M_r 是闭环幅频曲线的最大幅值处的幅值，与其对应的频率称为谐振频率 ω_r。

② 闭环截止频率和闭环带宽 ω_b：当系统闭环幅值 $M(\omega)$ 变化到初值 $M(0)$（0 频率幅值）的 0.707 倍时［或小于 $M(0)$ 3dB 时］的频率称为截止频率 ω_b，即闭环带宽。ω_b 越大系统响应速度越快，但抗干扰能力差。

谐振峰值 M_r 表征了系统的动态特性，较大的 M_r 表示系统具有一对阻尼比小的主导复极点，会产生不理想的瞬态响应，M_r 越大系统平稳性越差。为了表征系统阻尼程度，最常给出的是系统相角裕量和幅值裕量，而不是谐振峰值。

（2）尼科尔斯图

用开环频率特性求系统的闭环频率特性时，需要准确绘制出系统的开环幅相特性曲线 $G(j\omega)$，一般比较麻烦，因此，希望通过开环对数频率特性来求闭环频率特性。为查对方便和互相换算，将式(5-64) 和式(5-65) 的关系在对数幅相平面上绘制成标准图线，即尼科尔斯图（图 5-52）。

尼科尔斯图线由两簇曲线组成，一簇为等闭环幅值曲线（等 M 圆），是对应于闭环频率特性的幅值为定值时的曲线；另一簇为等闭环相角曲线（等 N 圆），是对应于闭环频率特性的相角为定值时的曲线。尼科尔斯图线对称于-180°轴线，每经过 360°等闭环幅值曲线和等闭环相角曲线重复一次。

若将尼科尔斯图与开环频率特性曲线结合起来，在尼科尔斯图上开环频率特性曲线与等 M 圆和等 N 圆的交点处的值分别为交点频率处的闭环幅值与相角。若与等 M 圆相切，那么切点处

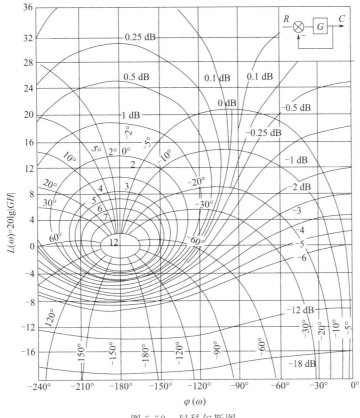

图 5-52 尼科尔斯图

的频率为谐振频率 ω_r，幅值为谐振峰值 M_r。

5.6 频域响应与系统性能指标间的关系 Relationship between Frequency Response and System Performance Indicators

对闭环控制系统，在系统闭环稳定的基础上，可以进一步考查其瞬态响应性能。由于瞬态响应的性能指标最为直观、最具有实际意义，因此，系统性能的优劣最终是用瞬态响应性能指标来衡量。所以研究频率特性的性能指标与瞬态响应性能指标之间的关系，对于用频域法分析、设计控制系统是非常重要的。

5.6.1 二阶系统 Second-order Systems

设典型二阶系统闭环传递函数为

$$G_B(s)=\frac{C(s)}{R(s)}=\frac{\omega_n^2}{s^2+2\zeta\omega_n s+\omega_n^2}$$

当 $0<\zeta<\frac{1}{\sqrt{2}}$ 时，由 5.2.1 节的分析有

$$\begin{cases} M_r=\dfrac{1}{2\zeta\sqrt{1-\zeta^2}} \\ \omega_r=\omega_n\sqrt{1-2\zeta^2} \end{cases} \quad (5-66)$$

由式(5-66)可知，当 $\zeta>0.707$ 时，系统不产生谐振，此时，幅频特性 $M(\omega)$ 随 ω 的增加单调衰减；当 $0<\zeta<1/\sqrt{2}=0.707$ 时，谐振峰值 M_r 是阻尼比 ζ 的单值函数，并随 ζ 的减小而不断增

大。当 $\zeta \to 0$ 时，有 $M_r \to \infty$，而 $\omega_r \to \omega_n$，系统从阻尼振荡趋近于无阻尼自然振荡。为便于比较，把谐振频率 ω_r 和振荡频率 ω_d 随阻尼 ζ 变化的曲线绘于图 5-53 中。从图 5-53 可以看出，两条曲线相似，但 $\omega_r < \omega_d$，且 ζ 越大，ω_r 与 ω_d 相差越多。

因谐振峰值 M_r 和超调量 $\sigma\%$ 都为阻尼比 ζ 的单值函数，将 $\sigma\% = e^{-\frac{\zeta}{\sqrt{1-\zeta^2}}\pi} \times 100\%$ 与式(5-66)函数关系同时绘于图 5-54 中。

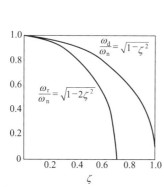

图 5-53 ω_r、ω_d 与 ζ 间的关系曲线

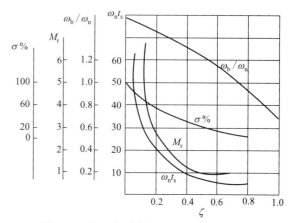

图 5-54 闭环频域指标和时域指标的关系

如将系统特征参量和瞬态调节时间的近似表达式 $t_s \approx \dfrac{3}{\zeta \omega_n}$ 也绘于图 5-54 中。对于给定的 M_r，由曲线可直接查得 $\omega_n t_s$。

对于带宽频率 ω_b 和阻尼比 ζ 之间的关系，令 $M(\omega) = \dfrac{1}{\sqrt{2}} M(0) = \dfrac{1}{\sqrt{2}}$ 可求得带宽频率 ω_b

$$\omega_b = \omega_n \sqrt{1 - 2\zeta^2 + \sqrt{2 - 4\zeta^2 + 4\zeta^4}} \tag{5-67}$$

将 $\dfrac{\omega_b}{\omega_n}$ 与 ζ 的关系曲线也绘于图 5-54 中。分析可知，ω_b 为 ζ 的减函数，即 ω_b 与阻尼比 ζ 成反比，所以系统单位阶跃响应速度与带宽成正比。

给定 M_r，由图 5-54 可直接查出超调量 $\sigma\%$。也可以直接绘出谐振峰值 M_r 和超调量 $\sigma\%$ 的关系曲线，如图 5-55 所示。M_r 越小，系统的阻尼性能越好。而当 M_r 较高时，系统的超调量较大，收敛慢，平稳性较差。当 $M_r = 1.2 \sim 1.5$ 时，对应的 $\sigma\%$ 为 $20\% \sim 30\%$。这时的瞬态响应有适度的振荡，平稳性较好。因此，在进行控制系统设计时，常以 $M_r = 1.3$ 作为设计依据。

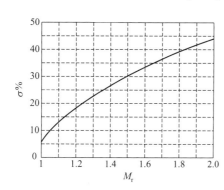

图 5-55 谐振峰值 M_r 与超调量 $\sigma\%$ 的关系

5.6.2 高阶系统 Higher-order Systems

对于高阶系统，时域指标与闭环频率特性的特征量之间没有确切关系。但是，若高阶系统存在一对共轭复数主导极点时，则可用二阶系统所建立的关系来近似表示。至于一般的高阶系统，常用下面两个经验公式估算系统的动态指标

$$\sigma\% = [0.16 + 0.4(M_r - 1)] \times 100\% \quad (1 \leqslant M_r \leqslant 1.8) \tag{5-68}$$

$$t_s = \frac{\pi}{\omega_c}[2+1.5(M_r-1)+2.5(M_r-1)^2]$$
$$= \frac{1.6\pi}{\omega_b}[2+1.5(M_r-1)+2.5(M_r-1)^2] \quad (1 \leqslant M_r \leqslant 1.8) \quad (5-69)$$

实际上，高阶系统特征量谐振峰值 M_r、带宽频率 ω_b 与开环频率特性中的相角裕量 γ（γ 不太大时）、截止频率 ω_c 之间存在如下近似关系

$$\begin{cases} \omega_b = 1.6\omega_c \\ M_r \approx \dfrac{1}{\sin\gamma} \end{cases} \quad (5-70)$$

5.7 利用 Matlab 进行控制系统的频域分析 Frequency Domain Analysis by Matlab

【例 5-15】 已知系统的开环传递函数为

$$G(s) = \frac{1000(s+1)}{s(s+0.5)(s^2+14s+400)}$$

试用 Matlab 绘制其对数坐标图和极坐标图。

解 ① 利用上述函数绘制对数坐标图时，程序段如下：

```
num = [1000 1000];              %开环传递函数的分子
den = conv([1 0.5 0],[1 14 400]);   %开环传递函数的分母
bode(num,den);                  %用 bode 命令绘图
grid;
```

其结果如图 5-56 所示。

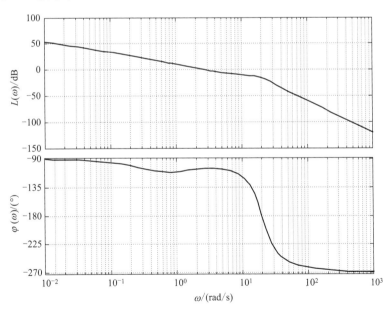

图 5-56 系统的伯德图

② 利用上述函数绘制极坐标图时，其程序段如下：

```
num = [0 0 1000 1000];          %开环传递函数的分子
den = conv([1 0.5 0],[1 14 400]);   %开环传递函数的分母
nyquist(num,den);               %用 nyquist() 函数绘图
```

其结果如图 5-57 所示。

为看清细节，则 Matlab 程序为：

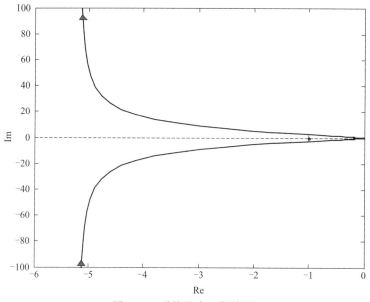

图 5-57 系统的奈奎斯特图

```
num = [0 0 1000 1000];              %开环传递函数的分子
den = conv([1 0.5 0],[1 14 400]);   %开环传递函数的分母
nyquist(num,den)                    %用 nyquist（）函数绘图
v = [－2 3 －3 3];axis(v)            %指定图形显示范围
grid;
```

结果如图 5-58 所示。

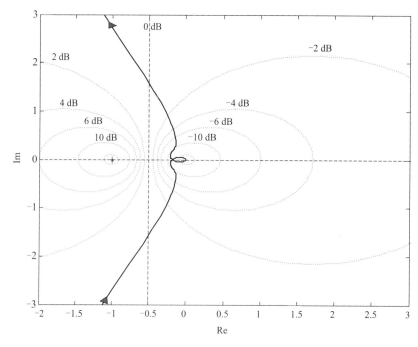

图 5-58 系统的奈奎斯特图（局部）

本章小结

本章主要介绍频率特性的基本概念，频率特性的图形（包括开环频率特性图和闭环频率特性图）

表示方法以及利用开环频率特性分析系统的稳定性、稳定裕量和利用闭环频率特性分析频域指标与时域指标之间的关系的方法等。

频率特性是系统的频率响应与正弦输入信号的复数比。频率响应是指系统在正弦输入信号作用下，线性系统输出的稳态分量。频率特性是传递函数的一种特殊形式，将系统（或环节）传递函数中的复数，换成纯虚数 $j\omega$，即可得出系统的（或环节）的频率特性。

频率特性图因采用的坐标不同而分为极坐标图、伯德图和对数幅相图等形式。各种形式之间是互通的，每种形式有其特定的适用场合。例如，开环极坐标图分析闭环系统的稳定性时比较直观，理论分析时经常采用；伯德图在分析系统参数变化对系统性能的影响以及运用频率法校正时很方便，实际工程应用十分广泛；由开环频率特性获取闭环频率特征量时，用对数幅相特性最直接。

奈奎斯特稳定判据是频率法的重要理论基础，利用奈奎斯特判据，除了可判断闭环系统的稳定性外，还可引出相角裕度和幅值裕度的概念。对于多数工程系统而言，可以用相角裕量和幅值裕量描述系统的相对稳定性。

对于单位反馈的最小相位系统，根据开环对数幅频特性 $L(\omega)$ 可以确定闭环系统的性能。可将 $L(\omega)$ 划分为低、中、高三个频段，$L(\omega)$ 低频段的渐近线斜率和高度分别反映系统的型别（v）和开环增益的大小，表征系统的稳态性能；中频段反映系统的截止频率和相角裕度，表征系统的动态性能；高频段对动态性能的影响甚小，表征系统抗高频干扰的能力。

利用开环频率特性或闭环频率特性的某些特征量，均可对系统的时域性能指标作出间接的评估。其中开环频域指标是相角裕度 γ、剪切频率 ω_c 等。闭环频域指标是谐振峰值 M_r、谐振频率 ω_r 以及系统带宽 ω_b。这些特征量和时域指标 $\sigma\%$、t_s 之间有密切的关系。这种关系对二阶系统是确定的，对于高阶系统则是近似的，但在工程设计中基本满足要求。

关键术语和概念

- 频率响应（Frequency response）：是指在正弦输入信号作用下系统输出稳态响应的振幅和相位与输入正弦信号间的关系。
- 频域分析法（Frequency domain analysis method）：通过系统对正弦输入信号的稳态响应来分析系统的频域特性或响应，研究系统的稳定性、相对稳定性和动态性能。
- 幅值比（Amplitude ratio）：同频率下输出信号与输入信号的幅值之比。
- 相位差（Phase difference）：输出信号相位与输入信号相位之差。
- 极坐标图（Polar plots）：以角频率 ω 作为自变量，当频率 ω 从 0^+ 变化到 $+\infty$ 时，把复函数 $G(j\omega)$ 的幅值与相角随 ω 的变化用一条曲线同时表示在复平面上，亦称幅相特性曲线或奈奎斯特图。
- 分贝（Decibel）：对数增益的度量单位。
- 对数幅频（Logarithmic magnitude-frequency）：频率特性幅值的对数，即 $20\lg|G(j\omega)|$，其中，$G(j\omega)$ 为频率特性函数。
- 伯德图（Bode diagram）：频率特性的对数幅值和对数频率 ω 之间的关系图以及频率特性的相角与对数频率 ω 之间的关系图。
- 对数坐标图（Logarithmic plots）：通过半对数坐标分别表示幅频特性和相频特性的图形，即伯德图。
- 幅值穿越频率（Gain crossover frequency）：幅频特性为 1 或伯德图幅频特性穿过 0dB 线时所对应的频率，也称剪切频率。
- 相位穿越频率（Phase crossover frequency）：开环传递函数的幅相曲线 $G(j\omega)H(j\omega)$ 与负实轴交点处的频率称为相位穿越频率 ω_g。
- 转折频率（Corner frequency）：由于零点或极点的影响，对数幅频特性渐近线的斜率发生变化时的对应频率。转折频率又称交接频率。
- 最小相位系统（Minimum phase systems）：如果系统开环传递函数在复平面 s 的右半面既没有极点，也没有零点和纯滞后环节，则称该传递函数为最小相传递函数，具有最小相位传递函数的系统称为最小相位系统。反之，则称为非最小相位系统。

- 奈奎斯特稳定判据（Nyquist stability criterion）：如果系统的开环传递函数 $G(s)$ 在右半平面的极点数为零，那么闭环控制系统稳定的充要条件为 $G(s)$ 平面上的映射曲线不包围或净包围 $(-1,j0)$ 零圈。
- 相角裕量（Phase margin）：使系统达到临界稳定状态时开环频率特性的相角尚可减少或增加的数值。
- 增益裕量（Gain margin）：使系统达到临界稳定状态时所需的系统增益的放大倍数。
- 谐振频率（Resonant frequency）：由共轭复极点所引起的，闭环频率响应取得最大幅值时所对应的频率，用 ω_r 表示。
- 谐振峰值（Resonant peak magnitude）：由复极点对引起，出现在谐振频率点上的响应峰值，用 M_r 表示。

习 题

5-1 概略绘制下列传递函数的幅相曲线。

(1) $G(s)=\dfrac{K}{s(16s^2+6.4s+1)}$ (2) $G(s)=\dfrac{Ks^2}{(s+0.31)(s+5.06)(s+0.64)}$

(3) $G(s)=\dfrac{K(s+1)}{s(s^2+8s+100)}$ (4) $G(s)=\dfrac{K(\tau_1 s+1)(\tau_2 s+1)}{s^3}$ $(\tau_1,\tau_2>0)$

(5) $G(s)=\dfrac{K}{s(Ts-1)}$ $(T>0)$ (6) $G(s)=\dfrac{K(1+s)}{s^2}$

5-2 已知系统传递函数为

$$G(s)H(s)=\dfrac{50(s-3)(4s^2+4s+1)}{(s^3+4s^2+25s)(s-1)(s^2+5s+6)}.$$

计算其在 $\omega=2\text{rad/s}$ 和 $\omega=20\text{rad/s}$ 时的幅频特性 $A(\omega)$，对数幅频特性 $L(\omega)$ 以及相频特性 $\varphi(\omega)$。

5-3 求下述系统的相位穿越频率 ω_g。

(1) $G(s)=\dfrac{K}{s(T_1 s+1)(T_2 s+1)}$ $(K,T_1,T_2>0)$

(2) $G(s)=\dfrac{K}{s(T_1 s+1)(T_2 s+1)(T_3 s+1)}$ $(K,T_1,T_2,T_3>0)$

(3) $G(s)=\dfrac{K}{s(T_1 s+1)(T_2 s+1)(T_3 s+1)(T_4 s+1)}$ $(K,T_1,T_2,T_3,T_4>0)$

5-4 已知系统传递函数为

$$G(s)=\dfrac{10(s^2-2s+5)}{(s+2)(s-0.5)}$$

试概略绘制系统的幅相特性曲线。

5-5 试绘制下列传递函数的对数幅频渐近特性曲线。

(1) $G(s)=\dfrac{10}{2s+1}$ (2) $G(s)=\dfrac{50}{s^2(s^2+s+1)(6s+1)}$

(3) $G(s)=\dfrac{40(s+0.5)}{s(s+0.2)(s^2+s+1)}$

5-6 若系统的截止频率 $\omega_c=5\text{rad/s}$，试确定下述传递函数的系统参数 K 或 T。

(1) $G(s)=\dfrac{Ks^2}{(1+0.2s)(1+0.02s)(1+2s)}$

(2) $G(s)=\dfrac{100}{s(1+s)(1+Ts)(1+10Ts)}$

5-7 图 5-59 中（a）、（b）是最小相位系统的对数幅频渐近特性曲线，试确定其传递函数。

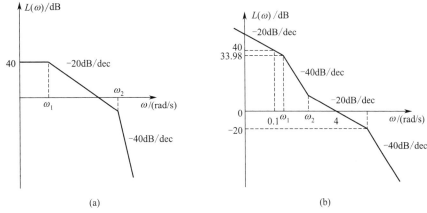

图 5-59 习题 5-7 图

5-8 已知单位反馈系统开环传递函数如下，其相应的幅相特性曲线分别如图 5-60(a)、(b) 所示，试用奈奎斯特判据判别闭环系统的稳定性，其中 ζ，ω_n，K，T_i ($i=1, 2\cdots$) 皆大于零。

(1) $G(s) = \dfrac{K}{(T_1 s - 1)(T_2 s + 1)(T_3 s + 1)}$

(2) $G(s) = \dfrac{K(T_4 s + 1)(T_5 s + 1)(T_6 s + 1)}{(T_1 s - 1)(T_2 s + 1)(T_3 s + 1)}$

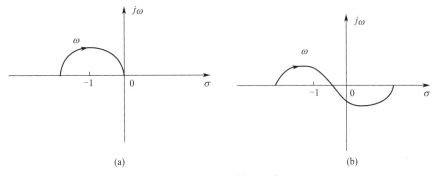

图 5-60 习题 5-8 图

5-9 已知最小相位系统的幅角计算公式为

$$\varphi(\omega) = -90° - \arctan\omega + \arctan\dfrac{\omega}{3} - \arctan 10\omega, \quad |G(j5)| = 2。$$

试计算其传递函数。

5-10 已知单位负反馈系统的开环传递函数为

$$G(s) = \dfrac{K}{s(T_1 s + 1)(T_2 s + 1)}$$

其中 T_1，$T_2 > 0$。试确定使系统闭环稳定的参数 T_1，T_2 的范围。

5-11 已知系统开环幅相特性曲线分别如图 5-61(a)、(b) 所示，系统开环极点都具有负实部。试确定闭环极点位于 s 右半平面的个数。

5-12 已知单位负反馈系统的开环传递函数为

$$G(s) = \dfrac{100}{s(0.8s + 1)(0.25s + 1)}$$

试用奈奎斯特判据判断闭环系统的稳定性。

5-13 已知单位负反馈系统的开环传递函数为

$$G(s) = \dfrac{K}{s(0.2s + 1)^2}$$

试求：(1) 使系统幅值裕量为 20dB 的 K 值；

(2) 使系统的相角裕度为 $60°$ 的 K 值。

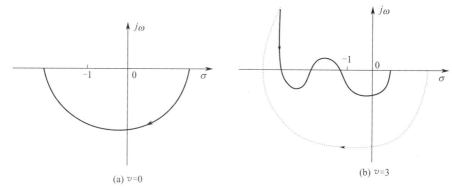

(a) $v=0$　　　　　　　　　　(b) $v=3$

图 5-61　习题 5-11 图

5-14　设系统开环传递函数为

$$G(s)=\frac{K(0.33s+1)}{s(s-1)}, K=6$$

（1）画出系统的奈奎斯特图，并判断单位反馈下闭环系统的稳定性；

（2）讨论 K 减小对闭环系统稳定性的影响，并计算临界稳定时的 K 值。

5-15　单位负反馈系统的开环传递函数为

$$G(s)=\frac{K}{s(1+0.2s)(1+0.05s)}$$

试通过增益 K 的调整，使系统的幅值裕量为 20dB，相位裕度满足 $\gamma \geqslant 40°$。

6 线性控制系统的综合与校正
Synthesis and Correction of Linear Control Systems

【案例引入】

锅炉温度控制系统中，通常选择炉口温度作为被控量。当燃料输入发生变化时，经过传输、燃烧等，引起锅炉出口炉温变化往往需要较长的响应时间，在这个锅炉温度控制系统中，被控对象反应迟钝，超调大，过渡过程长，导致控制质量变差。但锅炉炉膛温度的响应时间却相对快速，为改善动态过程，可以测量炉膛温度并进行局部反馈，以提高控制质量。

【学习意义】

综合是分析的反问题，按照给定控制系统的瞬态性能指标和稳态性能指标，设计或完善控制器，使最终的控制系统满足性能指标要求，这类问题也被称为校正问题。正确选择校正环节的结构和参数是综合与校正需要解决的问题。校正问题与分析问题不同，具有很大的灵活性。可采用不同的校正方法（包括时域方法或频域方法）使系统满足同一组性能指标，设计者可根据系统的运行环境、实际需求做出合适的选择。

本章主要介绍线性控制系统频率特性的校正与综合方法。频率法校正是一种应用广泛的控制系统间接设计方法。伯德图可以清楚地显示系统的幅相频率特性，方便确定校正装置的参数，常用来作为系统校正的设计工具。加入校正环节可以改变系统的伯德图形状，使之具有合适的高频、中频和低频特性，得到满意的闭环品质。

【学习目标】

① 了解校正装置及其特性；
② 掌握串联校正装置的设计方法及其参数的确定；
③ 了解反馈校正的原理及其特点；
④ 掌握复合校正的原理及其参数确定方法。

6.1 综合与校正的概念 The Concept of Synthesis and Correction

被校正对象是指被控对象（如飞行器、车床、锅炉等）和按生产需求或其他因素选定的各种部件（如电机、功率放大装置、传输装置等）所构成的整体，是控制系统的既定部分。围绕被校正对象附加具有某种典型环节特性的电力电子网络、运算或测量装置等，并设置合适的环节参数使得整个系统的控制性能得到改善，这个过程就是校正。

6.1.1 校正的基本方式 Basic Correction Modes

根据校正装置接入系统的方式不同，可将基本的校正方法分为三种：

① 串联校正。如图 6-1 所示，在控制系统的前向通道上，校正装置 $G_c(s)$ 与被校正对象 $G_p(s)$ 以串联方式连接，而且为了减少校正装置的输出功率，降低成本，通常将校正装置串联在前向通道的前端。

② 反馈校正。校正装置作为反馈环节包围被校正对象或者被校正对象的一部分，如图 6-2 所示。图中 $G_{p1}(s)$ 和 $G_{p2}(s)$ 为被校正对象，$G_{p2}(s)$ 和 $G_c(s)$ 构成的闭环称为局部闭环，这种反馈方式也称为局部反馈校正。

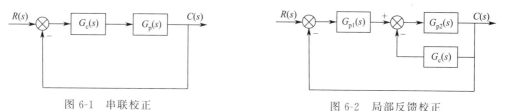

图 6-1 串联校正　　　　　　　　图 6-2 局部反馈校正

③ 前馈校正。如图 6-3 所示，是在系统主反馈回路之外采取的校正方式。一般根据输入或干扰引起的误差进行补偿，以降低稳态误差，该方法要求预知系统模型或干扰信号的相应知识。

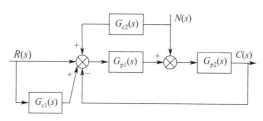

图 6-3 前馈校正

串联校正和反馈校正会影响系统的特征方程，经合理设计可以大幅度提高系统性能，使其达到相关性能指标的要求，因此这两种校正方法应用比较广泛。前馈校正通过开环补偿的方法来提高系统的精度，一般不单独使用。选择哪种校正方式，取决于系统结构、采用元件等。对于快速性、平稳性和稳态精度要求都很高的系统，也可将三种方式结合起来，构成复合校正。

6.1.2 基本控制规律 Basic Control Rules

在控制系统中，最简单通用的校正装置为比例、积分和微分等控制器，工业上常将这些控制器组合应用，如比例积分、比例微分和比例积分微分等。设定控制器的输入是偏差 $e(t)$，输出是控制信号 $u(t)$，则比例控制器的输入-输出关系为

$$u(t) = K_P e(t)$$
$$U(s) = K_P E(s) \tag{6-1}$$

积分控制器为

$$u(t) = K_I \int_0^t e(t)\mathrm{d}t$$
$$U(s) = \frac{K_I}{s} E(s) \tag{6-2}$$

微分控制器为

$$u(t) = K_D \frac{\mathrm{d}e(t)}{\mathrm{d}t}$$
$$U(s) = K_D s E(s) \tag{6-3}$$

式中，K_P、K_I、K_D 分别对应比例系数、积分系数和微分系数。比例控制器的输出与输入成正比，输出只取决于输入现状。K_P 的增大可以减小稳态误差，但同时也会导致稳定性下降，K_P 过大还会使系统产生激烈的振荡而不稳定。积分输出 $u(t)$ 是偏差 $e(t)$ 的累积，可以减小或消除系统稳态误差。微分输出 $u(t)$ 则是输入 $e(t)$ 变化趋势的反映，常常用来提高系统的动态响应，同时又不降低其稳态精度。

(1) 比例微分（PD）控制规律

理想微分校正装置常和比例校正结合构成一阶比例微分校正，其微分方程和传递函数分别为

$$u(t) = K_P e(t) + K_D \frac{de(t)}{dt}$$

$$G_c(s) = \frac{U(s)}{E(s)} = K_P + K_D s \tag{6-4}$$

从时域的角度，$\frac{de(t)}{dt}$ 表示误差的变化率，因此 PD 控制本质上是一种超前控制。一方面，PD 控制器通过预测误差发展方向，提前控制系统。线性系统阶跃响应初期，如果输出增长快速，则误差变化剧烈，相应的误差变化率绝对值大，会产生较大的超调。此时，微分控制可以测出误差的变化率，在大超调产生之前就做出适当的校正；另一方面，微分控制只在误差 $e(t)$ 随时间变化时才会起作用。如果系统进入稳态，误差保持不变，则微分控制不起作用。

从频域的角度，PD 控制器的频率特性为

$$G_c(j\omega) = K_P \left(1 + \frac{K_D}{K_P} j\omega\right) \tag{6-5}$$

令 $\omega_1 = \frac{K_P}{K_D}$，$\omega_1$ 对应 PD 控制的转折频率，其伯德图如图 6-4(a) 所示。可以看出，PD 控制器是一个高通滤波器，频率越高，相位越超前，所以可用来提高控制系统的相位裕量。PD 控制器设计就是通过配置转折频率 ω_1，使系统新的剪切频率处对应的相位裕量能够得到改善。同时在高频段，该控制器表现出很大的高频增益，这对抑制高频噪声信号十分不利。通常情况下会采用图 6-4(b) 所示的 PD 近似控制装置去校正系统，以改善其高频特性。

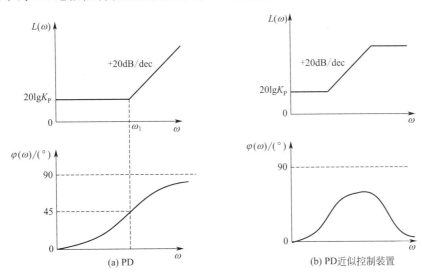

图 6-4 PD 控制器伯德图

(2) 比例积分（PI）控制规律

积分校正装置和比例校正结合构成一阶比例积分（PI）校正，其微分方程和传递函数分别为

$$u(t) = K_P e(t) + K_I \int_0^t e(t) dt$$

$$G_c(s) = K_P + \frac{K_I}{s} \tag{6-6}$$

从时域角度看,比例控制器的输出只取决于输入偏差 $e(t)$ 的现状,能够迅速响应控制作用;而积分控制器的输出则包含了 $e(t)$ 的全部历史,能够提高稳态精度。PI 控制器综合了二者的优点。

从频域的角度,PI 控制器的频率特性为

$$G_c(j\omega) = K_I \frac{\frac{K_P}{K_I} j\omega + 1}{j\omega} \tag{6-7}$$

则一阶微分环节对应的转折频率为 $\omega_1 = \frac{K_I}{K_P}$,伯德图如图 6-5 所示。可以看出,PI 控制器是低通滤波器,能提高系统抗高频干扰的能力,但它同时具有相角滞后特性,会损失相角裕度,降低系统的相对稳定度,校正过程中需要充分考虑这一问题。

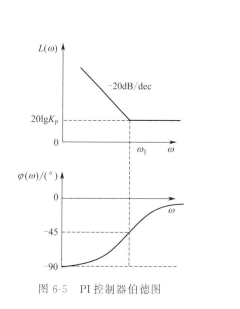

图 6-5 PI 控制器伯德图

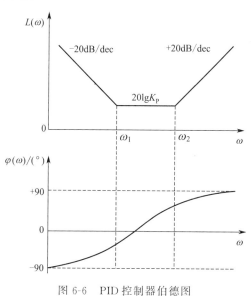

图 6-6 PID 控制器伯德图

(3) 比例积分微分 (PID) 控制规律

PID 就是将比例、积分和微分三个环节结合构成的控制器,其微分方程和传递函数分别为

$$u(t) = K_P e(t) + K_I \int_0^t e(t) \mathrm{d}t + K_D \frac{\mathrm{d}e(t)}{\mathrm{d}t}$$

$$G_c(s) = K_P + \frac{K_I}{s} + K_D s \tag{6-8}$$

PID 控制的伯德图如图 6-6 所示。因为 PID 控制包含了比例、积分和微分的控制规律,所以其兼具 PI 和 PD 的作用。在实际使用中,通过适当选择 K_P、K_I 和 K_D 的值可以灵活调整三种控制规律的强度,从而满足不同系统的性能要求,这正是 PID 控制至今仍然被广泛应用的原因。

【例 6-1】 采用 PD 校正的控制系统如图 6-7 所示。试计算:

① $K_P = 10$,$K_D = 1$ 时,相位裕量 γ 的值;

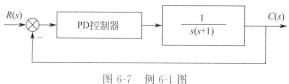

图 6-7 例 6-1 图

② 若指标要求 $\gamma=50°$，$\omega_c=5\mathrm{rad/s}$，试求满足要求的一组 K_P、K_D。

解 ① 系统的开环传递函数为

$$G(s)=\frac{K_P+K_D s}{s(s+1)}$$

当 $K_P=10$，$K_D=1$ 时，有

$$G(s)=\frac{10(0.1s+1)}{s(s+1)}$$

则其开环近似幅频特性为

$$|G(j\omega)|\approx\begin{cases}\dfrac{10}{\omega}, & \omega\leq 1\\[4pt]\dfrac{10}{\omega^2}, & 1<\omega\leq 10\\[4pt]\dfrac{1}{\omega}, & \omega>10\end{cases}$$

可以看出满足 $|G(j\omega_c)|=1$ 的，只有 $\dfrac{10}{\omega_c^2}=1$，计算得出 $\omega_c=3.2\mathrm{rad/s}$。

对应的相位裕度为

$$\gamma=180°-90°+\arctan 0.1\omega_c-\arctan\omega_c=35.1°$$

② 由前分析，系统的开环传递函数为

$$G_{\mathrm{PD}}(s)=\frac{K_P+K_D s}{s(s+1)}=\frac{K_P\left(1+\dfrac{K_D}{K_P}s\right)}{s(s+1)}$$

当 $\omega_c=5\mathrm{rad/s}$，可以得到 $|G(j\omega_c)|\approx\dfrac{K_P}{\omega_c^2}=1$，所以 $K_P=25$。

相角裕度为

$$\gamma=180°+\varphi(\omega_c)=180°-90°+\arctan\frac{5K_D}{K_P}-\arctan 5=50°$$

得 $K_D=4$。

所以，当 $K_P=25$，$K_D=4$ 时满足指标要求 $\gamma=50°$，$\omega_c=5\mathrm{rad/s}$。

6.1.3 校正装置及其特性 Correction Devices and Their Properties

校正装置可以是电气的，也可能是机械的、气动的或者液压的等等。由于电气元件具有体积小、质量轻、调整方便等特点，因此一般情况下，常采用电气校正装置。最常见的电气校正装置分为无源校正装置和有源校正装置。

6.1.3.1 无源校正装置

常用的无源校正装置一般包括无源超前校正装置、无源滞后校正装置以及无源滞后-超前校正装置。

(1) 无源超前网络

典型的无源超前网络如图 6-8 所示，输入信号源的内阻为零，负载阻抗为无穷大，复数阻抗 Z_1、Z_2 为

$$Z_1=\frac{R_1}{1+R_1 Cs},\qquad Z_2=R_2$$

传递函数为

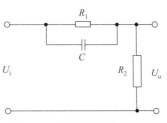

图 6-8 无源超前网络原理图

$$G_c(s) = \frac{U_o(s)}{U_i(s)} = \frac{Z_2}{Z_1+Z_2} = \frac{R_2}{R_1+R_2} \cdot \frac{1+R_1 Cs}{1+\frac{R_1 R_2}{R_1+R_2}Cs} = \frac{1}{a} \cdot \frac{1+aTs}{1+Ts} \qquad (6-9)$$

式中，时间常数 $T = \frac{R_1 R_2}{R_1+R_2}C$；分度系数 $a = \frac{R_1+R_2}{R_2} > 1$。

由于式（6-9）中 $1/a$ 小于1，采用无源超前网络进行串联校正时，整个系统的幅值衰减了 a 倍。如果给无源校正装置接一个放大系数为 a 的比例放大器，便可补偿校正装置的幅值衰减作用，这时，传递函数为

$$G_c'(s) = aG_c(s) = \frac{1+aTs}{1+Ts} \qquad (6-10)$$

超前网络的零、极点分布示于图6-9。实际位置随 a 和 T 的数值而改变。由于 $a>1$，零点总是位于极点的右边。

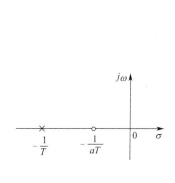

图6-9 无源超前网络的零极点分布

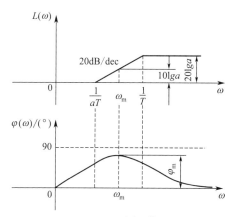

图6-10 超前网络 $\frac{1+aTs}{1+Ts}$ 的波德图

根据式（6-10）画出的对数频率特性如图6-10示。可见，在频率 $\frac{1}{aT}$ 至 $\frac{1}{T}$ 之间，该校正装置的输出信号相角比输入信号相角超前，故称为超前网络。

超前网络的相频特性为

$$\varphi_c(\omega) = \arctan aT\omega - \arctan T\omega = \arctan \frac{(a-1)T\omega}{1+aT^2\omega^2} \qquad (6-11)$$

将上式对 ω 求导，并令其为零，得最大超前角频率

$$\omega_m = \frac{1}{T\sqrt{a}} \qquad (6-12)$$

由于 $\lg\omega_m = \frac{1}{2}\left(\lg\frac{1}{T} + \lg\frac{1}{aT}\right)$，故最大超前角频率 ω_m 是两个转折频率 $\frac{1}{aT}$ 和 $\frac{1}{T}$ 的几何中心。将 ω_m 代入式（6-11），得到最大超前角 φ_m

$$\varphi_m = \arctan \frac{a-1}{2\sqrt{a}} = \arcsin \frac{a-1}{a+1} \qquad (6-13)$$

ω_m 处的对数幅值为

$$L_c(\omega_m) = 20\lg|aG_c(j\omega)| = 10\lg a \qquad (6-14)$$

式（6-13）表明最大超前相角的大小取决于 a 的大小。a 越大，超前作用越显著；但是 a 值过大，对高频噪声的增益较大，对频率较低的控制信号增益较小。所以，实际选用的 a 值一般在 5～10 之间比较合适。如果要求相角大于60°，可用两个超前网络串接。

（2）无源滞后网络

无源滞后网络的电路图如图6-11所示。输入信号源的内阻为零，负载阻抗为无穷大，复数

阻抗 Z_1 和 Z_2 为

$$Z_1 = R_1, Z_2 = R_2 + \frac{1}{Cs}$$

传递函数为

$$G_c(s) = \frac{U_o(s)}{U_i(s)} = \frac{Z_2}{Z_1 + Z_2} = \frac{1 + R_2 Cs}{1 + (R_1 + R_2)Cs} = \frac{1 + bTs}{1 + Ts} \qquad (6-15)$$

式中，时间常数 $T = (R_1 + R_2)C$；分度系数 $b = \dfrac{R_2}{R_1 + R_2} < 1$。

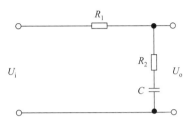

图 6-11 无源滞后网络原理图

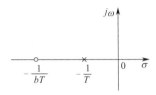

图 6-12 滞后网络的零极点分布

滞后网络的零、极点分布示于图 6-12。由于 $b<1$，因而极点总是位于零点的右边。

根据式（6-15）画出的无源滞后网络对数频率特性如图 6-13 所示。可见，在频率 $\dfrac{1}{T}$ 至 $\dfrac{1}{bT}$ 之间，该校正装置输出信号相角比输入信号相角滞后，故称为滞后网络。与超前网络类似，滞后网络的最大滞后角 φ_m 发生在 $\dfrac{1}{T}$ 与 $\dfrac{1}{bT}$ 的几何中心 ω_m 处，计算 ω_m 和 φ_m 的公式分别为

$$\omega_m = \frac{1}{T\sqrt{b}} \qquad (6-16)$$

$$\varphi_m = \arcsin \frac{1-b}{1+b} \qquad (6-17)$$

采用滞后网络进行校正时，主要是利用其高频幅值衰减的特性，来降低系统的开环截止频率，提高系统的相角裕度。因此，力求避免最大滞后角发生在校正后系统开环剪切频率 ω_c 附近，以免恶化系统动态性能。因此选择滞后网络参数时，通常使滞后网络的第二个转折频率 $\dfrac{1}{bT}$ 远小于 ω_c，一般取

$$\frac{1}{bT} = \left(\frac{1}{5} \sim \frac{1}{10}\right)\omega_c \qquad (6-18)$$

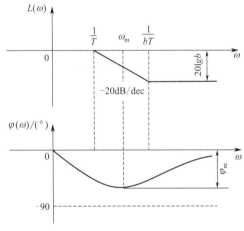

图 6-13 滞后网络 $\dfrac{1+bTs}{1+Ts}$ 的波德图

(3) 无源滞后-超前网络

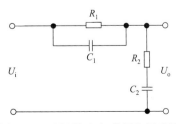

图 6-14 无源滞后-超前网络原理图

无源滞后-超前网络兼有滞后网络和超前网络的特性，如图 6-14 所示，网络的复数阻抗为

$$Z_1 = \frac{R_1}{1 + R_1 C_1 s}, Z_2 = R_2 + \frac{1}{C_2 s}$$

传递函数为

$$G_c(s) = \frac{Z_2}{Z_1 + Z_2} = \frac{(1 + R_1 C_1 s)(1 + R_2 C_2 s)}{(1 + R_1 C_1 s)(1 + R_2 C_2 s) + R_1 C_2 s}$$

$$(6-19)$$

若使
$$aT_1=R_1C_1, bT_2=R_2C_2, ab=1, R_1C_1+R_2C_2+R_1C_2=T_1+T_2, T_1<T_2$$
则有
$$T_1T_2=R_1C_1R_2C_2 \tag{6-20}$$

滞后-超前网络的传递函数变为

$$G_c(s)=\left(\frac{1+bT_2s}{1+T_2s}\right)\left(\frac{1+aT_1s}{1+T_1s}\right) \tag{6-21}$$

当 $a>1$，$b<1$ 时，上式右端第一项起滞后网络作用，第二项起超前网络作用。零、极点分布如图6-15所示，可以看出，滞后部分的零极点比超前部分的零极点更接近坐标原点。

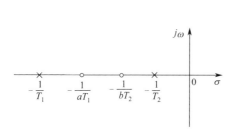

图 6-15 滞后-超前网络的零、极点分布

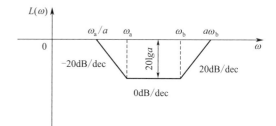

图 6-16 滞后-超前网络的伯德图

滞后-超前网络的伯德图如图6-16所示。在低频范围内，输出电压相角滞后于输入电压相角；在高频范围内，输出电压相角超前于输入电压相角，故称为滞后-超前网络。

常见无源校正网络如表6-1所示。

表 6-1 常用无源校正网络

名 称	电 路 图	传 递 函 数
超前(1)		$G(s)=\dfrac{Ts}{1+Ts}, T=RC$
超前(2)		$G(s)=\dfrac{1}{a}\dfrac{1+aTs}{1+Ts}$ $a=\dfrac{R_1+R_2}{R_2}, T=\dfrac{R_1R_2}{R_1+R_2}C$
滞后(1)		$G(s)=\dfrac{1}{1+Ts}, T=RC$
滞后(2)		$G(s)=\dfrac{1+aTs}{1+Ts}$ $a=\dfrac{R_2}{R_1+R_2}, aT=R_2C$
滞后-超前		$G(s)=\left(\dfrac{1+aT_1s}{1+T_1s}\right)\left(\dfrac{1+bT_2s}{1+T_2s}\right)$ $aT_1=R_1C_1, bT_2=R_2C_2, ab=1$ $R_1C_1+R_2C_2+R_1C_2=T_1+T_2$ $R_1R_2C_1C_2=T_1T_2$

6.1.3.2 有源校正装置

实际控制系统中广泛采用无源网络进行校正,但在放大器级间接入无源校正网络后,由于负载效应问题,有时难以实现希望的控制规律。此外,复杂网络的设计和调整也不方便。如果对控制系统性能要求比较高,希望校正装置的参数可以随意调整时,一般采用有源校正。常用的有源校正装置,通常把无源网络接在运算放大器的反馈通路中,形成有源网络,以实现要求的系统控制规律。除此之外,还可以采用测速发电机与无源网络的组合以及 PID 调节器等形式。

有源校正装置的一般形式如图 6-17 所示,通常为组成负反馈电路时,放大器采用反相输入。假设放大系数 $K \to \infty$,A 点的漏电流为零,则运算放大器的传递函数为

$$G(s) = -\frac{Z_2(s)}{Z_1(s)} \quad (6\text{-}22)$$

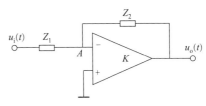

图 6-17 有源校正装置的一般形式

式中负号表示 $u_o(t)$ 与 $u_i(t)$ 的极性相反。改变式中 $Z_1(s)$ 和 $Z_2(s)$ 就可得到不同的传递函数,因而校正装置的功能也就不同。几种常用的有源校正装置电路图和传递函数列于表 6-2 中。

表 6-2 常用有源校正网络

类 型	电路图	传 递 函 数
比例	(电路图:R_1,R_2)	$G(s) = -K_P$ $K_P = R_2/R_1$
积分	(电路图:R_1,C)	$G(s) = -\dfrac{1}{T_1 s}$ $T_1 = R_1 C$
微分	(电路图:C,R_2)	$G(s) = -T_D s$ $T_D = R_2 C$
比例-积分(1)	(电路图:R_1,R_2,C)	$G(s) = -\dfrac{1 + T_D s}{T_1 s}$ $T_D = R_2 C$,$T_1 = R_1 C$
比例-积分(2)	(电路图:R_1,R_2,C,R_3,R_4)	$G(s) = -K_P(1+a)\dfrac{1+T_D s}{T_D s}$ $T_D = R_2 C$,$K_P = \dfrac{R_2}{R_1}$,$a = \dfrac{R_4}{R_3}$ 条件:$R_2 \gg (R_3 + R_1)$
比例-微分(1)	(电路图:R_1,R_2,C,R_3)	$G(s) = -K_P(1 + T_D s)$ $K_P = \dfrac{R_2 + R_3}{R_1}$,$T_D = \dfrac{R_2 R_3}{R_2 + R_3} C$

续表

类 型	电路图	传 递 函 数
比例-微分(2)		$G(s) = -K_P(1+T_D s)$ $K_P = \dfrac{R_2}{R_1}, T_D = R_1 C$
比例-积分-微分		$G(s) = -K_P \dfrac{(1+T_{D1}s)(1+T_{D2}s)}{T_{D1}s}$ $K_P = \dfrac{R_2}{R_1}, T_{D1} = R_2 C_1, T_{D2} = R_3 C_2$ 条件: $R_2 \gg R_3, C_2 \gg C_1$

6.2 串联校正 Series Correction

串联校正是一种简单且应用广泛的校正方式。校正装置一般接在系统误差测量点之后、放大器之前，串接于系统前向通道之中。本节校正环节的设计是伯德图在控制领域的成功应用范例，是复频域控制理论的重要内容。

串联校正按照校正装置的特点可分为：超前校正、滞后校正和滞后-超前校正。

6.2.1 串联超前校正 Series Lead Correction

超前校正是用来提高系统动态性能的一种校正方法。利用超前网络或 PD 调节器进行串联校正的基本原理是利用超前网络或 PD 调节器的相角超前特性。只要正确地将超前网络的转折频率 $\dfrac{1}{aT}$ 和 $\dfrac{1}{T}$ 选在未校正系统剪切频率的两边，并适当地选择参数 a 和 T，就可以使已校正系统的剪切频率和相角裕度满足性能指标的要求，从而改善闭环系统的动态性能。闭环系统稳态性能的要求，可通过选择已校正系统的开环增益来保证。**用频率响应法设计无源超前网络可归纳为以下几个步骤：**

① 根据系统稳态误差要求，确定开环增益 K。

② 利用已确定的开环增益 K，计算未校正系统的相角裕度。

③ 根据已校正系统希望的剪切频率 ω_c 计算超前网络参数 a 和 T。

在本步骤中，关键是选择超前网络的最大超前角频率 ω_m 等于要求的系统剪切频率 ω_c，目的是保证系统的响应速度，并充分利用超前网络的相角超前特性。显然，$\omega_m = \omega_c$ 成立的条件是未校正系统在 ω_c 处的对数幅频值 $L_o(\omega_c)$（负值）与超前网络在 ω_m 处的对数幅频值 $L_c(\omega_m)$（正值）之和为零，即

$$-L_o(\omega_c) = L_c(\omega_m) = 10\lg a \tag{6-23}$$

根据式（6-23）可确定超前网络的参数 a。有了 ω_m 和 a 以后，即可由下式求出超前网络的另一参数

$$T = \dfrac{1}{\omega_m \sqrt{a}} \tag{6-24}$$

④ 验算已校正系统的相角裕度。

由于超前网络的参数是根据满足系统剪切频率要求选择的，因此相角裕度是否满足要求，必须验算。验算时，由已知的 a 值，根据式（6-13），即

$$\varphi_m = \arcsin \dfrac{a-1}{a+1}$$

求得 φ_m 值。再根据已校正系统希望的剪切频率 ω_c 计算出未校正系统（最小相位系统）在 ω_c 时的相角裕度 $\gamma_0(\omega_c)$。如果未校正系统为非最小相位系统，则 $\gamma_0(\omega_c)$ 由作图法确定。最后按下式算出已校正系统的相角裕度

$$\gamma = \varphi_m + \gamma_0(\omega_c) \tag{6-25}$$

当验算结果 γ 不满足指标要求时，需重选 ω_m 值，一般从 $\omega_m = \omega_c$ 开始增大，然后重复以上步骤。

一旦完成校正装置设计后，需要进行系统实际调校工作，或者在计算机上进行仿真以检查系统的时间响应特性。如果由于系统各种固有非线性因素影响，或者由于噪声、负载效应等因素的影响而使已校正系统不能满足全部性能指标要求时，则需要适当调整校正装置的参数，直到已校正系统满足全部性能指标为止。

【例 6-2】 单位负反馈控制系统开环传递函数为

$$G(s) = \frac{K}{s(0.5s+1)}$$

要求系统的速度稳态误差为 10%，相位裕度 $\gamma \geq 40°$，试确定超前校正装置的参数。

解 ① 确定 K 值。由题目，Ⅰ型系统在单位斜坡输入时，稳态误差为

$$e_{ss} = \frac{1}{K_v} = \frac{1}{K} = 10\%$$

所以有 $K=10$。系统开环传递函数为

$$G(s) = \frac{10}{s(0.5s+1)}$$

② 画伯德图如图 6-18 中Ⅰ线，计算校正前系统性能指标

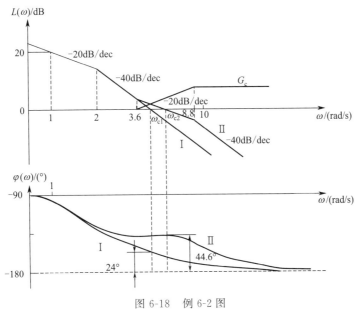

图 6-18 例 6-2 图

$$L_{\mathrm{I}}(\omega_{c1}) \approx 20\lg 10 - 20\lg \omega_{c1} - 20\lg 0.5\omega_{c1} = 0$$

所以
$$\omega_{c1} = 4.47 \text{rad/s}$$

其相位裕度为

$$\gamma_{\mathrm{I}}(\omega_{c1}) = 180° + (-90° - \arctan 0.5 \times 4.47) = 24° < 40°$$

不能满足性能指标要求，需要校正。

③ 设计超前校正环节。试选 $\omega_m = \omega_{c2} = 5.6 \text{rad/s}$，将 ω_{c2} 代入 $L_{\mathrm{I}}(\omega_{c2}) \approx 20\lg 10 - 20\lg \omega_{c2} - 20\lg 0.5\omega_{c2}$ 得到 $L_{\mathrm{I}}(\omega_{c2}) = -4$，得 $4 = 10\lg a$，$a = 2.51$，所以有

$$T = \frac{1}{\omega_m \sqrt{a}} = 0.113$$

因此超前网络传递函数可确定为

$$2.51 G_c(s) = \frac{1+0.284s}{1+0.113s}$$

为了补偿无源超前网络产生的增益衰减，放大器的增益需要提高 2.51 倍，否则不能保证稳态误差要求。

④ 验证性能指标。超前网络参数确定后，已校正系统的开环传递函数可写为

$$G_{\text{II}}(s) = G(s) \times 2.51 G_c(s) = \frac{10(1+0.284s)}{s(1+0.5s)(1+0.113s)}$$

其对数幅频特性如图 6-18 中 $L_{\text{II}}(\omega)$ 所示。显然，已校正系统的剪切频率必为 5.6rad/s，由此算得未校正系统在 $\omega_m = \omega_{c2} = 5.6\text{rad/s}$ 时的相角裕度 $\gamma_1(\omega_{c2}) = 180° + (-90° - \arctan 0.5 \times 5.6) = 19.7°$，最大超前角为 $\varphi_m = \arcsin \frac{a-1}{a+1} = 25.5°$。故已校正系统的相角裕度为

$$\gamma = \varphi_m + \gamma_1(\omega_{c2}) = 45.2° > 40°$$

满足要求。

由本例可见，经过串联校正后，中频区的斜率变为 -20dB/dec，并占据 5.2rad/s 的频带范围，从而使系统相角裕度变大，动态过程超调量下降。因此，在实际运行的控制系统中，中频区斜率大多具有 -20dB/dec 的斜率。串联超前校正可使开环系统截止频率增大，从而使闭环系统带宽增大，加快响应速度。

6.2.2 串联滞后校正 Series Lag Correction

串联滞后校正的基本原理是利用滞后网络或 PI 调节器的高频幅值衰减特性，使已校正系统的剪切频率下降，从而使系统获得足够的相角裕度。因此，滞后网络的最大滞后角应力求避免发生在系统剪切频率附近。在系统响应速度要求不高而滤除噪声性能要求较高的情况下，可考虑采用串联滞后校正。此外，如果未校正系统已具有满意的动态性能，仅其稳态性能不满足指标要求，可以采用串联滞后校正以提高其稳态精度，同时保持其动态性能仍然满足性能指标要求。

应用频率特性法设计串联无源滞后校正装置的步骤如下：

① 根据稳态误差要求，确定开环增益 K。

② 利用已确定的开环增益，画出未校正系统的对数频率特性，确定未校正系统的剪切频率 ω_{c0}、相角裕度 γ_0 和幅值裕度 K_g。

③ 根据相角裕度 γ 要求，确定校正后系统剪切频率 ω_c。考虑到滞后网络在新的剪切频率 ω_c 处会产生一定的相角滞后 $\varphi_c(\omega_c)$，因此下式成立

$$\gamma = \gamma_o(\omega_c) + \varphi_c(\omega_c) \tag{6-26}$$

式中，γ 是校正后系统的指标要求值；$\gamma_o(\omega_c)$ 为未校正系统在 ω_c 处对应的相角裕度；$\varphi_c(\omega_c)$ 是滞后网络在 ω_c 处的相角，在确定 ω_c 前可取为 $-6°$ 左右。于是根据式（6-25）可计算出 $\gamma_o(\omega_c)$，通过 $\gamma_o(\omega_c)$ 可计算出 $\varphi_c(\omega_c)$ 并在未校正系统的相频特性曲线 $\varphi_o(\omega)$ 上查出相应的 ω_c 值。

④ 根据下述关系式确定滞后网络参数 b 和 T

$$20\lg b + L_o(\omega_c) = 0 \tag{6-27}$$

$$\frac{1}{bT} = \left(\frac{1}{5} \sim \frac{1}{10}\right) \omega_c \tag{6-28}$$

式（6-27）成立的原因是明显的，因为要保证校正后系统的剪切频率为上一步所选的 ω_c 值，必须使滞后网络的衰减量 $20\lg b$ 在数值上等于未校正系统在新剪切频率 ω_c 上的对数幅频数值 $L_o(\omega_c)$，$L_o(\omega_c)$ 在未校正系统的对数幅频曲线上可以查出，于是由式（6-27）可计算出 b

值。式(6-28)成立的理由是为了不使串联滞后校正的滞后相角对系统的相角裕度有较大影响（一般控制在$-14°\sim-6°$的范围内）。根据式（6-28）和已确定的b值，即可算出滞后网络的T值。

⑤ 验算已校正系统相角裕度和幅值裕度。

【例 6-3】 设单位反馈系统开环传递函数为

$$G_{\mathrm{I}}(s) = \frac{K}{s(s+1)(0.25s+1)}$$

要求校正后系统的静态速度误差系数$K_v \geqslant 5\mathrm{rad/s}$，相角裕度$\gamma \geqslant 45°$。试设计串联滞后校正装置。

解 因为 I 型系统静态速度误差系数$K_v = K$，根据题目要求可令$K=5$，则校正前剪切频率处满足

$$\frac{K}{\omega_{\mathrm{c1}}^2} = 1$$

所以$\omega_{\mathrm{c1}} = \sqrt{5} = 2.236\mathrm{rad/s}$，对应的相位裕度为

$$\gamma_{\mathrm{I}} = 180° + \varphi_{\mathrm{I}}(\omega_{\mathrm{c1}}) = -5.12°$$

系统不稳定。现采用串联滞后校正，要在新的剪切频率ω_{c2}处，使得$\gamma_{\mathrm{II}} > 45°$。由图 6-19 中相频曲线在滞后校正作用下的变化特点，考虑一定的安全裕度，可取

$$\gamma_{\mathrm{I}} = 45° + 5° = 50°$$

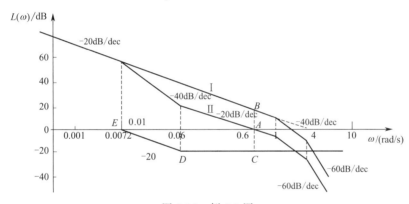

图 6-19 例 6-3 图

试探法可以确定新的剪切频率ω_{c2}：

取 $\omega_1 = 0.8\mathrm{rad/s}$ $\quad \gamma_{\mathrm{I}}(0.8) = 180° + \varphi_{\mathrm{I}}(0.8) = 40.03°$

取 $\omega_2 = 0.5\mathrm{rad/s}$ $\quad \gamma_{\mathrm{I}}(0.5) = 180° + \varphi_{\mathrm{I}}(0.5) = 56.3°$

取 $\omega_3 = 0.6\mathrm{rad/s}$ $\quad \gamma_{\mathrm{I}}(0.6) = 180° + \varphi_{\mathrm{I}}(0.6) = 50.57°$

选取$\omega_{\mathrm{c2}} = \omega_3 = 0.6\mathrm{rad/s}$，如图 6-19 中 A 点，令$\overrightarrow{AC} = \overrightarrow{BA}$，$\overrightarrow{BA}$为校正前系统在$\omega_{\mathrm{c2}}$处的幅频特性。过 C 画水平线，令校正环节的转折频率为$0.1 \times \omega_{\mathrm{c2}} = 0.06\mathrm{rad/s}$，得到 D 点。过 D 作$-20\mathrm{dB/dec}$线交 0dB 线于 E 点，计算可得$\omega_E = 0.0072\mathrm{rad/s}$。可以列出校正装置的传递函数

$$G_{\mathrm{c}}(s) = \frac{\dfrac{s}{\omega_D}+1}{\dfrac{s}{\omega_E}+1} = \frac{\dfrac{s}{0.06}+1}{\dfrac{s}{0.0072}+1}$$

校正后系统开环传递函数

$$G_{\mathrm{II}}(s) = \frac{5\left(\dfrac{s}{0.06}+1\right)}{s(s+1)(0.25s+1)\left(\dfrac{s}{0.0072}+1\right)}$$

验算 $\gamma_{\text{II}} = 180° + \varphi_{\text{II}}(\omega_{c2}) = 45.56°$

满足设计要求。由此例可见，串联滞后校正可以提高系统的稳态精度。

串联超前和串联滞后校正在完成系统校正任务方面是相同的，但是也有以下几个方面的差别：

① 超前校正利用超前网络的相角超前特性，而滞后校正是利用滞后网络的高频幅值衰减特性。

② 为了满足严格的稳态性能要求，在采用无源校正网络时，超前校正要求一定的附加增益，而滞后校正一般不需要附加增益。

③ 对于同一系统，采用超前校正的系统带宽大于采用滞后校正的系统带宽。从提高系统响应的观点来看，希望带宽越大越好，但与此同时，带宽越大则系统越易受噪声干扰的影响，因此，如果系统输入端噪声较大，一般不宜采用超前校正。在有些时候，采用滞后校正可能会得出时间常数大到不能实现的结果，在此情况下，需采用滞后-超前校正。

6.2.3 滞后-超前校正 Lag-lead Correction

利用超前校正可以增加频宽提高系统的快速性，并可加大稳定裕度，降低振荡。利用滞后校正可提高系统的稳定性，但会使频带变窄，降低快速性。将这两种校正相结合形成滞后-超前校正，可兼顾系统的动态特性和稳态特性。

滞后-超前校正的主要作用是在幅频特性的低频段对应相位滞后部分，使增益衰减，可提高增益，改善系统的稳态特性；在幅频特性高频段对应相位超前部分，可增加系统的相位裕度，改善系统的动态响应。

【例 6-4】 设单位反馈系统开环传递函数为

$$G_1(s) = \frac{20}{s(s+1)(s+2)}$$

现加入滞后-超前串联校正环节如下式

$$G_c(s) = \frac{(1.4s+1)(6.7s+1)}{(0.14s+1)(67s+1)}$$

试画出校正前、后系统的开环伯德图，分析校正前后稳定裕度的变化，及系统各项性能的变化。

解 绘制开环传递函数的伯德图。校正前系统的传递函数可转换为

$$G_1(s) = \frac{10}{s(s+1)(0.5s+1)}$$

其伯德图如图 6-20 中的 I 所示。校正后系统的开环传递函数为

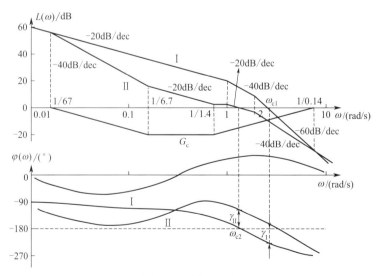

图 6-20 例 6-4 图

$$G_{\mathrm{II}}(s) = \frac{10(1.4s+1)(6.7s+1)}{s(s+1)(0.5s+1)(0.14s+1)(67s+1)}$$

其伯德图如图 6-20 中的 II 所示。

校正前系统的剪切频率为
$$L_{\mathrm{I}}(\omega_{c1}) \approx 20\lg 10 - 20\lg \omega_{c1} - 20\lg \omega_{c1} - 20\lg 0.5\omega_{c1} = 0$$

计算可得
$$\omega_{c1} \approx 2.7 \mathrm{rad/s}$$
$$\gamma_{\mathrm{I}}(\omega_{c1}) = 180° + (-90° - \arctan 2.7 - \arctan 0.5 \times 2.7) = -33.4°$$

相位裕度小于零，所以原系统并不稳定。

校正后系统的剪切频率近似计算为
$$L_{\mathrm{II}}(\omega_{c2}) \approx 20\lg 10 + 20\lg 1.4\omega_{c2} + 20\lg 6.7\omega_{c2} - 20\lg \omega_{c2} - 20\lg \omega_{c2} - 20\lg 67\omega_{c2} = 0$$

推出
$$\omega_{c2} \approx 1.4 \mathrm{rad/s}$$
$$\gamma_{\mathrm{II}}(\omega_{c2}) = 180° + (\arctan 1.4 \times 1.4 + \arctan 6.7 \times 1.4) - $$
$$(90° + \arctan 1.4 + \arctan 0.5 \times 1.4 + \arctan 0.14 \times 1.4 + \arctan 67 \times 1.4)$$
$$= 46.9°$$

校正后系统相位裕度大于零，接近 50°，稳定性增强；剪切频率下降，快速性有所下降；稳态速度误差系数保持 10 不变，稳态精度不受影响。

利用串联校正也可以实现 PID 控制器的作用，成为串联 PID 校正，二者的对应关系见表 6-3。

表 6-3 常用 PID 控制器

类型	对应串联校正	作用
PD	超前	相位超前，为避免微分引起高频增益大而不利于高频干扰信号的抑制，有时在分母加入一阶环节。可以采用较大的比例系数 K_P，既提高稳定性又提高快速性
PI	滞后	相位滞后，利用积分调节消除残差，结合比例调节使系统稳定
PID	滞后-超前	灵活组合不同的 K_P, K_I, K_D 可得到不同的控制器。合理优化参数，可使系统具有高稳定性、快速响应、无残差等理想的性能

6.3 反馈校正 Feedback Correction

反馈校正是另一种控制系统常用的校正方式，能有效改变被反馈包围的环节的动态结构和参数。在一定条件下，甚至能完全取代被包围环节，从而大大减弱被包围环节由于干扰或特性参数变化对系统性能的影响。

6.3.1 反馈校正的基本原理 Basic Principle of Feedback Correction

反馈校正系统典型结构框图如图 6-2 所示，其开环传递函数为
$$G(s) = G_{p1}(s) \frac{G_{p2}(s)}{1 + G_{p2}(s)G_c(s)} \tag{6-29}$$

则其频率特性为
$$G(j\omega) = G_{p1}(j\omega) \frac{G_{p2}(j\omega)}{1 + G_{p2}(j\omega)G_c(j\omega)} \tag{6-30}$$

如果在系统动态过程的主要频率范围内，有下式成立
$$|G_{p2}(j\omega)G_c(j\omega)| \gg 1 \tag{6-31}$$

则式 (6-29) 可简化为

$$G(s) \approx G_{p1}(s)\frac{1}{G_c(s)} \tag{6-32}$$

式（6-32）表明校正后系统的特性几乎与被反馈包围的环节无关，只受到系统未被包围环节及反馈校正环节的影响。

同理，当下式成立

$$|G_{p2}(j\omega)G_c(j\omega)| \ll 1 \tag{6-33}$$

则原系统可近似为

$$G(s) \approx G_{p1}(s)G_{p2}(s) \tag{6-34}$$

表明该种情况下，校正后系统与未校正系统特性一致。因此，适当选取反馈校正环节的参数，可以使被校正系统的特性发生期望的变化。

反馈校正的基本原理是用反馈校正环节包围原系统中对动态性能改善起主要阻碍作用的某些环节，形成一个局部反馈回路。选择反馈参数使得局部反馈回路的开环增益远大于1，则该局部反馈回路的特性主要取决于反馈环节，而与被包围部分关系不大。所以适当选择反馈校正环节的形式和参数，可以使被校正系统的性能满足给定指标的要求。

6.3.2 反馈校正设计 Design of Feedback Correction

采用反馈校正可以得到与串联校正相同的校正效果，还可以实现某些改善系统性能的特殊功能。常见的反馈校正有比例环节 K_H，微分环节 $K_t s$、$K_a s^2$ 等，通常分别称为位置反馈、速度反馈和加速度反馈。

(1) 利用反馈校正改变系统局部结构或参数

局部反馈的几种典型应用如图 6-21 所示，图（a）为位置反馈包围积分环节，其闭环传递函数为

$$G(s)=\frac{\dfrac{K}{s}}{1+\dfrac{KK_H}{s}}=\dfrac{\dfrac{1}{K_H}}{\dfrac{1}{KK_H}s+1} \tag{6-35}$$

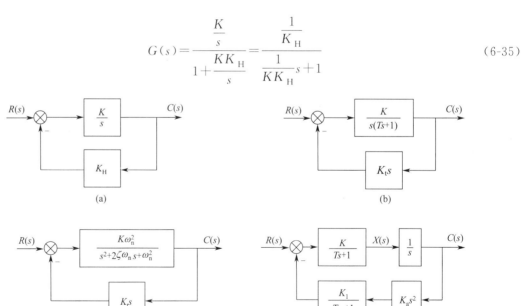

图 6-21 典型局部反馈

可以看出，反馈结构可等效为一个放大环节和一个惯性环节。这一变化将降低原系统型别，影响稳态无差度。但是因为新的时间常数 $1/KK_H$ 可以控制到很小，从而削弱被包围环节的惯性，提高响应速度，减少相位滞后。

图 6-21(b) 为速度反馈包围惯性-积分-放大环节，传递函数为

$$G(s)=\frac{K_1}{s(T_1 s+1)}, \quad T_1=\frac{T}{KK_t+1}, \quad K_1=\frac{K}{1+KK_t} \tag{6-36}$$

该反馈结构没有改变原系统的结构。积分环节被保留，可保持系统的稳态无差度。惯性环节的时间常数由 T 变为 T_1，且有 $T_1<T$，对应的转折频率增大，可增宽系统频带，有利于快速性的提高。而 $K_1<K$，影响稳态性能，可通过改变系统其他部分的增益来弥补。

图 6-21(c) 为速度反馈包围二阶振荡-放大环节，传递函数为

$$G(s)=\frac{K\omega_n^2}{s^2+2(\zeta+0.5KK_t\omega_n)\omega_n s+\omega_n^2} \quad (\zeta<1) \tag{6-37}$$

与原系统二阶振荡环节相比，反馈校正没有改变原系统形式，仍为二阶系统，但阻尼比显著增大。如果 $\zeta+0.5KK_t\omega_n \geqslant 1$，则校正后系统可以转化为两个惯性环节。由此可见系统加入加速度反馈可以增加阻尼，从而有效减弱小阻尼环节的不利影响。

图 6-21(d) 为加速度反馈校正，常用于位置伺服控制系统。输出 $C(s)$ 对应直流电机的角位移，$X(s)$ 为直流电机角频率，T 为直流电机机电时间常数，输入 $R(s)$ 通常对应电机输入电压，则闭环系统传递函数为

$$G(s)=\frac{K(T_1 s+1)}{s[TT_1 s^2+(T+KK_1K_a+T_1)s+1]}=\frac{K(T_1 s+1)}{s(T's+1)(T''s+1)} \tag{6-38}$$

式中，$T'+T''=T+T_1+KK_1K_a$，$T'T''=TT_1$。将 $G(s)$ 与原系统传递函数比较，转换为

$$G(s)=\frac{K}{s(Ts+1)}\frac{(Ts+1)(T_1 s+1)}{(T's+1)(T''s+1)} \tag{6-39}$$

可以看出，这种反馈校正相当于滞后-超前（PID）串联校正的作用，除了可以保持增益不变、无差度不变之外，还有提高稳定裕度、抑制噪声等特点。

因此，加入合适的反馈校正，能有效地改变被包围环节的动态结构和参数。反馈校正的这种作用，在系统设计和调试中，常被用来改造不希望有的某些环节，以减弱这些环节给系统带来的不利影响。

（2）利用反馈削弱非线性因素

如果系统反馈校正环节和被包围环节的频率特性满足式（6-31），则局部反馈部分的传递函数可近似为

$$G_f(s) \approx \frac{1}{G_c(s)}$$

该近似至少在某个频率范围内是不难满足的，表明校正后局部反馈部分的特性主要取决于反馈校正环节。若反馈元件的线性度比较好，特性比较稳定，则局部反馈结构的线性度同样也较好，特性也比较稳定，原系统的非线性可以得到削弱。

（3）利用反馈抑制干扰

在局部反馈回路中，反馈校正环节除了起到与串联校正装置同样的作用，还能削弱噪声对系统性能的影响。如图 6-22 所示，$H(s)$ 为反馈环节传递函数，令输入 $R(s)=0$，则前向通道的干扰 $N(s)$ 引起的输出为

$$C(s)=\frac{1}{1+G(s)H(s)}N(s)$$

因此，只要对应的频率特性

$$|G(j\omega)H(j\omega)|>1 \tag{6-40}$$

干扰的影响可以得到一定程度的抑制。在低频阶段，式（6-40）通常可以得到满足。

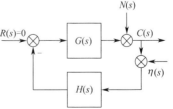

图 6-22 反馈抑制干扰

反馈环节 $H(s)$ 在实际系统中一般对应测量装置，会附加产生测量噪声 $\eta(s)$，由 $\eta(s)$ 引起

的输出为

$$C(s) = \frac{-G(s)H(s)}{1+G(s)H(s)}\eta(s) \qquad (6-41)$$

如果希望此时的输出尽量小,则有

$$|G(j\omega)H(j\omega)| \ll 1 \qquad (6-42)$$

因为测量噪声的频率通常较高,所以上式是对系统高频阶段的特性要求,与式(6-40)抑制低频干扰并不矛盾。

【例 6-5】 设绘图仪控制系统如图 6-23 所示,其中 $G_c(s)$ 是反馈校正装置,试讨论原系统的性能。如果选用速度反馈 $G_c(s) = K_t s$,则:

① K_t 增加时,讨论系统动态性能变化趋势。当 $\zeta = 0.707$ 时,计算系统的动态性能指标;

② 如果 $r(t) = t$,讨论 K_t 增加时,系统稳态误差变化趋势。当 $\zeta = 0.707$ 时,系统的稳态误差是多少?

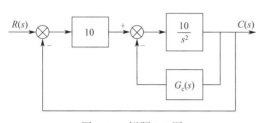

图 6-23 例题 6-5 图

解 无反馈校正时,系统闭环传递函数为

$$\frac{C(s)}{R(s)} = \frac{100}{s^2 + 100}$$

可以看出系统具有纯虚根,处于临界稳定状态。此时仅依靠调整参数不足以使系统摆脱临界稳定,需要采用必须的校正方式改变系统结构,即改变系统闭环特征根的分布。这里采用速度反馈校正,如图 6-23 所示。

① 加入校正环节后,闭环传递函数为

$$\frac{C(s)}{R(s)} = \frac{100}{s^2 + 10K_t s + 100}$$

根据二阶系统标准传函,有

$$\begin{cases} \omega_n = \sqrt{100} = 10 \\ \zeta = \frac{10K_t}{2\omega_n} = \frac{K_t}{2} \end{cases}$$

所以,$0 < K_t < 2$ 时,系统处于欠阻尼状态,K_t 增大时,ζ 增大,超调量减小,调节时间也减小;$K_t > 2$ 时,系统处于过阻尼状态,K_t 增大时,调节时间延长。

当 $\zeta = 0.707$ 时,$K_t = 1.414$,可求超调量

$$M_p = e^{\frac{-\zeta\pi}{\sqrt{1-\zeta^2}}} \times 100\% = 4.32\%$$

调节时间

$$t_s = \frac{3}{\zeta\omega_n} = 0.424$$

② 校正后系统的开环传函为

$$G(s) = \frac{100}{s(s+10K_t)} = \frac{10}{K_t} \frac{1}{s\left(\frac{1}{10K_t}s + 1\right)}$$

所以

$$e_{ss} = \frac{1}{K_v} = \frac{K_t}{10}$$

K_t 增大时,e_{ss} 也随之增大。当 $\zeta = 0.707$ 时,$K_t = 1.414$,可求 $e_{ss} = 0.1414$。

6.4 复合校正 Complex Correction

串联校正和反馈校正是控制系统工程中常用的两种校正方法，在一定程度上可以使已校正系统满足给定的性能指标要求。但是，如果控制系统中存在强扰动，特别是低频强扰动，或者系统的瞬态、稳态性能要求很高，如高精度的火炮、雷达控制等，单独采用一种校正方式很难满足要求，需要把串联、反馈和前馈校正有效地结合起来，即采用复合校正方式。

复合校正中的前馈装置按不变性原理进行设计，可分为按干扰补偿和按输入补偿两种方式。

(1) 按干扰补偿的复合校正

按干扰进行补偿的复合控制系统如图 6-24 所示，$G_c(s)$ 为补偿器的传递函数。输入信号 $R(s)=0$ 时，输出 $C(s)$ 对干扰 $N(s)$ 的闭环传递函数为

$$\frac{C(s)}{N(s)} = \frac{G_{p2}(s) + G_{p1}(s)G_{p2}(s)G_c(s)}{1 + G_{p1}(s)G_{p2}(s)} \tag{6-43}$$

复合校正的目的就是选择恰当的 $G_c(s)$，使 $N(s)$ 经过 $G_c(s)$ 对系统输出 $C(s)$ 产生补偿作用，抵消掉 $N(s)$ 经过 $G_{p2}(s)$ 对 $C(s)$ 的影响，即使式（6-43）的输出等于零。所以有

$$G_{p2}(s) + G_{p1}(s)G_{p2}(s)G_c(s) = 0$$

从而得对干扰完全补偿的条件为

$$G_c(s) = -\frac{1}{G_{p1}(s)} \tag{6-44}$$

此方法可用于干扰信号已知或可测量的情况。但从物理可实现性看，$G_{p1}(s)$ 的分母阶次高于分子，因而 $G_c(s)$ 的分母阶次低于分子，物理实现很困难，该条件在工程上只能得到近似满足。由式（6-43）也可以看出，这种前馈补偿不影响控制系统的闭环特征方程，不改变系统的动态特性。

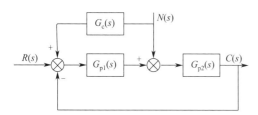

图 6-24 按干扰补偿的复合校正系统

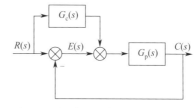

图 6-25 按输入补偿的复合校正系统

(2) 按输入补偿的复合校正

按输入进行补偿的复合控制系统如图 6-25 所示。输入偏差 $E(s) = R(s) - C(s)$，则偏差与输入之间的传递函数为

$$E(s) = \frac{1 - G_p(s)G_c(s)}{1 + G_p(s)} R(s) \tag{6-45}$$

为了消除输入引起的误差，应使 $E(s) = 0$，即

$$1 - G_p(s)G_c(s) = 0$$

从而得出对输入全补偿的条件为

$$G_c(s) = -\frac{1}{G_p(s)} \tag{6-46}$$

因为实际系统 $G_p(s)$ 一般具有比较复杂的形式，所以上述全补偿条件的实现相当困难。在工程实践中通常采用满足跟踪精度要求的部分补偿条件，或者在对系统性能起主要影响的频段内实现近似全补偿。

综上讨论，按照干扰或者输入补偿的前馈校正方法，补偿器在系统闭环之外，不会影响系统的闭环特征方程。因此可以将稳定性和稳态误差分步考虑，在设计控制系统时，首先根据稳定性

和动态性能指标要求设计串联或反馈校正环节形成闭环系统，然后按照全补偿条件设计补偿器以满足稳态精度的要求。在设计补偿器时要有一定的调节裕量以克服系统参数误差及环境等变化因素对稳态精度的影响，这种方法在伺服系统、调速系统中都有很好的应用。

6.5 利用 Matlab 进行系统校正 System Correction by Matlab

【例 6-6】 单位负反馈系统开环传递函数为

$$G_1(s) = \frac{K}{s\left(\frac{1}{10}s+1\right)\left(\frac{1}{600}s+1\right)}$$

试设计串联滞后校正，要求校正后系统：
① 稳态速度误差为 8%，开环增益保持不变；
② 相位裕度在 40°左右；
③ 幅值裕度大于 10dB，剪切频率大于 1rad/s。

解 首先，分析校正前系统的性能指标，画出伯德图。因为稳态速度误差为 8%，对 Ⅰ 型系统有

$$e_{ss} = \frac{1}{K_v} = \frac{1}{K} = 8\%$$

可令 $K=125$。所以原系统幅频特性和相频特性分别为

$$|G_1(j\omega)| = \frac{125}{\omega\sqrt{\left(\frac{1}{10}\omega\right)^2+1}\sqrt{\left(\frac{1}{600}\omega\right)^2+1}}$$

$$\varphi_1(\omega) = -90° - \arctan\frac{1}{10}\omega - \arctan\frac{1}{600}\omega$$

采用 Matlab 频率特性分析函数 Bode() 和频域指标函数 margin()，程序如下：

```
clear
K = 125;
num1 = [1];
den1 = [1/6000,61/600,1,0];
G1 = tf(K * num1,den1);              %校正前系统开环传递函数
figure(1);
bode(G1);                            %校正前系统伯德图
[gm1,pm1,wcg1,wcp1] = margin(G1);    %校正前系统的幅值裕度、相角裕度及对应频率
```

程序运行后，可以得到校正前系统的伯德图如图 6-26 所示，计算得到幅值裕度 $K_{g1} = 13.7\text{dB}$，相角裕度 $\gamma_1 = 12.8°$，剪切频率 $\omega_{c1} = 34.6\text{rad/s}$。可以看出不能完全满足性能指标要求。

其次，设计校正环节满足性能指标要求。因为希望在新的剪切频率 $\omega_{cⅡ}$ 处，校正环节和原系统共同作用使得相角裕度在 40°左右，考虑校正环节的相位滞后作用，原系统应预设一定的相位裕量。设 $\omega_{cⅡ}$ 处，原系统满足

$$65° = 180° + \varphi_1(\omega_{cⅡ}) = 180° - 90° - \arctan\frac{1}{10}\omega_{cⅡ} - \arctan\frac{1}{600}\omega_{cⅡ}$$

解得 $\omega_{cⅡ} \approx 4.6\text{rad/s} > 1\text{rad/s}$，满足剪切频率要求，可取为新的剪切频率。令滞后校正环节传递函数为

$$G_c(s) = \frac{\tau s+1}{Ts+1} = \frac{\frac{1}{\omega_2}s+1}{\frac{1}{\omega_1}s+1} \quad (T>\tau)$$

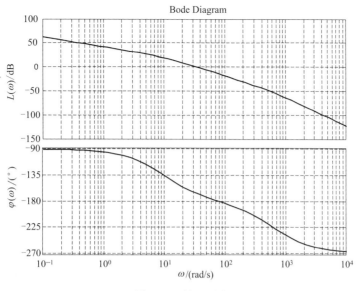

图 6-26　例 6-6 图

因为伯德图中频段应为 $-20\mathrm{dB/dec}$，可取 $\omega_2 = \omega_{c\text{II}}/2 = 2.3\mathrm{rad/s}$。校正后系统传递函数 $G_{\text{II}}(s) = G_c(s)G_{\text{I}}(s)$，在 $\omega_{c\text{II}}$ 处，对数幅频特性满足

$$L_{\text{II}}(\omega_{c\text{II}}) = 20\lg K + 20\lg \frac{1}{\omega_2}\omega_{c\text{II}} - 20\lg \omega_{c\text{II}} - 20\lg \frac{1}{\omega_1}\omega_{c\text{II}} = 0$$

因此

$$\omega_1 = \frac{\omega_{c\text{II}}\omega_2}{K} = 0.085\mathrm{rad/s}$$

以上过程可通过 Matlab 编程如下：

```
wcp2 = 4.6;           %表示剪切频率
wj2 = wcp2/2;
wj1 = wcp2 * wj2/K;
numc = [1/wj2,1];
denc = [1/wj1,1];
Gc = tf(numc,denc);   %校正环节传递函数，numc 表示传递函数分子，denc 表示校正分母
```

最后，求校正后传递函数，并验证性能指标

$$G_{\text{II}}(s) = G_{\text{I}}(s)G_c(s) = \frac{125\left(\frac{1}{2.3}s+1\right)}{s\left(\frac{1}{10}s+1\right)\left(\frac{1}{600}s+1\right)\left(\frac{1}{0.085}s+1\right)}$$

采用 Matlab 计算校正后系统的频域性能指标。conv() 函数为多项式乘法函数，用于计算校正后系统的传递函数。程序代码如下：

```
num2 = conv(num1,numc);       %校正环节分子与原系统分子相乘
den2 = conv(den1,denc);       %校正环节分母与原系统分母相乘
G2 = tf(K * num2,den2);       %校正后系统传递函数，开环增益不变
figure(2);
bode(G2);
[gm2,pm2,wcg2,wcp2] = margin(G2);
```

绘制伯德图如图 6-27 所示，计算可得校正后系统幅值裕度 $K_{g\text{I}} = 40.1\mathrm{dB} > 10\mathrm{dB}$，相角裕度 $\gamma_{\text{II}} = 39.4°$，剪切频率 $\omega_{c\text{II}} = 4.6\mathrm{rad/s}$，完全满足性能指标要求。

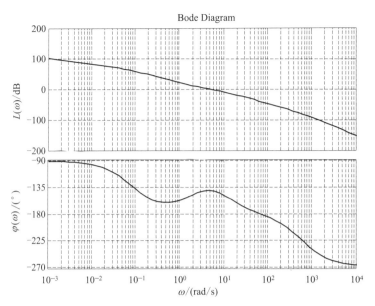

图 6-27　例 6-6 系统校正后伯德图

本章小结

本章首先介绍了应用最为广泛的 PID 调节器及其基本控制规律，可以通过校正实现 PID 控制。接下来介绍了三种典型的校正方法：串联校正、反馈校正和前馈校正。串联校正是在闭环系统的前向通道上加入合适的校正装置，从相位作用上分为滞后、超前、滞后-超前三种，利用频域指标与伯德图的对应关系，设计校正后的伯德图以满足控制系统对性能指标的要求，与校正前进行比较可得到校正环节的频率特性。反馈校正可以获得与串联校正相似的效果，还可改变被包围环节的特性，达到削弱非线性、抑制噪声等性能目标，但反馈校正的设计、调整以及其对系统动态特性的影响都比较复杂。前馈校正是一种补偿方式，可与串联或反馈校正结合起来形成复合校正，达到提高性能指标的要求。在实际生产过程中，选择什么样的校正方法和校正装置，需要根据一定的实践经验。

关键术语和概念

- 系统分析（System analysis）：在已知控制系统中加入测试输入信号测量系统的输出响应或性能指标的过程。
- 校正（Correction）：按照给定的控制系统瞬态性能指标和稳态性能指标，设计或完善控制器，使最终的控制系统满足性能指标的要求。
- 串联校正（Series correction）：根据输入或干扰引起的误差，在控制系统的前向通道上，将校正装置与被校正对象串联，以实现校正。
- 反馈校正（Feedback correction）：根据输入或干扰引起的误差，采用局部反馈包围系统前向通道中的一部分环节以实现校正。
- 前馈校正（Feedforward correction）：根据输入或干扰引起的误差，在系统主反馈回路之外采取校正装置，进行补偿。
- 超前校正（Phase-lead correction）：校正装置的输出信号相角比输入信号相角超前，在中频段产生足够大的超前相角，以补偿原系统过大的滞后相角。
- 滞后校正（Phase-lag correction）：校正装置的输出信号相角比输入信号相角滞后，在高频段上造成显著的幅值衰减，使已校正系统的剪切频率下降，从而使系统获得足够的相角裕量。

习 题

6-1 串联校正、反馈校正和前馈校正，哪种校正方式可以直接影响系统的特征方程？哪种校正方式不会影响系统的动态性能？为什么？

6-2 设系统开环传递函数为

$$G(s)=\frac{K}{s(0.1s+1)}$$

试用比例-微分装置进行校正，使系统 $K_v \geqslant 200$，$\gamma(\omega_{c2}) \geqslant 50°$。确定校正装置参数，分析校正前后的 ω_c 及相角裕量，说明比例微分校正的作用。

6-3 试画出

$$G(s)=\frac{300}{s(0.03s+1)(0.047s+1)}$$

$$G(s)G_c(s)=\frac{300(0.5s+1)}{s(10s+1)(0.03s+1)(0.047s+1)}$$

的伯德图，分析两种情况下的 ω_c 及相角裕量，从而说明比例积分校正的作用。

6-4 已知系统开环传递函数为

$$G(s)=\frac{K}{s(0.5s+1)(0.1s+1)}$$

试设计 PID 校正装置，使系统 $K_v \geqslant 10$，$\gamma(\omega_{c2}) \geqslant 50°$ 且 $\omega_{c2} \geqslant 4\text{rad/s}$。

6-5 单位反馈系统开环传递函数为

$$G(s)=\frac{K}{s(0.2s+1)(0.5s+1)}$$

系统输入速度信号为 $r(t)=12t$，允许的最小误差为 $e_{ss} \leqslant 2$。要求：

(1) 确定满足指标要求的 K 值，计算该 K 值下的相位裕量和幅值裕量。

(2) 若串联超前校正网络 $G_c(s)=\dfrac{0.4s+1}{0.08s+1}$，试计算相位裕量。

6-6 单位负反馈系统的开环传递函数为

$$G(s)=\frac{200}{s(0.1s+1)}$$

试设计串联校正装置，使系统的相位裕量不小于 $45°$，剪切频率不低于 55rad/s。

6-7 设单位负反馈系统的开环传递函数为

$$G_0(s)=\frac{K}{s(0.05s+1)(0.25s+1)(0.1s+1)}$$

若要求校正后系统的开环增益不小于 12，超调量小于 30%，调节时间小于 3s，试确定串联滞后校正装置。

6-8 串联滞后校正装置的传递函数分别为如下时，绘制伯德图，比较分析 β 的大小对相位滞后校正装置特性的影响。

(1) $G_1(s)=\dfrac{s+1}{5s+1}$，$\beta=5$

(2) $G_2(s)=\dfrac{s+1}{10s+1}$，$\beta=10$

6-9 某最小相位系统加入串联校正环节前、后的开环对数幅频特性如图 6-28 所示。求：

(1) 系统校正前、校正后的开环传递函数；

(2) 校正前、校正后系统的相位裕量 γ；

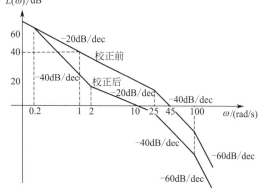

图 6-28 习题 6-9 图

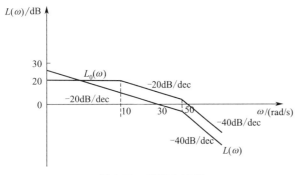

图 6-29 习题 6-10 图

(3) 校正环节是滞后校正还是超前校正？校正前后系统是否稳定？

6-10 如图 6-29 所示的某单位负反馈最小相位系统校正前、后对应的对数幅频特性曲线，其中 $L_0(\omega)$ 为校正前，$L(\omega)$ 为校正后。要求：

(1) 写出校正前、后系统的开环传递函数；
(2) 求出串联校正装置的传递函数；
(3) 求出校正前、后系统的相位裕度；
(4) 分析校正对系统动/稳态性能（$\sigma\%$、t_s、e_{ss}）的影响。

6-11 单位负反馈系统的开环传递函数为 $G(s)=\dfrac{8}{s(2s+1)}$，采用滞后-超前校正对系统进行串联校正，校正环节传递函数为 $G_c(s)=\dfrac{(10s+1)(2s+1)}{(100s+1)(0.2s+1)}$

(1) 写出校正后系统的开环传递函数；
(2) 绘制系统校正前后的对数幅频渐近特性曲线；
(3) 若校正前剪切频率为 $\omega_{c1}=2\text{rad/s}$，校正后剪切频率为 $\omega_{c2}=0.8\text{rad/s}$，试计算校正前、后的相角裕度。

6-12 单位反馈系统的开环传递函数为

$$G(s)=\dfrac{6}{s(s^2+4s+6)}$$

当串联校正装置的传递函数分别如下式所示时，绘制系统伯德图，并求相角裕度，增益裕度，讨论校正后系统的性能变化。

(1) $G_c(s)=1$ (2) $G_c(s)=\dfrac{5(s+1)}{s+5}$ (3) $G_c(s)=\dfrac{s+1}{5s+1}$

6-13 某单位负反馈系统的开环传递函数为

$$G(s)=\dfrac{K}{s(s+1)(s+2)}$$

现要求静态速度误差系数 $K_v=10$，相角裕量 $\gamma\geqslant 46°$。试设计一个相位滞后-超前校正装置。

6-14 控制系统为单位反馈系统，开环传递函数为

$$G(s)=\dfrac{400}{s^2(0.01s+1)}$$

分别采用图 6-30 所示三种串联校正网络，试问：

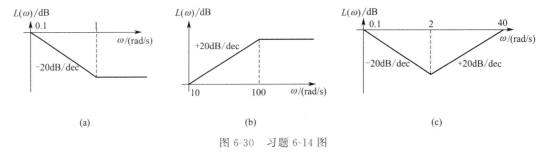

图 6-30 习题 6-14 图

(1) 哪种校正使得系统的稳定性最好？
(2) 如果想削弱 12Hz 的正弦噪声 10 倍左右，应该采用哪种校正网络特性？

6-15 反馈控制系统的开环传递函数为 $G(s)=\dfrac{400}{s^2(0.01s+1)}$，试在以下三种串联校正网络中选择一种网络，使校正后系统的稳定程度最好。

(1) $G_{c1}(s) = \dfrac{s+1}{10s+1}$ (2) $G_{c2}(s) = \dfrac{0.1s+1}{0.0025s+1}$

(3) $G_{c3}(s) = \dfrac{(0.5s+1)^2}{(10s+1)(0.04s+1)}$

6-16 某电子自动稳幅锯齿波电路如图 6-31 所示，原为有差系统，为提高系统稳态精度，需要将其改成Ⅰ型无差系统，并使系统具有 $40°$ 的相角裕量，系统应该如何校正。

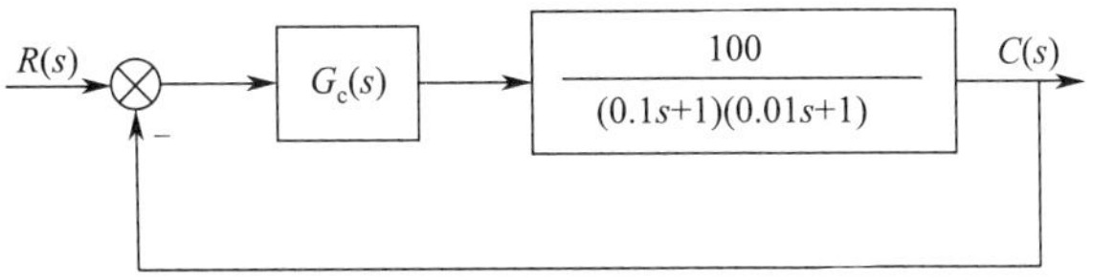

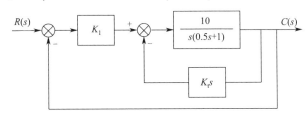

图 6-31 习题 6-16 图

6-17 某控制系统方框图如图 6-32 所示，欲使系统在反馈校正后满足：

(1) 速度稳态误差系数 $K_v \geqslant 5\mathrm{s}^{-1}$；

(2) 闭环系统阻尼比为 0.5；

(3) 调节时间 $t_s(5\%) \leqslant 2\mathrm{s}$。

试确定前置放大器增益 K_1，及测速反馈系数 $K_t (0 \leqslant K_t \leqslant 1)$。

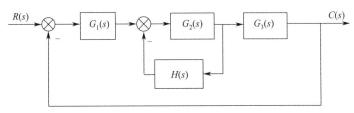

图 6-32 习题 6-17 图

6-18 控制系统如图 6-33 所示，其中

$$G_1(s) = \dfrac{K_1}{T_0 s + 1},\ G_2(s) = \dfrac{K_2}{(T_1 s + 1)(T_2 s + 1)},\ G_3(s) = \dfrac{K_3}{s}$$

其中，$K_1 = 0 \sim 6000$ 可调，$K_2 = 12$，$K_3 = 1/400$，$T_0 = 0.014$，$T_1 = 0.1$，$T_2 = 0.02$。试设计反馈校正装置 $H(s)$，使系统满足 $K_v \geqslant 150\mathrm{s}^{-1}$，$\sigma\% \leqslant 40\%$，$t_s \leqslant 1\mathrm{s}$。

图 6-33 习题 6-18 图

离散时间控制系统
Discrete-time Control Systems

【学习意义】
　　随着科学技术的迅速发展，计算机已被广泛应用于控制系统，而微型计算机是以数字方式传递和处理信息的，因而在这样的控制系统中的信号，仅定义在离散时间上，称这样的系统为离散时间控制系统，简称离散系统。离散系统与连续系统相比，既有本质上的不同，又有分析和研究方法的相似性。利用 Z 变换法研究离散系统，可以将连续系统中的许多概念和方法推广至离散系统中。
　　本章主要讨论离散时间线性系统的分析方法。首先介绍信号采样和保持的数学描述，然后介绍分析离散系统的数学工具——Z 变换理论，之后讲述离散系统的数学模型——差分方程和脉冲传递函数，在此基础上，研究离散系统稳定性分析和数字控制器设计方法。

【学习目标】
① 了解采样过程和采样定理；
② 掌握 Z 变换与 Z 反变换；
③ 掌握离散控制系统的数学描述方法；
④ 掌握离散控制系统的稳定性、瞬态响应和稳态误差分析方法；
⑤ 了解离散系统数字控制器设计方法。

7.1　离散系统的基本概念 The Concept of Discrete-time Control Systems

　　在控制系统中，如果所有信号都是时间变量的连续函数，即信号在全部时间上都是已知的，则称系统为连续时间控制系统，简称连续系统；如果系统中有一处或几处信号不是连续的模拟信号，而是经过采样后得到的离散脉冲序列或数字序列，即信号仅定义在离散时间上，则称系统为离散时间控制系统，简称离散系统。
　　如果系统中采用了采样开关，将连续信号转变为脉冲序列去控制系统，则称此系统为采样控制系统。如果在系统中采用了数字计算机或数字控制器，其信号是以数码形式传递的，则称此系统为数字控制系统。通常把采样控制系统和数字控制系统统称为离散控制系统。
　　(1) 采样控制系统
　　典型的采样控制系统如图 7-1 所示。
　　图 7-1 中，$r(t)$、$e(t)$、$c(t)$ 分别是系统的输入信号、误差信号和输出信号，它们都是模拟量的连续信号。利用采样开关对误差信号进行采样，采样开关经一定周期时间 T 后闭合，每次闭合时间为 τ（图 7-2），则获得了一组由脉冲序列构成的离散化采样误差信号 $e^*(t)$。$e^*(t)$ 为脉冲控制器的输入信号，在控制器中对此信号进行处理，再经保持器变为连续的信号，去控制

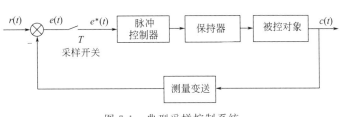

图 7-1 典型采样控制系统

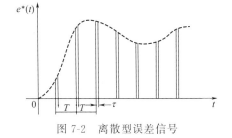

图 7-2 离散型误差信号

被控对象。

(2) 数字控制系统

数字控制系统是一种以数字计算机为控制器去控制具有连续工作状态的被控对象的闭环控制系统。因此，数字控制系统包括工作于离散状态下的数字计算机和工作于连续状态下的被控对象两大部分。由于数字控制系统具有一系列的优越性，所以在军事、航空及工业过程控制中，得到了广泛的应用。

小口径高炮高精度数字伺服系统原理图如图 7-3 所示。

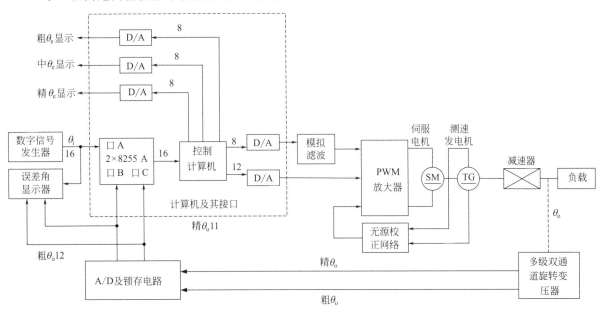

图 7-3 小口径高炮高精度伺服系统原理图

现代的高炮伺服系统，已由数字系统模式取代了原来模拟系统的模式，使系统获得了高速、高精度无超调的特性，其性能能大大超过了原有的高炮伺服系统。如美国多管火炮反导系统"密集阵""守门员"等，均采用了数字伺服系统。

本例系统采用 MCS-96 系列单片机作为数字控制器，并结合 PWM（脉宽调制）直流伺服系统形成数字控制系统，具有低速性能好、稳态精度高、快速响应性好、抗干扰能力强等特点。整个系统主要由控制计算机、被控对象和位置反馈三部分组成。控制计算机以 16 位单片机 MCS-96 为主体，按最小系统原则设计，具有 3 个输入接口和 5 个输出接口。

数字信号发生器给出的 16 位数字输入信号 θ_i 经两片 8255A 的口 A 进入控制计算机，系统输出角 θ_o（模拟量）经 110XFS1/32 多极双通道旋转变压器和 2×12XSZ741 A/D 变换器及其锁存电路完成绝对式轴角编码的任务，将输出角模拟量 θ_o 转换成二进制数码粗、精各 12 位，该数码经锁存后，取粗 12 位、精 11 位由 8255A 的口 B 和口 C 进入控制计算机。经计算机软件运算，将精、粗合并，得到 16 位数字量的系统输出角 θ_o。

控制计算机的 5 个输出接口分别为主控输出口、前馈输出口和 3 个误差角 $\theta_e = \theta_i - \theta_o$ 显示口。主控输出口由 12 位 D/A 转换芯片 DAC1210 等组成,其中包含与系统误差角 θ_e 及其一阶差分 $\Delta\theta_e$ 成正比的信号,同时也包含与系统输入角 θ_i 的一阶差分 $\Delta\theta_i$ 成正比的复合控制信号,从而构成系统的模拟量主控信号,通过 PWM 放大器驱动伺服电机,带动减速器与小口径高炮,使其输出转角 θ_o 跟踪数字指令 θ_i。

前馈输出由 8 位 D/A 转换芯片 DAC0832 等组成,可将与系统输入角的二阶差分 $\Delta^2\theta_i$ 成正比并经数字滤波器滤波后的数字前馈信号转换为相应的模拟信号,再经模拟滤波器滤波后加入 PWM 放大器,作为系统控制量的组成部分作用于系统,主要用来提高系统的控测精度。

误差角显示口主要用于系统运行时的实时观测。粗 θ_e 显示口由 8 位 D/A 转换芯片 DAC0832 等组成,可将数字粗 θ_e 量转换为模拟粗 θ_e 量,接入显示器,以实时观测系统误差值。中 θ_e 和精 θ_e 显示口也分别由 8 位 D/A 转换芯片 DAC0832 等组成,将数字误差量转换为模拟误差量,以显示不同误差范围下的误差角 θ_e。

PWM 放大器(包括前置放大器)、伺服电机 ZK-21G、减速器、负载(小口径高炮)、测速发电机 45CY003 以及速度和加速度无源反馈校正网络,构成了闭环连续被控对象。

上例表明,计算机作为系统的控制器,其输入和输出只能是二进制编码的数字信号,即在时间上和幅值上都离散的信号,而系统中被控对象和测量元件的输入和输出是连续信号,所以在计算机控制系统中,需要应用 A/D(模/数)和 D/A(数/模)转换器,以实现两种信号的转换。数字控制系统的结构图如图 7-4 所示。

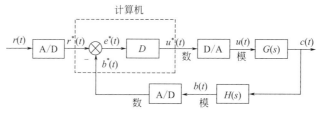

图 7-4 数字控制系统

参考输入经 A/D 转换器变为数字信号,与反馈回来的数字信号进行比较后,由数字计算机进行加工处理,得到有用的数字控制信号。再经 D/A 转换器处理,变成有用的模拟控制信号,作用于执行机构,从而对被控对象进行控制。检测装置及传感器检测被控过程的实际输出,通过 A/D 转换器变为数字信号,送至计算机,与给定输入进行比较,再进行下一轮控制,直到系统实际输出达到预期要求。

数字控制系统具有如下优点:

① 数字信号或脉冲信号的抗干扰性能好,可以提高系统的抗干扰能力。

② 可以采用分时控制方式,用一台计算机同时控制多个控制系统,提高设备的利用率,并且可以采用不同的控制规律进行控制。

③ 由于计算机可以进行复杂的数学运算,所以可以实现一些模拟控制器难以实现的控制律,特别是对复杂系统进行控制时,如采用自适应控制、最优控制或智能控制等,只有数字计算机才能完成。

7.2 采样过程与采样定理 Sampling Process and Sampling Theorem

离散系统的特点是:系统中一处或多处的信号是脉冲序列或数字序列。为了将连续信号变换为离散信号,需要使用采样器;同时,为了控制连续的被控对象,又需使用保持器将离散信号转换为连续信号。因此,为了定量地研究离散系统,有必要用数学方法对信号的采样和恢复过程进行描述。

7.2.1 采样过程及其数学描述 Sampling Process and Its Mathematical Description

将连续信号通过采样开关变换成离散信号的过程称为采样过程。实现这个采样过程的装置称为采样装置。采样装置可以简单地看作是一个采样开关,隔一段时间开关闭合一次再断开,如图

7-5 所示。相邻两次采样的时间间隔称为采样周期 T，$f_s=1/T$ 及 $\omega_s=2\pi/T$ 分别称为采样频率及采样角频率。如果采样开关以相同的采样周期 T 动作，则称为等速采样，又称为周期采样；若系统中有 n 个采样开关分别按不同周期动作，则称为多速采样；若采样开关动作是随机的，则称为随机采样。本章仅限于讨论等速同步采样过程，即采样过程是等速的，若系统中有多个采样开关时，以相同的采样周期动作。

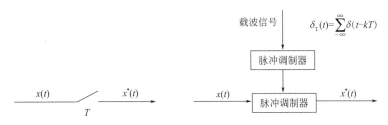

图 7-5 采样开关

采样过程如图 7-6 所示。如图 7-6(a) 所示的连续信号 $x(t)$ 经过采样开关，转换成离散信号 $x^*(t)$[图 7-6(b)]。在 $t=0$ 时，采样开关闭合 τ 秒，此时 $x^*(t)=x(t)$；$t=\tau$ 以后，采样开关打开，输出 $x^*(t)=0$，如此每隔 T 秒重复一次这样的过程，就形成了离散的时间序列信号。如果 $x^*(t)$ 的幅值经整量化用数字（或数码）来表示，则 $x^*(t)$ 在幅值上也是离散的。考虑到采样开关的闭合时间非常小，通常为毫秒到微秒级，远小于采样周期 T 和系统连续部分的最大时间常数，可认为 $\tau=0$，$x(t)$ 在 τ 时间内变化很小，因此 $x^*(t)$ 可用幅值为 $x(kT)$、宽度为 τ 的脉冲序列近似。

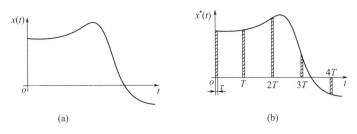

图 7-6 采样过程

由图 7-6(b)，可写出脉冲序列 $x^*(t)$ 表达式为

$$x^*(t)=x(0)[1(t)-1(t-\tau)]+x(T)[1(t-T)-1(t-T-\tau)]+\cdots+$$
$$x(kT)[1(t-kT)-1(t-kT-\tau)]+\cdots$$
$$=\sum_{k=0}^{\infty}x(kT)[1(t-kT)-1(t-kT-\tau)] \tag{7-1}$$

式中，$1(t-kT)-1(t-kT-\tau)$ 表示一个发生在 kT 时刻，高度为 1，宽度为 τ，即面积为 τ 的矩形脉冲。由于 $\tau \ll T$，故该矩形脉冲可近似用理想单位脉冲来描述，即

$$1(t-kT)-1(t-kT-\tau)\approx\tau\delta(t-kT) \tag{7-2}$$

式中，$\delta(t-kT)$ 为 $t=kT(k=0,1,2,\cdots)$ 时刻具有单位强度的理想脉冲。

需要指出，具有无穷大幅值和持续时间无穷小的理想单位脉冲只是数学上的假设，在实际物理系统中是不存在的。因此，在实际应用中，对理想单位脉冲（面积为 1）来说，只有讨论其面积或强度才有意义。式（7-2）就是基于这种观点，从矩形脉冲及理想脉冲的面积的角度来考虑的。

因此，采样开关对连续信号 $x(t)$ 进行采样后，输出的离散时间信号 $x^*(t)$ 可表示为

$$x^*(t)=\sum_{k=0}^{\infty}x(kT)\delta(t-kT) \tag{7-3}$$

式中，$x(kT)$ 表示发生在 kT 时刻脉冲的强度，其值与被采样的连续信号 $x(t)$ 在采样时刻 kT 时的值相等。该式表明，离散信号是由一系列脉冲组成，在采样时刻 $t=kT$，脉冲的面积就等于该时刻连续信号 $x(t)$ 的值 $x(kT)$。式 (7-3) 也可写作

$$x^*(t) = x(t) \sum_{k=0}^{\infty} \delta(t-kT) \tag{7-4}$$

因此，采样过程从物理意义上可以理解为脉冲调制过程。在这里，采样开关起着理想单位脉冲发生器的作用，通过它将连续信号 $x(t)$ 调制成脉冲序列 $x^*(t)$。

7.2.2 采样定理 Sampling Theorem

对于离散控制系统的设计，采样周期的选择是一个关键问题。连续的时间信号 $x(t)$ 经过 A/D 转换后变成了离散的时间序列 $x^*(t)$。一般希望离散的时间序列 $x^*(t)$ 中应能包含连续时间信号 $x(t)$ 的全部信息。显然，如果采样周期 T 越短，即采样角频率越高，则 $x^*(t)$ 中包含的 $x(t)$ 信息越多。但是，采样周期不可能无限短。那么，采样周期取何值时才能确保采样后的信号 $x^*(t)$ 可以包含原信号 $x(t)$ 的全部信息？下面从信号的频谱来分析采样周期的选择，并介绍采样定理。

从频率特性的角度看，任一时间信号都可以看成是由一系列的正弦信号叠加而成。假设连续信号 $x(t)$ 的频率特性为

$$x(j\omega) = \int_{-\infty}^{+\infty} x(t) e^{-j\omega t} dt \tag{7-5}$$

该信号的频谱 $|X(j\omega)|$ 是一个单一的连续频谱，其最高频率为 ω_{max}，如图 7-7(a) 所示。从图中可见，$x(t)$ 不包含任何大于 ω_{max} 的频率分量。

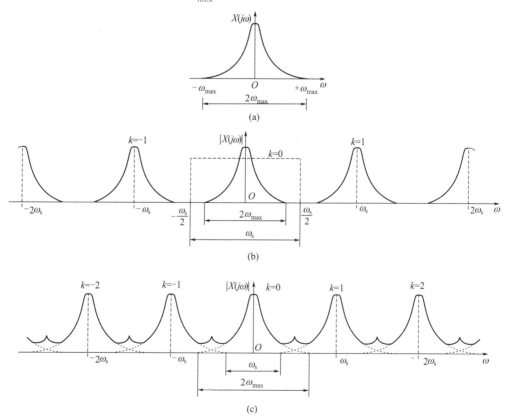

图 7-7 连续信号及离散信号的频谱

根据式（7-5），离散信号 $x^*(t)$ 的拉普拉斯变换为

$$X^*(s) = \frac{1}{T} \sum_{k=-\infty}^{\infty} X(s + jk\omega_s) \tag{7-6}$$

式中，$\omega_s = 2\pi/T$ 为采样角频率；$X(s)$ 为 $x(t)$ 的拉普拉斯变换。

若 $X^*(s)$ 的全部极点都位于 s 平面左半部，可令 $s = j\omega$，求得 $x^*(t)$ 的傅里叶变换为

$$X^*(j\omega) = \frac{1}{T} \sum_{k=-\infty}^{\infty} X[j(\omega + k\omega_s)] \tag{7-7}$$

式中，$X(j\omega)$ 为连续信号 $x(t)$ 的傅里叶变换，$|X(j\omega)|$ 即为 $x(t)$ 的频谱，即

$$|X^*(j\omega)| = \frac{1}{T} \left| \sum_{k=-\infty}^{\infty} X[j(\omega + k\omega_s)] \right| \tag{7-8}$$

上式中，离散信号 $x^*(t)$ 的频谱 $|X^*(j\omega)|$ 以采样角频率 ω_s 为周期，由无限多个 $x(t)$ 的频谱 $|X(j\omega)|$ 叠加而成。当采样角频率 ω_s 大于或等于连续频谱所含最高频率 $\omega_{\max}$ 的两倍（即 $\omega_s \geq 2\omega_{\max}$）时，离散信号的频谱 $|X^*(j\omega)|$ 为无限多个孤立频谱组成的离散频谱，其中与 $k=0$ 对应的是采样前原连续信号的频谱，幅值为原来的 $1/T$，如图 7-7(b) 所示。如果 $\omega_s < 2\omega_{\max}$，则离散信号 $x^*(t)$ 的频谱 $|X^*(j\omega)|$ 不再由孤立频谱构成，而是一种与原连续信号 $x(t)$ 的频谱 $|X(j\omega)|$ 毫不相似的连续频谱，如图 7-7(c) 所示。

综上所述，可以得到一个结论：要从离散信号 $x^*(t)$ 中完全复现出采样前的连续信号 $x(t)$，必须使采样角频率 ω_s 足够高，以使相邻两频谱不相互重叠，可以得出如下的采样定理。

定理 7.1 （Shannon 定理） 如果对一个具有有限频谱（$-\omega_{\max} < \omega < \omega_{\max}$）的连续信号进行采样，当采样角频率

$$\omega_s \geq 2\omega_{\max} \tag{7-9}$$

或采样频率

$$f_s \geq 2f_{\max} \tag{7-10}$$

时，则由采样得到的离散信号能够无失真地恢复到原来的连续信号。

下面对采样定理给出几点说明：

① 如果式（7-9）所示的条件成立，则使离散信号 $x^*(t)$ 通过一个理想低通滤波器，就可以把 $\omega > \omega_{\max}$ 的高频分量全部滤除掉，使 $X^*(j\omega)$ 中仅留下 $X(j\omega)/T$ 部分，再经过放大器对 $1/T$ 进行补偿，便可无失真地将原连续信号 $x(t)$ 完整地提取出来。理想低通滤波器特性如图 7-7(b) 中虚线所示。

② 采样定理给出的是由采样脉冲序列无失真地再现原连续信号所必需的最大采样周期，或最低采样角频率。在控制工程实践中，一般取 $\omega_s > 2\omega_{\max}$。

③ 采样周期 T 是离散控制系统中的一个关键参数。采样周期选得越小，即采样频率越高，对被控系统的信息了解得也就越多，控制效果也就越好。但同时会增加计算机的运算量。反之，如果采样周期选择越大，由于不能全面掌握被控系统的信息，会给控制过程带来较大的误差，降低系统的动态性能，甚至有可能使整个控制系统变得不稳定。

7.2.3 信号的恢复 Signal Recovery

连续函数信号经过采样开关后，其断续信号频谱中除了主频谱分量外，还产生了无穷多个附加频谱分量，它们在系统中相当于高频干扰信号，起到不利作用。为了去除这些高频分量对系统输出的影响，恢复和重现原来的连续输入信号，需要应用低通滤波器。理想的滤波器在物理上是无法实现的，因此，必须找出在特性上与理想滤波器相近的实际滤波器。广泛应用于离散系统中的保持器（或保持电路）就是这样一类的实际滤波器。

信号恢复（保持）就是解决各相邻采样时刻之间的插值问题，将离散时间信号变成连续时间信号。实现保持功能的器件称为保持器。实际上，保持器是具有外推功能的元件。保持器的外推作用表现为当前时刻的输出信号是过去时刻离散信号的外推。具有常值、线性、二次函数（如抛

物线）型外推规律的保持器，分别称为零阶、一阶、二阶保持器。能够物理实现的保持器都必须按现在时刻或过去时刻的采样值实行外推，而不能按将来时刻的采样值外推。保持器在离散系统中的位置应处在采样开关之后（图7-8）。

在工程实践中，普遍采用零阶保持器。零阶保持器是一种按常值规律外推的保持器。它把前一个采样时刻 kT 的采样值 $x(kT)$ 不增不减地保持到下一个采样时刻 $(k+1)T$。当下一个采样时刻 $(k+1)T$ 到来时应换成新的采样值 $x[(k+1)T]$ 继续外推。也就是说，kT 时刻的采样值只能保存一个采样周期 T，到下一个采样时刻到来时应立即停止作用，下降为零。因此，零阶保持器的时域特性 $g_h(t)$ 如图7-9(a)所示。它是高度为1宽度为 T 的方波。高度等于1，说明采样值经过保持器后既不放大也不衰减；宽度等于 T，说明零阶保持器对采样值保存一个采样周期。图7-9(a)所示的 $g_h(t)$ 可以分解为两个阶跃函数之和，如图7-9(b)所示。

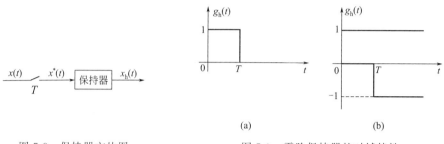

图7-8 保持器方块图　　图7-9 零阶保持器的时域特性

因此，零阶保持器的单位脉冲响应 $g_h(t)$ 是一个幅值为1、持续时间为 T 的矩形脉冲，可表示为两个阶跃函数之和，即

$$g_h(t)=1(t)-1(t-T) \tag{7-11}$$

则零阶保持器的传递函数为

$$G_h(s)=\frac{1-e^{-sT}}{s} \tag{7-12}$$

令 $s=j\omega$，将其代入到式（7-12）中可得零阶保持器的频率特性为

$$G_h(j\omega)=\frac{1-e^{-j\omega T}}{j\omega} \tag{7-13}$$

或写成

$$G_h(j\omega)=|G_h(j\omega)|\angle G_h(j\omega) \tag{7-14}$$

式中，$|G_h(j\omega)|$ 为零阶保持器的幅频特性或频谱；$\angle G_h(j\omega)$ 为零阶保持器的相频特性。它们与频率 ω 的关系分别为

$$G_h(j\omega)=\frac{|1-e^{-j\omega T}|}{|j\omega|}=\left|\frac{\sin\omega T}{\omega}-j\frac{1-\cos\omega T}{\omega}\right|$$

$$=\frac{1}{\omega}\sqrt{2-2\cos\omega T}=T\frac{\sin\frac{\omega T}{2}}{\frac{\omega T}{2}} \tag{7-15}$$

$$\angle G_h(j\omega)=-\arctan\frac{\frac{1-\cos\omega T}{\omega}}{\frac{\sin\omega T}{\omega}}=-\frac{\omega T}{2} \tag{7-16}$$

从式（7-15）可见零阶保持器的频谱随频率 ω 的增大而衰减，而且频率越高衰减越剧烈（如图7-10所示），具有明显的低通滤波特性。从幅频特性来看，零阶保持器是具有高频衰减特性的低通滤波器，$\omega\to 0$ 时的幅值为 T。从相频特性来看，零阶保持器具有负的相角，会对闭环系统的

7 离散时间控制系统

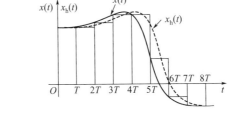

图 7-10 零阶保持器的幅频与相频特性   图 7-11 零阶保持器的输出信号

稳定性产生不利的影响。

与理想滤波器只有一个截止频率不同，零阶保持器具有无穷多个截止频率，所以零阶保持器并不是理想的低通滤波器，除允许主要频谱分量通过外，还允许部分高频频谱分量通过。因此，由零阶保持器恢复的连续信号 $x_h(t)$ 与原连续信号 $x(t)$ 是有差别的（图 7-11），主要表现为在 $x_h(t)$ 中含有高频分量。由图 7-11 可以看出，由零阶保持器恢复的信号 $x_h(t)$ 具有阶梯形状，从而形成 $x_h(t)$ 与 $x(t)$ 之间的差异。可以看出，采样周期 T 取得越小，上述差别也就越小。从式（7-16）可以看出，零阶保持器引入了附加的滞后相移，这使系统的相对稳定性有所降低。由于滞后相移的存在，经零阶保持器恢复的信号 $x_h(t)$ 比原连续信号 $x(t)$ 在时间上平均滞后半个采样周期，即 $T/2$，如图 7-11 中虚线所示。

需要指出，在相位上存在滞后现象，是各阶保持器具有的共性。零阶保持器相对于其他类型的保持器，具有最小的相位滞后以及容易实现的特点，因此在离散控制系统中应用最为广泛。对于通过零阶保持器的高频分量，它对系统的被控制信号的影响不大，这是由于一般系统中的连续部分均具有较好的低通滤波特性，可以使绝大部分的高频分量被抑制掉。因此，在离散控制系统中采用零阶保持器来恢复离散信号已足够，没有必要采用更复杂的高阶保持器。

7.3 Z 变换理论 Z-transform Theory

Z 变换的思想来源于连续系统。在分析连续时间线性系统的动态和稳态特性时，采用拉普拉斯变换，将系统时域的微分方程转换成 s 域的代数方程，并得到系统的传递函数，从而便于分析系统的性能。与此相似，在分析离散时间系统的性能时，可使用 Z 变换建立离散时间线性系统的脉冲传递函数，进而分析系统的性能。Z 变换方法可看成是拉普拉斯变换方法的一种变形，是分析离散系统的重要数学工具。

7.3.1 Z 变换定义和性质 Definition and Properties of Z-transform

7.3.1.1 Z 变换定义

设连续时间函数 $x(t)$ 可进行拉普拉斯变换，其拉普拉斯变换为 $X(s)$。连续时间函数 $x(t)$ 经采样周期为 T 的采样开关后，得到离散信号 $x^*(t)$（式 7-3），即

$$x^*(t) = \sum_{k=0}^{\infty} x(kT)\delta(t-kT)$$

对上式表示的离散信号进行拉普拉斯变换，由 $L[\delta(t-kT)] = e^{-kTs}$ 可得

$$L[x^*(t)] = X^*(s) = \sum_{k=0}^{+\infty} x(kT) e^{-kTs} \qquad (7\text{-}17)$$

式中，$X^*(s)$ 是离散时间函数 $x^*(t)$ 的拉普拉斯变换。因复变量 s 包含在指数函数 e^{-kTs} 中不便计算，故引进一个新变量 z，即

$$z = e^{Ts} \qquad (7\text{-}18)$$

式中，T 为采样周期。将式 (7-18) 代入式 (7-17)，便得到以 z 为变量的函数 $X(z)$，即

$$X(z) = \sum_{k=0}^{+\infty} x(kT) z^{-k} \qquad (7\text{-}19)$$

式中，$X(z)$ 称为离散时间函数 $X^*(s)$ 的 Z 变换，记为

$$X(z) = Z[x^*(t)]$$

在 Z 变换中，由于考虑的是连续时间信号经采样后的离散时间信号，或者说考虑的是连续时间函数在采样时刻的采样值，而不考虑采样时刻之间的值。所以 Z 变换式 (7-19) 只适用于离散时间函数，或只能表征连续时间信号在采样时刻上的信息，而不能反映采样时刻之间的信息。从这个意义上说，连续时间函数 $x(t)$ 与相应的离散时间函数 $x^*(t)$ 具有相同的 Z 变换，即

$$X(z) = Z[x(t)] = Z[x^*(t)] \qquad (7\text{-}20)$$

从 Z 变换的推导过程可以看出，$X(z)$ 是一个以 z 为变量的无穷级数。Z 变换中一般项 $x(kT)z^{-k}$ 与离散函数的拉普拉斯变换中一般项 $x(kT)e^{-kTs}$ 相比，具有相同的物理意义。其中，z^{-k} 的幂次表征采样脉冲出现的时刻，$x(kT)$ 表征该时刻采样脉冲的幅值，故变量 z 可以看成时序变量。从另一意义上看，Z 变换实际上是拉普拉斯变换的一种演化，目的是使 $X(z)$ 是 z 的有理函数，以便于对离散系统进行分析和设计，而原来 $X^*(s)$ 则是 s 的超越函数。

z 是一个复变量，它具有实部和虚部，所以 z 是一个以实部为横坐标、虚部为纵坐标的复平面上的变量，这个平面称为 z 平面。从离散函数的拉普拉斯变换到离散函数的 z 变换，就是由复变量 s 平面到复变量 z 平面的映射变换，这个映射关系就是式 (7-18)。

7.3.1.2 Z 变换性质

Z 变换有一些基本定理，可以使 Z 变换的应用变得简单和方便，在许多方面与拉普拉斯变换的基本定理有相似之处。

线性定理 设函数 $x(t)$、$x_1(t)$、$x_2(t)$ 的 Z 变换分别为 $X(z)$、$X_1(z)$ 及 $X_2(z)$，a 为常数，则有

$$Z[ax(t)] = aX(z) \qquad (7\text{-}21)$$

$$Z[x_1(t) \pm x_2(t)] = X_1(z) \pm X_2(z) \qquad (7\text{-}22)$$

此定理可由 Z 变换定义直接证得。

时移定理 如果函数 $x(t)$ 的 z 变换为 $X(z)$，则

$$Z[x(t-kT)] = z^{-k} X(z) \qquad (7\text{-}23)$$

$$Z[x(t+kT)] = z^k \left[X(z) - \sum_{r=0}^{k=-1} x(rT) z^{-r} \right] \qquad (7\text{-}24)$$

式 (7-23) 亦称为延迟定理，式 (7-24) 亦称为超前定理。

证明 首先证明式 (7-23)：由 $Z[x(t-kT)] = \sum_{i=0}^{\infty} x(iT-kT) z^{-i}$，令 $i-k=r$，则求得

$$Z[x(t-kT)] = \sum_{r=-k}^{\infty} x(rT) z^{-(r+k)} = z^{-k} \sum_{r=-k}^{\infty} x(rT) z^{-r}$$

$$= z^{-k} \left[\sum_{r=0}^{\infty} x(rT) z^{-r} + \sum_{r=-k}^{-1} x(rT) z^{-r} \right]$$

$$= z^{-k} \left[X(z) + \sum_{r=-k}^{-1} x(rT) z^{-r} \right] \tag{7-25}$$

因为当 $t<0$ 时 $x(t)=0$，则 $x(-kT)=\cdots=x(-2T)=x(-T)=0$，则式（7-25）可写成式（7-23），命题得证。延迟定理说明，原函数在时域中延迟 k 个采样周期，相当于象函数乘以 z^{-k}。

再证明式（7-24）：由 $Z[x(t+kT)] = \sum_{i=0}^{\infty} x(iT+kT) z^{-i}$，令 $i+k=r$，则求得

$$\sum_{i=0}^{\infty} [x(i+k)T] z^{-i} = \sum_{r=+k}^{\infty} x(rT) z^{-(r-k)} = z^k \sum_{r=+k}^{\infty} x(rT) z^{-r}$$

$$= z^k \left[\sum_{r=0}^{\infty} x(rT) z^{-r} - \sum_{r=0}^{k-1} x(rT) z^{-r} \right]$$

$$= z^k \left[X(z) - \sum_{r=0}^{k-1} x(rT) z^{-r} \right]$$

若满足 $x(0)=x(T)=\cdots=x[(k-1)T]=0$，则上式可简写为

$$Z[x(t+kT)] = z^k X(z) \tag{7-26}$$

显然算子 z^k 的意义，相当于把时间信号超前 k 个采样周期。

初值定理 如果函数 $x(t)$ 的 Z 变换为 $X(z)$，并且 $t<0$ 时有 $x(t)=0$，则

$$\lim_{t \to 0} x(t) = \lim_{z \to \infty} X(z) \tag{7-27}$$

证明 由 Z 变换定义可得

$$X(z) = \sum_{k=0}^{\infty} x(kT) z^{-k} = x(0) + x(T) z^{-1} + x(2T) z^{-2} + \cdots + x(kT) z^{-k} + \cdots$$

在上式中，当 $z \to \infty$ 时，除第一项外，其余各项均为零，即

$$\lim_{t \to 0} x(t) = \lim_{z \to \infty} X(z) = x(0)$$

终值定理 如果函数 $x(t)$ 的 Z 变换为 $X(z)$，并且 $X(z)$ 不含有 $z=1$ 的二重以上的极点，以及 $X(z)$ 的极点均位于 z 平面的单位圆内，则 $x(t)$ 的终值为

$$\lim_{t \to \infty} x(t) = \lim_{z \to 1} (z-1) X(z) \tag{7-28}$$

证明 知

$$Z[x(t+T)] = zX(z) - zx(0) = \sum_{k=0}^{\infty} x[(k+1)T] z^{-k}$$

因此

$$[zX(z) - zx(0)] - X(z) = \sum_{k=0}^{\infty} x[(k+1)T] z^{-k} - \sum_{k=0}^{\infty} x(kT) z^{-k}$$

并可得到

$$(z-1) X(z) = zx(0) + \sum_{k=0}^{\infty} \{x[(k+1)T] - x(kT)\} z^{-k}$$

当 $z \to 1$ 时，两边取极限得

$$\lim_{z \to 1} [(z-1) X(z)] = x(0) + \sum_{k=0}^{\infty} \{x[(k+1)T] - x(kT)\}$$

$$= x(0) + x(\infty) - x(0) = \lim_{t \to \infty} x(t)$$

7.3.2　Z 变换方法 Methods of Z-transform

求取离散函数的 Z 变换有多种方法，下面只介绍其中的三种方法。

（1）级数求和法

式（7-19）是离散函数 $x^*(t)$ 的 Z 变换的级数展开形式，将其改写成

$$X(z)=x(0)+x(T)z^{-1}+x(2T)z^{-2}+\cdots+x(kT)z^{-k}+\cdots \quad (7\text{-}29)$$

该式是 Z 变换的一种级数表达式。显然，只要知道连续时间函数 $x(t)$ 在各采样时刻 $kT(k=0,1,2,\cdots)$ 上的采样值 $x(kT)$，便可求出 Z 变换的级数展开式。这种级数展开式具有无穷多项，是开放的，如果不能写成闭式，是很难应用的。一些常用函数的 Z 变换的级数展开式可以写成闭式的形式。

下面举例说明用级数求和法求取 $X(z)$。

【例 7-1】 试求单位阶跃函数 $1(t)$ 的 Z 变换。

解 单位阶跃函数 $1(t)$ 在所有采样时刻上的采样值均为 1，即
$$1(kT)=1 \quad (k=0,1,2,\cdots)$$

将上式代入式（7-29），得
$$1(z)=1+1\times z^{-1}+1\times z^{-2}+\cdots+1\times z^{-k}+\cdots$$

或
$$1(z)=1\times z^{-0}+1\times z^{-1}+1\times z^{-2}+\cdots+1\times z^{-k}+\cdots \quad (7\text{-}30)$$

上式中，若 $|z|>1$，可写成如下的封闭形式，即
$$Z[1(t)]=1(z)=\frac{1}{1-z^{-1}}=\frac{z}{z-1} \quad (7\text{-}31)$$

【例 7-2】 试求衰减的指数函数 $e^{-at}(a>0)$ 的 Z 变换。

解 将 e^{-at} 在各采样时刻上的采样值 $1,e^{-aT},e^{-2aT},\cdots,e^{-kaT},\cdots$ 代入式（7-29）中，得
$$Z[e^{-at}]=1+e^{-aT}z^{-1}+e^{-2aT}z^{-2}+\cdots+e^{-kaT}z^{-k}+\cdots \quad (7\text{-}32)$$

若 $|e^{aT}z|>1$，则上式可写成闭式的形式，即
$$Z[e^{-at}]=\frac{1}{1-e^{-aT}z^{-1}}=\frac{z}{z-e^{-aT}} \quad (7\text{-}33)$$

【例 7-3】 试求函数 a^k 的 Z 变换。

解 将 a^k 在各采样时刻上的采样值 $1,a^1,a^2,\cdots,a^k,\cdots$ 代入式（7-21）中，得
$$Z[a^{-k}]=1+az^{-1}+a^2z^{-2}+\cdots+a^kz^{-k}+\cdots \quad (7\text{-}34)$$

将该级数写成闭合形式，得 a^k 的 Z 变换，即
$$Z[a^k]=\frac{1}{1-az^{-1}}=\frac{z}{z-a} \quad (7\text{-}35)$$

【例 7-4】 试求函数 $x(t)=\sin\omega t$ 的 Z 变换。

解 因为
$$\sin\omega t=\frac{e^{j\omega t}-e^{-j\omega t}}{2j}$$

所以
$$Z[\sin\omega t]=Z\left[\frac{e^{j\omega t}-e^{-j\omega t}}{2j}\right]=\frac{1}{2j}(Z[e^{j\omega t}]-Z[e^{-j\omega t}])$$
$$=\frac{1}{2j}\left(\frac{z}{z-e^{j\omega T}}-\frac{z}{z-e^{-j\omega T}}\right)=\frac{1}{2j}\times\frac{z(e^{j\omega T}-e^{-j\omega T})}{z^2-(e^{j\omega T}+e^{-j\omega T})+1}$$
$$=\frac{z\sin\omega T}{z^2-2z\cos\omega T+1} \quad (7\text{-}36)$$

综上可知，通过级数求和法求取已知函数 Z 变换的缺点在于：需要将无穷级数写成闭合形式，在某些情况下需要很高的技巧。但函数 Z 变换的无穷级数形式（7-29）具有鲜明的物理含义，这是 Z 变换的无穷级数表达形式的优点。

（2）部分分式法

设连续时间函数 $x(t)$ 的拉普拉斯变换 $X(s)$ 为有理函数，并具有如下形式

$$X(s) = \frac{M(s)}{N(s)} = \frac{b_0 s^m + b_1 s^{m-1} + \cdots + b_m}{a_0 s^n + a_1 s^{n-1} + \cdots + a_n} \tag{7-37}$$

将 $X(s)$ 展开成部分分式和的形式，即

$$X(s) = \sum_{i=1}^{n} \frac{A_i}{s + s_i} \tag{7-38}$$

由拉普拉斯变换知，与 $\frac{A_i}{s+s_i}$ 项相对应的时间函数为 $A_i \mathrm{e}^{-s_i t}$，根据式（7-33）便可求得与 $\frac{A_i}{s+s_i}$ 项对应的 Z 变换为 $\frac{A_i z}{z - \mathrm{e}^{-s_i T}}$。因此，函数 $x(t)$ 的 Z 变换便可由 $X(s)$ 求得为

$$X(z) = \sum_{i=1}^{n} \frac{A_i z}{z - \mathrm{e}^{-s_i T}} \tag{7-39}$$

下面举例说明 Z 变换的部分分式法。

【例 7-5】 利用部分分式法求取正弦函数 $\sin\omega t$ 的 Z 变换。

解 已知 $L[\sin\omega t] = \frac{\omega}{s^2 + \omega^2}$，将 $\frac{\omega}{s^2 + \omega^2}$ 分解成部分分式和的形式，即

$$L[\sin\omega t] = -\frac{1}{2j} \times \frac{1}{s + j\omega} + \frac{1}{2j} \times \frac{1}{s - j\omega}$$

由于拉普拉斯变换 $\frac{1}{s \pm j\omega}$ 的原函数为 $\mathrm{e}^{-(\pm j\omega)t}$，再根据式（7-33），可求得上式的 Z 变换

$$Z[\sin\omega t] = -\frac{1}{2j} \times \frac{z}{z - \mathrm{e}^{-j\omega t}} + \frac{1}{2j} \times \frac{z}{z - \mathrm{e}^{j\omega t}} = \frac{z \sin\omega T}{z^2 - (2\cos\omega T)z + 1} \tag{7-40}$$

【例 7-6】 已知连续函数 $x(t)$ 的拉普拉斯变换为 $X(s) = \frac{a}{s(s+a)}$，求其 Z 变换。

解 将 $X(s)$ 展成如下部分分式

$$X(s) = \frac{a}{s(s+a)} = \frac{1}{s} - \frac{1}{s+a}$$

对上式逐项取拉普拉斯反变换，得

$$x(t) = 1 - \mathrm{e}^{-at}$$

据求得的时间函数，逐项写出相应的 Z 变换，得

$$X(z) = \frac{z}{z-1} - \frac{z}{z - \mathrm{e}^{-aT}} = \frac{z(1 - \mathrm{e}^{-aT})}{z^2 - (1 + \mathrm{e}^{-aT})z + \mathrm{e}^{-aT}} \tag{7-41}$$

（3）留数计算法

假如已知连续时间函数 $x(t)$ 的拉普拉斯变换 $X(s)$ 及全部极点 $s_i (i = 1, 2, 3, \cdots, n)$，则 $x(t)$ 的 Z 变换 $X(z)$ 可通过留数计算求得。

现在先分析 $X(z)$ 和 $X(s)$ 的关系。由拉普拉斯反变换有

$$x(t) = \frac{1}{2\pi j} \int_{c-j\infty}^{c+j\infty} X(s) \mathrm{e}^{st} \mathrm{d}s$$

当对 $x(t)$ 以采样周期 T 进行采样后，其采样值为

$$x(kT) = \frac{1}{2\pi j} \int_{c-j\infty}^{c+j\infty} X(s) \mathrm{e}^{kTs} \mathrm{d}s \quad (k = 0, 1, 2, \cdots) \tag{7-42}$$

而 $x(kT)$ 的 Z 变换为

$$X(z) = \sum_{k=0}^{\infty} x(kT) z^{-k} \tag{7-43}$$

将式 (7-42) 代入式 (7-43) 得

$$X(z) = \frac{1}{2\pi j} \int_{c-j\infty}^{c+j\infty} X(s) \sum_{k=0}^{\infty} (e^{Ts} z^{-1})^k \, ds$$

符合收敛条件 $|z| > |e^{Ts}|$ 时，$\sum_{k=0}^{\infty} (e^{Ts} z^{-1})^k$ 可写成闭式

$$\sum_{k=0}^{\infty} (e^{Ts} z^{-1})^k = \frac{z}{z - e^{Ts}}$$

将此其代入式 (7-43)，得

$$X(z) = \frac{1}{2\pi j} \int_{c-j\infty}^{c+j\infty} \frac{X(s) z}{z - e^{Ts}} \, ds \tag{7-44}$$

这就是由拉普拉斯变换函数直接求相应的 Z 变换函数的关系式。这个积分可以应用留数定理来计算，即

$$X(z) = \sum_{i=1}^{n} \text{res} \left[\frac{z X(s)}{z - e^{Ts}} \right]_{s=-s_i} \tag{7-45}$$

式中，$-s_i$ 为 $X(s)$ 的极点；n 为 $X(s)$ 的极点个数；$\text{res}[F(s)]_{s=-s_i}$ 表示求 $F(s)$ 在 $s=-s_i$ 处的留数。

若 $-s_i$ 为 $X(s)$ 的单极点，则

$$\text{res} \left[\frac{z X(s)}{z - e^{Ts}} \right]_{s=-s_i} = \left[(s + s_i) \frac{z X(s)}{z - e^{Ts}} \right]_{s=-s_i} \tag{7-46}$$

若 $-s_i$ 为 $X(s)$ 的 r_i 重极点，则

$$\text{res} \left[\frac{z X(s)}{z - e^{Ts}} \right]_{s=-s_i} = \frac{1}{(r_i - 1)!} \times \frac{d^{r_i - 1}}{ds^{r_i - 1}} \left[(s + s_i)^{r_i} \frac{z X(s)}{z - e^{Ts}} \right]_{s=-s_i} \tag{7-47}$$

下面举例说明应用留数计算法求 Z 变换。

【例 7-7】 已知 $X(s) = \dfrac{1}{s^2(s+1)}$，求 $X(z)$。

解 由 $X(s)$ 可知 $s_1 = 0$ 为二重极点，$s_2 = -1$ 为单极点，则可根据式 (7-46) 和式 (7-47) 计算留数，即

$$\begin{aligned}
X(z) &= \text{res} \left[\frac{z X(s)}{z - e^{Ts}} \right]_{s=0} + \text{res} \left[\frac{z X(s)}{z - e^{Ts}} \right]_{s=-1} \\
&= \frac{1}{(2-1)!} \times \frac{d}{ds} \left[s^2 \frac{z}{z - e^{Ts}} \times \frac{1}{s^2(s+1)} \right]_{s=0} + \left[(s+1) \frac{z}{z - e^{Ts}} \times \frac{1}{s^2(s+1)} \right]_{s=-1} \\
&= \left[\frac{-z[z - e^{Ts} - T e^{Ts}(s+1)]}{(z - e^{Ts})^2 (s+1)^2} \right]_{s=0} + \left[\frac{z}{s^2(z - e^{Ts})} \right]_{s=-1} \\
&= \frac{-z^2 + Tz + z}{(z-1)^2} + \frac{z}{z - e^{-T}}
\end{aligned}$$

常用函数的 Z 变换及相应的拉普拉斯变换如表 7-1 所示。由表可见，这些函数的 Z 变换都是 z 的有理分式，且分母多项式的次数大于或等于分子多项式的次数。应当指出，表中各 Z 变换的有理分式中，分母 z 多项式的最高次数与相应的传递函数分母 s 多项式的最高次数相等。

表 7-1 Z 变换表

$X(s)$	$x(t)$ 或 $x(k)$	$X(z)$
1	$\delta(t)$	1
e^{-kTs}	$\delta(t-kT)$	z^{-k}
$\dfrac{1}{s}$	$1(t)$	$\dfrac{z}{z-1}$
$\dfrac{1}{s^2}$	t	$\dfrac{Tz}{(z-1)^2}$
$\dfrac{2}{s^3}$	t^2	$\dfrac{T^2 z(z+1)}{(z-1)^3}$
$\dfrac{1}{s+a}$	e^{-at}	$\dfrac{z}{z-e^{-aT}}$
—	a^k	$\dfrac{z}{z-a}$
$\dfrac{\omega}{s^2+\omega^2}$	$\sin\omega t$	$\dfrac{z\sin\omega T}{z^2-2z\cos\omega T+1}$
$\dfrac{s}{s^2+\omega^2}$	$\cos\omega t$	$\dfrac{z(z-\cos\omega T)}{z^2-2z\cos\omega T+1}$
$\dfrac{1}{(s+a)^2}$	te^{-at}	$\dfrac{Tze^{-aT}}{(z-e^{-aT})^2}$
$\dfrac{\omega}{(s+a)^2+\omega^2}$	$e^{-at}\sin\omega t$	$\dfrac{ze^{-aT}\sin\omega T}{z^2-2ze^{-aT}\cos\omega T+e^{-2aT}}$
$\dfrac{s+a}{(s+a)^2+\omega^2}$	$e^{-at}\cos\omega t$	$\dfrac{z^2-ze^{-aT}\cos\omega T}{z^2-2ze^{-aT}\cos\omega T+e^{-2aT}}$

7.3.3 Z 反变换方法 Methods of Inverse Z-transform

根据 $X(z)$ 求离散时间信号 $x^*(t)$ 或采样时刻值的一般表达式 $x(kT)$ 的过程称为 Z 反变换，并记为 $Z^{-1}[X(z)]$。下面介绍三种常用求 Z 反变换的方法。

（1）长除法

由函数的 Z 变换表达式，直接利用长除法求出按 z^{-1} 升幂排列的级数形式，再经过拉普拉斯反变换，求出原函数的脉冲序列。

$X(z)$ 的一般形式为

$$X(z)=\frac{b_0 z^m+b_1 z^{m-1}+\cdots+b_m}{a_0 z^n+a_1 z^{n-1}+\cdots+a_n} \qquad (m\leqslant n)$$

用长除法求出 z^{-1} 的升幂形式，即

$$X(z)=c_0+c_1 z^{-1}+c_2 z^{-2}+\cdots+c_k z^{-k}+\cdots \tag{7-48}$$

【例 7-8】 求 $X(z)=\dfrac{1}{1-e^{-aT}z^{-1}}$ 的 Z 反变换，其中 $e^{-aT}=0.5$。

解 用长除法将 $X(z)$ 展开为无穷级数形式

$$\begin{array}{r}
1+0.5z^{-1}+0.25z^{-2}+0.125z^{-3}+\cdots \\
1-0.5z^{-1} \overline{)\,1} \\
\underline{1+0.5z^{-1}} \\
0.5z^{-1} \\
\underline{0.5z^{-1}-0.25z^{-2}} \\
0.25z^{-2} \\
\underline{0.25z^{-2}-0.125z^{-3}} \\
0.125z^{-3} \\
\cdots
\end{array}$$

$$X(z) = x(0) + x(T)z^{-1} + x(2T)z^{-2} + x(3T)z^{-3} + \cdots$$
$$= 1 + 0.5z^{-1} + 0.25z^{-2} + 0.125z^{-3} + \cdots$$

相应的脉冲序列为

$$x^*(t) = 1\delta(t) + 0.5\delta(t-T) + 0.25\delta(t-2T) + 0.125\delta(t-3T) + \cdots$$

(2) 部分分式法

通过部分分式法求取 Z 反变换的过程，与应用部分分式法求取拉普拉斯反变换很相似。首先需将 $\dfrac{X(z)}{z}$ 用部分分式法展开成 $\dfrac{A_i}{z+p_i}$ 形式的诸项之和，即

$$\frac{X(z)}{z} = \frac{A_1}{z+p_1} + \frac{A_2}{z+p_2} + \cdots \tag{7-49}$$

再将等号两边同时乘以复变量 z，并对 $\dfrac{A_i}{z+p_i}$ 通过 Z 反变换求取相应的时间函数，最后将上述各时间函数求和即可。

【例 7-9】 求 $X(z) = \dfrac{10z}{(z-1)(z-2)}$ 的 Z 反变换。

解 首先将 $\dfrac{X(z)}{z}$ 展开成下列部分分式

$$\frac{X(z)}{z} = \frac{10}{(z-1)(z-2)} = \frac{-10}{z-1} + \frac{10}{z-2}$$

由此可得

$$X(z) = \frac{-10z}{z-1} + \frac{10z}{z-2}$$

由表 7-1 查得

$$Z^{-1}\left[\frac{z}{z-1}\right] = 1 \qquad Z^{-1}\left[\frac{z}{z-2}\right] = 2^k$$

因此

$$x(kT) = 10(-1+2^k) \qquad (k=0,1,2,\cdots)$$

或

$$x^*(t) = 10\sum_{k=0}^{\infty}(-1+2^k)\delta(t-kT)$$

根据 $t=kT$，并且只考虑采样时刻的函数值，则 $x^*(t)$ 还可用 $x(t)$ 来表示，即

$$x^*(t) = x(t) = 10(-1+2^{t/T}) \qquad (t=0,T,2T,\cdots)$$

(3) 留数计算法

留数法又称反演积分法。采用这种方法求取 Z 反变换的原因是：在实际问题中遇到的 Z 变换函数 $X(z)$，除了有理分式外，也可能是超越函数，此时无法应用部分分式法或幂级数法来求取 Z 反变换，而只能采用留数计算法。若 $x(kT)$ 的 Z 变换为 $X(z)$，则有

$$x(kT) = \frac{1}{2\pi j}\oint_c X(z)z^{k-1}\mathrm{d}z \tag{7-50}$$

式中，积分曲线 c 为逆时针方向包围 $X(z)z^{k-1}$ 全部极点的圆。式（7-50）可等效为

$$x(kT) = \sum \mathrm{res}[X(z)z^{k-1}] \tag{7-51}$$

上式表明，$x(kT)$ 为函数 $X(z)z^{k-1}$ 在其全部极点上的留数之和。

【例 7-10】 求 $X(z) = \dfrac{10z}{(z-1)(z-2)}$ 的 Z 反变换。

解

$$x(kT) = \sum \mathrm{res}\left[\frac{10z}{(z-1)(z-2)}z^{k-1}\right] = \sum \mathrm{res}\left[\frac{10z^k}{(z-1)(z-2)}\right]$$

$$= \frac{10z^k}{(z-1)(z-2)}(z-1)\bigg|_{z=1} + \frac{10z^k}{(z-1)(z-2)}(z-2)\bigg|_{z=2}$$
$$= -10 + 10 \times 2^k \quad (k=0,1,2,\cdots)$$

或
$$x^*(t) = 10\sum_{k=0}^{\infty}(-1+2^k)\delta(t-kT)$$

【例 7-11】 求 $X(z) = \dfrac{z}{(z-a)(z-1)^2}$，$a \neq 1$ 的 Z 反变换。

解 $X(z)$ 中互不相同的极点为 $z_1 = a$ 及 $z_2 = 1$，其中 z_1 为单极点，即 $r_1 = 1$；z_2 为二重极点，即 $r_2 = 2$，不相同的极点数为 $l = 2$。则

$$x(kT) = (z-a)\frac{z}{(z-a)(z-1)^2}z^{k-1}\bigg|_{z=a} + \frac{1}{(2-1)!}\frac{\mathrm{d}}{\mathrm{d}z}\left[(z-1)^2\frac{z}{(z-a)(z-1)^2}z^{k-1}\right]\bigg|_{z=1}$$

$$= \frac{a^k}{(a-1)^2} + \frac{k}{1-a} - \frac{1}{(1-a)^2} \quad (k=0,1,2,\cdots)$$

由此可求得 $X(z)$ 的 Z 反变换为

$$x^*(t) = \sum_{k=0}^{\infty}\left[\frac{a^k}{(a-1)^2} + \frac{k}{1-a} - \frac{1}{(1-a)^2}\right]\delta(t-kT)$$

以上列举了求取 Z 反变换的三种常用方法。其中长除法最简单，但是由长除法得到的 Z 反变换是开式而非闭式，因此应用时较为困难。而部分分式法和留数计算法得到的 Z 反变换均为闭式。

7.4 离散控制系统的数学描述 Mathematical Description of Discrete Control Systems

系统的数学模型是描述系统中各变量之间相互关系的数学表达式。分析连续时间系统时，采用微分方程来描述系统输入变量与输出变量之间的关系。而在分析研究离散时间系统时，需建立系统的数学表达式，可以采用差分方程描述在离散的时间点上（即采样时刻），输入离散时间信号与输出离散时间信号之间的相互关系。

7.4.1 线性常系数差分方程 Linear Constant-coefficient Difference Equations

作为一个动力学系统，离散控制系统在 k 时刻的输出 $y(kT)$ 不仅与 k 时刻的输入 $r(kT)$ 有关，还与 k 时刻以前的输入，输出 $r(k-1), r(k-2), \cdots, y(k-1), y(k-2), \cdots$ 有关。为此，可以用后向差分方程来描述线性定常离散系统

$$y(k) + a_1 y(k-1) + \cdots + a_n y(k-n) = b_0 r(k) + b_1 r(k-1) + \cdots + b_m r(k-m) \quad (7\text{-}52)$$

也可用前向差分方程来描述线性定常离散控制系统

$$y(k+n) + a_1 y(k+n-1) + \cdots + a_{n-1} y(k+1) + a_n y(k)$$
$$= b_0 r(k+m) + b_1 r(k+m-1) + \cdots + b_{m-1} r(k+1) + b_m r(k) \quad (7\text{-}53)$$

求解差分方程常用的有迭代法和 Z 变换法。前者适用于计算机数值解法，后者可求出解的解析式，下面予以介绍。

(1) 迭代法

若已知线性定常离散控制系统的差分方程式 (7-52) 或式 (7-53)，并且给定输出序列初值，则可以利用递推关系，在计算机上一步一步计算出输出序列。

【例 7-12】 已知差分方程
$$y(k) = r(k) + 5y(k-1) - 6y(k-2)$$

输入序列 $r(k) = 1$，$k = 2, 3, \cdots$ 初始条件为 $y(0) = 0$，$y(1) = 1$，试用迭代法求输出序列 $y(k)$，$k = 0, 1, 2, \cdots, 10$。

解 根据初始条件及递推关系，得

$$y(0)=0$$
$$y(1)=1$$
$$y(2)=r(2)+5y(1)-6y(0)=6$$
$$y(3)=r(3)+5y(2)-6y(1)=25$$
$$y(4)=r(4)+5y(3)-6y(2)=90$$
$$y(5)=r(5)+5y(4)-6y(3)=301$$
$$y(6)=r(6)+5y(5)-6y(4)=966$$
$$y(7)=r(7)+5y(6)-6y(5)=3025$$
$$y(8)=r(8)+5y(7)-6y(6)=9330$$
$$y(9)=r(9)+5y(8)-6y(7)=28501$$
$$y(10)=r(10)+5y(9)-6y(8)=86526$$

(2) Z 变换法

若已知线性定常离散控制系统的差分方程描述，可根据 Z 变换的实位移定理，对差分方程两边取 Z 变换，再根据初始条件及给定输入控制信号的 Z 变换表达式，可求取离散控制系统输出的 Z 变换表达式，再求输出 Z 变换的 Z 反变换表达式，即可求取离散控制系统输出的实域表达式 $y(k)$。

【例 7-13】 已知离散系统的差分方程为

$$y[(k+1)T]+2y(kT)=5kT$$

$y(0)=-1$，求差分方程的解。

解 对差分方程取 Z 变换，得

$$z[Y(z)-y(0)]+2Y(z)=5\frac{Tz}{(z-1)^2}$$

$$Y(z)=\frac{5Tz}{(z-1)^2(z+2)}-\frac{z}{z+2}$$

又

$$\frac{1}{(z-1)^2(z+2)}=\frac{1}{9(z+2)}+\frac{1}{3(z-1)^2}-\frac{1}{9(z-1)}$$

所以

$$Y(z)=\frac{5T}{9}\left[\frac{z}{z+2}+\frac{3z}{(z-1)^2}-\frac{z}{z-1}\right]-\frac{z}{z+2}$$

查 Z 变换表，有

$$y(kT)=\frac{5T}{9}\left[(-2)^k+3k-1\right]-(-2)^k$$

$$y^*(t)=\frac{5T}{9}\sum_{k=0}^{\infty}\left[\left(1-\frac{9}{5T}\right)(-2)^k+3k-1\right]\delta(t-kT)$$

为了引出描述系统的差分方程，下面对照一阶微分方程推演相应的差分方程。设系统为一阶惯性环节，如图 7-12(a) 所示。系统的传递函数为

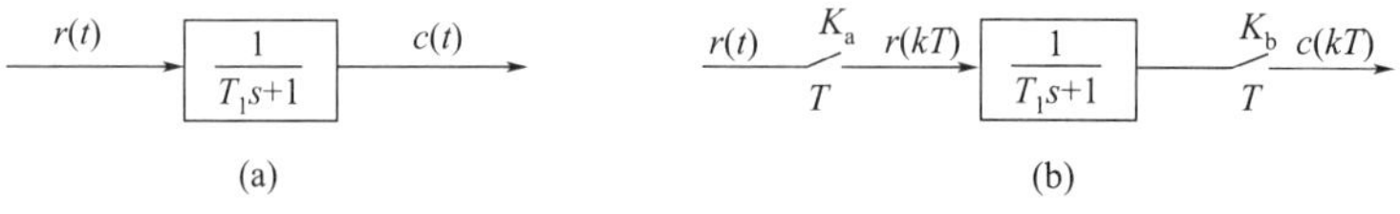

图 7-12 例 7-13 图

$$G(s)=\frac{1}{T_1s+1}$$

其微分方程为

$$T_1 \frac{d}{dt}c(t) + c(t) = r(t) \tag{7-54}$$

该连续系统对应的离散系统如图 7-12(b) 所示。采样开关 K_a 对输入信号每隔 T 秒采样一次，得序列 $\sum_{k=0}^{\infty} r(kT)\delta(t-kT)$。输出经过与 K_a 同步的采样开关 K_b 后的序列为 $\sum_{k=0}^{\infty} c(kT)\delta(t-kT)$。下面来研究 $c(kT)$ 与 $r(kT)$ 之间的关系。

与连续时间系统中求解微分方程的方法一样，对于离散时间系统，求解差分方程时也可以分别求出其零输入分量和零状态分量，然后叠加得到方程的全解。下面考察在 $t > kT$ 时的情况。当 $t \to kT$ 而该时刻的脉冲尚未施加时，由该时刻开始的零输入分量为

$$c_1(t) = c(kT) e^{-(t-kT)/T_1} \tag{7-55}$$

由于此系统的单位脉冲响应是 $g(t) = \frac{1}{T_1} e^{-t/T_1}$。所以当 $t = kT$，第 k 个脉冲 $r(kT)\delta(t-kT)$ 加于系统后，系统输出的零状态分量为

$$c_2(t) = \frac{r(kT)}{T_1} e^{-(t-kT)/T_1} \tag{7-56}$$

于是，$t > kT$ 后的系统总输出为

$$c(t) = c_1(t) + c_2(t) = \left[c(kT) + \frac{r(kT)}{T_1} \right] e^{-(t-kT)/T_1} \tag{7-57}$$

当 $t = (k+1)T$ 时，式 (7-57) 为

$$c[(k+1)T] = \left[c(kT) + \frac{r(kT)}{T_1} \right] e^{-T/T_1} \tag{7-58}$$

或

$$c[(k+1)T] - e^{-T/T_1} c(kT) = \frac{r(kT) e^{-T/T_1}}{T_1} \tag{7-59}$$

式(7-58) 或式(7-59) 是描述输出 $c(kT)$ 与输入 $r(kT)$ 关系的差分方程，它描述了系统在第 k 个采样周期时输入与输出信号的关系。从式中可以看出，差分方程的系数与采样周期 T 有关。

差分方程和微分方程在形式上有一定的相似之处。比较式 (7-54) 和式 (7-59) 可以看出，如果 $c(t)$ 与 $c(kT)$ 相当，则 $c(kT)$ 中离散变量序号加 1 与 $c(t)$ 对连续变量 t 取一阶导数相当，于是上面两式中各项都可一一对应。差分方程和微分方程不仅形式相似，而且在一定条件下还可以互相转化。假设时间间隔 T 足够小，当 $t = kT$ 时，有

$$\frac{d}{dt}c(t) \approx \frac{c[(k+1)T] - c(kT)}{T}$$

因此，式 (7-54) 可改写为

$$T_1 \frac{c[(k+1)T] - c(kT)}{T} + c(kT) = r(kT)$$

经整理后，可得

$$c[(k+1)T] + \left[\frac{T}{T_1} - 1 \right] c(kT) = \frac{T}{T_1} r(kT) \tag{7-60}$$

式 (7-60) 与式 (7-59) 具有相同的形式。由此可见，当 T 足够小时，微分方程式 (7-54) 可以近似为差分方程式 (7-60)，采样时间 T 值越小，则近似得越好。利用数字计算机解微分方程时，可以先把微分方程近似为差分方程后再进行计算。只要时间间隔 T 取得足够小，计算数值的位数足够多，就可得到所需要的精确度。

上面讨论了一阶系统。对于一个物理系统，用常系数线性 n 阶差分方程来描述时，一般形式为

$$c(k) = \sum_{i=0}^{n} b_i r(k-i) - \sum_{i=0}^{n} a_i c(k-i) \tag{7-61}$$

式中，a_i 和 $b_i (i=0,1,2,\cdots,n)$ 均为常数。式 (7-61) 再次说明，输出 $c(k)$ 不仅取决于当

前的输入 $r(k)$，而且与前 n 个输入 $r(k-i)$ 以及前 n 个输出 $c(k-i)$ 有关，且其关系是线性的。

7.4.2 脉冲传递函数 Pulse Transfer Function

如果把 Z 变换的作用仅仅理解为求解线性常系数差分方程，显然是不够的。引入 Z 变换的一个重要作用是导出离散时间线性定常系统的脉冲传递函数，为离散时间系统的分析和控制带来极大的方便。

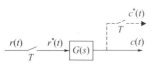

图 7-13 离散开环控制系统

(1) 脉冲传递函数定义

一离散开环控制系统如图 7-13 所示。输入 $r(t)$ 经采样开关后，变为离散时域信号 $r^*(t)$，$r^*(t)$ 作用在传递函数为 $G(s)$ 的动态环节上，输出一般为连续信号 $c(t)$。为了定义开环离散控制系统的脉冲传递函数，假设在输出有一采样周期与输入开关采样周期同步的采样开关，得到假想的离散输出信号 $c^*(t)$。

在线性连续系统中，在初始条件为零的情况下分别取输入 $r(t)$ 和输出 $c(t)$ 的拉普拉斯变换，则它们的比值 $C(s)/R(s)=G(s)$ 称为系统的传递函数。在离散系统中也有同样的表达方法，即初始条件为零的情况下输出 Z 变换与输入 Z 变换之比

$$\frac{C(z)}{R(z)}=G(z) \tag{7-62}$$

上式称为系统脉冲传递函数，也称 Z 传递函数。

为了说明脉冲传递函数的物理意义，下面从系统的单位脉冲响应的角度推导脉冲传递函数。设输入信号 $r(t)$ 经采样开关后为一脉冲序列 $r^*(t)$，如图 7-14(a) 所示，$r^*(t)$ 为

$$r^*(t)=\sum_{k=0}^{\infty}r(kT)\delta(t-kT)$$

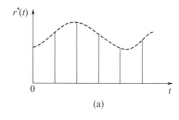
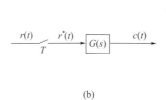
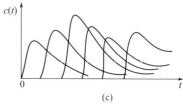

图 7-14 脉冲响应

这一脉冲序列作用于系统的 $G(s)$ 时，系统输出为一系列脉冲响应之和，如图 7-14(b) 所示。

当 $0 \leqslant t < T$，作用于 $G(s)$ 的输入脉冲为 $r(0)$ 时，则系统的输出响应为

$$c(t)=r(0)g(t)$$

其中 $g(t)$ 为系统 $G(s)$ 的单位脉冲响应。$g(t)$ 满足如下关系

$$g(t)=\begin{cases}g(t), & t\geqslant 0 \\ 0, & t<0\end{cases}$$

当 $T \leqslant t < 2T$ 时，系统处于两个输入脉冲的作用下：一个是 $t=0$ 时的 $r(0)$ 脉冲作用，它产生的响应依然存在；另一个是 $t=T$ 时的 $r(T)$ 脉冲作用。因此在此区间内的系统输出响应为

$$c(t)=r(0)g(t)+r(T)g(t-T)$$

在 $kT \leqslant t < 1(k+1)T$ 时，系统输出响应为

$$c(t)=r(0)g(t)+r(T)g(t-T)+\cdots+r(kT)g(t-kT)$$

$$=\sum_{k=0}^{\infty}r(kT)g(t-kT) \tag{7-63}$$

由上式可见，当系统的输入为一系列脉冲时，输出为各脉冲响应之和。

在 $t=kT$ 时刻系统输出的采样信号值为

$$c(kT) = r(0)g(kT) + r(T)g[(k-1)T] + \cdots + r(kT)g(0)$$
$$= \sum_{i=0}^{k} r(iT)g[(k-i)T] \qquad (7\text{-}64)$$

因为系统的单位脉冲响应是从 $t=0$ 才开始出现信号，当 $t<0$ 时，$g(t)=0$，所以当 $i>k$ 时，式 (7-64) 中

$$g[(k-i)T] = 0$$

因此，kT 时刻以后的输入脉冲，如 $r[(k+1)T]$，$r[(k+2)T]$，…不会对 kT 时刻的输出信号产生影响，因此式 (7-64) 中求和上限可扩展为 $i \to \infty$，可得

$$c(kT) = \sum_{i=0}^{\infty} r(iT)g[(k-i)T] \qquad (7\text{-}65)$$

$$c^*(t) = \sum_{k=0}^{\infty} c(kT)\delta(t-kT) = \sum_{k=0}^{\infty}\left\{\sum_{i=0}^{\infty} r(iT)g[(k-i)T]\right\}\delta(t-kT)$$

由 Z 变换的定义，得

$$C(z) = \sum_{k=0}^{\infty} c(kT)\delta(t-kT) = \sum_{k=0}^{\infty}\left\{\sum_{i=0}^{\infty} r(iT)g[(k-i)T]\right\}\delta(t-kT) \qquad (7\text{-}66)$$

于是有

$$C(z) = \sum_{k=0}^{\infty} c(kT)z^{-k} = \sum_{k=0}^{\infty}\left\{\sum_{i=0}^{\infty} r(iT)g[(k-i)T]\right\}z^{-k} \qquad (7\text{-}67)$$

进行变量代换，令 $k-i=n$，同样考虑到当 $n<0$ 时，$g(nT)=0$，又有

$$C(z) = \sum_{n=-i}^{\infty}\left\{\sum_{i=0}^{\infty} r(iT)g(nT)\right\}z^{-(n+i)} = \left(\sum_{n=0}^{\infty} g(nT)z^{-n}\right)\left(\sum_{i=0}^{\infty} r(iT)z^{-i}\right) = G(z)R(z)$$
$$(7\text{-}68)$$

故

$$G(z) = \sum_{n=0}^{\infty} g(nT)z^{-n} = \frac{C(z)}{R(z)} \qquad (7\text{-}69)$$

$G(z)$ 就是图 7-14(b) 所示系统的脉冲传递函数。

下面有两点需要说明：

① 物理系统在输入为脉冲序列的作用下，其输出量是时间的连续函数，如图 7-13 的 $c(t)$。但如前所述，Z 变换只能表征连续时间函数在采样时刻的采样值。因此，所求得的脉冲传递函数，是取系统输出的脉冲序列作为输出量。因此，在方框图上可在输出端虚设一个同步采样开关，如图 7-13 虚线所示。实际系统中这个开关并不存在。

② $G(s)$ 表示的是线性环节本身的传递函数，而 $G(z)$ 表示的则是图 7-13 中的线性环节与采样开关的组合形成的传递函数。尽管计算 $G(z)$ 时只需知道该环节的传函 $G(s)$ 就可以了，但计算出来的 $G(z)$ 却包括了采样开关在内。如果没有采样开关，且输入信号是连续时间函数，那么就无法求出 Z 传递函数，在这种情况下不能将输入信号和线性环节分开进行 Z 变换，而只能求出输出信号的 Z 变换。

如果 $G(s)$ 的形式比较复杂，要先展开成部分分式形式，以便与拉普拉斯变换和 Z 变换中的基本形式相对应，下面举例说明。

【例 7-14】 系统如图 7-13 所示，已知

$$G(s) = \frac{1}{s(0.1s+1)}$$

试求 Z 传递函数 $G(z)$。

解 将 $G(s)$ 分解成部分分式

$$G(s) = \frac{1}{s} - \frac{1}{s+10}$$

查表 7-1 可得

$$G(z)=\frac{z}{z-1}-\frac{z}{z-\mathrm{e}^{-10T}}=\frac{z(1-\mathrm{e}^{-10T})}{(z-1)(z-\mathrm{e}^{-10T})}$$

【例 7-15】 离散系统的差分方程为

$$c(k)+a_1c(k-1)+\cdots+a_nc(k-n)=b_0r(k)+b_1r(k-1)+\cdots+b_mr(k-m)$$

假设系统的初始条件为零,试求系统的 Z 传递函数。

解 对上式两侧进行 Z 变换,由时移定理中的延迟定理,并提出公因子,可得

$$(1+a_1z^{-1}+\cdots+a_nz^{-n})C(z)=(b_0+b_1z^{-1}+\cdots+b_mz^{-m})R(z)$$

整理后得

$$\frac{C(z)}{R(z)}=G(z)=\frac{b_0+b_1z^{-1}+\cdots+b_mz^{-m}}{1+a_1z^{-1}+\cdots+a_nz^{-n}}$$

【例 7-16】 设离散系统的差分方程为

$$c(k)+3c(k-1)+2c(k-2)=r(k-2)$$

式中

$$c(-1)=c(0)=0$$

$$r(k)=\begin{cases}1 & (k=0) \\ 0 & (k\neq 0)\end{cases}$$

试求系统的响应 $c(k)$。

解 对差分方程两侧取 Z 变换得

$$(1+3z^{-1}+2z^{-2})C(z)=R(z)z^{-2}$$

整理,得

$$C(z)=\frac{1}{z^2+3z+2}R(z)$$

注意到 $r(k)$ 的 Z 变换 $R(z)=1$,则

$$C(z)=\frac{1}{z^2+3z+2}=z^{-1}\left(\frac{z}{z+1}-\frac{z}{z+2}\right)$$

查表 7-1,并应用延迟定理,可以得到

$$c(k)=(-1)^{k-1}-(-2)^{k-1} \quad (k=1,2,3,\cdots)$$

(2) 串联环节的开环脉冲传递函数

当开环离散系统由几个环节串联组成时,其脉冲传递函数的求法与连续系统情况不完全相同。即使两个开环离散系统的组成环节完全相同,但是由于采样开关的数目和位置不同,所求的开环脉冲传递函数也是截然不同的。离散系统中,总的脉冲传递函数可归纳为两种典型形式,串联环节之间无采样开关和串联环节之间有采样开关。下面分别进行讨论。

① 串联环节之间无采样开关。图 7-15(a) 所示为系统串联的两个环节 $G_1(s)$ 和 $G_2(s)$ 之间无采样开关的情形。根据方框图简化原则,图 7-15(a) 可简化为图 7-15(b)。这样,开环系统的脉冲传递函数可由连续工作状态的传递函数 $G_1(s)$ 和 $G_2(s)$ 的乘积的 Z 变换求得

$$G(z)=\frac{C(z)}{R(z)}=Z[G_1(s)G_2(s)]=G_1G_2(z) \tag{7-70}$$

即等于各环节传递函数之积的 Z 变换。

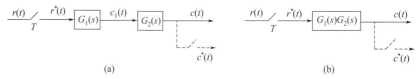

图 7-15 串联环节之间无采样开关

上述结论也可以推广到无采样开关间隔的 n 个环节串联的情况。

【例 7-17】 两串联环节 $G_1(s)$ 和 $G_2(s)$ 之间无采样开关，则

$$G_1(s)=\frac{a}{s+a}, G_2(z)=\frac{1}{s}$$

试求串联环节等效的脉冲传递函数 $G(z)$。

解 串联系统的脉冲传递函数为

$$G(z)=G_1G_2(z)=Z[G_1(s)G_2(s)]=Z\left[\frac{a}{s+a}\times\frac{1}{s}\right]$$

$$=Z\left[\frac{1}{s}-\frac{1}{s+a}\right]=\frac{z}{z-1}-\frac{z}{z-e^{-aT}}$$

$$=\frac{z(1-e^{-aT})}{(z-1)(z-e^{-aT})}$$

② 串联环节之间有采样开关。图 7-16 所示为两串联环节之间有采样开关的情形。图中采样器 T_1 和 T_2 是同步的。对于第一个环节，由于前后都存在采样开关，其输入为采样输入 $r(kT)$，输出经采样器后为 $c_1(kT)$，有

$$\frac{C_1(z)}{R(z)}=G_1(z)$$

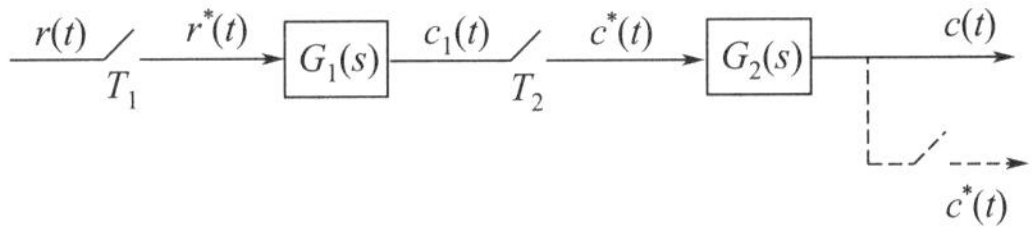

图 7-16 串联环节之间有采样开关

对于第二个环节，其输入为 $c_1(kT)$，输出为 $c(kT)$，其 Z 变换为

$$\frac{C(z)}{C_1(z)}=G_2(z)$$

两环节串联后，其总的脉冲传递函数为

$$\frac{C(z)}{R(z)}=G_1(z)G_2(z) \tag{7-71}$$

当串联环节之间有采样开关时，系统脉冲传递函数等于这两个环节脉冲传递函数的乘积。上述结论可以推广到多个环节串联而且环节间都存在同步采样开关的情形，总的脉冲传递函数等于各个环节的脉冲传递函数的乘积。

【例 7-18】 两串联环节 $G_1(s)$ 和 $G_2(s)$ 之间有采样开关，

$$G_1(s)=\frac{a}{s+a}, G_2(z)=\frac{1}{s}$$

试求串联环节等效的脉冲传递函数 $G(z)$。

解 串联系统的脉冲传递函数为

$$G(z)=G_1(z)G_2(z)=Z[G_1(s)]Z[G_2(s)]=Z\left[\frac{a}{s+a}\right]Z\left[\frac{1}{s}\right]$$

$$=\frac{z}{z-1}\times\frac{az}{z-e^{-aT}}=\frac{az^2}{(z-1)(z-e^{-aT})}$$

说明：由以上分析可知，在串联环节间有无采样开关，其脉冲传递函数是完全不同的。需注意，勿将 $G_1G_2(z)$ 与 $G_1(z)G_2(z)$ 相混淆。$G_1G_2(z)$ 表示两个串联环节的传递函数相乘后取 Z 变换，而 $G_1(z)G_2(z)$ 表示 $G_1(s)$ 和 $G_2(s)$ 先各自取 z 变换后再相乘。通常，$G_1G_2(z)\neq G_1(z)G_2(z)$。

(3) 闭环系统脉冲传递函数

由于采样开关在闭环系统中可能存在于多个位置，因此闭环离散系统没有唯一的结构形式。下面介绍几种常用的闭环系统的脉冲传递函数。

① 设闭环系统如图 7-17 所示。图中虚线所示的理想采样开关是为了便于分析而虚设的。所有采样开关都是同步工作的。在系统中，误差信号是采样的。由方框图可得

$$E(z)=R(z)-B(z)$$
$$B(z)=GH(z)E(z)$$

式中，$E(z)$、$R(z)$ 和 $B(z)$ 分别是 $e(t)$、$r(t)$ 和 $b(t)$ 经采样后脉冲序列的 Z 变换；$GH(z)$ 为环节串联，且环节之间无采样器时的脉冲传递函数，它是 $G(s)H(s)$ 的 Z 变换，由以上两式可求得

$$E(z)=\frac{R(z)}{1+GH(z)} \tag{7-72}$$

系统输出的 Z 变换为 $C(z)=G(z)E(z)$，即

$$C(z)=\frac{G(z)R(z)}{1+GH(z)} \tag{7-73}$$

或

$$\frac{C(z)}{R(z)}=\frac{G(z)}{1+GH(z)} \tag{7-74}$$

式（7-74）为图 7-17 所示闭环系统的脉冲传递函数。由式（7-72）和式（7-73）可分别求出采样时刻的误差值和输出值。

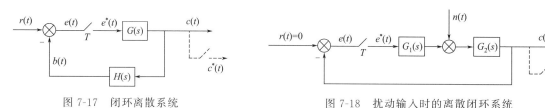

图 7-17 闭环离散系统　　　　图 7-18 扰动输入时的离散闭环系统

② 设闭环系统如图 7-18 所示。讨论系统的连续部分有扰动输入 $n(t)$ 时的脉冲传递函数。此时假设给定输入信号为零，即 $r(t)=0$。由方框图得到

$$C(z)=NG_2(z)+G_1G_2(z)E(z)$$
$$E(z)=-C(z)$$

由以上两式可求得

$$C(z)=\frac{NG_2(z)}{1+G_1G_2(z)} \tag{7-75}$$

其中，由于作用在连续环节 $G_2(s)$ 输入端的扰动未经采样，所以只能得到输出量的 Z 变换式，而不能得出对扰动的脉冲传递函数，这与连续系统有所区别。

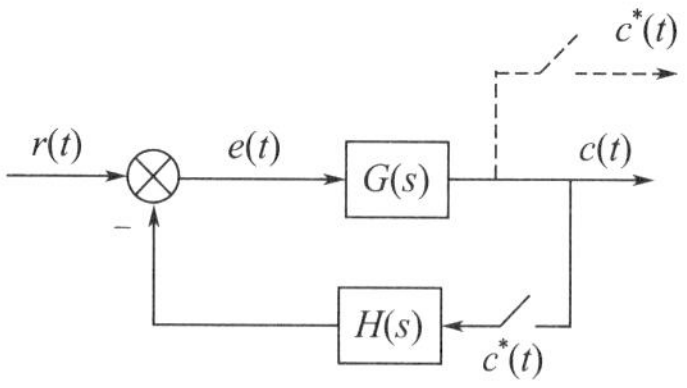

【例 7-19】 设闭环系统结构如图 7-19 所示，试求系统输出的 Z 变换。

解 由于

$$C(z)=RG(z)-GH(z)C(z)$$

整理，得

$$C(z)=\frac{RG(z)}{1+GH(z)}$$

图 7-19 例 7-19 图

由上式无法解出 $C(z)/R(z)$，因此也不能求出闭环系统的脉冲传递函数。

【例 7-20】 系统结构如图 7-20 所示，已知 $K=1$，试求闭环系统的单位阶跃响应。

解 系统的开环脉冲传递函数为

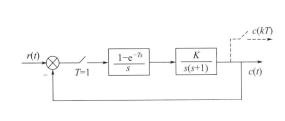

图 7-20 例 7-20 图 (1)

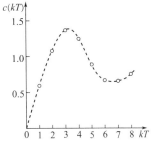

图 7-21 例 7-20 图 (2)

$$G(z) = Z\left[\frac{1-e^{-Ts}}{s} \times \frac{1}{s(s+1)}\right] = (1-z^{-1})Z\left[\frac{1}{s^2} - \frac{1}{s} + \frac{1}{s+1}\right]$$

$$= \frac{(T-1+e^{-T})z + (1-Te^{-T}-e^{-T})}{z^2 - (1+e^{-T})z + e^{-T}} = \frac{0.368z + 0.264}{z^2 - 1.368z + 0.368}$$

其闭环系统的脉冲传递函数为

$$\frac{C(z)}{R(z)} = \frac{G(z)}{1+G(z)} = \frac{0.368z + 0.264}{z^2 - z + 0.632}$$

对于单位阶跃输入，$R(z) = \frac{z}{z-1}$，因此，可求得输出量 $C(z)$ 为

$$C(z) = \frac{(0.368z + 0.264)z}{(z^2 - z + 0.632)(z-1)} = \frac{0.368z^{-1} + 0.264z^{-2}}{1 - 2z^{-1} + 1.632z^{-2} - 0.632z^{-3}}$$

$$= 0.368z^{-1} + z^{-2} + 1.4z^{-3} + 1.4z^{-4} + 1.147z^{-5} + 0.895z^{-6} + 0.802z^{-7} + 0.928z^{-8} + \cdots$$

系统输出 $c(kT)$ 如图 7-21 所示。

【例 7-21】 设闭环离散系统结构如图 7-22 所示，试求其闭环脉冲传递函数。

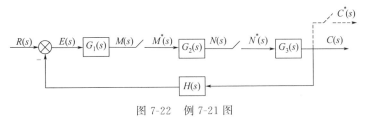

图 7-22 例 7-21 图

解 从系统结构图可以得到

$$C(s) = G_3(s)N^*(s)$$
$$N(s) = G_2(s)M^*(s)$$
$$M(s) = G_1(s)E(s) = G_1(s)[R(s) - H(s)C(s)]$$
$$= G_1(s)R(s) - G_1(s)H(s)G_3(s)N^*(s)$$

以上三个方程是对输出变量和实际采样开关两端的变量列出的方程，其中均有离散信号的拉普拉斯变换。求以上三式对应的 Z 变换可以得到

$$C(z) = G_3(z)N(z)$$
$$N(z) = G_2(z)M(z)$$
$$M(z) = G_1R(z) - G_1G_3H(z)N(z)$$

进一步整理，可得

$$C(z) = G_2(z)G_3(z)M(z)$$
$$= G_2(z)G_3(z)[G_1R(z) - G_1G_3H(z)C(z)/G_3(z)]$$
$$= G_2(z)G_3(z)G_1R(z) - G_2(z)G_1G_3H(z)C(z)$$

即

$$[1 + G_2(z)G_1G_3H(z)]C(z) = G_2(z)G_3(z)G_1R(z)$$

由此可得系统的 Z 变换为

$$C(z) = \frac{G_2(z)G_3(z)G_1R(z)}{1+G_2(z)G_1G_3H(z)}$$

由图可见，该系统由于 $R(s)$ 未经采样就输入到 $G_1(s)$，所以系统的闭环脉冲传递函数无法求出。根据采样开关在闭环离散系统中的不同位置，表 7-2 列出了系统典型结构图及其输出信号的 Z 变换 $C(z)$。

表 7-2　闭环采样系统典型结构图及其输出信号变换

结构图	$C(z)$
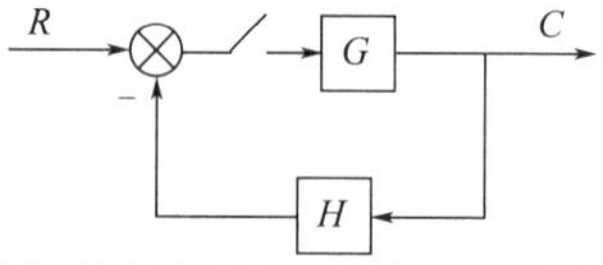 (图)	$C(z) = \dfrac{R(z)G(z)}{1+GH(z)}$
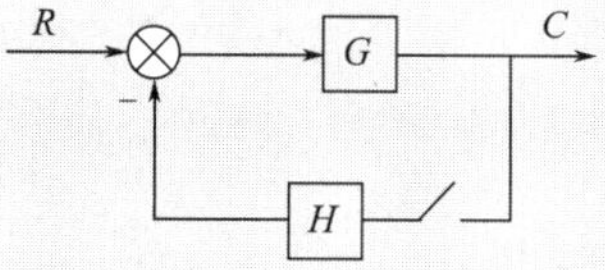 (图)	$C(z) = \dfrac{RG(z)}{1+GH(z)}$
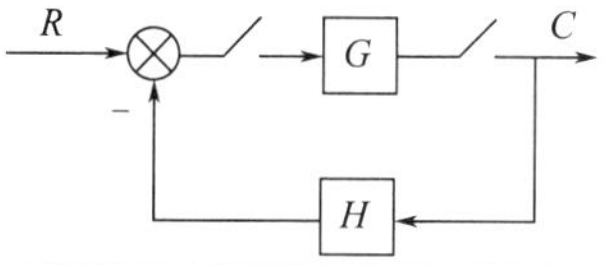 (图)	$C(z) = \dfrac{G(z)R(z)}{1+G(z)H(z)}$
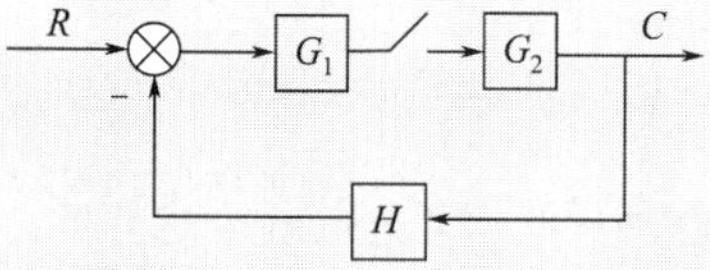 (图)	$C(z) = \dfrac{RG_1(z)G_2(z)}{1+G_1G_2H(z)}$
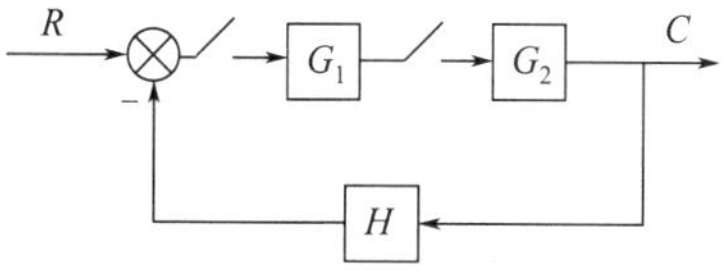 (图)	$C(z) = \dfrac{R(z)G_1(z)G_2(z)}{1+G_1(z)G_2H(z)}$
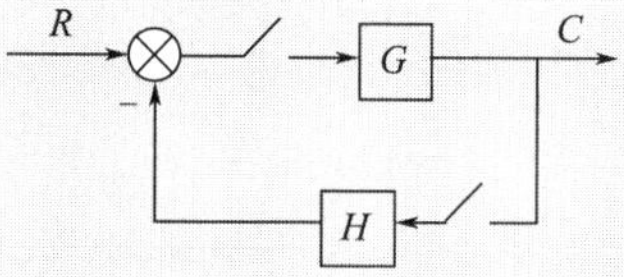 (图)	$C(z) = \dfrac{R(z)G(z)}{1+G(z)H(z)}$
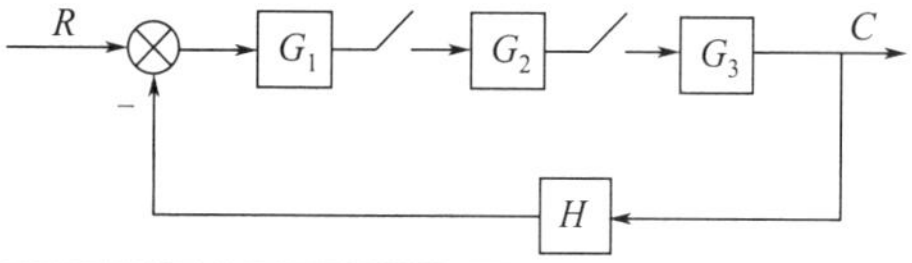 (图)	$C(z) = \dfrac{RG_1(z)G_2(z)G_3(z)}{1+G_1G_3H(z)G_2(z)}$
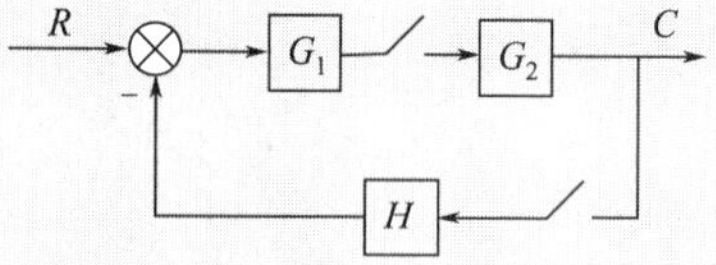 (图)	$C(z) = \dfrac{RG_1(z)G_2(z)}{1+G_1H(z)G_2(z)}$

（4）Z 变换法的局限性

由前面的论述可以看出，Z 变换是研究离散时间线性系统的有效工具，然而它也有局限性。

① Z 变换的推导过程是建立在采样开关是理想开关的基础之上。也就是说，假设采样是瞬时完成的，则采样开关的输出是一系列理想脉冲，在采样瞬时每个理想脉冲的面积等于采样开关输入信号的幅值。前面曾经提到，如果采样开关的持续时间远远小于采样周期，也远远小于系统连续部分的最大时间常数时，那么上述假设成立。

② 无论是开环或闭环离散系统，其输出大多是连续信号 $c(t)$ 而不是采样信号 $c(kT)$。而用一般的 Z 变换只能求出采样输出 $c(kT)$，这样就不能反映采样间隔内的 $c(t)$ 值。如果要研究采样间隔内的 $c(t)$ 值，可以采用修正 Z 变换法或等分采样周期法。

由于上述原因，研究用 $c(kT)$ 来代替 $c(t)$ 时，就会提出精确程度的疑问，以及由此产生的错误结果如何处理，是否存在限制条件等问题。下面对此进行讨论。

用 Z 变换法研究（开环）离散系统时，首先必须满足：系统连续部分传递函数 $G(s)$ 的极点至少比零点多两个，或者满足

$$\lim_{s \to \infty} sG(s) = 0$$

否则，用 Z 反变换所得到的 $c(kT)$，将其用光滑曲线连接起来，与 $c(t)$ 相比有较大误差，有时甚至是错误的。下面举例对此问题进行说明。

【例 7-22】 设开环离散系统如图 7-23 所示，系统连续部分传递函数 $G(s)$ 不满足上述条件。设 $r(t) = 1(t)$，采样周期 $T = 1\text{s}$，试比较 $c^*(t)$ 与 $c(t)$。

解 先用 Z 变换法求出 $c^*(t)$。因为

$$R(z) = \frac{z}{z-1}$$

$$G(z) = Z[G(s)] = Z\left[\frac{1}{s+1}\right] = \frac{z}{z - e^{-T}}$$

所以

$$C(z) = G(z)R(z) = \frac{z^2}{(z-1)(z-e^{-T})} = \frac{z^2}{(z-1)(z-0.368)}$$

用幂级数法将 $C(z)$ 展成

$$C(z) = 1 + 1.368z^{-1} + 1.5z^{-2} + 1.55z^{-3} + 1.56z^{-4} + \cdots$$

于是得

$$c^*(t) = \delta(t) + 1.368\delta(t-T) + 1.5\delta(t-2T) + 1.55\delta(t-3T) + 1.56\delta(t-4T) + \cdots$$

作出 $c^*(t)$ 如图 7-24 所示。事实上，可以采用拉普拉斯变换法来求出当系统连续部分的输入为 $r^*(t) = \sum_{k=0}^{\infty} \delta(t-kT)$ 时，系统的连续输出 $c(t)$，如图 7-25 所示。由此例可知，当假设采样开关为理想开关的情况下，系统连续部分的输入为一系列理想脉冲，当连续部分的传递函数不满足极点数比零点数多两个的条件时，系统的连续输出信号在采样点会发生跳跃，从而导致了 $c^*(t)$ 与 $c(t)$ 的显著差别。因此，不可能用 $c^*(t)$ 来完整地描述 $c(t)$。

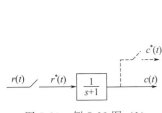

图 7-23 例 7-22 图（1）

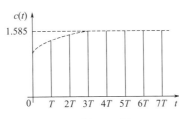

图 7-24 例 7-22 图（2）

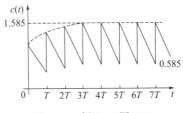

图 7-25 例 7-22 图（3）

7.5 离散控制系统的分析与设计 Analysis and Design of Discrete Control Systems

和连续时间控制系统一样，离散时间控制系统的分析也包括四方面内容：系统稳定性、瞬态性能、稳态性能和数字控制器的设计。

7.5.1 稳定性分析 Stability Analysis

为了将连续系统在 s 平面上的稳定性理论移植到 z 平面上分析离散系统的稳定性，首先研究 s 平面与 z 平面的映射关系，随后讨论如何在 z 域中分析离散系统的稳定性。

(1) s 域到 z 域的映射

在连续时间线性系统中，系统的稳定性可以根据特征方程的根在 s 平面的位置来确定。若系统特征方程的根具有负实部，即都分布在 s 平面左半部，则系统是稳定的。由于离散时间线性系统的数学模型是建立在 z 变换的基础上，所以为了分析系统的稳定性，首先介绍 s 平面和 z 平面之间的映射关系。

在 Z 变换定义中，$z = e^{Ts}$ 给出了 s 域到 z 域的关系。s 域中的任意点可表示为 $s = \sigma + j\omega$，映射到 z 域为

$$z = e^{(\sigma + j\omega)T} = e^{\sigma T} e^{j\omega T} \tag{7-76}$$

于是，s 域到 z 域的基本映射关系式为

$$|z| = e^{\sigma T}, \quad \angle z = \omega T \tag{7-77}$$

令 $\sigma = 0$，相当于取 s 平面的虚轴，当 ω 从 $-\infty$ 变到 ∞ 时，由式（7-76）可知，映射到 z 平面的轨迹是以原点为圆心的单位圆。只是当 s 平面上的点沿虚轴从 $-\infty$ 变到 ∞ 时，z 平面上相应的点已经沿着单位圆转了无穷多圈。这是由于当 s 平面上的点沿虚轴从 $-\omega_s/2$ 移动到 $\omega_s/2$ 时，z 平面上的相应点沿单位圆从 $-\pi$ 逆时针变化到 π，转了一圈，其中 ω_s 为采样角频率。当 s 平面上的点在虚轴上从 $\omega_s/2$ 变化到 $3\omega_s/2$ 时，z 平面上的相应点逆时针沿单位圆转过一圈，依此类推，如图 7-26 所示。由图可见，可以把 s 平面划分为无穷多条平行于实轴的周期带，其中从 $-\omega_s/2$ 到 $\omega_s/2$ 的周期带为主频带，其余的周期带为次频带。离散函数 z 变换的这种周期特性，也说明了连续函数经离散化后，其频谱会产生周期性的延拓。

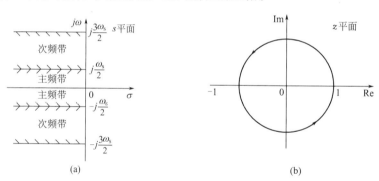

图 7-26　s 平面内频带映射到 z 平面

(2) z 平面内的稳定条件

根据第 3 章所述，连续系统稳定的充分必要条件是系统的闭环极点均在 s 平面左半部，s 平面的虚轴是稳定区域的边界。如果系统中有极点在 s 平面右半部，则系统不稳定，如图 7-27(a) 所示。对于离散系统，其稳定的条件是系统的闭环极点均在 z 平面上以原点为圆心的单位圆内，

图 7-27　s 平面与 z 平面的对应关系

z 平面上的单位圆为稳定域的边界。如果系统中有闭环极点在 z 平面上的单位圆外,则系统不稳定。这个结论很容易得到证实。根据 s 域到 z 域的映射关系

$$z = e^{(\sigma+j\omega)T} = e^{\sigma T}e^{j\omega T}$$

可知 σ_i 与 $|z_i|$ 存在如下关系:

在 s 平面内		在 z 平面内	
$\sigma_i > 0$	右半平面(不稳定域)	$|z_i| > 1$	单位圆的外部
$\sigma_i = 0$	虚轴上(临界稳定)	$|z_i| = 1$	单位圆的圆周
$\sigma_i < 0$	左半平面(稳定域)	$|z_i| < 1$	单位圆的内部

由此可见,s 平面上的虚轴在 z 平面上映射成一个以原点为中心的单位圆。s 左半平面与 z 平面上单位圆内部相对应,s 右半平面与 z 平面上单位圆的外部相对应。s 平面和 z 平面的这种对应关系如图 7-27 所示。

定理 7.2 离散时间线性系统稳定的充分必要条件为:离散时间线性系统的全部特征根 $z_i(i=1,2,\cdots,n)$ 都分布在 z 平面的单位圆内,或者说全部特征根的模小于 1,即 $|z_i| < 1(i=1, 2,\cdots,n)$。如果在上述特征根中,有位于 z 平面单位圆之外的特征根,则闭环系统将是不稳定的。

【**例 7-23**】 二阶离散系统的方框图如图 7-28 所示。试判断系统的稳定性,设采样周期 $T = 1s$,$K = 1$。

解 先求出系统的闭环脉冲传递函数为

$$\frac{C(z)}{R(z)} = \frac{G(z)}{1+G(z)}$$

式中

$$G(z) = Z\left[\frac{K}{s(s+1)}\right] = \frac{Kz(1-e^{-T})}{(z-1)(z-e^{-T})}$$

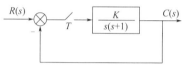

图 7-28 例 7-23 图

闭环系统的特征方程为

$$1 + G(z) = (z-1)(z-e^{-T}) + Kz(1-e^{-T}z) = 0$$

将 $K = 1$,$T = 1$ 代入,可得

$$z^2 - 0.736z + 0.368 = 0$$

解之得到

$$z_1 = 0.368 + j0.482, \quad z_2 = 0.368 - j0.482$$

特征方程的两个根都在单位圆内,所以系统是稳定的。如果保持采样周期 $T = 1s$ 不变,将系统开环放大系数增大到 $K = 5$,则上述离散系统将变成不稳定的,其 z 特征方程为

$$z^2 + 1.792z + 0.368 = 0$$

解之,得到

$$z_1 = -0.237, \quad z_2 = -1.555$$

特征方程有一个根在单位圆外,所以系统是不稳定的。

如果上述二阶离散系统是二阶连续系统,只要 K 值是正的,则连续系统一定是稳定的。但是,当系统成为二阶离散系统时,即使 K 值是正的,也不一定能保证系统是稳定的。这就说明了采样过程的存在影响了系统的稳定性。

(3) 稳定性代数判据

根据上述 z 平面上的稳定条件,假如系统的 z 特征方程式为

$$1 + GH(z) = 0 \tag{7-78}$$

求出该方程的根 $z_i(i=1,2,\cdots,n)$ 就可知道系统稳定与否。与连续系统相似,不求特征根 z_i,而借助于稳定判据,同样可分析系统的稳定性。

连续系统的劳斯-赫尔维茨判据,是通过系统特征方程的系数及其符号来判别系统的稳定性。这种对特征方程系数和符号以及系数之间满足某些关系的判据,实质是判断系统特征方程的根是

否都在 s 平面左半平面。但是，在离散时间线性系统中需要判断系统特征根是否都在 z 平面上的单位圆内。因此，连续时间线性系统的劳斯-赫尔维茨判据不能直接使用，必须寻找一个新变量。

引入 z 域到 w 域的线性变换，使新的变量 w 与变量 z 之间有这样关系：z 平面上的单位圆正好对应于 w 平面上的虚轴，z 平面上单位圆内的区域对应于 w 平面左半平面，z 平面上单位圆外的区域对应于 w 平面右半平面。这种新的坐标变换称为双线性变换，或称为 W 变换。

满足上述要求的变换关系是

$$z=\frac{w+1}{w-1} \quad 或 \quad w=\frac{z+1}{z-1} \tag{7-79}$$

将式（7-79）代入系统的 z 特征方程，就可以使用代数稳定性判据了。

上述变换关系的正确性证明如下：

① 在 w 平面的虚轴上，$\text{Re}[w]=0$，则有 $|w+1|=|w-1|$，即 $|z|=\left|\dfrac{w+1}{w-1}\right|=1$。

② w 平面的左半平面，$\text{Re}[w]<0$，则有 $|w+1|<|w-1|$，即 $|z|=\left|\dfrac{w+1}{w-1}\right|<1$。

③ w 平面的右半平面，$\text{Re}[w]>0$，则有 $|w+1|>|w-1|$，即 $|z|=\left|\dfrac{w+1}{w-1}\right|>1$。

【**例 7-24**】 设具有零阶保持器的离散系统（图 7-29），采样周期 $T=0.2\text{s}$，试判断系统稳定性。

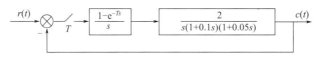

图 7-29 例 7-24 图

解 已知

$$G(s)=\frac{2(1-e^{-0.2s})}{s^2(1+0.1s)(1+0.05s)}$$

相应的 Z 变换为

$$G(z)=\frac{0.4}{z-1}+\frac{0.4(z-1)}{z-0.135}-\frac{0.1(z-1)}{z-0.0185}-0.3$$

特征方程为 $1+G(z)=0$，经化简后得

$$z^3-1.001z^2+0.3356z+0.00535=0$$

对上式进行 W 变换，令 $z=\dfrac{w+1}{w-1}$，简化后可得

$$0.34w^3+1.65w^2+3.68w+2.33=0$$

列出劳斯表如下

w^3	0.34	3.68
w^2	1.65	2.33
w^1	3.20	
w^0	2.33	

由于表中第一列系数均为正，所以系统是稳定的。

(4) z 平面上的根轨迹

通常，离散时间系统的闭环特征方程为

$$1+G(z)=0 \tag{7-80}$$

离散系统的闭环特征方程式（7-80）在形式上，与连续系统的完全相同，因此，z 平面上的根轨迹作图方法与 s 平面的作图方法相同。需注意：在连续时间系统中，稳定边界是虚轴，而在离散系统中，稳定边界是单位圆。

【例 7-25】 如图 7-30（a）所示系统，用根轨迹法确定系统稳定的 K 值范围。采样周期 $T=0.5\mathrm{s}$。

解 系统的开环传递函数为

$$G(s)=\frac{1-\mathrm{e}^{-Ts}}{s}\times\frac{K}{s(s+1)}=K(1-\mathrm{e}^{-Ts})\left(\frac{1}{s^2}-\frac{1}{s}+\frac{1}{s+1}\right)$$

得到脉冲传递函数

$$G(z)=Z\left[K(1-\mathrm{e}^{-Ts})\left(\frac{1}{s^2}-\frac{1}{s}+\frac{1}{s+1}\right)\right]=K(1-z^{-1})\left[\frac{Tz}{(z-1)^2}-\frac{z}{z-1}+\frac{z}{z-\mathrm{e}^{-T}}\right]$$

$$=K\frac{0.1065z+0.0902}{(z-1)(z-0.6065)}$$

显然根轨迹有两个开环极点 $p_1=1$，$p_2=0.6065$，一个开环零点 $z_1=-0.8469$，特征方程 $1+G(z)=0$ 化简得

$$z^2-(1.6065-0.1065K)z+(0.6065+0.0902K)=0$$

当 $K=0.221$ 时，有重根 $z_{1,2}=0.7915$（分离点）；当 $K=61.73$ 时，有重根 $z_{3,4}=-2.485$（会合点）。用劳斯判据法求与单位圆的交点。

对特征方程进行 w 变换，令 $z=\frac{w+1}{w-1}$，简化后得

$$0.1967Kw^2+(0.7870-0.1804K)w+(3.2130-0.0163K)=0$$

列出劳斯表如下

w^2	$0.1967K$	$3.2130-0.0163K$
w^1	$0.7870-0.1804K$	0
w^0	$3.2130-0.0163K$	0

第一列大于零，解得 $0<K<4.36$。

在 z 平面上做出单位圆，可以看出，当 $0<K<0.22$ 时，系统非震荡稳定，当 $0.22<K<4.36$ 时，系统振荡稳定，当 $K>4.36$ 时，系统不稳定。

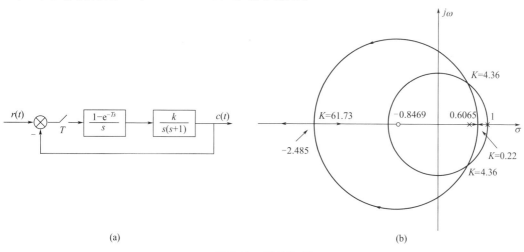

图 7-30 例 7-25 图

7.5.2 瞬态响应 Transient Response

离散系统的动态特性，是通过外部输入信号作用下的输出曲线来反映的。通常给定输入为单位阶跃信号。瞬态响应分析的焦点是闭环零极点对瞬态响应的定性影响，而非从定量的角度来分析，这是因为离散系统的定量分析比起连续系统来说更为复杂。

在连续时间线性系统中，闭环极点在 s 平面上的位置与系统的瞬态响应有着密切的关系。闭环极点决定了瞬态响应中各分量的类型。在离散时间线性系统中，求得数学模型后，通过 Z 变换法可求出系统在典型信号作用下的瞬态响应，从而确定系统的瞬态性能。在这一点，离散系统比连续系统更方便。同样，离散系统的瞬态响应决定于系统的零极点分布。假如能找到一对主导极点，系统的瞬态响应也可由二阶系统来近似估计。二阶系统的性能指标是易求的，它们与参数的关系也可以查到。下面讨论 z 平面上零极点分布与离散系统瞬态性能之间的关系。

设闭环离散系统的脉冲传递函数为

$$G_B(z) = \frac{M(z)}{N(z)} = \frac{b_0 z^m + b_1 z^{m-1} + \cdots + b_m}{a_0 z^n + a_1 z^{n-1} + \cdots + a_n} = \frac{b_0}{a_0} \times \frac{(z-z_1)(z-z_2)\cdots(z-z_m)}{(z-p_1)(z-p_2)\cdots(z-p_n)}$$

当 $r(t) = 1(t)$，$G_B(z)$ 无重极点时，有

$$C(z) = \frac{M(1)}{N(1)} \times \frac{z}{z-1} + \sum_{j=1}^{n} \frac{c_j z}{z-p_j} \tag{7-81}$$

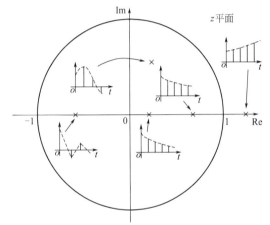

图 7-31　不同闭环极点的瞬态分量

式中常数分别为

$$c_j = \frac{M(p_j)}{(p_j - 1)N'(p_j)}, \quad N'(p_j) = \frac{\mathrm{d}N(z)}{\mathrm{d}z}\bigg|_{z=p_j}$$

式（7-81）中，等号右边第一项的 Z 反变换为 $\dfrac{M(1)}{N(1)}$，它是 $c^*(t)$ 的稳态分量；而第二项的 Z 反变换为 $c^*(t)$ 的瞬态分量。

根据 p_j 在单位圆内的位置不同，所对应的瞬态分量的形式也不同，如图 7-31 所示。从图中可以看出，只要闭环极点在单位圆内，则对应的瞬态分量总是衰减的；极点越靠近原点，衰减越快。不过，当极点在单位圆内的正实轴上时为指数衰减；若是共轭复数极点，或负实轴上的极点，对应为振荡衰减。

7.6　离散控制系统的稳态误差 Steady-state Errors of Discrete Control Systems

在连续系统中，采用典型输入信号作用下，系统响应的稳态误差作为系统控制精度的评价参数。同样地，对线性离散系统，也可以采用采样时刻的稳态误差来评价系统控制精度。已知系统的稳态误差取决于系统的外部作用形式和系统本身的结构，这里仅讨论单位反馈系统在输入信号作用时，系统在采样瞬时的稳态误差以及相应的静态误差系数法。

设系统结构如图 7-32 所示，其误差信号的 Z 变换为

$$E(z) = R(z) - C(z) = G_e(z)R(z) = \frac{1}{1+G(z)}R(z)$$

式中，$G_e(z)$ 为系统误差脉冲传递函数，即

$$G_e(z) = \frac{E(z)}{R(z)} = \frac{1}{1+G(z)} \tag{7-82}$$

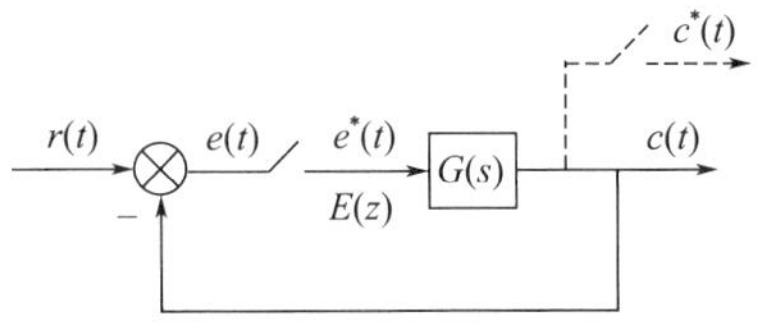

图 7-32　单位反馈离散系统

假定 $G_e(z)$ 的极点全在 z 平面单位圆的内部，且用终值定理可求出采样瞬时的稳态误差

$$e(\infty) = \lim_{t \to \infty} e(t) = \lim_{z \to 1} \frac{(z-1)R(z)}{[1+G(z)]} \tag{7-83}$$

下面分别讨论系统在三种典型输入信号作用下的稳态误差。

(1) **系统输入为单位阶跃函数 $r(t)=1(t)$**

因为 $R(z)=\dfrac{z}{z-1}$，将其代入式 (7-83)，采样瞬时的稳态误差为

$$e(\infty)=\lim_{z\to 1}\frac{1}{1+G(z)}=\frac{1}{1+G(1)}=\frac{1}{K_p} \tag{7-84}$$

式中，常数 K_p 定义为静态位置误差系数，与单位阶跃输入下的系统稳态误差互为倒数。K_p 可以从开环脉冲传递函数 $G(z)$ 直接求出，即

$$K_p=\lim_{z\to 1}[1+G(z)] \tag{7-85}$$

当 $G(z)$ 具有一个 $z=1$ 的极点时，则

$$\lim_{z\to 1}G(z)=\infty,\; K_p=\infty$$

系统的位置误差为零。

若 $G(z)$ 没有 $z=1$ 的极点，则 $K_p\neq\infty$，从而 $e(\infty)\neq 0$，这类系统称为 0 型离散系统；若 $G(z)$ 有一个或一个以上 $z=1$ 的极点，则 $K_p=\infty$，从而 $e(\infty)=0$，这类系统称为 Ⅰ 型或 Ⅰ 型以上的离散系统。因此，在单位阶跃函数的作用下，0 型离散系统在采样瞬时存在位置误差；Ⅰ型或Ⅰ型以上的离散系统，在采样瞬时不存在位置误差。

(2) **系统输入为单位斜坡函数 $r(t)=t$**

因 $R(z)=\dfrac{Tz}{(z-1)^2}$，采样瞬时的稳态误差为

$$e(\infty)=\lim_{z\to 1}\frac{T}{(z-1)[1+G(z)]}=\frac{T}{\lim_{z\to 1}(z-1)G(z)}=\frac{T}{K_v} \tag{7-86}$$

式中，K_v 定义为静态速度误差系数，且

$$K_v=\lim_{z\to 1}(z-1)G(z) \tag{7-87}$$

当 $G(z)$ 具有两个 $z=1$ 的极点时，则

$$\lim_{z\to 1}(z-1)G(z)=\infty,\quad K_v=\infty$$

系统的速度误差为零。

0 型离散系统的静态速度误差为 $K_v=0$，Ⅰ 型系统的 K_v 为有限值，Ⅱ 型系统 $K_v=\infty$。因此，0 型离散时间系统不能承受单位斜坡函数的作用，Ⅰ 型离散时间系统在单位斜坡函数作用下存在速度误差，Ⅱ 型和 Ⅱ 型以上的离散系统在单位斜坡函数作用下不存在速度误差。

(3) **系统输入为抛物线函数 $r(t)=t^2/2$**

因 $R(z)=\dfrac{T^2 z(z+1)}{(z-1)^3}$，采样瞬时的稳态误差为

$$e(\infty)=\lim_{z\to 1}\frac{T^2(z+1)}{2(z-1)^2[1+G(z)]}=\frac{T^2}{\lim_{z\to 1}(z-1)^2 G(z)}=\frac{T^2}{K_a} \tag{7-88}$$

式中，常数 K_a 定义为静态加速度误差系数，且

$$K_a=\lim_{z\to 1}(z-1)^2 G(z) \tag{7-89}$$

当 $G(z)$ 具有三个 $z=1$ 的极点时，则

$$\lim_{z\to 1}(z-1)^2 G(z)=\infty,\; K_a=\infty$$

系统的加速度误差为零。

0 型和 Ⅰ 型系统的 $K_a=0$，Ⅱ 型系统的 K_a 为常值，Ⅲ 型和 Ⅲ 型以上系统的 $K_a=\infty$。因此，0 型和 Ⅰ 型离散时间系统不能承受单位加速度函数的作用，Ⅱ 型离散时间系统在单位加速度函数作用下存在加速度误差，只有 Ⅲ 型和 Ⅲ 型以上的离散系统在单位加速度函数作用下不存在稳态误差。

综上所述，系统的稳态误差与开环脉冲传递函数 $G(z)$ 中 $z=1$ 的极点数密切有关。由 z 平面与 s 平面的一一对应关系（$z=e^{Ts}$）可知，$G(z)$ 有 v 个 $z=1$ 的极点，对应于 $G(s)$ 就有 v 个 $s=0$ 的极点，即 v 个积分环节。在连续系统中，把开环传递函数 $G(s)$ 的积分环节数用 v 来表示，并相应地把 $v=0,1,2,\cdots$ 系统分别称为 0 型、Ⅰ型、Ⅱ型和Ⅲ型系统等。因此对于离散系统来说，也可类似地把开环脉冲传递函数 $G(z)$ 中 $z=1$ 的极点数用 v 来表示，并把 $v=0,1,2,\cdots$ 的离散系统分别称为 0 型、Ⅰ型、Ⅱ型和Ⅲ型系统等。

【**例 7-26**】 设离散系统如图 7-32 所示，其中 $G(s)=1/[s(0.1s+1)]$，$T=0.1\mathrm{s}$，输入连续信号 $r(t)$ 分别为 $1(t)$ 和 t，试求离散系统相应的稳态误差。

解 $G(s)$ 相应的 Z 变换为

$$G(z)=\frac{z(1-e^{-1})}{(z-1)(z-e^{-1})}$$

因此，系统的误差脉冲传递函数为

$$G_e(z)=\frac{1}{1+G(z)}=\frac{(z-1)(z-0.368)}{z^2-0.736z+0.368}$$

由于闭环极点 $z_1=0.368+0.482j$，$z_2=0.368-0.482j$，全部位于 z 平面上的单位圆内，因此可以应用终值定理求稳态误差。

当 $r(t)=1(t)$，相应 $r(kT)=1(kT)$ 时，$R(z)=z/(z-1)$，于是由式（7-84）可求得

$$e(\infty)=\lim_{z\to 1}\frac{(z-1)(z-0.368)}{z^2-0.736z+0.368}=0$$

当 $r(t)=t$，相应 $r(kT)=kT$ 时，$R(z)=Tz/(z-1)^2$，于是由式（7-86）可求得

$$e(\infty)=\lim_{z\to 1}\frac{T(z-0.368)}{z^2-0.736z+0.368}=T=0.1$$

根据式（7-82）、式（7-84）和式（7-86）可求出不同类型的单位反馈系统，在三种典型输入信号作用下的稳态误差如表 7-3 所示。表中 K_p、K_v、K_a 分别为位置、速度、加速度静态误差系数，T 为采样周期。

表 7-3 以静态误差系数表示的稳态误差

	位置误差 $r(t)=1(t)$	速度误差 $r(t)=t$	加速度误差 $r(t)=t^2/2$
0 型系统	$\dfrac{1}{K_p}$	∞	∞
Ⅰ型系统	0	$\dfrac{T}{K_v}$	∞
Ⅱ型系统	0	0	$\dfrac{T^2}{K_a}$
Ⅲ型系统	0	0	0

7.7 离散系统的数字控制器设计 Digital Controller Design of Discrete Control Systems

数字控制器在工业过程控制、机电一体化、快速数字随动系统等领域有着广泛的应用。图 7-33 为数字控制系统的结构。

数字控制器 $D(z)$ 在系统中主要是用来保证系统满足特定性能指标的要求，起校正作用。例如：作为一个工业过程的数字控制器，主要是采用数字 PID 算法，以保证整个控制系统满足一定的时域性能指标要求。

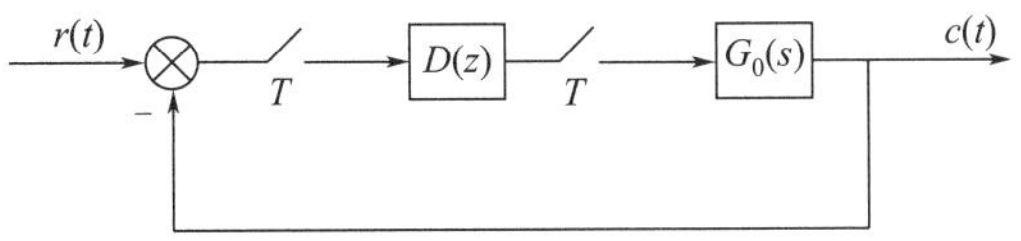

图 7-33 数字控制系统结构

(1) 数字 PID 控制器

为保证控制系统满足一定的时域性能指标要求，通常设计数字 PID 控制器、校正系统。首先介绍一种利用数值积分法的离散化方法，基本思想是把模拟控制器的传递函数用微分方程表示，然后推导出一个近似于该微分方程解的差分方程来，再将差分方程经过 Z 变换，变成数字化的脉冲传递函数。例如，令

$$D(s)=\frac{U(s)}{E(s)}=\frac{1}{s+1} \tag{7-90}$$

它的微分方程是

$$\dot{u}(t)+u(t)=e(t)$$

将它写成积分形式，则有

$$u(t)=\int_0^t [-u(\tau)+e(\tau)]\,d\tau$$

$$u(k)=\int_0^{k-1} [-u(\tau)+e(\tau)]\,d\tau + \int_{k-1}^{k} [-u(\tau)+e(\tau)]\,d\tau$$

$$=u(k-1)+\int_{k-1}^{k} [-u(\tau)+e(\tau)]\,d\tau \tag{7-91}$$

采用梯形近似法来计算式 (7-91)，右边第二项的面积增量，假设其平均高度为

$$\frac{1}{2}[-u(k)+e(k)-u(k-1)+e(k-1)]$$

则可得近似积分为

$$u(k)=u(k-1)+\frac{T}{2}[-u(k)+e(k)-u(k-1)+e(k-1)] \tag{7-92}$$

或者

$$u(k)=\frac{1-T/2}{1+T/2}u(k-1)+\frac{T/2}{1+T/2}[e(k)+e(k-1)]$$

相应的数字化脉冲传递函数为

$$D(z)=\frac{U(z)}{E(z)}=\frac{(T/2)\times(1+z^{-1})}{1-z^{-1}+(T/2)\times(1+z^{-1})}$$

$$=\frac{1}{\frac{2}{T}\times\frac{1-z^{-1}}{1+z^{-1}}+1} \tag{7-93}$$

对比式 (7-91) 和式 (7-93) 可知，若要将 $D(s)$ 变换成 $D(z)$，只要让

$$s=\frac{2}{T}\times\frac{1-z^{-1}}{1+z^{-1}}=\frac{2}{T}\times\frac{z-1}{z+1} \tag{7-94}$$

即可。这种方法称为双线性变换法或者图斯汀（Tustin）变换法。

模拟量的 PID 控制器算式为

$$u(t)=K_P e(t)+\frac{1}{T_I}\int_0^t e(t)\,dt+T_D\frac{de(t)}{dt} \tag{7-95}$$

$$D(s)=\frac{U(s)}{E(s)}=K_P+\frac{1}{T_I s}+T_D s \tag{7-96}$$

式中，K_P，T_I，T_D 分别为比例增益、积分时间函数和微分时间函数。经双线性变换后，数字 PID 控制器的脉冲传递函数的一般形式为

$$D(z)=\frac{U(z)}{E(z)}=K_P+\frac{T}{2T_I}\times\frac{1+z^{-1}}{1-z^{-1}}+\frac{T_D}{T}(1-z^{-1})=\frac{\alpha+\beta z^{-1}+\gamma z^{-2}}{1-z^{-1}} \quad (7\text{-}97)$$

当 $T_D=0$，则数字 PI 控制器的脉冲传递函数为

$$D(z)=\frac{\left(K_P+\dfrac{T}{2T_I}\right)-\left(K_P-\dfrac{T}{2T_I}\right)z^{-1}}{1-z^{-1}}=\frac{\alpha+\beta z^{-1}}{1-z^{-1}} \quad (7\text{-}98)$$

现在讨论一下数字控制器的约束条件：数字控制器必须是稳定的，且是可实现的。稳定条件和离散系统的稳定条件基本相同，即脉冲传递函数没有在 z 平面单位圆外的极点或单位圆上的重极点。可实现的物理条件是：控制器的输出信号只与过去时刻的输出信号以及现在时刻和过去时刻的输入信号有关，而与未来的输入信号无关。反映在数学表达式上为

$$D(z)=\frac{\sum\limits_{i=0}^{r}\beta_i z^{-i}}{1+\sum\limits_{j=0}^{l}\alpha_j z^{-j}}=\frac{\beta_0 z^l+\beta_1 z^{l-1}+\cdots+\beta_r z^{l-r}}{z^l+\alpha_1 z^{l-1}+\cdots+\alpha_l} \quad (7\text{-}99)$$

上式必须为真有理函数或者严格真有理函数，即分母多项式的阶数不能低于分子多项式的阶数，或者说它的极点数不能少于它的零点数。

(2) 最少拍设计

离散化设计中另外一种常见的设计是最少拍设计。在离散系统中，一个采样周期也称为一拍。所谓最少拍系统，是指对于典型输入信号具有最快的响应速度，能在有限的几拍（几个采样周期）之内结束过渡过程，且在过渡过程结束后，在采样时刻上稳态误差为零，也称为小调节时间系统或最快响应系统。最少拍系统的设计原则是：若系统被控对象 $G(z)$ 无延迟，且在 z 平面单位圆上及单位圆外无零极点，需选择闭环脉冲传递函数 $G_B(z)$，使系统在典型输入作用下，经最少采样周期后，能使输出序列在各采样时刻的稳态误差为零，达到完全跟踪的目的，从而确定所需的数字控制器的脉冲传递函数 $D(z)$。

考虑到零阶保持器的存在，广义被控对象的脉冲传递函数为

$$G(z)=Z\left[\frac{1-e^{-Ts}}{s}G_0(s)\right]$$

系统的闭环脉冲传递函数为

$$G_B(z)=\frac{C(z)}{R(z)}=\frac{D(z)G(z)}{1+D(z)G(z)} \quad (7\text{-}100)$$

闭环误差脉冲传递函数为

$$G_{Be}(z)=\frac{E(z)}{R(z)}=\frac{1}{1+D(z)G(z)} \quad (7\text{-}101)$$

因为系统为单位反馈系统，所以有

$$G_B(z)=1-G_{Be}(z), G_{Be}(z)=1-G_B(z)$$

由式(7-100) 和式(7-101) 可以求得

$$D(z)=\frac{G_B(z)}{G(z)[1-G_B(z)]} \quad (7\text{-}102)$$

或

$$D(z)=\frac{1-G_{Be}(z)}{G(z)G_{Be}(z)} \quad (7\text{-}103)$$

常见的典型输入有单位阶跃函数、单位速度函数和单位加速度函数，其 Z 变换可表示为如下一般形式

$$R(z) = \frac{A(z)}{(1-z^{-1})^v}$$

其中，$A(z)$ 是不包含因子 $(1-z^{-1})$ 的 z^{-1} 的多项式。如果希望在典型输入信号的作用下系统稳态误差的终值等于零，即

$$e_{ss}^*(\infty) = \lim_{z \to 1}(1-z^{-1})E(z) = \lim_{z \to 1}(1-z^{-1})G_{Be}(z)R(z) = \lim_{z \to 1}(1-z^{-1})G_{Be}(z)\frac{A(z)}{(1-z^{-1})^v} = 0$$

从上式可以看出，只有 $G_{Be}(z)$ 中含有 $(1-z^{-1})^v$ 的因子与典型输入信号 Z 变换表达式分母中的因子相消，才可能使系统稳态误差等于零。因此要求闭环误差脉冲传递函数的形式为

$$G_{Be}(z) = (1-z^{-1})^v F(z)$$

其中，$F(z)$ 是不含 $(1-z^{-1})$ 因子的多项式。为了使求出的控制器简单，阶数最低，可取 $F(z)=1$，可以理解为使 $G_B(z)$ 的全部极点均位于 z 平面的原点。

下面以单位阶跃输入为例，讨论最少拍系统在该输入作用下 $D(z)$ 的确定方法。输入信号为单位阶跃信号 $r(t)=1(t)$，其 Z 变换为

$$R(z) = \frac{1}{1-z^{-1}} = 1 + z^{-1} + z^{-2} + \cdots + z^{-k} + \cdots$$

其中 $v=1$，$A(z)=1$。若取 $F(z)=1$，由于

$$G_{Be}(z) = 1-z^{-1}, G_B(z) = 1 - G_{Be}(z) = z^{-1}$$

于是，数字控制器的脉冲传递函数为

$$D(z) = \frac{1 - G_{Be}(z)}{G(z)G_{Be}(z)} = \frac{G_B(z)}{G(z)G_{Be}(z)} = \frac{z^{-1}}{G(z)(1-z^{-1})}$$

且系统输出和误差分别为

$$C(z) = G_B(z)R(z) = z^{-1}\frac{1}{1-z^{-1}} = z^{-1} + z^{-2} + z^{-3} + \cdots + z^{-k} + \cdots$$

$$E(z) = G_{Be}(z)R(z) = (1-z^{-1})\frac{1}{1-z^{-1}} = 1$$

这表明：$c(0)=0$，$c(T)=c(2T)=\cdots=1$；$e(0)=0$，$e(T)=e(2T)=\cdots=0$。系统的输出信号 $c^*(t)$ 如图 7-34(a) 所示。系统经过一拍之后便可完全跟踪阶跃输入，过渡过程时间 $t_s = T$。类似地，可求出最少拍系统在单位斜坡输入和单位加速度输入作用时的 $D(z)$，系统响应如图 7-34(b)、(c) 所示。三种典型输入信号作用下的数字控制器的脉冲传递函数见表 7-4，其一般形式为

$$D(z) = \frac{1-(1-z^{-1})^v}{(1-z^{-1})^v G(z)}$$

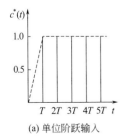
(a) 单位阶跃输入

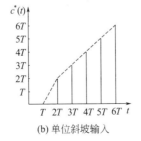
(b) 单位斜坡输入

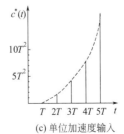
(c) 单位加速度输入

图 7-34 典型输入信号的最少拍系统的响应

表 7-4 典型输入信号的最少拍设计结果

典型输入		闭环脉冲传递函数		数字控制器的脉冲传递函数 $D(z)$	调节时间 t_s
$r(t)$	$R(z)$	$G_B(z)$	$G_{Be}(z)$		
$1(t)$	$\dfrac{1}{1-z^{-1}}$	z^{-1}	$1-z^{-1}$	$\dfrac{z^{-1}}{(1-z^{-1})G(z)}$	T
t	$\dfrac{Tz^{-1}}{(1-z^{-1})^2}$	$2z^{-1}-z^{-2}$	$(1-z^{-1})^2$	$\dfrac{z^{-1}(2-z^{-1})}{(1-z^{-1})^2 G(z)}$	$2T$
$\dfrac{1}{2}t^2$	$\dfrac{T^2 z^{-1}(1+z^{-1})}{2(1-z^{-1})^3}$	$3z^{-1}-3z^{-2}+z^{-3}$	$(1-z^{-1})^3$	$\dfrac{z^{-1}(3-3z^{-1}+z^{-2})}{(1-z^{-1})^3 G(z)}$	$3T$

【例 7-27】 设单位反馈线性定常离散系统的连续部分和零阶保持器的传递函数分别为

$$G_0(s)=\frac{10}{s(s+1)},\quad G_h(s)=\frac{1-e^{-Ts}}{s}$$

其中采样周期 $T=1s$。若要求系统在单位斜坡输入时实现最少拍控制，试求数字控制器脉冲传递函数 $D(z)$。

解 系统开环传递函数

$$G(s)=G_0(s)G_h(s)=\frac{10(1-e^{-Ts})}{s^2(s+1)}$$

由于

$$Z\left[\frac{1}{s^2(s+1)}\right]=\frac{Tz}{(z-1)^2}-\frac{(1-e^{-T})z}{(z-1)(z-e^{-T})}$$

故有

$$G(z)=10(1-z^{-1})\left[\frac{Tz}{(z-1)^2}-\frac{(1-e^{-T})z}{(z-1)(z-e^{-T})}\right]=\frac{3.68z^{-1}(1+0.717z^{-1})}{(1-z^{-1})(1-0.368z^{-1})}$$

根据 $r(t)=t$，由表 7-4 知最少拍系统应具有的闭环脉冲传递函数和误差脉冲传递函数为

$$G_B(z)=2z^{-1}(1-0.5z^{-1}),\quad G_{Be}(z)=(1-z^{-1})^2$$

$G_{Be}(z)$ 的零点 $z=1$ 正好可以补偿 $G(z)$ 在单位圆中的极点 $z=1$；$G_B(z)$ 已包含 $G(z)$ 的传递函数延迟 z^{-1}。因此，上述 $G(z)$ 和 $G_{Be}(z)$ 满足对消除 $G(z)$ 中传递延迟 z^{-1} 及补偿 $G(z)$ 在单位圆上极点 $z=1$ 的限制要求，故按式（7-103）可求出最少拍控制的数字控制器脉冲传递函数为

$$D(z)=\frac{1-G_{Be}(z)}{G(z)G_{Be}(z)}=\frac{0.543(1-0.368z^{-1})(1-0.5z^{-1})}{(1-z^{-1})(1+0.717z^{-1})}$$

7.8 离散系统的 Matlab 仿真 Discrete-time System Analysis by Matlab

【例 7-28】 利用 Matlab 求 Z 变换及 Z 反变换。

① $f=\sin(\omega nt)$，求其 Z 变换；

② $G(s)=\dfrac{s-1}{s^2+4s+5}$，求其 Z 变换；

③ $G(s)=\dfrac{s-1}{s^2+4s+5}$，求其 Z 变换。

解 Matlab 程序片段如下：

①
```
syms n w T z;
fwn = sin(w*n*T);
FW = ztrans(fwn,n,z);
pretty(FW);
```
结果为：

$$\frac{z \sin(T w)}{z^2 - 2\cos(T w)z + 1}$$

②
```
num = [1 -1];
dem = [1 4 5];
[a,b] = c2dm(num,dem,1,'zoh');
```
结果为：

a =

  0   -0.0259 -0.1485

b =

  1.0000 -0.1462 0.0183

即 $G(z) = \dfrac{-0.0259z - 0.1485}{z^2 - 0.1462z + 0.0183}$。

③
```
syms k z;
FZ = z*(z-1)/(z^2+2*z+1);
fz = iztrans(FZ,k);           %Z 反变换
pretty(fz);
```
结果为：

$$3(-1)^k + 2(-1)^k (k-1)$$

【例 7-29】 已知系统传递函数为

$$G(s) = \frac{s-1}{s^2 - 0.6s + 0.8}$$

零阶保持器，采样周期为 0.2s。利用 Matlab 画出其伯德图和奈奎斯特曲线。

解 Matlab 程序片段如下：
```
num = [1 -1];
den = [1 -0.6 0.8];              %系统的传递函数
w = logspace(-1,2,100);          %确定频率范围
g = tf(num,den,'Ts',0.2);
figure(1);
bode(g);
grid;
figure(2);
nyquist(g);
v = [-2 3 -3 3]:axis(v);
grid;
```

仿真结果见图 7-35、图 7-36。

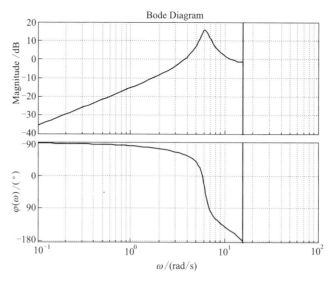

图 7-35 例 7-29 图（1）

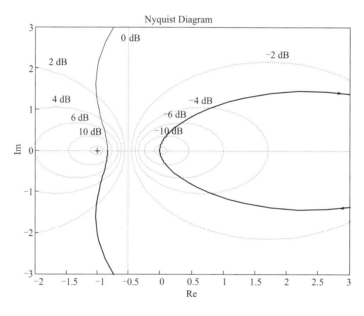

图 7-36 例 7-29 图（2）

【**例 7-30**】 用数字 PI 控制器控制传递函数为 $G(s)=\dfrac{1}{s+1}$ 的被控对象。

解 ① 采样时间为 $1s$，采用 Z 变换进行离散化，经过 Z 变换后的离散化对象的差分方程为

$$y(k)=\text{num}(2)*u(k-1)-\text{den}(2)*y(k-1)$$

② 数字 PI 控制为

$$\begin{aligned}u(k)&=u(k-1)+K_{\text{P}}[e(k)-e(k-1)]+K_{\text{P}}\frac{T}{T_{\text{I}}}e(k-1)\\&=u(k-1)+K_{\text{P}}[e(k)-e(k-1)]+K_{\text{I}}e(k-1)\end{aligned}$$

③ Matlab 仿真程序片段如下：

```
T = 1;
num1 = [1];
den1 = [1 1];
[num,den] = c2dm(num1,den1,T,'zoh');
```

```
e(1) = 0:e(2) = 0;
r(1:200) = 1;
y(1) = 0:y(2) = 0;
u(1) = 0;
Kp = 0.5;
Ki = 0.2;
for k = 2:200
    time(k) = k * T;
    y(k) = num(2) * u(k -1)-den(2) * y(k -1);
    e(k) = r(k)-y(k);
    u(k) = u(k -1) + Kp * (e(k)-e(k-1)) + Ki * e(k);
end
plot(time,y,'b');
xlabel('time(s)'),ylabel('yout');
```
④ 仿真结果如图 7-37 所示。

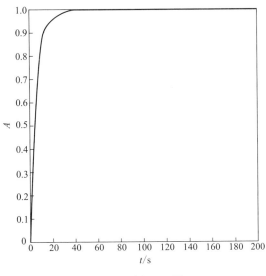

图 7-37 例 7-30 图

【例 7-31】 已知控制系统开环传递函数为

$$G(s)=\frac{2}{(s+1)(s+2)}$$

零阶保持器，选择采样周期 $T=1s$，在单位阶跃输入下设计无波纹最少拍控制器。

解 最少拍控制器 $D(z)$ 为

$$D(z)=\frac{1}{G(z)}\frac{G_B(z)}{1-G_B(z)}=\frac{1-(1-z^{-1})^q}{G(z)(1-z^{-1})^q}$$

① 带零阶保持器的被控对象为 $G(s)$ 通过 Matlab 进行 Z 变换得

$$G(z)=\frac{0.3996z^{-1}(1+0.368z^{-1})}{(1-0.3676z^{-1})(1-0.1356z^{-1})}$$

② 无波纹最小拍控制器 $D(z)$。因 $G(z)$ 有 z^{-1} 因子，零点 $z=-0.368$，极点 $P_1=0.3676$，$P_2=0.1356$。闭环脉冲传递函数 $G_B(z)$ 应选为包含 z^{-r} 因子和 $G(z)$ 全部零点，所以有

$$G_B(z)=1-G_{Be}(z)=az^{-1}(1+0.368z^{-1})$$

$G_{Be}(z)$ 应由输入形式、$G(z)$ 的不稳定极点和 $G_B(z)$ 的阶次三者来决定。所以选择

$$G_{Be}(z)=(1-z^{-1})(1+bz^{-1})$$

因 $G_{Be}(z)=1-G_B(z)$，将上述所得的 $G_B(z)$ 和 $G_{Be}(z)$ 的值代入后，可得

$$(1-z^{-1})(1+bz^{-1})=1-az^{-1}(1+0.368z^{-1})$$

所以解得 $a=0.731$，$b=0.269$

$$D(Z)=\frac{1-G_{Be}(z)}{G(Z)G_{Be}(Z)}=\frac{1.83(1-0.3676z^{-1})(1-0.1356z^{-1})}{(1-z^{-1})(1+0.269z^{-1})}$$

③ Matlab 程序片段如下：

```
np = [0 0 2];
dp = [1 3 2];
hs = tf(np,dp);
hz = c2d(hs,1);
num = [1.83 -0.9208 0.0912];
den = [1 -0.731 -0.269];
dz = tf(num,den,-1);
sys1 = dz * hz;
sys2 = feedback(sys1,1);
step(sys2,20);
```

仿真结果如图 7-38 所示。

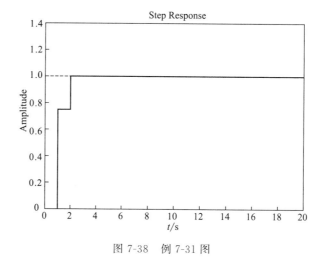

图 7-38 例 7-31 图

本章小结

目前，数字计算机控制系统已经广泛应用于各个工业领域中，在数字控制系统中，必须将连续信号通过采样变为离散信号。本章介绍离散系统的基本概念，在建立离散系统数学模型的基础上，讨论离散系统分析与设计的问题。

信号的采样器和保持器是离散控制系统的基本环节。在理想情况下，可以把采样器视为理想开关来描述，工程实践中，信号保持通常采用零阶保持器。采样定理是设计离散系统的重要原则。

Z 变换是分析离散控制系统的数学工具，其作用相当于连续系统理论中的拉普拉斯变换。差分方程是离散系统的时域数学模型，相当于连续系统中的微分方程，脉冲传递函数是离散控制系统的复数域数学模型，相当于连续系统的传递函数。脉冲传递函数仅描述离散信号到离散信号之间的传递关系，它与采样开关在离散系统中所设置的位置有关。有些情况下可能求不出系统的脉冲传递函数，只能得到输出信号的 Z 变换表达式。

线性离散系统稳定的充分必要条件是：系统全部闭环极点都严格位于 z 平面的单位圆内。可以利

用 w 域中的劳斯判据判定离散系统的稳定性。

线性离散系统的稳态误差计算可以运用一般方法（终值定理）和静态误差系数法。

数字控制器在系统中的作用主要是保证系统满足特定性能指标的要求，起到校正的作用。其中，数字 PID 控制器设计和最少拍系统设计是较为常见的设计方法。

关键术语和概念

- 离散时间控制系统（Discrete-time control systems）：离散时间控制系统又称采样控制系统，与连续时间控制系统的根本区别在于：离散系统中，有一处或几处信号是时间的离散函数。
- 数字控制系统（Digital control systems）：系统中具有数字控制器或数字计算机的自动控制系统。数字控制系统是离散控制系统最常见的形式。
- 采样过程（Sampling process）：续信号通过采样开关（或采样器）变换成离散信号的过程。
- 采样周期（Sampling periods）：计算机总是在相同、固定的周期接受或输出数据，这个周期称为采样周期。所有的采样变量在采样周期内保持不变。
- z 平面（z-plane）：其水平轴为 z 的实部，垂直轴为 z 的虚部的复平面。
- Z 变换（Z-transform）：由关系式 $z = e^{sT}$ 定义的从 s 平面到 z 平面的保角映射，它是从 s 域到 z 域的变换。
- 差分方程（Difference equations）：描述离散时间系统的一种数学模型，类似于连续时间系统的微分方程数学模型。
- 脉冲传递函数（Pulse transfer function）：在初始条件为零的情况下分别取输出 Z 变换与输入 Z 变换之比 $C(z)/R(z) = G(z)$ 称为系统脉冲传递函数。
- 零阶保持器（Zero-order hold）：是一种按常值规律外推的保持器。它把前一个采样时刻 kT 的采样值 $x(kT)$ 不增不减地保持到下一个采样时刻 $(k+1)T$。

习 题

7-1 根据定义

$$E^*(s) = \sum_{n=0}^{\infty} e(nT) e^{-nTs}$$

试求下列函数的 $E^*(s)$ 和闭合形式的 $E(z)$。

(1) $e(t) = t$ (2) $E(s) = \dfrac{1}{(s+a)^2}$

7-2 求理想脉冲序列 $\delta_T(t) = \sum\limits_{k=0}^{\infty} \delta(t - kT)$ 的 Z 变换。

7-3 求下列函数的 Z 变换 $X(z)$。

(1) $x(t) = t$ (2) $x(t) = \cos\omega t$ (3) $x(t) = t^2$
(4) $x(t) = 1 - e^{-at}$ (5) $x(t) = t e^{-at}$ (6) $x(t) = e^{-at} \sin\omega t$

7-4 求下列拉普拉斯变换的 Z 变换 $X(z)$。

(1) $X(s) = \dfrac{s+3}{(s+1)(s+2)}$ (2) $X(s) = \dfrac{1}{(s+a)^2}$ (3) $X(s) = \dfrac{1-e^{-Ts}}{s^2(s+1)}$

7-5 试求下列函数的 Z 反变换。

(1) $X(z) = \dfrac{z}{z-0.5}$ (2) $X(z) = \dfrac{10z}{(z-1)(z-2)}$

(3) $X(z) = \dfrac{z}{(z+1)(z+2)}$ (4) $X(z) = \dfrac{z}{(z-e^{-aT})(z-e^{-bT})}$

(5) $X(z) = \dfrac{z}{(z-1)^2(z-2)}$ (6) $X(z) = \dfrac{z^2}{(z-0.8)(z-0.1)}$

7-6 求解下列差分方程。

(1) $c(k+2)-3c(k+1)+2c(k)=r(k)$

已知 $r(t)=\delta(t)$，起始条件 $c(0)=0$，$c(1)=0$。

(2) $c(k+2)-6c(k+1)+8c(k)=r(k)$

已知 $r(t)=1(t)$，起始条件 $c(0)=0$，$c(1)=0$。

7-7 已知 $X(z)=Z[x(t)]$，试证明下列关系式成立。

(1) $Z[a^k x(t)]=X\left(\dfrac{z}{a}\right)$ (2) $Z[tx(t)]=-Tz\dfrac{\mathrm{d}X(z)}{\mathrm{d}z}$，式中 T 为采样周期。

7-8 已知系统结构如图 7-39 所示。T 为采样周期，试求系统的输出 Z 变换 $C(z)$。

图 7-39 习题 7-8 图

7-9 试求下列离散系统的输出 $C(z)$ 表达式。

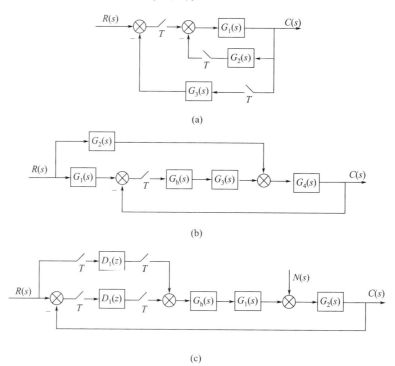

图 7-40 习题 7-9 图

7-10 已知 R-C 电路如图 7-41 所示，其中 $r(t)=100\mathrm{e}^{-t}$，试求其输出 $c(kT)$。

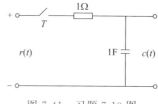

图 7-41 习题 7-10 图

7-11 已知闭环系统的特征方程为

(1) $D(z)=(z+1)(z+0.5)(z+2)=0$

(2) $D(z)=z^4-1.368z^3+0.4z^2+0.08z+0.002=0$ （采用劳斯-赫尔维茨判据）

试判断离散系统的稳定性。

7-12 设有零阶保持器的离散时间系统如图 7-20 所示。试求：

(1) $K=1$，$T=1s$ 时，试判断闭环系统的稳定性；

(2) 当采样周期分别为 $T=1s$ 及 $T=0.5s$ 时系统临界稳定的 K 值，并讨论采样周期 T 对稳定性的影响；

(3) 当 $r(t)=1(t)$，$K=1$，T 分别为 0.1s、1s、2s、4s 时，系统的输出响应 $c(kT)$。

7-13 如图 7-42 所示系统，用根轨迹法确定系统稳定的 K 值范围，其中，采样周期 $T=0.2s$。

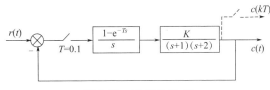

图 7-42 习题 7-13 图

7-14 已知系统结构如图 7-43 所示，其中 $K=10$，$T=0.2s$，输入 $r(t)=1(t)+t+t^2/2$，试用静态误差系数法求稳态误差。

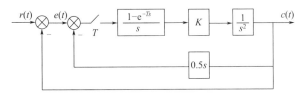

图 7-43 习题 7-14 图

7-15 系统结构图如图 7-44 所示，保持器为零阶保持器，对象的传递函数是

$$G_0(s)=\frac{10}{(s+1)(s+2)}$$

图 7-44 习题 7-15 图

采样周期 $T=0.2s$，试设计 PI 控制器 $D(z)$，使系统阶跃响应达到稳态无误差。

7-16 已知系统结构如图 7-45 所示，其中 $G_0(s)=\dfrac{1}{s(s+1)}$，采样周期 $T=1s$，试求 $r(t)=1(t)$ 时，系统无稳态误差，过渡过程在最少拍内结束的 $D(z)$。

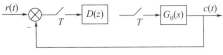

图 7-45 习题 7-16 图

非线性控制系统
Nonlinear Control Systems

【学习意义】

前面各章讨论的是线性定常系统的分析与控制问题，但是在实际的控制过程及其控制系统中，存在大量的非线性因素。严格讲没有任何器件是纯线性的，且实际的物理系统本质上也都是非线性系统，只不过在实际允许的情况下，可将非线性特性线性化成线性特性。人们熟悉的许多物理对象都具有典型非线性特性：各种基于电磁原理制作的装置，如发电机、电动机等都存在磁滞现象；机械传动装置都是通过齿轮传动，存在间隙；人工制造的继电装置在工业控制领域得到广泛应用，各种继电特性也都是非线性的。

【学习目标】

① 了解非线性系统的特点；
② 掌握线性与非线性控制系统相平面图的绘制方法；
③ 掌握非线性系统的相平面分析方法；
④ 会求非线性特性的描述函数；
⑤ 掌握描述函数法分析非线性系统。

8.1 非线性系统的特点 Characteristics of Nonlinear Systems

非线性系统是指用非线性代数方程和（或）非线性微分（差分）方程描述的系统。这类系统不能由线性方程描述，当系统中引入控制变量时，称之为非线性控制系统。对于非线性系统，当非线性程度较小，或系统的信号变化范围不大，或者在某一范围和条件下可以处理为线性时，系统仍可用线性方法来处理，这种非线性称为非本质非线性。当控制系统的非线性特性较强时，用线性方法来研究系统则会带来很大的误差，甚至会得到错误的结论，这种非线性称为本质非线性。

非线性系统与线性系统相比，具有一系列新的特点：

① 对于线性系统，描述系统行为与特征的数学模型是线性方程或线性微分方程，系统描述与分析满足叠加原理（叠加性和齐次性）。而非线性系统，描述其系统行为与特征的数学模型为非线性代数方程或非线性微分方程，不满足叠加原理。两种系统的本质差别使得它们的运动规律也有很大的不同。

② 在系统稳定性分析方面，线性定常系统的稳定性只取决于系统或控制系统的固有结构和内在参数，而与初始条件及外部输入无关。对于非线性系统，目前还没有整个系统稳定性分析的完整理论，仅是针对某一系统平衡点来研究系统的稳定性。非线性系统在平衡点处的稳定性除了与系统的结构及参数有关外，还与系统初始条件及外部输入有关。也就是说，对同样结构和参数

的非线性系统而言，当初始条件不同时，系统的稳定性会发生变化。

③ 运动形式方面，线性控制系统的自由运动形式与系统初始偏移大小无关。而非线性控制系统，当初始偏移偏小或者偏大时，其自由运动可能是振荡衰减（或发散）的，也可能呈现非周期衰减（或发散）过程。

④ 线性定常系统在没有外力作用时，系统的周期运动只发生在存在虚轴共轭复极点的临界情况下，而实际上这一周期运动在物理上是不可能实现的，且一旦系统的参数发生微小的变化，这一临界状态就难以维持。但对于非线性控制系统，当外作用信号为零时，系统中有可能发生一定频率和振幅的周期运动，而且这个周期运动在物理上可以实现，通常称之为自激振荡。自激振荡是非线性系统一个十分重要的特征，也是研究非线性系统的重要内容之一。这种周期性的自激振荡又称为极限环。自激振荡是人们特别感兴趣的一个问题，对它的研究有很大的实际意义。在有些场合，人们不希望在系统正常工作时有自激振荡产生，必须设法抑制或消除它；而在另外一些场合，人们却特意引入自激振荡，用于获得系统的某些特性或参数亦或改善系统的动态性能。

⑤ 线性控制系统在正弦信号作用下，其输出信号中的稳态分量是与输入同频率的正弦信号，只是在幅值和相位上与输入不同。而非线性控制系统在正弦信号作用下的响应却比较复杂，不同的非线性控制系统在正弦信号作用下有可能发生诸如倍频振荡、分频振荡、跳跃谐振、多值响应以及频率捕捉等线性系统不能产生的现象。

由于非线性控制系统与线性控制系统存在这些本质上的区别，线性系统的分析方法难以适用于非线性系统。到目前为止，对非线性控制系统的研究方法还很不完善，还缺乏像线性系统那样成熟而又有普遍意义的方法。本章只介绍两种工程上常用的分析非线性控制系统的方法，描述函数法和相平面法，用于分析研究简单的非线性控制系统。这类控制系统主要的非线性特性体现在某些简单非线性环节，如检测传感元件、执行机构、调节机构、控制器和各种放大器等部件。在一个控制系统中，只要包含一个非线性元件，就构成了非线性控制系统。

8.2 典型非线性环节的数学描述 Mathematical Description of Typical Nonlinear Elements

实际控制系统常存在的非线性环节主要有饱和、死区、间隙、继电器等固有非线性因素。在多数情况下，这些非线性因素都会对系统正常工作带来不利的影响。下面从物理概念上对包含有这些固有非线性因素的系统进行分析与描述。

(1) 饱和特性

饱和非线性是控制系统中最常见的一类非线性特性。由于组成放大器的元件都有一定的线性工作范围（如晶体管，磁芯等），几乎在各类放大器中均具有饱和现象。此外，执行元件的功率限制，也同样是一种饱和现象。例如，电枢控制的直流电动机，当控制电压在一定范围内增大时，电机转速按线性增长，当控制电压超过一定数值时，转速增高缓慢而出现饱和，因此电动机的功率限制就表现为转速的饱和特性。饱和特性如图 8-1 所示。

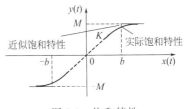

图 8-1 饱和特性

饱和特性的数学描述为

$$y(t)=\begin{cases} Kx(t), & |x(t)|<b \\ M\operatorname{sign}[x(t)], & |x(t)|\geqslant b \end{cases} \quad (8-1)$$

其中

$$\operatorname{sign}[x(t)]=\begin{cases} 1, & x(t)\geqslant 0 \\ -1, & x(t)<0 \end{cases}$$

许多元部件的运动范围由于受到能源、功率等条件的限制，都具有饱和特性。有时，工程上还人为引入饱和特性以限制过载或避免控制系统产生执行机构难以承担的过大控制量。

(2) 死区特性

死区又叫不灵敏区，系统中的死区是由测量元件的死区、放大器的死区以及执行机构的死区所造成的。例如，作为测量元件的旋转变压器，当输入信号处在零值附近的一个小范围内时，它没有有用的信号输出，只有当输入信号大于这个范围时，才输出有用信号使系统工作。这个零值附近的小信号范围便是它的死区。电子放大元件的死区一般都很小，而继电放大器只有当输入的激磁电流大于吸合电流时才能输出控制电压，因而死区相对较大。执行机构上的静摩擦力矩也可认为是死区，只有当由误差角引起的执行机构转矩恰好等于静摩擦力矩时，输出轴才开始转动。在控制系统或控制器中常利用死区特性，目的是对小误差不调节，避免执行机构频繁动作。死区特性如图 8-2 所示。

死区特性的数学描述为

$$y(t)=\begin{cases}0, & |x(t)|<\Delta \\ K\{x(t)-\Delta\,\text{sign}[x(t)]\}, & |x(t)|\geqslant\Delta\end{cases} \quad (8\text{-}2)$$

这类特性表示输入信号在零值附近变化时，元件或环节无信号输出，只有当输入信号大于或小于某一数值（死区）后，输出信号才会出现，并与输入信号呈线性关系。控制系统如有死区特性存在，一般会使系统产生稳态误差。

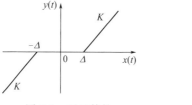
图 8-2 死区特性

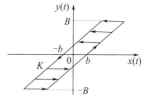
图 8-3 间隙特性

(3) 间隙特性

传动机构（如齿轮传动、杆系传动）的间隙也是控制系统中一种常见的非线性因素。由于加工精度和装配上的限制，间隙往往是难以避免的。图 8-3 表示了齿轮啮合的间隙特性，当主动齿轮运动方向改变时，从动齿轮仍保持原有位置，一直到全部间隙被消除时，从动齿轮的位置才开始改变。间隙非线性的数学描述为

$$y(t)=\begin{cases}K[x(t)-b], & \dot{y}(t)>0 \\ K[x(t)+b], & \dot{y}(t)<0 \\ B\,\text{sign}[x(t)], & \dot{y}(t)=0\end{cases} \quad (8\text{-}3)$$

间隙非线性的特点是，当输入量改变方向时，输出量保持不变，一直到输入量的变化超出定值（间隙消除）后，输出量才跟着变化。

(4) 继电特性

继电器是电气工程中常用的一种电气元件，其特性也常被用于系统控制。由于继电器吸合及释放状态下磁路的磁阻不同，吸合与释放电压是不相同的。其特性包含了死区、回环及饱和特性等。典型继电特性如图 8-4 所示。

图 8-4(a) 为理想继电器特性，其数学描述为

$$y(t)=\begin{cases}M, & x(t)>0 \\ -M, & x(t)<0\end{cases} \quad (8\text{-}4)$$

图 8-4(b) 为具有死区的继电特性，其数学描述为

$$y(t)=\begin{cases}M, & x(t)>\Delta \\ 0, & -\Delta\leqslant x(t)\leqslant\Delta \\ -M, & x(t)<-\Delta\end{cases} \quad (8\text{-}5)$$

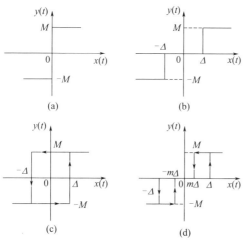
图 8-4 继电器的典型特性

图 8-4(c) 为具有磁滞回环的继电特性，其数学描述为

$$y(t)=\begin{cases}M, & \dot{x}(t)>0,x(t)>\Delta;\dot{x}(t)<0,x(t)>-\Delta\\-M, & \dot{x}(t)>0,x(t)<\Delta;\dot{x}(t)<0,x(t)<-\Delta\end{cases} \quad (8\text{-}6)$$

图 8-4(d) 为具有磁滞回环和死区的继电特性，其数学描述为

$$y(t)=\begin{cases}M, & \dot{x}(t)>0,x(t)>\Delta;\dot{x}(t)<0,x(t)>m\Delta\\0, & \dot{x}(t)>0,-m\Delta<x(t)<\Delta;\dot{x}(t)<0,-\Delta<x(t)<m\Delta\\-M, & \dot{x}(t)>0,x(t)<-m\Delta;\dot{x}(t)<0,x(t)<-\Delta\end{cases} \quad (8\text{-}7)$$

8.3 描述函数法 The Describing-function Method

描述函数法是在频率域中分析非线性系统的一种工程近似方法。它是频率法在一定假设条件下在非线性系统中的应用。描述函数法的实质是一种谐波线性化方法（又称谐波平衡法）。其基本思想是用非线性环节输出信号中的基波分量，来近似代替正弦信号作用下的实际输出，即忽略输出中的高次谐波分量。描述函数法主要用于分析非线性系统的稳定性、是否产生自激振荡、自激振荡的频率和振幅及减弱或消除自激振荡的方法等。用描述函数法分析非线性系统时，系统的阶数不受限制。

8.3.1 描述函数的基本概念 Basic Concept of Describing Function

描述函数法是一种近似分析法，它对系统和非线性特性提出一些限制条件，只有满足如下条件的非线性系统才能应用描述函数进行分析。

图 8-5 非线性系统典型结构

① 系统线性部分和非线性环节应能分开，如图 8-5 所示，非线性部分与线性部分相串联。图中 NL 为非线性环节，G 为线性部分的传递函数。

② 非线性特性具有奇对称特性，且输入-输出关系为静特性。正因为如此，非线性环节输入为正弦量时，其输出为周期函数，可展开成傅里叶级数，且其直流分量为零。

③ 线性部分应具有良好的低通滤波特性。即可以近似认为高次谐波分量被完全衰减，输出仅存在基波分量。

有了上述假定，描述函数定义为非线性环节输出的基波分量与输入正弦量的复数比。

对于线性系统来说，如果输入为正弦信号，则其输出的稳态分量也是同频率的正弦信号，只是在信号的幅值和相位上有改变。而对于非线性环节来说，若输入为正弦信号，一般情况下，其输出信号将是具有与输入信号相同周期的非正弦周期函数，其中除基波外，还有各种高次谐波。如果忽略各种高次谐波的影响，而假设只有基波分量有意义，则可以将非线性环节的特性看作是线性环节的一种近似，这就是谐波线性化描述函数。这一假设对于大多数的非线性系统是成立的，因为非线性环节在正弦输入作用下的输出中，高次谐波的振幅通常比基波的振幅小，而且控制系统中的线性部分往往具有低通滤波特性，非线性部分输出中的高次谐波在经过线性部分之后将大幅度衰减，所以可以近似忽略不计。

例如对理想继电特性加以正弦输入信号，则输出 $y(t)$ 为与输入同周期的方波信号，如图 8-6 所示。

非线性特性的输入信号为 $x(t)=A\sin\omega t$，非线性输出的方波信号用傅里叶级数表示，即为

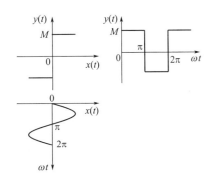

图 8-6 理想继电特性在正弦输入时的输出波形

$$y(t)=\frac{A_0}{2}+\sum_{n=1}^{\infty}(A_n\cos n\omega t+B_n\sin n\omega t)=\frac{A_0}{2}+\sum_{n=1}^{\infty}Y_n\sin(n\omega t+\phi_n) \quad (8\text{-}8)$$

式中 $A_n=\frac{1}{\pi}\int_0^{2\pi}y(t)\cos n\omega t\,\mathrm{d}(\omega t)\quad(n=0,1,2\cdots)$

$\qquad B_n=\frac{1}{\pi}\int_0^{2\pi}y(t)\sin n\omega t\,\mathrm{d}(\omega t)\quad(n=1,2,3\cdots)$

$\qquad Y_n=\sqrt{A_n^2+B_n^2}$

$\qquad \phi_n=\arctan\frac{A_n}{B_n}$

因为输出信号的非线性特性具有奇对称特性，所以 $A_0=0$。

如果略去输出高次谐波分量，仅以基波分量近似地代替整个输出，则有

$$y(t)\approx A_1\cos\omega t+B_1\sin\omega t=Y_1\sin(\omega t+\phi_1) \quad (8\text{-}9)$$

式中 $A_1=\frac{1}{\pi}\int_0^{2\pi}y(t)\cos\omega t\,\mathrm{d}(\omega t)$

$\qquad B_1=\frac{1}{\pi}\int_0^{2\pi}y(t)\sin\omega t\,\mathrm{d}(\omega t)$

$\qquad Y_1=\sqrt{A_1^2+B_1^2}$

$\qquad \phi_1=\arctan\frac{A_1}{B_1}$

非线性特性在进行谐波线性化后得到基波分量表达式，参照频率特性的定义，建立非线性特性的等效幅相特性，即描述函数。把非线性元件输出信号 $y(t)$ 中的一次谐波分量 $y_1(t)$ 与正弦输入信号 $x(t)$ 的复数比，称为非线性元件的描述函数，其数学表达式为

$$N(A)=\frac{B_1+jA_1}{A}=\frac{Y_1}{A}\angle\phi_1 \quad (8\text{-}10)$$

式中，A 为非线性元件正弦输入信号的振幅；ϕ_1 为非线性元件输出信号中一次谐波分量的相位移；Y_1 为非线性元件输出信号中一次谐波分量的振幅。

依据此定义，对于如图 8-6 所示的理想继电器输出信号，在输入信号为 $x(t)=A\sin\omega t$ 时，由式（8-9）得到基波信号为

$$y(t)=\frac{4M}{\pi}\sin(\omega t)\quad(A_1=0,B_1=\frac{4M}{\pi})$$

所以，理想继电器的描述函数为 $N(A)=\frac{4M}{\pi A}$。

8.3.2 典型非线性特性的描述函数 Describing Function of Typical Nonlinear Characters

显然非线性特性的描述函数是线性系统频率特性概念的推广。利用描述函数的概念在一定条件下可以借用线性系统频域分析方法来分析非线性系统的稳定性和运动特性。同时，大多数控制系统都属于低通系统，即线性部分具有良好的低通特性，高次谐波被大幅衰减，非线性环节的输出完全可以近似为其基波分量，因此可以用描述函数方法来（近似）分析非线性系统。下面介绍一些在控制系统中常用的非线性环节的描述函数。

(1) 饱和特性

饱和特性以及它对正弦输入的输出波形如图 8-7 所示，当 $A\leq b$，输入与输出是线性关系。饱和特性的数学描述为

$$y(t)=\begin{cases}kA\sin\omega t, & A\leq b\\ kb, & A>b\end{cases}$$

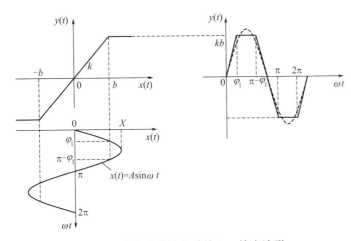

图 8-7 饱和非线性及其输入、输出波形

输出的非线性特性是单值奇函数，有 $A_0=A_1=0$，由 $A\sin\varphi_1=b$ 得 $\varphi_1=\arcsin\dfrac{b}{A}$，有

$$\begin{aligned}B_1&=\frac{2}{\pi}\int_0^\pi y(t)\sin\omega t\,\mathrm{d}(\omega t)\\&=\frac{2}{\pi}\left[\int_0^{\varphi_1}kA\sin^2(\omega t)d(\omega t)+\int_{\varphi_1}^{\pi-\varphi_1}kb\sin(\omega t)\mathrm{d}(\omega t)+\int_{\pi-\varphi_1}^{\pi}kA\sin^2(\omega t)\mathrm{d}(\omega t)\right]\\&=\frac{2}{\pi}kA\left[\arcsin\frac{b}{A}+\frac{b}{A}\sqrt{1-\left(\frac{b}{A}\right)^2}\right]\qquad(A>b)\end{aligned}$$

则饱和特性的描述函数为

$$N(A)=\frac{Y_1}{A}\angle\phi_1=\frac{B_1}{A}=\frac{2k}{\pi}\left[\arcsin\frac{b}{A}+\frac{b}{A}\sqrt{1-\left(\frac{b}{A}\right)^2}\right]\qquad(A>b) \tag{8-11}$$

（2）死区特性

输入正弦信号 $x(t)=A\sin\omega t$，死区特性以及其输出波形如图 8-8 所示，其数学描述为

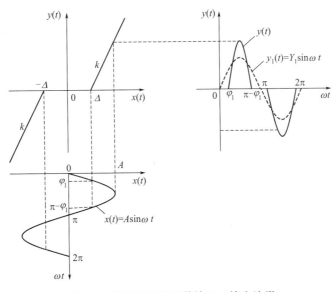

图 8-8 死区非线性及其输入、输出波形

$$y(t) = \begin{cases} 0, & A \leqslant \Delta \\ k(A\sin\omega t - \Delta), & A > \Delta \end{cases}$$

由于死区特性是原点对称的单值奇函数，由 $A_0 = A_1 = 0$，$A\sin\varphi_1 = \Delta$ 得 $\varphi_1 = \arcsin\dfrac{\Delta}{A}$，于是有

$$B_1 = \frac{2}{\pi}\int_0^\pi y(t)\sin\omega t\, d(\omega t) = \frac{2}{\pi}\int_{\varphi_1}^{\pi-\varphi_1} k(A\sin\omega t - b)\sin\omega t\, d(\omega t)$$

$$= kA - \frac{2k}{\pi}A\left[\arcsin\frac{\Delta}{A} + \frac{\Delta}{A}\sqrt{1-\left(\frac{\Delta}{A}\right)^2}\right] \quad (A > \Delta)$$

则死区特性的描述函数为

$$N(A) = \frac{Y_1}{A}\angle\phi_1 = \frac{B_1}{A} = k - \frac{2k}{\pi}\left[\arcsin\frac{\Delta}{A} + \frac{\Delta}{A}\sqrt{1-\left(\frac{\Delta}{A}\right)^2}\right] \quad (A > \Delta) \qquad (8\text{-}12)$$

(3) 间隙特性

间隙特性以及它对正弦输入的输出波形如图 8-9 所示，在间隙内部输出为 0，图中表达的是 $A > b$ 时的情况。间隙特性数学描述为

$$y(t) = \begin{cases} k(A\sin\omega t - b), & 0 \leqslant \omega t < \pi/2 \\ k(A - b), & \pi/2 \leqslant \omega t < \varphi_1 \\ k(A\sin\omega t + b), & \varphi_1 \leqslant \omega t < \pi \end{cases}$$

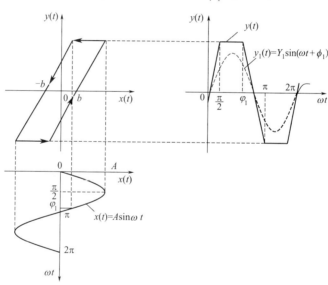

图 8-9 间隙非线性及其输入、输出波形

可以看出 $A_0 = 0$，因此有

$$A_1 = \frac{2}{\pi}\int_0^\pi y(t)\cos\omega t\, d(\omega t) = \frac{4kb}{\pi}\left(\frac{b}{A} - 1\right) \quad (A > b)$$

$$B_1 = \frac{2}{\pi}\int_0^{\frac{\pi}{2}} k(A\sin\omega t - b)\sin\omega t\, d(\omega t) + \frac{2}{\pi}\int_{\frac{\pi}{2}}^{\pi-\varphi_1} k(A - b)\sin\omega t\, d(\omega t) +$$

$$\frac{2}{\pi}\int_{\pi-\varphi_1}^\pi k(A\sin\omega t + b)\sin\omega t\, d(\omega t)$$

$$= \frac{k}{\pi}A\left[\frac{\pi}{2} + \arcsin\left(1 - \frac{2b}{A}\right) + 2\left(1 - \frac{2b}{A}\right)\sqrt{\frac{b}{A}\left(1 - \frac{b}{A}\right)}\right] \quad (A > b)$$

则间隙特性描述函数为

$$N(A)=\frac{B_1+jA_1}{A}=\frac{k}{\pi}\left[\frac{\pi}{2}+\arcsin\left(1-\frac{2b}{A}\right)+2\left(1-\frac{2b}{A}\right)\sqrt{\frac{b}{A}\left(1-\frac{b}{A}\right)}\right]+j\frac{4kb}{\pi A}\left(\frac{b}{A}-1\right) \quad (A>b)$$
(8-13)

（4）具有死区和滞环的继电器特性

具有死区和滞环的继电器特性以及它对正弦输入的输出波形如图 8-10 所示。其数学描述为

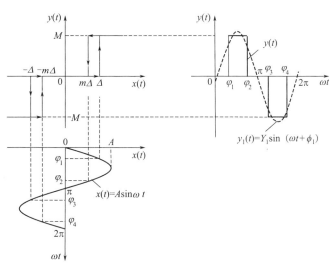

图 8-10 具有死区和滞环的继电特性及其输入、输出波形

$$y(t)=\begin{cases} M, & \varphi_1\leq\omega t\leq\varphi_2 \\ -M, & \varphi_3\leq\omega t\leq\varphi_4 \end{cases}$$

其中

$$\varphi_1=\arcsin\frac{\Delta}{A},\ \varphi_2=\pi-\arcsin\frac{m\Delta}{A}$$

$$\varphi_3=\pi+\arcsin\frac{\Delta}{A},\ \varphi_4=2\pi-\arcsin\frac{m\Delta}{A} \quad (0<m<1)$$

则具有死区和滞环继电器特性的描述函数为

$$N(A)=\frac{B_1+jA_1}{A}=\frac{2M}{\pi A}\left[\sqrt{1-\left(\frac{\Delta}{A}\right)^2}+\sqrt{1-\left(\frac{m\Delta}{A}\right)^2}\right]+j\frac{2M\Delta}{\pi A^2}(m-1) \quad (A>\Delta) \quad (8-14)$$

式（8-14）中令 $\Delta=0$，可得如图 8-4(a) 所示的理想继电器描述函数

$$N(A)=\frac{4M}{\pi A}$$
(8-15)

式（8-14）中令 $m=1$，可得如图 8-4(b) 所示的三位理想继电器描述函数

$$N(A)=\frac{4M}{\pi A}\sqrt{1-\left(\frac{\Delta}{A}\right)^2} \quad (A>\Delta)$$
(8-16)

式（8-14）中令 $m=-1$，可得如图 8-4(c) 所示的具有滞环二位理想继电器描述函数

$$N(A)=\frac{4M}{\pi A}\sqrt{1-\left(\frac{\Delta}{A}\right)^2}-j\frac{4M\Delta}{\pi A^2}$$
(8-17)

表 8-1 列出了一些典型非线性特性的描述函数，以供查用。

表 8-1 非线性特性及其描述函数对照表

非线性类型	非线性特性	描述函数
有死区的继电特性		$\dfrac{4M}{\pi A}\sqrt{1-\left(\dfrac{\Delta}{A}\right)^2}, A\geqslant\Delta$
有滞环的继电特性		$\dfrac{4M}{\pi A}\sqrt{1-\left(\dfrac{\Delta}{A}\right)^2}-j\dfrac{4M\Delta}{\pi A^2}, A\geqslant\Delta$
有死区和滞环的继电特性		$\dfrac{2M}{\pi A}\left[\sqrt{1-\left(\dfrac{m\Delta}{A}\right)^2}+\sqrt{1-\left(\dfrac{\Delta}{A}\right)^2}\right]+j\dfrac{2M\Delta}{\pi A^2}(m-1), A\geqslant\Delta$
有幅值限制的饱和特性		$\dfrac{2K}{\pi}\left[\arcsin\dfrac{b}{A}+\dfrac{b}{A}\sqrt{1-\left(\dfrac{b}{A}\right)^2}\right], A\geqslant b$
有死区的饱和特性		$\dfrac{2K}{\pi}\left[\arcsin\dfrac{b}{A}-\arcsin\dfrac{\Delta}{A}+\dfrac{b}{A}\sqrt{1-\left(\dfrac{b}{A}\right)^2}-\dfrac{\Delta}{A}\sqrt{1-\left(\dfrac{\Delta}{A}\right)^2}\right], A\geqslant b$
死区特性		$\dfrac{2K}{\pi}\left[\dfrac{\pi}{2}-\arcsin\dfrac{\Delta}{A}-\dfrac{\Delta}{A}\sqrt{1-\left(\dfrac{\Delta}{A}\right)^2}\right], A\geqslant\Delta$
间隙特性		$\dfrac{K}{\pi}\left[\dfrac{\pi}{2}+\arcsin\left(1-\dfrac{2b}{A}\right)+2\left(1-\dfrac{2b}{A}\right)\sqrt{\dfrac{b}{A}\left(1-\dfrac{b}{A}\right)}\right]+j\dfrac{4Kb}{\pi A}\left(\dfrac{b}{A}-1\right), A\geqslant b$
有滞环的饱和特性		$\dfrac{K}{\pi}\left[\arcsin\dfrac{M+Kb}{KA}+\arcsin\dfrac{M-Kb}{KA}+\dfrac{M+Kb}{KA}\sqrt{1-\left(\dfrac{M+Kb}{KA}\right)^2}+\right.$ $\left.\dfrac{M-Kb}{KA}\sqrt{1-\left(\dfrac{M-Kb}{KA}\right)^2}\right]-j\dfrac{4bM}{\pi A^2}, X\geqslant\dfrac{M+Kb}{KA}$
变增益特性		$K_2+\dfrac{2(K_1-K_2)}{\pi}\left[\arcsin\dfrac{b}{A}+\dfrac{b}{A}\sqrt{1-\left(\dfrac{b}{A}\right)^2}\right], A\geqslant b$
库仑摩擦加黏性摩擦		$K+\dfrac{4M}{\pi A}$

8.3.3 用描述函数分析非线性系统 Analysis of Nonlinear Systems Using Describing Function

描述函数法是一种工程近似法，是对线性理论中频率法的推广，它只能用于研究一些与系统稳定性有关的问题。描述函数法不受系统阶次的限制，且所得结果也符合工程实际，故在非线性系统分析中得到了广泛的应用。本节介绍如何应用描述函数法分析非线性系统的稳定性、产生自激振荡的条件和自激振荡振幅及频率等。

(1) 系统稳定性分析

线性系统的稳定性只取决于系统的内部特性，在系统满足前述假设条件时，在闭合回路中只有基波信号流动。由非线性环节的描述函数和线性部分的频率特性，可以确定信号传递一周后的幅、相变化情况。对于图 8-5 所示的典型结构形式，在非线性环节与线性部分满足描述函数法的应用条件时，可以参照线性系统理论中的频域稳定判据来分析非线性系统的稳定性。当非线性特性采用描述函数近似等效时，闭环系统的特征方程为

$$1+N(A)G(j\omega)=0 \tag{8-18}$$

即

$$G(j\omega)=\frac{-1}{N(A)} \tag{8-19}$$

其中，$\frac{-1}{N(A)}$ 称为非线性环节的负倒数描述函数。由线性控制系统理论知，开环传递函数为 $G(s)$ 的单位反馈系统的特征方程为

$$G(j\omega)=-1 \tag{8-20}$$

根据复平面内系统的开环频率特性 $G(j\omega)$ 曲线与临界点 $(-1,j0)$ 的相对位置，应用奈奎斯特稳定判据，可以分析线性控制系统的稳定性。这时非线性系统经过谐波线性化后已经变为一个等效的线性系统。因此根据上式，显然可以把奈奎斯特稳定判据推广应用于非线性系统，需要修改的仅仅是将复平面内的临界点 $(-1,j0)$ 扩展为临界曲线，即 $-1/N(A)$ 曲线。

在同一复平面内画以 ω 为参变量的系统线性部分的频率特性 $G(j\omega)$ 曲线和以 A 为参变量的非线性特性的负倒数描述函数 $-1/N(A)$ 曲线。根据两者的相对位置，应用奈奎斯特稳定性判据，可以分析谐波线性化后非线性系统零平衡状态的稳定性。

图 8-11 给出了三种 $G(j\omega)$ 与 $-1/N(A)$ 的相互关系曲线，根据奈奎斯特稳定性判据，如果 $-1/N(A)$ 曲线不被 $G(j\omega)$ 曲线包围 [图 8-11(a)]，则系统是稳定的，两者距离越远，系统的稳定裕度越大，只不过对非线性系统而言，其稳定裕量是振幅 A 的函数。如果 $-1/N(A)$ 曲线被 $G(j\omega)$ 曲线全部包围 [图 8-11(b)]，系统是不稳定的。如果 $-1/N(A)$ 曲线与线性部分频率特性 $G(j\omega)$ 曲线相交 [图 8-11(c)]，交点处的参数，即振幅 A_i 和频率 ω_i 使方程 (8-19) 成立，非线性系统有可能产生 $A_i\sin\omega_i t$ 的自激振荡，振幅和频率可由交点关系式进行计算。

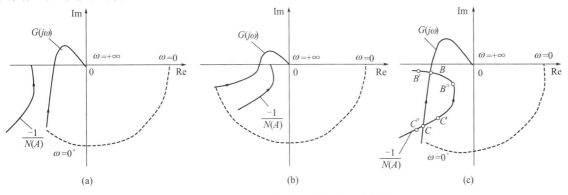

图 8-11 非线性系统零平衡状态的稳定性

假如非线性系统的工作点准确地位于图 8-11(c) 中两曲线交点的 B 和 C 上，理论上非线性系统均可产生自激振荡。但是实际的系统工作时不可避免地会受到干扰，使非线性系统的工作点偏离交点 B 或 C。假设非线性系统最初工作在图 8-11(c) 中的 C 点，如果系统受到干扰，使非线性元件的正弦输入振幅 A 稍微增大，系统的工作点由 C 点到 C' 点，C' 点便成为临界点，$G(j\omega)$ 曲线包围了 C' 点，系统将产生发散的振荡，振幅 A 继续增大而远离工作点 C。如果受到系统干扰，使振幅 A 稍微减小，工作点由 C 点到 C'' 点，不被 $G(j\omega)$ 曲线包围，系统将产生衰减振荡，振幅 A 继续衰减而远离工作点 C，故工作点 C 处的自激振荡不稳定。假设非线性系统最初的工作点在图 8-11(c) 中 B 点，如果系统受到干扰，使非线性元件的正弦输入振幅 A 稍微增大，系统的工作点由 B 点到 B'（或 B''）点，不被 $G(j\omega)$ 曲线包围，系统将产生衰减（发散）振荡，使振幅 A 减小（增大）而回到原来工作点 B，故工作点 B 处的自激振荡稳定。

上述分析可综述为：在复平面内 $G(j\omega)$ 曲线与 $-1/N(A)$ 有交点，如果干扰使系统的工作点变动到 A 稍微增大的新工作点，不被 $G(j\omega)$ 曲线包围，则工作点处的自激振荡稳定。如果干扰使系统的工作点变动到 A 稍微增大的新工作点，被 $G(j\omega)$ 曲线包围，则工作点处的自激振荡不稳定。

稳定的自激振荡是振幅固定不变、频率固定不变的周期振荡，具有抗干扰性。稳定的自激振荡可以通过系统的真实检验观测到；而不稳定的自激振荡实际上在系统中是不存在的，在系统的仿真实验中是观测不到的。

(2) 描述函数分析举例

【例 8-1】 已知非线性控制系统的结构图如图 8-12 所示。为使系统不产生自振，试利用描述函数法确定继电特性参数的数值。

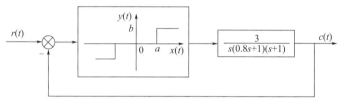

图 8-12　例 8-1 图（1）

解 由图可得

$$N(A) = \frac{4b}{\pi A}\sqrt{1-\left(\frac{a}{A}\right)^2} \quad (A \geqslant a)$$

$$\frac{-1}{N(A)} = \frac{-\pi A}{4b\sqrt{1-\left(\frac{a}{A}\right)^2}}$$

当 $A \to a$ 时，$-\dfrac{1}{N(A)} \to -\infty$；当 $A \to +\infty$ 时，$\dfrac{-1}{N(A)} \to -\infty$。可见，$\dfrac{-1}{N(A)}$ 存在极值。由

$$\frac{\mathrm{d}\left(\dfrac{-1}{N(A)}\right)}{\mathrm{d}A} = 0, \text{ 得 } A = \sqrt{2}a\text{。因此}$$

$$\left.\frac{-1}{N(A)}\right|_{A=\sqrt{2}a} = -\frac{\pi a}{2b}$$

$\dfrac{-1}{N(A)}$ 曲线如图 8-13 所示。

下面求 $G(j\omega)$ 曲线与实轴交点。令 $\angle G(j\omega) = -\pi$，得 $-\dfrac{\pi}{2} - \arctan 0.8\omega - \arctan \omega = -\pi$。整理后有 $\arctan 0.8\omega + \arctan \omega = \dfrac{\pi}{2}$，或 $\arctan \dfrac{0.8\omega + \omega}{1 - 0.8\omega^2} = \dfrac{\pi}{2}$，故

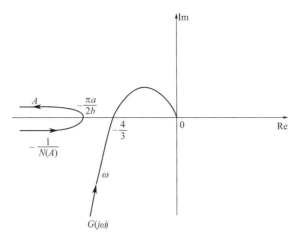

图 8-13 例 8-1 图 (2)

$$1-0.8\omega^2=0, \quad \omega=\frac{\sqrt{5}}{2}$$

$$|G(j\omega)|\Big|_{\omega=\frac{\sqrt{5}}{2}}=\frac{3}{\omega\sqrt{(0.8\omega)^2+1}\sqrt{\omega^2+1}}\Big|_{\omega=\frac{\sqrt{5}}{2}}=\frac{4}{3}$$

$G(j\omega)$ 与实轴交点为 $\left(-\dfrac{4}{3},0\right)$。因 $G(s)$ 正极点个数 $p=0$，为使系统不产生自振，要求 $G(j\omega)$ 与 $\dfrac{-1}{N(A)}$ 两曲线无交点，由图 8-13 知，要求 $-\dfrac{\pi a}{2b}<-\dfrac{4}{3}$，即 $a>\dfrac{8}{3\pi}b$。

【例 8-2】 某非线性系统，如图 8-14 所示，传递函数为

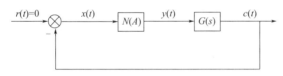

图 8-14 例 8-2 图 (1)

$$N(A)=\frac{A+2}{2A+1}(A\geqslant 0), \quad G(s)=\frac{K}{s(s+1)(s+2)}$$

试确定：
① 系统稳定时，K 的取值范围；
② 系统不稳定时，K 的取值范围；
③ 当 $K=6$ 时，系统是否存在自激振荡？如果存在，A、ω 各是多大？

解 K 取不同值得到 $G(j\omega)$ 和 $-\dfrac{1}{N(A)}$ 曲线如图 8-15 所示。

① 由题目可知

$$-\frac{1}{N(A)}=-\frac{2A+1}{A+2}$$

$A=0$ 时，$-\dfrac{1}{N(A)}=-0.5$；$A\to\infty$ 时，$-\dfrac{1}{N(A)}=-2$。故 $-2\leqslant -\dfrac{1}{N(A)}\leqslant -0.5$。

令 $s=j\omega$，故有

$$G(j\omega)=-\frac{3K}{(1+\omega^2)(4+\omega^2)}-j\frac{K(2-\omega^2)}{\omega(1+\omega^2)(4+\omega^2)}$$

求与负实轴交点：令 $\text{Im}[G(j\omega)]=0$，得 $\omega=\sqrt{2}$（与 $\alpha_{A,B}=\dfrac{\alpha_A+\alpha_B}{2}=-1.10$ 大小无关）；而

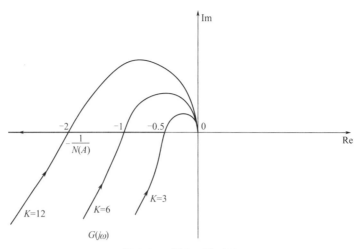

图 8-15 例 8-2 图（2）

$\text{Re}[G(j\omega)]|_{\omega=\sqrt{2}}=-\dfrac{K}{6}$，当 $\omega\to 0$ 时，曲线接近于 $-\dfrac{3K}{4}$。当 $\text{Re}[G(j\omega)]>-0.5$ 时，系统稳定，故有

$$-\dfrac{3K}{(1+\omega^2)(4+\omega^2)}\bigg|_{\omega^2=2}>-0.5$$

解得 $K<3$

② 当 $\text{Re}[G(j\omega)]<-2$ 时，系统不稳定，故有

$$-\dfrac{3K}{(1+\omega^2)(4+\omega^2)}\bigg|_{\omega^2=2}<-2$$

解得 $K>12$。

③ 当 $K=6$ 时，$-\dfrac{1}{N(A)}$ 与 $G(j\omega)$ 两曲线相交，不难判定交点对应着自激振荡状态。

由 $\text{Re}[G(j\omega)]=\text{Re}\left[-\dfrac{1}{N(A)}\right]$，可得

$$-\dfrac{3K}{(1+\omega^2)(4+\omega^2)}\bigg|_{\substack{K=12\\ \omega^2=2}}=-\dfrac{2A+1}{A+2}$$

解得 $A=1$

自激振荡：$\omega=\sqrt{2}$，$A=1$

【例 8-3】 某非线性系统如图 8-16 所示。

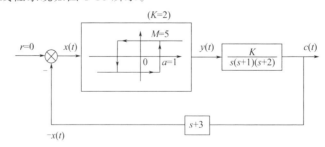

图 8-16 例 8-3 图（1）

试求：① 系统是否存在自激振荡？如果存在，试求 $N(A)$ 输入端的 ω 及 A。
② 在自激振荡时，$G(s)$ 输出端的 ω_c 及 A_c。

解 $G(j\omega)$ 及 $-\dfrac{1}{N(A)}$ 曲线如图 8-17 所示。

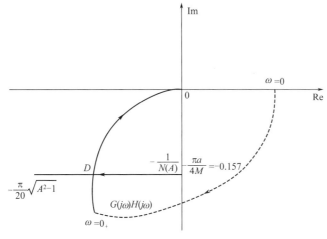

图 8-17 例 8-3 图（2）

① 由题目可知

$$N(A) = \frac{4M}{\pi A}\sqrt{1-\left(\frac{a}{A}\right)^2} - j\,\frac{4M}{\pi A}\times\frac{a}{A}$$

故可得

$$-\frac{1}{N(A)} = -\frac{\pi a}{4M}\sqrt{\left(\frac{A}{a}\right)^2-1} - j\,\frac{\pi a}{4M} = -\frac{\pi}{20}\sqrt{A^2-1} - j\,\frac{\pi}{20}$$

令 $s=j\omega$，传递函数为

$$G(j\omega)H(j\omega) = -\frac{14+2\omega^2}{(1+\omega^2)(4+\omega^2)} - j\,\frac{12}{\omega(1+\omega^2)(4+\omega^2)}$$

求 $-\dfrac{1}{N(A)}$ 与 $G(j\omega)H(j\omega)$ 的交点：

令 $\mathrm{Im}[G(j\omega)H(j\omega)] = \mathrm{Im}\left[-\dfrac{1}{N(A)}\right]$，即令 $\dfrac{12}{\omega(1+\omega^2)(4+\omega^2)} = \dfrac{\pi a}{4M}$，得 $\omega=1.97$

令 $\mathrm{Re}[G(j\omega)H(j\omega)] = \mathrm{Re}\left[-\dfrac{1}{N(A)}\right]$，得 $A=3.74$

容易判定，两条曲线交点 D 为自激振荡状态，振荡频率 $\omega=1.97$，振幅 $A=3.74$。

② D 点即为自激荡状态此时

$$\omega_c = \omega = 1.97$$

由 $A_c|3+j\omega|_{\omega=1.97} = A$，得

$$A_c = \left.\frac{A}{\sqrt{3^2+\omega^2}}\right|_{\substack{\omega=1.97\\A=3.74}} = 1.04$$

8.4 相平面法 The Phase-plane Method

相平面法由 Poincare. H 于 1885 年首先提出。该方法通过图解法将一阶和二阶系统的运动过程转化为位置和速度平面上的相轨迹，从而比较直观、准确地反映系统的稳定性、平衡状态、稳态精度和初始条件及参数对系统运动的影响。相平面法适用于分析一阶或二阶的非线性系统。

8.4.1 相平面图及绘制方法 Phase-plane Plots

8.4.1.1 相轨迹和相平面图

设一个二阶系统可以用常微分方程

$$\ddot{x}+f(x,\dot{x})=0 \tag{8-21}$$

来描述。其中,$f(x,\dot{x})$ 是线性或非线性的函数。在非全零初始条件 $(x_0,\dot{x}_0)$ 或输入作用下,系统的运动可以用解析解 $x(t)$ 和 $\dot{x}(t)$ 描述。

取状态 x 为横坐标,状态的导数 $\dot{x}$ 为纵坐标构成的相应二维状态空间,称为相平面,系统的每一个状态均对应于该平面上的一点。在一定初始条件下,在 $x\text{-}\dot{x}$ 平面上绘出的系统运动轨迹表征了系统状态的变化过程,该轨迹就叫作相轨迹。在相轨迹上用箭头符号表示参变量时间 t 的增加方向。根据微分方程解的存在与唯一性定理,对于任一给定的初始条件,相平面上有一条相轨迹与之对应。多个初始条件下系统运动对应多条相轨迹,形成相轨迹簇,而由一簇相轨迹所组成的图形称为相平面图。

如图 8-18 所示,给出欠阻尼二阶系统响应的相平面描述——相轨迹。

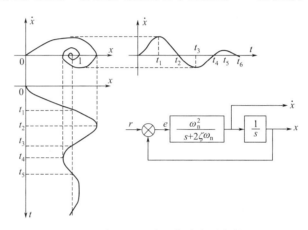

图 8-18 欠阻尼二阶系统响应的相轨迹

图 8-18 中,相平面由 x、$\dot{x}$ 构成,用以描述系统运动特性。在相平面的上半平面,考虑 $\dot{x}>0$,状态 x 随着时间的增加而增大,所以在相平面的上半平面系统状态沿相轨迹由左向右运动;而在下半平面,考虑 $\dot{x}<0$,状态 x 随着时间的增加而减小,所以在相平面的下半平面系统状态沿相轨迹由右向左运动。

8.4.1.2 相平面图的绘制方法

相平面图往往是关于原点或坐标轴对称的,故绘制时可只画其中的一部分,而另一部分可根据对称原理添补上。相平面图的对称性可以从相轨迹的斜率来判断。

(1) 解析法

相轨迹在某些特定的情况下,也可以通过积分法,直接由微分方程获得 $\dot{x}(t)$ 和 $x(t)$ 的解析关系式。因为

$$\ddot{x}=\frac{\mathrm{d}\dot{x}}{\mathrm{d}x}\frac{\mathrm{d}x}{\mathrm{d}t}=\dot{x}\frac{\mathrm{d}\dot{x}}{\mathrm{d}x}$$

由式(8-21)有

$$\dot{x}\frac{\mathrm{d}\dot{x}}{\mathrm{d}x}=-f(x,\dot{x}) \tag{8-22}$$

若该式可以分解为如下形式

$$g(\dot{x})\mathrm{d}\dot{x}=h(x)\mathrm{d}x \tag{8-23}$$

则可以通过两端积分

$$\int_{\dot{x}_0}^{\dot{x}}g(\dot{x})\mathrm{d}\dot{x}=\int_{x_0}^{x}h(x)\mathrm{d}x \tag{8-24}$$

得到 $\dot{x}$ 和 x 的解析关系式,其中 x_0 和 $\dot{x}_0$ 为初始条件。

【例 8-4】 已知非线性系统微分方程为 $\ddot{x}+|x|=0$,试用解析法求该系统的相轨迹。

解 求解步骤如下：

① 分段微分方程，可得

$$\ddot{x} = \begin{cases} -x, & x>0 \\ x, & x<0 \end{cases}$$

② 分段函数的分界线为：$x=0$

③ 分段求解微分方程：

当 $x>0$ 时，$\ddot{x}=-x$，$\dfrac{\dot{x}\mathrm{d}\dot{x}}{\mathrm{d}x}=-x$，$\dot{x}\mathrm{d}\dot{x}=-x\mathrm{d}x$

$$\int_{\dot{x}_{01}}^{\dot{x}}\dot{x}\mathrm{d}\dot{x} = \int_{x_{01}}^{x}-x\mathrm{d}x, \dot{x}^2+x^2=\dot{x}_{01}^2+x_{01}^2 \tag{8-25}$$

$(x_{01},\dot{x}_{01})$ 为左半面相轨迹与开关线交点或初始条件。由相轨迹方程（8-25）可见，在相平面的右半面（$x>0$），相轨迹是以原点为圆心、$\sqrt{\dot{x}_{01}^2+x_{01}^2}$ 为半径的半圆弧。

当 $x<0$ 时，解法同上。相轨迹方程为

$$\dot{x}^2-x^2=\dot{x}_{02}^2-x_{02}^2 \tag{8-26}$$

$(x_{02},\dot{x}_{02})$ 为右半面相轨迹与开关线交点或初始条件。

由相轨迹方程（8-26）可见，在相平面的左半面（$x<0$），相轨迹方程是双曲线方程。当 $\dot{x}_{02}^2=x_{02}^2$ 时，相轨迹为二、三象限的对角线。

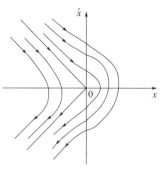

图 8-19 例 8-4 图

④ 画相轨迹：相轨迹如图 8-19 所示。由相轨迹可见，当初始点落在第Ⅱ象限的对角线时，该系统的运动才可以达到平衡位置（0,0）。该非线性系统是不稳定的。

（2）等倾线法

等倾线法是一种不必求解微分方程，通过作图求取相轨迹的方法。这种方法既适用于非线性特性能用数学表达式表示的非线性系统，也可以用于线性系统。

设描述系统的微分方程为

$$\ddot{x}=-f(x,\dot{x})$$

其中 $f(x,\dot{x})$ 为解析函数。由式（8-22）有

$$\frac{\mathrm{d}\dot{x}}{\mathrm{d}x}=-\frac{f(x,\dot{x})}{\dot{x}} \tag{8-27}$$

令 $\alpha=\dfrac{\mathrm{d}\dot{x}}{\mathrm{d}x}$，即用 α 表示相轨迹的斜率，则相轨迹的斜率方程可以表达为

$$\alpha=-\frac{f(x,\dot{x})}{\dot{x}} \tag{8-28}$$

这是关于 x 和 $\dot{x}$ 的方程。在 α 为一常数时，根据式（8-28）可以在相平面上画出一条曲线（特殊情况下为直线），在该曲线各点上的相轨迹具有相同的斜率 α。这条曲线叫做等倾线，通过同一条等倾线上的相轨迹斜率相等。根据式（8-28）可以写出等倾线方程

$$\dot{x}=F(\alpha,x) \tag{8-29}$$

当相轨迹的斜率 α 取不同值时，由式（8-29）可以在相平面上画出若干条不同的等倾线。在每条等倾线上画出斜率等于该等倾线所对应 α 值的短线段，它表示相轨迹通过该等倾线时的方向，如图 8-20 所示。任意给定一个初始条件，当作相轨迹的一个起点。由这点出发，根据等倾线上表示相轨迹方向的短线段就可以画出一条相轨迹来。

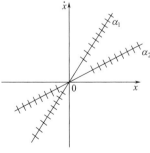

图 8-20 等倾线和表示相轨迹方向的短线段

【例 8-5】 试用等倾线法绘出 $\ddot{x}+\dot{x}+x=0$ 的相轨迹。

解 由 $\ddot{x}=\dot{x}\dfrac{\mathrm{d}\dot{x}}{\mathrm{d}x}$，得 $\dfrac{\mathrm{d}\dot{x}}{\mathrm{d}x}=\dfrac{-(x+\dot{x})}{\dot{x}}$。令 $\dfrac{\mathrm{d}\dot{x}}{\mathrm{d}x}=\alpha$，得等倾线方程为 $\dot{x}=\dfrac{-1}{1+\alpha}x$。等倾线为一束过原点的直线，斜率是 $\dfrac{-1}{1+\alpha}$。给定不同的 α，便可以得到对应等倾线的斜率。

表 8-2 列出了不同 α 值下等倾线的斜率和等倾线与 x 轴的夹角 β。图 8-21 画出了 α 取不同值时的等倾线和代表相轨迹切线方向的短线段。这些短线段确定了相平面上任一点相轨迹切线方向的方向场。设初始点为 A（图 8-21）。自 A 点开始，按图上短线段确定的方向，依次绘制并连接 $A,B,C\cdots$ 各点直到原点。在绘图过程中，相邻两等倾线间相轨迹的斜率由这两条等倾线上相轨迹斜率之和的一半来确定。例如在图 8-21 中，系统状态从初始点 A 点绘制斜率为

表 8-2 等倾线参数

α	-6.68	-3.75	-2.73	-2.19	-1.84	-1.58	-1.36	-1.18	-1.00
$\dfrac{-1}{1+\alpha}$	0.18	0.36	0.58	0.84	1.19	1.72	2.78	5.56	∞
β	10°	20°	30°	40°	50°	60°	70°	80°	90°
α	-0.82	-0.64	-0.42	-0.16	0.19	0.73	1.75	4.68	∞
$\dfrac{-1}{1+\alpha}$	-5.56	-2.78	-1.72	-1.19	-0.84	-0.58	-0.36	-0.18	0.00
β	100°	110°	120°	130°	140°	150°	160°	170°	180°

$$\alpha_{A,B}=\dfrac{\alpha_A+\alpha_B}{2}=-1.10$$

的直线交下一条等倾线于 B 点，连接 A 点和 B 点，然后以 B 为起点按上述方法依次绘制。

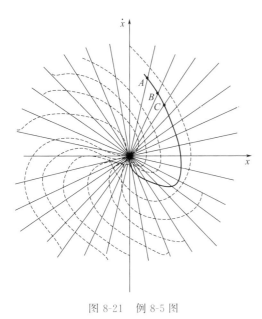

图 8-21 例 8-5 图

8.4.2 奇点与极限环 Singularities and Limit Cycles

引入相平面法分析非线性系统，其目的是通过相轨迹的研究，不求解微分方程就可确定系统的运动状态及其性能。对非线性系统来说，确定出相平面上的平衡点-奇点附近的性能、极限环的类型及渐近线的位置，也就确立了系统所有可能的运动状态及其性能，因此掌握相平面图上奇点和极限环的特性与渐近线，对非线性系统的分析和研究是十分重要的。

8.4.2.1 奇点

以微分方程 $\ddot{x}+f(x,\dot{x})=0$ 表示的二阶系统，其相轨迹上每一点切线的斜率为

$$\dfrac{\mathrm{d}\dot{x}}{\mathrm{d}x}=-\dfrac{f(x,\dot{x})}{\dot{x}}$$

若在某点处 $\dfrac{\mathrm{d}\dot{x}}{\mathrm{d}x}=\dfrac{0}{0}$ 存在导数不定的形式，即有

$$f(x,\dot{x})=0$$
$$\dot{x}=0 \tag{8-30}$$

则称具有这类特性的点为相平面上的奇点（singularities）。

相轨迹在奇点处的切线斜率不定，表明系统在奇点处可以任意方向趋近或离开奇点，因此在奇点处，多条相轨迹相交；而在相轨迹非奇点（称为普通点）处，不同时满足 $\dot{x}=0$ 和 $f(x,\dot{x})=0$，相轨迹的切线斜率是一个确定的值，故经过普通点的相轨迹只有一条。

由奇点定义知，奇点一定位于相平面的横轴上。在奇点处，$\dot{x}=0$，$\ddot{x}=-f(x,\dot{x})=0$，系统运动的速度和加速度同时为零。对于二阶系统来说，系统不再发生运动，处于平衡状态。故相平面的奇点亦称为平衡点。

对于二阶系统，若 $f(x,\dot{x})$ 是 x 和 $\dot{x}$ 的线性函数，则线性微分方程的一般形式如下

$$\ddot{x}+2\zeta\omega_n\dot{x}+\omega_n x=0$$

当 ζ 和 ω_n 取不同值时，系统的特征方程根在复平面上的分布情况不同，相应的有六种性质不同的奇点，如图 8-22 所示。

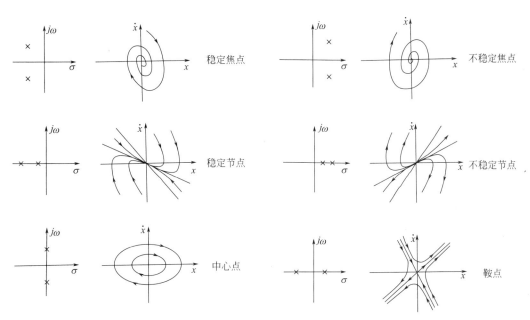

图 8-22 特征方程的根的分布、相平面图以及奇点类型

由于特征根的分布不同，系统特性不同，奇点的相轨迹和稳定性也不同。对于一阶或二阶非线性系统奇点附近的特性，可采用奇点附近线性化的方法，并利用上述结果实现非线性系统的奇点特性分析。

【例 8-6】 若非线性系统的微分方程为

$$\ddot{x}+x\dot{x}+x=0$$

试求系统的奇点，并概略绘制奇点附近的相轨迹。

解 由原方程得

$$f(x,\dot{x})=x\dot{x}+x$$

令 $\ddot{x}=\dot{x}=0$，解得奇点

$$x_e=0$$

在奇点处线性化处理

$$\ddot{x}+\frac{\partial f(x,\dot{x})}{\partial x}\bigg|_{x=\dot{x}=0}x+\frac{\partial f(x,\dot{x})}{\partial \dot{x}}\bigg|_{x=\dot{x}=0}\dot{x}=0$$

$$\ddot{x}+(\dot{x}+1)|_{x=\dot{x}=0}x+x|_{x=\dot{x}=0}\dot{x}=0$$

即

$$\ddot{x}+x=0$$

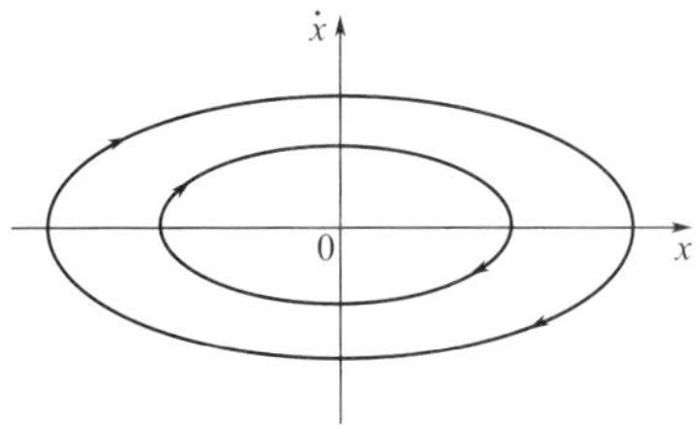

特征方程及特征根为

$$s_{1,2} = \pm j \text{（中心点）}$$

概略画出奇点 $x_e = 0$ 处的相轨迹，如图 8-23 所示。

8.4.2.2 极限环

极限环是指相平面图中孤立存在的封闭相轨迹。所谓孤立的封闭相轨迹是指在这类封闭曲线的邻近区域内只存在着卷向它或起始于它而卷出的相轨迹。系统中可能有两个或两个以上极限环，有大环套小环的情况，且在相邻的两个极限环之间存在着卷向某个极限环，或从某个极限环卷出的相轨迹。极限环对应着周期性的运动，相当于描述函数分析法中 $G(j\omega)$ 曲线与 $-\dfrac{1}{N(A)}$ 曲线有交点的情况。极限环把相平面分为内部平面和外部平面。相轨迹不能从环内穿越极限环进入环外，也不能从环外进入环内。

图 8-23　例 8-6 图

应当指出的是，并不是相平面上所有封闭相轨迹都是极限环，奇点的性质是中心点时，对应的相轨迹也是封闭曲线，但这时相轨迹是封闭的曲线族，不存在卷向某条封闭曲线或由某条封闭曲线卷出的相轨迹，在任何特定的封闭曲线附近仍存在着封闭的曲线。所以这些封闭的相轨迹曲线不是孤立的，不是极限环。

极限环有稳定、不稳定和半稳定之分，分析极限环邻近相轨迹的运动特点，可以判断极限环的类型。

（1）稳定极限环

如果在极限环附近，起始于极限环外部和内部的相轨迹都趋于该极限环，即环内的相轨迹发散到该环，环外的相轨迹收敛到该环，则这样的极限环称为稳定极限环，如图 8-24(a) 所示。这时系统将出现自激振荡。相平面中出现的稳定极限环对应着描述函数法分析中 $G(j\omega)$ 与 $-\dfrac{1}{N(A)}$ 相交，交点为稳定交点的情况。$-\dfrac{1}{N(A)}$ 在交点处沿着 A 增加的方向由不稳定区进入稳定区，产生自激振荡。因为稳定极限环内部的相轨迹都发散至极限环，而外部的相轨迹收敛于极限环，从这种意义上讲，极限环内部为不稳定区域，而外部为稳定区域。对具有稳定极限环的控制系统，设计准则通常是尽量减小极限环的大小，使自激振荡的振幅尽量减小，以满足准确度的要求。

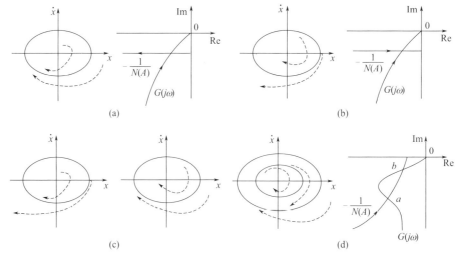

图 8-24　极限环

(2) 不稳定极限环

如果在极限环附近，起始于极限环内部的相轨迹离开该极限环逐渐收敛，而起始于极限环外部的相轨迹离开该极限环而发散，则该极限环称为不稳定极限环，如图 8-24(b) 所示，不稳定极限环对应着描述函数分析中 $G(j\omega)$ 与 $-\dfrac{1}{N(A)}$ 相交，而交点是不稳定交点的情况。$-\dfrac{1}{N(A)}$ 在交点处沿 A 增加的方向由稳定区进入不稳定区，不产生自激振荡。在相平面上，不稳定极限环内部是稳定区域，外部是不稳定区域。对具有不稳定极限环的非线性系统，小偏差时系统稳定，大偏差时系统不稳定，设计时应尽量扩大极限环，以扩大稳定区。

(3) 半稳定极限环

半稳定极限环如图 8-24(c) 所示，有两种不同的情况。一种是起始于极限环外部的相轨迹从极限环发散出去，而起始于极限环内部的相轨迹发散到极限环。它反映的是小偏差时系统等幅振荡，大偏差时系统不稳定。另一种情况相反，起始于极限环外的相轨迹收敛于极限环，起始于极限环内的相轨迹收敛于环内的奇点。它反映小偏差时系统稳定，大偏差时系统等幅振荡。

(4) 双极限环

非线性系统中可能没有极限环，也可能存在一个或多个极限环。有一个极限环就对应着 $G(j\omega)$ 与 $-\dfrac{1}{N(A)}$ 有一个交点。图 8-24(d) 是双极限环的情况。相平面图中里面的小环是不稳定极限环，对应着 $G(j\omega)$ 与 $-\dfrac{1}{N(A)}$ 的不稳定交点 a；外面的大环是稳定极限环，对应着 $G(j\omega)$ 与 $-\dfrac{1}{N(A)}$ 的稳定交点 b。这个系统在小偏差时稳定，在大偏差时产生自激振荡。

8.4.3 相平面分析举例 Examples of Phase-plane Analysis

非线性系统的分析，研究较多的是它的稳定性。在下面的分析中，将以系统误差信号 e 作为相变量，绘制关于 $(e,\dot{e})$ 的相平面图，通过相轨迹来分析非线性系统的运动情况。

8.4.3.1 继电型控制系统的分析

继电型非线性是用分段线性或可用分段线性来近似的，可采用分区衔接的方法来分析其相平面。先根据其线性分段情况，用几条分界线（或称为开关线）把相平面分成几个区域；其次在各区域内，求出相应的线性微分方程，并做各自的相平面图；最后根据系统状态变化的连续性，将相邻区域的相轨迹彼此连接成连续曲线，即得非线性系统的相平面图。

(1) 理想继电器特性

设继电型控制系统如图 8-25 所示，试分析在阶跃信号作用下系统的性能。继电型特性为：当 $e>0$ 时，$m=M$；当 $e<0$ 时，$m=-M$。因此分界线为直线 $e=0$。它把相平面分成两个线性区域 Ⅰ 区、Ⅱ 区。

如图 8-25 所示。线性部分的传递函数为 $\dfrac{C(s)}{M(s)}=\dfrac{K}{s(Ts+1)}$，对线性部分取拉普拉斯反变换可得其微分方程为 $T\ddot{c}+\dot{c}=Km$，在阶跃输入 $r(t)=1(t)$ 作用下，根据 $e=r-c,\dot{e}=-\dot{c},\ddot{e}=-\ddot{c}$ 有 $T\ddot{e}+\dot{e}=-Km$。

在区域 Ⅰ 内，$e>0$，$m=M$，系统方程为

$$T\ddot{e}+\dot{e}=-KM \tag{8-31}$$

则等倾线方程为

$$\alpha=-\dfrac{\dfrac{1}{T}\dot{e}+\dfrac{KM}{T}}{\dot{e}} \rightarrow \dot{e}=-\dfrac{\dfrac{KM}{T}}{\alpha+\dfrac{1}{T}}$$

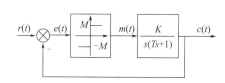

图 8-25 理想继电型控制系统图

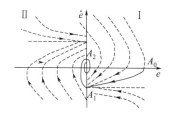

图 8-26 理想继电型控制系统相平面图

等倾线是平行于 e 轴的直线，其中有一条特殊的等倾线，即当 $\alpha=0$ 时的等倾线 $\dot{e}=-KM$，此时，相轨迹的斜率与相应的等倾线斜率相等，全部相轨迹曲线都趋近于该直线 $\dot{e}=-KM$。相轨迹曲线簇 I 如图 8-26 右半平面所示。

在区域 II 内，$e<0$，$m=-M$，系统方程为

$$T\ddot{e}+\dot{e}=KM \tag{8-32}$$

比较式（8-31）、式（8-32）可知，其相平面图对称于原点。利用对称性求得相轨迹曲线簇 II 如图 8-26 左半面所示。

在阶跃输入作用下，系统状态运动轨迹如图 8-26 中实线所示。在区域 I 内，系统由初始点 A_0 沿相轨迹曲线 I 运动到分界线上的衔接点 A_1，再沿以点 A_1 为起点的相轨迹曲线 II 移动到分界线上的 A_2 点，然后再进入区域 I。经过几次往返运动，逐渐收敛于原点附近。

(2) 滞环继电特性

图 8-25 所示的非线性系统中，若继电器元件换成如图 8-27 所示的滞环特性，则该非线性特性可用以下方程描述：

当 $\dot{e}>0$ 时
$$m=\begin{cases}+M, & e>\Delta \\ -M, & e<\Delta\end{cases}$$

当 $\dot{e}<0$ 时
$$m=\begin{cases}+M, & e>-\Delta \\ -M, & e<-\Delta\end{cases}$$

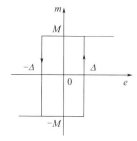

图 8-27 滞环特性

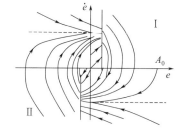

图 8-28 滞环继电型控制系统相平面图

在 $e>0$ 时的平面内，分界线为 $e=+\Delta$。在 $e<0$ 的平面内，分界线为 $e=-\Delta$。它们把相平面分为两部分。其右半平面，系统在 $+M$ 信号作用下，系统方程为式 $T\ddot{e}+\dot{e}=-KM$，相轨迹为曲线簇 I。其左半平面，系统在 $-M$ 信号作用下，系统方程为式 $T\ddot{e}+\dot{e}=KM$，相轨迹为曲线簇 II。相平面如图 8-28 所示。在阶跃输入作用下，系统的运动轨迹如图中粗实线所示。相轨迹收敛于稳定极限环，极限环随 Δ 的增大而增大。

(3) 死区继电特性

图 8-25 所示的非线性系统中，若继电元件具有如图 8-29 所示的死区特性，则可用以下方程描述：

当 $e>\Delta$ 时 $\qquad m=+M$

当 $e<-\Delta$ 时 $\qquad m=-M$

当 $-\Delta<e<\Delta$ 时 $\qquad m=0$

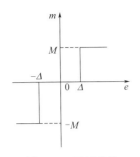

图 8-29 死区特性

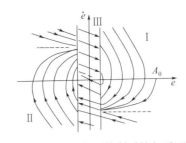

图 8-30 死区继电型控制系统相平面图

分界线为 $e=+\Delta$ 和 $e=-\Delta$，它们将相平面分为三个区域，如图 8-30 所示。在左右两侧区域中，系统方程分别用式 $T\ddot{e}+\dot{e}=-KM$，$T\ddot{e}+\dot{e}=KM$ 描述，相轨迹分别为曲线族 Ⅰ、Ⅱ。在中间区域中，$m=0$，系统的误差方程为 $T\ddot{e}+\dot{e}=0$，可求得相轨迹的斜率 $\dfrac{d\dot{e}}{de}=-\dfrac{1}{T}$ 为常数，即其相轨迹是一组斜率为 $-\dfrac{1}{T}$ 的直线。由上式还可得到：当 $\dot{e}=0$ 时，必有 $\ddot{e}=0$。因此在中间区域内，直线 $\dot{e}=0$ 上所有点都是奇点（又称奇线或平衡线）。系统的相平面图如 8-30 所示，由图可知系统可能稳定在奇线上任一点。为了缩短调节时间，减少振荡次数，继电控制系统可采用速度反馈校正，如图 8-31 所示，继电元件的输入信号为 $e-K_t\dot{c}$。当系统在阶跃信号 $r(t)=1(t)$ 作用下，由 $e=r-c$ 可得继电元件输入信号 $e-K_t\dot{c}=e+K_t\dot{e}$，因此：

当 $e+K_t\dot{e}>0$ 时 $\qquad\qquad\qquad m=M$
当 $e+K_t\dot{e}<0$ 时 $\qquad\qquad\qquad m=-M$

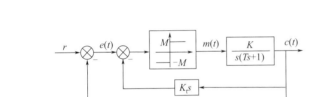

图 8-31 继电型非线性系统的速度反馈校正

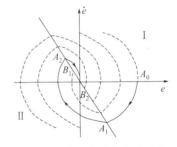

图 8-32 分界线及相轨迹曲线

分界线由方程 $e+K_t\dot{e}=0$ 确定，这是一条通过原点，斜率为 $\dfrac{-1}{K_t}$ 的直线，它将相平面分为两个区域，分别由方程 $T\ddot{e}+\dot{e}=-KM$，$T\ddot{e}+\dot{e}=KM$ 描述，图 8-32 给出了分界线及其相轨迹曲线 Ⅰ、Ⅱ。

在阶跃输入作用下，系统状态的运动如图中实线所示。相轨迹由初始点 A_0 开始，沿相轨迹 Ⅰ 移动到达分界线上的衔接点 A_1；进入线性区 Ⅱ 后，沿相轨迹 Ⅱ 移动到下一个衔接点 A_2，…当衔接点位于分界线 B_1B_2 线段内时，相轨迹将沿分界线向原点滑动，最后趋近于原点，这就是非线性系统的"滑动"现象，该现象可以缩短系统的调节时间。可以明显看到速度反馈校正的效果：超调量减小，调节时间缩短，振荡次数减少。

8.4.3.2 具有非线性增益控制系统的分析

在线性系统中，增益的选择需要兼顾调节时间、超调量及振荡次数等性能指标，当增益 K 值取得较大时，系统快速性较好，但超调量大，振荡次数多，如图 8-33 曲线 1 所示；若 K 值较小，超调量、振荡次数将减小，但系统快速性较差，如图 8-33 曲线 2 所示。在线性系统中只能选取折中方案，但若采用非线性校正，则可能得到较好效果，图 8-34(a) 给出具有非线性增益的

控制系统，其中 N 是非线性放大元件，其特性如图 8-34(b) 所示。当误差 $|e|>e_0$ 时，N 具有较大增益，以保证系统的快速性；当 $|e|<e_0$ 而接近稳态值时，增益较小以防止超调过大。采用非线性增益后，有可能获得较理想的响应曲线，如图 8-33 曲线 3 所示。

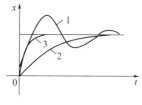
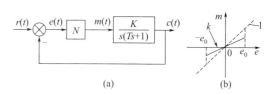

图 8-33 响应曲线 　　　　　　　　图 8-34 非线性增益的控制系统

图 8-34 表示的系统方程可写为

$$T\ddot{c}+\dot{c}=Km \tag{8-33}$$

$$m=\begin{cases} ke, & |e|<e_0 \\ e, & |e|>e_0 \end{cases} \tag{8-34}$$

$$e=r-c \tag{8-35}$$

将式（8-35）代入式（8-33）可得

$$T\ddot{e}+\dot{e}+Km=T\ddot{r}+\dot{r}$$

分界线 $e=\pm e_0$ 将相平面分为两个区域：

在区域 I 内，$|e|<e_0$，系统误差方程为

$$T\ddot{e}+\dot{e}+kKe=T\ddot{r}+\dot{r} \tag{8-36}$$

在区域 II 内，$|e|>e_0$，系统误差方程为

$$T\ddot{e}+\dot{e}+Ke=T\ddot{r}+\dot{r} \tag{8-37}$$

（1）阶跃响应分析

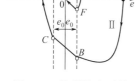

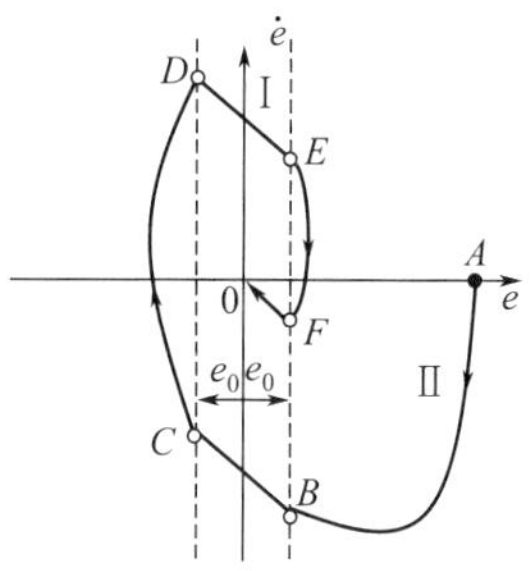

设系统输入信号为阶跃函数 $r(t)=R$，当 $t>0$ 时，$\ddot{r}=\dot{r}=0$ 故在 I 区内系统方程为

$$T\ddot{e}+\dot{e}+kKe=0$$

系统奇点位于原点 $(0,0)$，为稳定节点。

在 II 区内，系统方程为

$$T\ddot{e}+\dot{e}+Ke=0$$

系统奇点位于原点 $(0,0)$，但是由于该奇点不在 II 区内，系统状态实际上不能到达该点，故称该点为虚奇点。

图 8-35 阶跃输入下的系统状态运动轨迹

在阶跃输入作用下，系统状态的运动轨迹如图 8-35 所示。相轨迹的起点 A 由初始条件 $e(0)=R,\dot{e}(0)=0$ 所决定，它经过 $BCDEF$ 最终趋向于相平面的原点，虽然响应曲线是振荡的，但超调量和振荡次数都减小很多。

（2）斜坡响应分析

设输入信号 $r(t)=R+Vt$，当 $t>0$ 时，$\dot{r}=V$，$\ddot{r}=0$，由式（8-36）、式（8-37）可得

$$T\ddot{e}+\dot{e}+kKe=V \quad (|e|<e_0) \tag{8-38}$$

$$T\ddot{e}+\dot{e}+Ke=V \quad (|e|>e_0) \tag{8-39}$$

与前面阶跃输入情况相比，相平面的分界线没有变化，但奇点的位置不同。式（8-38）和式（8-39）分别对应的奇点 P_1 位于 $(V/kK, 0)$，奇点 P_2 位于 $(V/K, 0)$，因为 $k<1$，所以 P_1 总在 P_2 的右边（图 8-36）。

若 $V<kKe_0$ 而 $R>e_0$，则 P_1、P_2 都位于 I 区内，因此 P_1 为实奇点，P_2 为虚奇点，相轨迹的起点 A 由初始条件 $e(0)=R$、$\dot{e}(0)=V$ 决定，相轨迹如图 8-36 所示；若 $kKe_0<V<Ke_0$，而 $R=0$，则 P_1 位于 II 区内，P_2 位于 I 区内，因此 P_1、P_2 都是虚奇点。相轨迹的起点 A 经过点 $BCDE\cdots$ 多次往返于区域 I、II 之间，逐渐收敛于分界线与 e 轴的交点 $(e_0,0)$。误差信号表

现为衰减的振荡特性，存在所谓的"抖动"现象。相轨迹如图 8-37 所示。

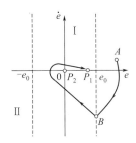

图 8-36　$V<kKe_0$，$R>e_0$ 时的相轨迹

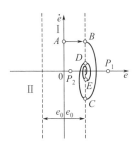

图 8-37　$kKe_0<V<Ke_0$，$R=0$ 时的相轨迹

8.5　非线性系统的 Matlab 仿真 Analysis of Nonlinear Systems by Matlab

【例 8-7】　继电器控制系统如下所示，非线性为继电器：$y=\begin{cases}-1,&x<0\\0,&x=0\\1,&x>1\end{cases}$，线性部分为 $G(s)=\dfrac{1}{s(s+1)}$。试建立 Simulink 模型分析系统的性能。

解　① 新建一个新程序模块。连接各模块并设置各模块参数。模型如图 8-38 所示

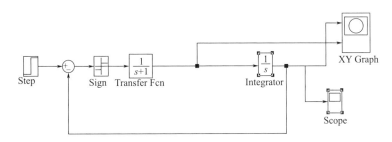

图 8-38　例 8-7 图（Simulink 模型）

② 开始仿真。初始状态为 −1（积分环节中设置），在参考输入为 0 的情况下进行响应分析。相轨迹可以直接观察 XY Graph 输出，如图 8-39 所示。系统收敛于（0,0）点附近。

③ 参考输入为 0 时，输出值收敛于 0 附近。若参考输入为 1，输出值应收敛于 1 附近，系统的响应曲线如图 8-40 所示。

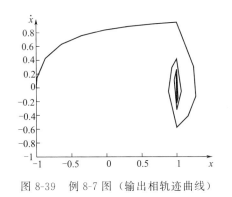

图 8-39　例 8-7 图（输出相轨迹曲线）

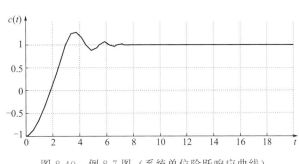

图 8-40　例 8-7 图（系统单位阶跃响应曲线）

【例 8-8】　某具有饱和特性的控制系统，系统的初始状态为 0，分析其在单位阶跃输入下的

响应。其中非线性部分的数学为 $y=\begin{cases}-0.3, & x<-0.3\\ x, & |x|\leqslant 0.3\\ 0.3, & x>0.3\end{cases}$，线性部分为 $G(s)=\dfrac{10}{s(s+4)}$。试建立 Simulink 模型分析系统的性能。

解 ① 新建一个新程序模块。连接各模块并设置各模块参数。本例将饱和非线性模块 upper limit 设为 0.3；lower limit 设为 −0.3，模型如图 8-41 所示。

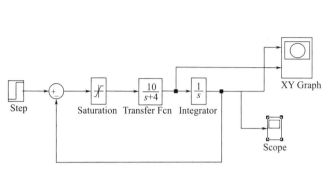

图 8-41　例 8-8 图（Simulink 模型）

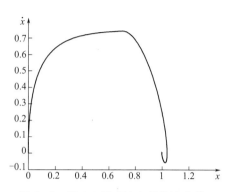

图 8-42　例 8-8 图（输出相轨迹曲线）

② 设置仿真参数。将 Solver options 下的 Type 项选为 Fixed-step，Solver 项选 ode5（Dormand-Prince），Fixed-step size 设为 0.01。

③ 开始仿真。相轨迹可以直接观察 XY Graph 输出，如图 8-42 所示。

系统的单位阶跃响应曲线如图 8-43 所示，根据图 8-43 分析得出，系统的稳定点在（1，0）点，即稳态值为 1。

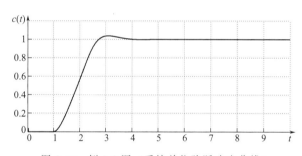

图 8-43　例 8-8 图（系统单位阶跃响应曲线）

【**例 8-9**】　某具有死区特性的控制系统，系统的初始状态为 0，分析其在单位阶跃输入下的响应。非线性部分的数学为 $y=\begin{cases}x+0.5, & x<-0.5\\ 0, & |x|\leqslant 0.5\\ x-0.5, & x>0.5\end{cases}$，线性部分为 $G(s)=\dfrac{10}{s(s+4)}$。试建立 Simulink 模型分析系统的性能。

解 ① 新建一个新程序模块。连接各模块并设置各模块参数。本例将死区非线性模块 Start of dead zone 设为 −0.5，End of dead zone 设为 0.5，模型如图 8-44 所示。

② 设置仿真参数。将 Solver options 下的 Type 项选为 Fixed-step；Solver 项选 ode5（Dormand-Prince）；Fixed-step size 设为 0.01。

③ 开始仿真。相轨迹可以直接观察 XY Graph 输出，如图 8-45 所示。

系统的单位阶跃响应曲线如图 8-46 所示，根据图 8-46 分析得出，在相平面上系统稳定于（0.56，0）点。系统的稳态值为 0.56，系统因为控制器有死区，所以存在稳态误差，稳态误差小于死区范围，大小还与开环增益有关。

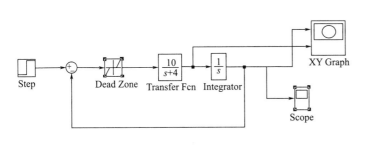

图 8-44 例 8-9 图（Simulink 模型）

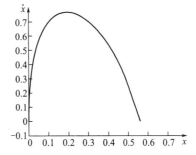

图 8-45 例 8-9 图（输出相轨迹曲线）

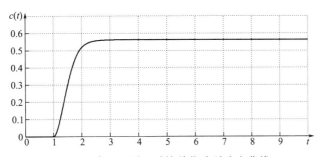

图 8-46 例 8-9 图（系统单位阶跃响应曲线）

【**例 8-10**】 具有滞环非线性的系统，线性部分为 $G(s)=\dfrac{1}{s(s+1)(s+2)}$。其中非线性特性参数 $M=4$，$\Delta=1$，试分析该非线性系统是否有自激振荡存在，若有自激振荡发生，求出自激振荡的参数。试建立 Simulink 模型分析系统的性能。

解 ① 新建一个新程序模块。连接各模块并设置各模块参数，本例将 Relay 中参数设置为：Switch on point 为 1；Switch off point 为 -1；Output when on 为 4；Output when off 为 -4。

② 用 Simulink 构建的系统模型如图 8-47 所示。

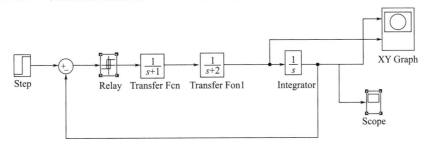

图 8-47 例 8-10 图（Simulink 模型）

③ 开始仿真。相轨迹可以直接观察 XY Graph 输出，如图 8-48 所示。

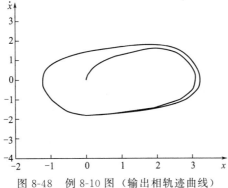

图 8-48 例 8-10 图（输出相轨迹曲线）

系统的单位阶跃响应曲线如图 8-49 所示

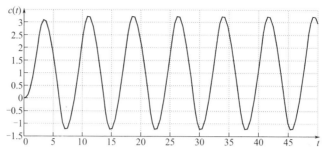

图 8-49 例 8-10 图（系统单位阶跃响应曲线）

从图中可以看出，从零初始条件开始运动至极限环系统产生了自激振荡，且该自激振荡幅度 $A=2.2$，周期 $T=8$，角频率 $\omega=0.8$。

本章小结

本章首先介绍了非线性系统的特点，非线性系统与线性系统相比不满足叠加原理，因而线性定常系统的分析方法原则上不适用于非线性系统。本章主要介绍了经典控制理论中分析非线性控制系统的两种常用方法：描述函数法和相平面法。

描述函数法主要用于分析一类非线性系统的稳定性和自激振荡问题。它用被称为描述函数的可变增益来替代一个非线性装置或环节。这个可变增益是输入正弦振幅 A 和振荡频率 ω 的函数。描述函数法只适用于具有以下特点的非线性系统：①线性部分和非线性部分可以分离；②非线性部分是奇对称的；③线性部分具有良好的低通滤波性能。

相平面分析法的实质是用有限段直线（等倾线法）逼近描述系统运动的相轨迹。相轨迹可以清楚地反映系统在不同初始条件下的自由运动规律，但该方法只能用来分析一阶和二阶的非线性系统。

关键术语和概念

- **相平面法（Phase plane method）**：相平面法是一种图解分析方法，适用于一阶、二阶的非线性系统，该方法通过在相平面绘制相轨迹曲线，确定非线性微分方程在不同初始条件下解的运动形式。
- **描述函数（Describing function）**：正弦输入信号作用下，非线性环节的稳态输出中一次谐波分量和输入信号的复数比称为非线性环节的描述函数。
- **描述函数法（Describing function method）**：描述函数法是一种等效线性化的图解分析方法，该方法对于满足结构要求的非线性系统，通过谐波线性化，将非线性特性近似为复变增益环节，然后推广应用频率法，分析非线性系统的稳定性或自激振荡。
- **非线性系统（Nonlinear systems）**：含有非线性元件，不能使用叠加原理描述的系统。
- **自激振荡（Self-excited oscillation）**：指系统在未有外加激励作用下，系统输出响应仍然会存在某一固定振幅和频率的振荡过程。
- **相平面（Phase planes）**：指以系统某个变量为横坐标，以该变量的导数为纵坐标的平面。
- **相轨迹（Phase loci）**：指系统的某个变量在相平面上随时间变化的轨迹，它可以反映系统的稳定性、准确性以及暂态特性，主要用于描述一阶、二阶系统的性能。
- **极限环（Limit cycles）**：非线性系统所特有的自激振荡现象，在相平面图中则表现为一个孤立的封闭轨迹。
- **谐波线性化（Harmonic linearization）**：非线性系统在一定条件时，以及非线性环节在正弦输入信号作用下，利用傅里叶级数仅考虑非线性环节特性输出中的基波分量，这样可将非线性环节近似等价为在一定条件下的线性系统环节来描述。

? 习 题

8-1 确定下列各题奇点的位置，在奇点邻域内线性化并指出奇点的类型及绘制其奇点附近相轨迹：

(1) $2\ddot{x}+\dot{x}^2+x=0$ (2) $\ddot{x}-(1-x^2)\dot{x}+x=0$

(3) $\ddot{x}-(0.5-3\dot{x}^2)\dot{x}+x+x^2=0$

8-2 已知非线性系统微分方程为 $\ddot{x}+2\zeta\omega_n\dot{x}+\omega_n^2 x=0$，令 $\zeta=0.5$，$\omega_n=1$，试用等倾线法画出系统的相轨迹。

8-3 某弹簧-质量运动系统如图 8-50 所示，图中 m 为物体的质量，k 为弹簧的弹性系数，若初始条件为 $x(0)=x_0$，$\dot{x}(0)=\dot{x}_0$，试确定系统自由运动的相轨迹。

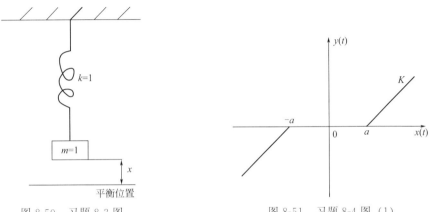

图 8-50 习题 8-3 图   图 8-51 习题 8-4 图 (1)

8-4 已知图 8-51 所示非线性元件的描述函数为

$$N(A)=\frac{2K}{\pi}\left[\frac{\pi}{2}-\arcsin\frac{a}{A}-\frac{a}{A}\sqrt{1-\left(\frac{a}{A}\right)^2}\right] \quad (A\geqslant a)$$

试求图 8-52 所示非线性元件的描述函数 $N(A)$。

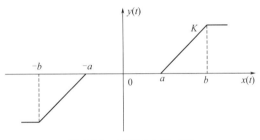

图 8-52 习题 8-4 图 (2)

8-5 具有滞环继电器的二阶非线性系统如图 8-53 所示。假设系统开始处于静止状态，系统的参考输入为单位阶跃函数 $r(t)=1(t)$，绘制该系统的相轨迹，其中继电器参数 $M=0.2$，$\Delta=0.2$。

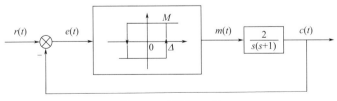

图 8-53 习题 8-5 图

8-6 理想双位继电器二阶非线性系统，如图 8-54 所示。假设系统开始处于静止状态，参考输入为单位阶跃信号 $r(t)=1(t)$，绘制系统的相轨迹。

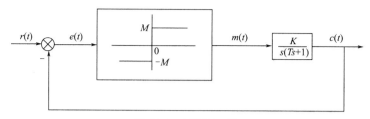

图 8-54 习题 8-6 图

8-7 某单位负反馈Ⅰ型系统，其开环传递函数为 $G(s)=\dfrac{1}{s(s+1)}$，0_- 初始条件均为零，试求：

(1) 当 $r(t)=A\times 1(t)$ 时，其误差 e 的 0_+ 初始条件；
(2) 当 $r(t)=Bt\times 1(t)$ 时，其误差 e 的 0_+ 初始条件；
(3) 当 $r(t)=A\times 1(t)+Bt\cdot 1(t)$ 时，其误差 e 的 0_+ 初始条件；
(4) 当 $r(t)=c\sigma(t)$ 时，其误差 e 的 0_+ 初始条件。

8-8 某非线性系统，如图 8-55 所示。图中 $N(A)=\dfrac{4M}{\pi A}=\dfrac{8}{\pi A}$，$G(s)=\dfrac{K}{s(s+1)(s+2)}$，$n(t)=\sigma(t-5)$

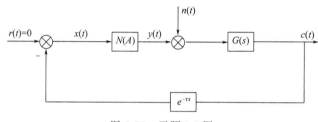

图 8-55 习题 8-8 图

试问：

(1) 在 $\tau=0$ 条件下，当 $t\to\infty$ 时系统是否处于自激振荡状态？
(2) 在 $\tau=0$ 条件下，欲使系统自激振荡 $A=1$，求解 K、ω。
(3) 在 $\tau\neq 0$ 条件下，欲使系统自激振荡 $A=2$，$\omega=1$，求解 K、τ。

8-9 确定如图 8-56 所示非线性系统的自激振荡振幅 A 和频率 ω。

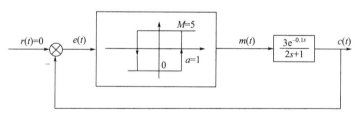

图 8-56 习题 8-9 图

8-10 非线性系统如图 8-57 所示。图中 $K=1$，$M=1$，$N(A)=K+\dfrac{4M}{\pi A}$，$G(s)=\dfrac{10}{s(0.1s+1)^2}$

试用描述函数法分析系统是否有自激振荡，如果有自激振荡，试确定振幅 A 和频率 ω。

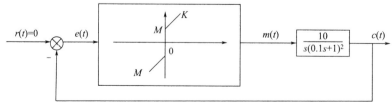

图 8-57 习题 8-10 图

8-11 某非线性控制系统如图 8-58 所示。图中 $M=1$，$a=1$。

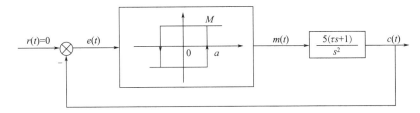

图 8-58 习题 8-11 图

试求：

（1）当 $\tau=0.5$ 时，分析系统的稳定性，若有自激振荡，确定振幅 A 和频率 ω。

（2）讨论微分时间常数 τ 对自激振荡的影响。

8-12 如图 8-59 所示的非线性控制系统。试分析死区非线性特性对系统的影响。

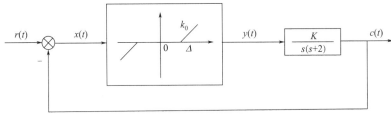

图 8-59 习题 8-12 图

参考文献

[1] 绪方胜彦. 现代控制工程. 卢伯英, 佟明安, 罗维铭译. 北京:科学出版社, 1980.
[2] 李友善. 自动控制原理. 北京:国防工业出版社, 1980.
[3] 戴忠达. 自动控制理论基础. 北京:清华大学出版社, 1989.
[4] 沈绍信, 王金城, 李亚芬. 自动控制原理. 大连:大连理工大学出版社, 1997.
[5] 周春晖. 化工工程控制原理. 第二版. 北京:化学工业出版社, 1997.
[6] 杨自厚. 自动控制原理. 北京:冶金工业出版社, 1998.
[7] 胡寿松. 自动控制原理. 北京:科学出版社, 2001.
[8] 孙德宝, 王永骥、王金城. 自动控制原理. 北京:化工工业出版社, 2002.
[9] Richard C. Dorf, Robert H. Bishop. Modern Control Systems (Tenth Edition). Upper Saddle River: Pearson Education, 2004.
[10] 冯巧玲. 自动控制原理. 北京:北京航空航天大学出版社, 2003.
[11] 项国波. 自动化时代. 武汉:武汉理工大学出版社, 2004.
[12] 张爱民. 自动控制原理. 北京:清华大学出版社, 2005.
[13] 王永骥, 王金城, 王敏. 自动控制原理. 2版. 北京:化学工业出版社, 2007.
[14] Katsuhiko Ogata. Modern Control Engineering. Fifth Edition. Upper Saddle River: Pearson Education, 2009.
[15] 杨智, 范正平. 自动控制原理. 北京:清华大学出版社, 2010.
[16] 孟华. 自动控制原理. 2版. 北京:机械工业出版社, 2013.
[17] 卢京潮. 自动控制原理. 北京:清华大学出版社, 2013.
[18] 高国燊, 余文烋, 彭康拥, 等. 自动控制原理. 4版. 广州:华南理工大学出版社, 2013.
[19] 史忠科, 卢京潮. 自动控制原理常见题型解析及模拟题. 西安:西北工业大学出版社, 1998.
[20] 周春晖, 厉玉鸣. 控制原理例题习题集. 北京:化学工业出版社, 2001.
[21] 张爱民, 葛思擘, 杜行俭. 自动控制理论重点难点及典型题解析. 西安:西安交通大学出版社, 2002.
[22] 王建辉. 自动控制原理习题详解. 北京:清华大学出版社, 2010.
[23] 谢丽萍, 顾家蓓. 自动控制原理学习指导及习题解答. 北京:机械工业出版社, 2010.
[24] 徐颖秦, 潘丰. 自动控制原理学习辅导与习题解答. 北京:机械工业出版社, 2012.
[25] 卢京潮. 自动控制原理习题解答. 北京:清华大学出版社, 2013.